中国工程院院士文集

康玉柱文集

中国石化石油勘探开发研究院 编

中国石化出版社
·北京·

图书在版编目(CIP)数据

康玉柱文集 / 中国石化石油勘探开发研究院编. —
北京 : 中国石化出版社, 2025. 9
(中国工程院院士文集)
ISBN 978-7-5114-7426-1

Ⅰ. ①康… Ⅱ. ①中… Ⅲ. ①油气勘探-文集 Ⅳ.
①TE1-53

中国国家版本馆 CIP 数据核字(2024)第 037359 号

中国石化出版社出版发行
地址:北京市东城区安定门外大街 58 号
邮编:100011 电话:(010)57512500
发行部电话:(010)57512575
http://www. sinopec-press. com
E-mail:press@ sinopec. com
北京艾普海德印刷有限公司印刷
全国各地新华书店经销
*
787 毫米×1092 毫米 16 开本 20. 25 印张 508 千字
2025 年 9 月第 1 版　2025 年 9 月第 1 次印刷
定价:128. 00 元

序　言

康玉柱，中国工程院院士，著名石油地质学家、地质力学家、石油发展战略家，是中国古生代海相油气勘探的开拓者，中国古生代海相成油理论的奠基人，被称为中国古生代海相油气之父、油气勘探大师。

1936年3月15日，康玉柱院士出生于辽宁省北镇市，为满族人，1960年毕业于长春地质学院矿产普查系，获本科学位。参加工作60多年来的主要成就有：①1961年，参加渤海湾盆地济阳坳陷华8井位研究讨论，该井获工业油流实现渤海湾盆地首次重大突破，从而发现了胜利大油田。②1962年初，参加了渤海湾盆地黄骅坳陷黄3井位讨论，该井实现油气重大突破，并发现了黄骅油田(后改称大港油田)。③1963年参加讨论下辽河盆地辽3井位，该井实现油气重大突破，并发现下辽河油田。④多年来，承担国家科研项目36个。在全国28个省(区)、50多个盆地进行过10轮油气前景评价和选区研究，为国家及有关部门油气发展战略的制定及勘探部署作出重要贡献。⑤1984年，他主持实现了中国古生代海相碳酸盐岩油气首次重大突破(沙参2井深5391m)，开辟了中国古生代油气勘探新纪元，得到国家领导的高度评价。⑥1990年，主持发现了世界级塔河大油田，再次得到国家领导的高度评价。⑦1985—1997年，在塔北又主持发现了20个油气田，再次得到国家领导的高度评价。⑧1992—1997年，在巴楚隆起和麦盖提斜坡主持实现了具有导向性油气重大突破，发现了两个油气田。⑨2001—2007年，在准噶尔盆地又主持发现了10个油气田。⑩2004—2010年，参加四川盆地滦陵页岩气田发现。⑪2014年，参加指导吉林省众诚公司在松源地区地下300m油页岩油试采成功。⑫2017年，参加指导广州海洋局在南海北部神孤地区深水天然气水合物试成功。⑬多年来，参加指导了国家有关部门、各大油公司及16个省(区)等的油气勘查工作，又发现了47个油气田(藏)等。⑭创立了十大油气地质理论。⑮创立了全球大构造理论——全球地壳隆坳演化与海陆变迁论。⑯主编科研报告向国家领导人汇报11次；向省部级领导人汇报34次。⑰国内科技交流、咨询203次；国际科技交流71次。⑱各类新闻记者采访、报道70多次，各电视台播放业绩20多次。综上所述，康玉柱为国家石油工业的发展作出了重大贡献。

目　　录

第一章

个人传略

第一节 简历

1936 年 3 月 15 日，生于辽宁省北镇市中安镇双台子村的农民家庭。

1944—1950 年，就学于北镇市中安镇小学。

1950—1956 年，就学于辽宁省盘山县中学。

1956—1960 年，就学于长春地质学院矿产普查系（本科），并于 1960 年毕业。毕业前光荣地加入了中国共产党。

第二节 承担的工作及职务

1. 1960 年 8 月，从长春地质学院毕业，被分配到地质部第一普查勘察大队（在山东省德州市）。一开始在生产科搞生产管理，后被调到地质部第一普查勘察大队综合研究队，任分队长（在济南市）。

2. 1962 年 12 月，调入地质部石油地质综合大队工作（在长春市）。

3. 1963—1964 年，参加中国东部地区——松辽盆地、华北盆地、江苏盆地及江汉盆地等地的工作，从事油气前景评价及选区研究，任副组长。

4. 1965 年 3 月至 11 月 15 日，综合研究大队组织劳动组共有 12 人，康玉柱任组长。为落实党中央关于知识分子下乡劳动锻炼，向农民学习的指示，在长春市郊区农业生产大队进行劳动锻炼，于当年 11 月 15 日出色完成劳动锻炼任务后归队，并受大队表彰。归队后被调入大队政治处工作，并兼任地质大队机关党总支书记。

5. 1967 年 1 月，“文化大革命”期间，康玉柱被石油地质综合大队造反派打成“保皇派”，被隔离审查批斗 100 天。

6. 1967 年 4 月至 1969 年 12 月，康玉柱被任命为石油地质综合大队西北分队负责人。开展了“中国西北走廊地区主要盆地油气前景评价选区研究”，对西北走廊地区的 8 个盆地进行了油气前景评价排队及盆地内评价选区等，出色地完成了任务，受到大队领导表扬。

7. 1970 年 1 月至 12 月底，康玉柱带领石油地质综合大队西北分队开展了“塔里木盆地油气前景评价选区研究”，并主编了研究报告。

8. 1970 年 5 月 3 日，康玉柱向著名地质学家李四光汇报了战略评价塔里木盆地的油气前景设计方案，李四光听后做出了重要指示。

9. 1971 年初至 1975 年 12 月底，康玉柱任石油地质综合大队东南分队负责人。开展了“中国东南诸省中新生代中小盆地油气前景评价选区研究”，对江苏、江西、浙江、福建、湖南、广东、广西等省区的 30 多个盆地进行油气前景评价，并指出了有利盆地和地区。

10. 1976 年初至 12 月，开展了“广东三水盆地油气前景及油气勘探部署研究”，为广东省地矿局 735 队油气前景评价及勘探部署作出了贡献。

11. 1977 年 7 月至 12 月，任地质部塔里木筹备组组长，到塔里木大盆地进行现场调研，为地质部组建石油普查勘探队伍制订了设计方案。

12. 1978 年 1 月，康玉柱向国家地质总局领导孙大光、朱训汇报了《关于塔里木盆地油气普查勘探的设计方案》后，总局领导当场决定筹建队伍挺进塔里木。康玉柱又主持筹建新疆石油普查勘探指挥部(今西北石油局)，并重点开展塔西南地区的勘探工作。

13. 1978 年 3 月至 1979 年 8 月，石油地质综合大队组建塔里木队，康玉柱任队长，为塔里木盆地的油气勘探工作做出具体部署。

14. 1979 年 9 月，在阿克苏市地质部石油局召开了塔里木盆地油气勘探部署会议。会上康玉柱提出在塔西南一年多来的勘查工作中发现的两大难题：一是地表构造太复杂；二是勘探目的层埋藏太深。因此，首先提出向塔北沙雅隆起转移的建议，并得到了领导和同志们的支持。

当时，康玉柱向地质部石油局领导主动提出要求，调新疆石油普查勘探指挥部工作。“扎根边疆找大油田”报效党和人民的培养教育之恩。1980 年初，康玉柱被调到新疆石油普查勘探指挥部工作。

15. 1980 年 1 月，康玉柱被调入西北石油局，并担任技术负责人兼任西北石油局地质大队临时党委书记。

16. 1981 年 9 月，康玉柱被选为新疆维吾尔自治区党代表大会代表。

17. 1983 年 8 月 30 日，康玉柱向国务委员康世恩汇报《塔里木盆地油气勘探新进展》。

18. 1984 年 10 月 15 日，在塔北勘探现场，康玉柱向地质矿产部领导汇报了沙参 2 井实现重大突破的情况，提出下一步的工作部署，并建议地质矿产部在塔里木开展“找油大会战”。

19. 1984 年 12 月 10 日，国务院副总理万里到新疆考察，在乌鲁木齐听取康玉柱《关于沙参 2 井实现油气重大突破成果的汇报》。

20. 1985 年 1 月，地质矿产部决定在塔北进行联合勘探工作，调集 6 个地区局约 6000 人组成精干队伍开展大会战。康玉柱任塔北联合勘探指挥部指挥兼专家组组长。

21. 1985 年 9 月 10 日，新疆维吾尔自治区党委书记王恩茂、主席司马义·艾买提等领导到塔北现场视察。康玉柱汇报了《沙参 2 井油气重大突破情况》，得到了自治区党委书记王恩茂等领导讲话并题词。

22. 1986 年 5 月 20 日，地质矿产部部长朱训等一行，到塔北视察时，康玉柱汇报了《塔里木盆地油气勘探重大进展及前景展望》。

23. 1986 年 6 月 22 日，石油部部长王涛等一行视察塔北，听取了康玉柱关于《塔北油气勘探形势及下一步工作部署》的汇报，并观看了岩心。

24. 1987 年 5 月 30 日，新疆维吾尔自治区党委书记宋汉良到塔北视察，康玉柱汇报《塔北油气勘探新进展及勘探部署》。

25. 1987 年 8 月 22 日，国土资源部副部长夏国治到西北石油局检查工作，康玉柱汇报了《塔北勘探项目进展及勘探部署》。

26. 1989 年 3 月，地质矿产部部长朱训视察塔北，康玉柱汇报了《塔里木盆地油气连获重大突破的形势及前景》。

27. 1989 年 8 月 20 日，国务院副总理邹家华视察塔北，康玉柱汇报了《塔里木盆地油气勘探重大进展及前景》。

28. 1990 年 8 月 22 日，中共中央总书记江泽民视察新疆时，康玉柱向江泽民同志汇报了《塔里木盆地油气勘探重大进展》。

29. 1991 年国家副主席王震在新疆视察时，听取了康玉柱《塔里木盆地新成果》的汇报。

30. 1991 年 4 月 5 日，地质矿产部常务副部长宋瑞祥视察塔北时，康玉柱汇报了《西北石油局“七五”成果和“八五”部署》。

31. 1991 年 9 月 3 日，新疆维吾尔自治区政府和地质矿产部联合为沙参 2 井油气重大突破立碑纪念，碑文为:《献给塔里木盆地石油天然气资源的开拓者》。

32. 1995 年初，在塔河油田附近争得了探矿权，并部署了三维地震。

33. 1996 年 5 月 20 日，中共中央书记处书记温家宝视察新疆时，听取了康玉柱《塔里木盆地油气勘探重大进展及勘探部署》的汇报。

34. 1997 年 12 月 31 日，康玉柱退休并任西北石油局高级咨询小组组长。从事新疆油气勘探的咨询工作。

35. 2001 年 2 月，康玉柱受聘于中国石化西部新区油气勘探经理部，任副经理兼地质总工；后又任该勘探部专家组副组长。

36. 2005 年 11 月，康玉柱当选中国工程院院士。

37. 2007 年 3 月至今，康玉柱受聘到中国石化石油勘探开发研究院工作，任中国石化科技委员会委员。

38. 2007 年 8 月 19 日，国务院总理温家宝专程到家里(乌鲁木齐)看望康玉柱院士。

39. 2008 年 2 月，康玉柱参加中国工程院组织的《中国能源中长期(2030—2050)发展战略》规划项目中的油气资源战略研究，并担任副组长职务。

40. 2008 年 3 月，康玉柱参加国家“973”项目《碳酸盐岩缝洞型油藏开发基础研究》，任专家组成员。

41. 2008 年 4 月，康玉柱参加国土资源部《全球油气地质研究及选区项目》，任专家组成员。

42. 2008 年 5 月，康玉柱参加国土资源部《全国油气资源战略选区评价项目》，任专家组成员。

43. 2009 年 3 月，中国工程院院士通讯发表了康玉柱编著的《难忘的创新历程》。

44. 2010 年 5 月，国家能源局召开“中国油气中长期发展规划会”，康玉柱提出“三个一”战略，受到领导的关注。

45. 2010 年 6 月，任中国工程院能源与矿业工程学部常委。

46. 2010 年 9 月 29 日，以少数民族科学家名誉参加了全国民族团结表彰大会，荣幸地与中共中央总书记胡锦涛、国务院总理温家宝等领导握手。

47. 2011 年 6 月 26 日，“全国沉积学与油气勘探开发新技术研讨会”召开，康玉柱任会议主席，并作了《中国油气资源前景展望》的报告。

48. 2011 年 10 月，康玉柱被选为新疆维吾尔自治区第八次党代会代表并任主席团成员。

49. 2012 年 5 月 2 日，参加原地质矿产部石油地质综合大队 50 周年大庆会，会上康玉柱致辞，并作学术报告。

50. 2012 年 5 月 28 日，应邀参加由广东省科学技术协会召开的科技讨论会，会上，康玉柱作了《中国油气前景分析及战略思考》的报告。

51. 2012 年 8 月 12—17 日，参加中国工程院院士行，考察马栏油田—轮南油田—克拉 2 气田—塔河油田。

52. 2012 年 10 月 10—11 日，以专家名义参加中国工程院能源矿业工程学部，在胜利油田考察。

53. 2012 年 11 月 1 日，参加由国土资源部油气中心组织的“全球油气地质综合研究项目验收会”，康玉柱担任专家组组长。

54. 2013 年 1 月 30 日晚上 9—10 点，应邀在中央广播电台“中国之声”，讲《中国页岩气勘探开展形势及展望》(现场直播)。

55. 2013 年 7 月 15 日，以专家名义参加由中国工程院组织的酒泉基地考察。

56. 2013 年 8 月 21 日，以专家名义参加由中国工程院组织的秦岭矿体考察。

57. 2013 年 12 月 9 日，任中国地质科学院页岩油气实验室及委员会主任。

58. 2014 年 1 月 13 日，重庆科技学院聘请康玉柱任该院科技委员会主任。

59. 2014 年 3 月 14 日，中国工程院全国致密油调查立项，康玉柱任副主任。

60. 2014 年 8 月 28 日，参加浙江省地质调查局页岩气项目验收，康玉柱任主任。

61. 2015 年 4 月 20 日，参加中国石化“十三五”油气资源发展规划讨论，康玉柱任副主任。

62. 2018 年 11 月 30 日，以专家名义参加大油田和煤成气开发重大专项解读研究进展汇报会。

第三节　社会兼职——88 个

1. 1985—2000 年，任新疆地质学会副理事长。

2. 1987 年，地质矿产部和石油部联合成立规划小组，任组长。

3. 1989—1996 年，任国家储量委员会委员。

4. 1991 年 6 月—1997 年 12 月，任西安地质学院教学管理委员会委员。

5. 1991 年 12 月至今，任新疆专家顾问团成员。

6. 1991 年 10 月—1996 年 12 月，任国际地质对比计划 IGCP294 项国家专家工作组成员。

7. 1991 年 12 月—1997 年 12 月，任石油与天然气地质编委会成员。

8. 1993 年 1 月—1998 年 12 月，任新疆地质编委会副主任。

9. 1993 年 3 月，任中国地质科学院地质力学开放实验室客座研究员。

10. 1993 年 1 月—1997 年 12 月，任新疆维吾尔自治区储量委员会成员。

11. 1994 年 10 月—1997 年 12 月，任成都理工大学油气藏地质及开发工程国家重点实验室学术委员会委员。

12. 1995 年 1 月至今，任《地质力学学报》编辑委员会副主编。

13. 1995 年 1 月—2000 年 12 月，任中国石油学会石油地质专业委员会委员。

14. 1996 年 1 月—1998 年 12 月，任国家重点科技攻关项目 96—111 塔里木盆地石油天然气勘探第一负责人。

15. 1996 年至今，任四川省社会科学院知识经济研究所特邀研究员。

16. 1998 年 2 月至今，任塔里木石油史志副主任。

17. 2000 年 11 月，任《发现》杂志社特聘理事长、特邀记者。

18. 2001 年 4 月至今，任新疆维吾尔自治区软科学研究工作指导委员会委员（新科政字 39〔2001〕号）。

19. 2001 年 10 月—2005 年，任中国管理科学院科技管理研究所特邀研究员。

20. 2002 年 3 月至今，任对外经济贸易大学世界贸易组织研究会特邀研究员。

21. 2001 年 6 月至今，任“石油实验地质”第三届编辑委员会委员。

22. 2002 年 12 月至今，任中国企业文化促进会教育委员会特邀研究员。

23. 2003 年 3 月 10 日至今，任中国石化科学技术会委员、技术咨询会委员专家。

24. 2003 年 8 月 31 日至今，任对外经济贸易大学中国世界贸易组织研究院特邀研究员。

25. 2004 年 2 月 26 日至今，任中国管理科学研究院学术委员会特邀研究员。

26. 2005 年 3 月至今，任中国西部油气地质编辑委员会委员。

27. 2005 年 5 月至今，任《新疆石油地质》第八届编辑委员会委员。

28. 2006 年 3—4 月，任第六届地质力学专业委员会副主任。

29. 2006 年 1 月，任地质力学专业委员会副主任。

30. 2006 年 4 月，任中国石油勘探开发全书学术委员会委员。

31. 2006 年 4 月至今，任中国地质大学（北京）兼职教授。

32. 2006 年 4 月至今，任《吉林大学学报（地球科学版）》特邀编委。

33. 2006 年 4 月至 2010 年，任国家基础研究项目：973——碳酸盐岩缝洞型油田开发技术带头人、专家组成员。

34. 2006 年 4 月 14 日至今，任地质力学研究所科学技术委员会顾问。

35. 2006 年 5 月 8 日，任中国科学发展经典文库特邀编委。

36. 2006 年 5 月 11 日，任地质力学研究所研究员。

37. 2006 年 7 月 5 日，任《共和国骄子》编委会特邀编委(中国文化信息协会)。

38. 2006 年 7 月 20 日，任《干旱区地理》顾问(中国科学院新疆地理学会)。

39. 2006 年 7 月至今，任国土资源部科学技术委员会委员。

40. 2006 年 9 月 22 日至今，任中国石化第二届科学技术委员会委员。

41. 2006 年 10 月至今，任《天然气工业》第六届编委会顾问。

42. 2006 年 10 月，任《海相油气地质》第二届编辑委员会顾问。

43. 2006 年 12 月至今，任中国石化公司总部高级专家。

44. 2007 年 1 月 12 日至今，任中国石化公司海相油气勘探前瞻项目高级专家。

45. 2007 年 2 月 9 日，任新疆维吾尔自治区第四届专家顾问团成员。

46. 2007 年 5 月 16 日，任新疆维吾尔自治区科学技术协会第七届委员会名誉主席。

47. 2007 年 6 月 12 日，任海洋油气资源与环境地质重点实验室学术委员会委员。

48. 2007 年 6 月，任中国地质调查局高级咨询委员会成员。

49. 2008 年 1 月，任中国地质大学(武汉)构造与油气资源教育部重点实验室第一届学术委员会成员(聘期 5 年)。

50. 2008 年 1 月，任《油气纵横》专家委员会成员。

51. 2008 年 3 月 24 日，任国土资源部油气中心——全球油气地质综合研究与选区项目首席科学家。

52. 2009 年 1 月 7 日，任《中国地质科学院年报》编委会成员。

53. 2009 年 6 月，任中国石油学会第七届石油地质专业委员会名誉委员。

54. 2009 年 10 月，任胜利油田共青团和青年事务导师。

55. 2013 年 2 月，任《石油勘探与开发》第八届编委会成员。

56. 2014 年 9 月至 2019 年，任吉林省油页岩与共生能源矿产重点实验室学术委员会主任委员。

57. 2015 年 7 月，任天安瑞达科技发展公司首席地质顾问。

58. 2015 年 11 月，任《石油物探》第八届编辑委员会技术顾问。

59. 2016 年 4 月，任新疆维吾尔自治区第六届专家顾问团成员。

60. 2016 年 4 月 8 日，任新疆地质学会第十届理事长。

61. 2016 年 5 月，任中国石油学会《石油学报》第八届编辑委员会顾问。

62. 2016 年 8 月 22 日，任中国地质调查局油气咨询专家。

63. 2016 年 10 月 25 日至 2022 年 10 月，加入吉林省院士站(众诚公司)。

64. 2016 年 11 月 8 日，任中国石油学会《第一届石油研究》编辑委员会成员。

65. 2016 年 12 月 25 日，任中国重大专项地球深部探测重大科技项目专家委员会顾问。

66. 2017 年 5 月 15 日，任国土资源部《“十三五”全国油气资源评价》首席专家。

67. 2017 年 6 月 19 日至 2020 年 5 月，任国土资源部页岩气资源战略评价重点实验室学术委员会主任。

68. 2017 年 12 月，任《新疆石油地质》编辑委员会成员。

69. 2017 年 11 月，任科技部海峡科技与产业专家指导委员会成员。

70. 2017 年 11 月 15 日，任贵州省国土资源厅及省产业投资公司专家组成员。

71. 2017 年 12 月，任中国能源学会副理事长。

72. 2018 年 3 月，加入河北省院士站(煤炭地质局)。

73. 2018 年 4 月，加入重庆市院士站(泛嘉公司)。

74. 2018 年 7 月 31 日，任全国少年工作委员会辅导员。

75. 2018 年 9 月 12 日，任延长油田，陕西省陆相页岩气成藏与开发重点实验室专家。

76. 2018 年 10 月，任《新疆地质》第十六届编辑委员会技术顾问。

77. 2018 年 12 月，任中国地质调查局院士咨询委员会委员。

78. 2019 年 1 月 1 日—2021 年 12 月 31 日，任《地质力学学报》第四届编辑委员会荣誉编委。

79. 2019 年 4 月 14 日，任安徽省院士专家联谊会顾问。

80. 2019 年 8 月，任南方海洋科学与工程广东省实验室第一届学术委员会副主任(5 年)、大项目首席专家(2024 年 8 月到期)。

81. 2019 年 9 月 1 日，任《特种油气藏》第十届编委会名誉编委。

82. 2019 年 9 月 25 日，任上海联合非常规能源研究中心资源专家。

83. 2020 年 4 月，任《石油勘探与开发》第九届编委会名誉编委。

84. 2021 年 1 月 1 日—2023 年 12 月，任《长江大学学报》编辑委员会顾问。

85. 2021 年 6 月，任《石油学报》第八届编委会顾问。

86. 2021 年 7 月 9 日，加入辽宁省院士联合会。

87. 2021 年 9 月 3 日，任《石油学报》第九届编委会顾问。

68. 2017年1[illegible]月，在《[illegible]》[illegible]

69. 2017年11月，[illegible]

70. 2017年1[illegible]月1[illegible]日，[illegible]

71. 2017年12月，[illegible]

72. 2018年3月，[illegible]

73. 2018年[illegible]月，[illegible]

74. 2018年[illegible]月[illegible]日，[illegible]

75. 2018年9月12日，[illegible]

76. 2018年10月，[illegible]

77. 2018年12月，在中国[illegible]

78. 2019年1月1日—2021年12月31日，[illegible]

79. 2019年[illegible]月1[illegible]日，[illegible]

80. 2019年8月，[illegible]（2019年8月[illegible]）

81. 2019年[illegible]月[illegible]日，[illegible]

82. 2019年9月[illegible]日，[illegible]

83. 2020年4月[illegible]，[illegible]

84. 2021年1月1日—2021年12月31日，[illegible]

85. 2021年6月[illegible]，[illegible]

86. 2021年[illegible]月[illegible]，[illegible]

87. 2021年[illegible]月3[illegible]，[illegible]

第二章

亲切关怀、巨大鼓舞

第一节 国家领导视察新疆向领导汇报——12次

1. 1983年8月30日，康玉柱向国务委员康世恩汇报《塔里木盆地油气资源前景》。

2. 1984年11月29日，国务委员康世恩说“沙参2井高产油气的发现，这个井的意义大，是一个大大的突破”。

3. 1984年12月10日，国务院副总理万里视察新疆时，康玉柱汇报《沙参2井油气重大突破及里程碑的重大意义》。

1984年12月10日，万里副总理考察新疆时，听取西北石油地质局副总工程师康玉柱关于沙参2井油气重大突破成果的汇报。

4. 1985年12月25日，中共中央总书记胡耀邦视察新疆时，参观了塔北油气重大成果展览，康玉柱陪同解说。

5. 1989年8月20日，国务院副总理邹家华视察塔北时，康玉柱汇报《塔北油气勘探重大进展》。

6. 1990年8月22日，中共中央总书记江泽民视察新疆时，康玉柱汇报《塔里木盆地油气勘探重大进展》。

7. 1990年10月23日，国务院总理李鹏视察新疆时，康玉柱汇报《塔里木盆地油气勘探重大成果》。

8. 1991年9月，国家副主席王震视察新疆时，康玉柱汇报《“七五”“八五”油气勘探成果》。

9. 1992年国务院总理朱镕基到新疆视察时，康玉柱汇报《塔里木盆地油气勘探重大进展》。

10. 1996年5月20日，中共中央书记处书记温家宝视察新疆时，康玉柱汇报

《塔里木盆地油气勘探重大进展及勘探部署》。

11. 2007 年 8 月 19 日，国务院总理温家宝专程到家里(乌鲁木齐)看望康玉柱。

12. 2010 年 9 月 29 日，在北京召开的全国民族团结表彰大会上，得到胡锦涛、温家宝以及时任中共中央副主席习近平等领导的亲切接见并握手。

1986 年 6 月，中共中央总书记胡耀邦视察新疆时，详细观看了沙参 2 井高产油气流的录像，一再赞扬：很好、很好，很了不起。

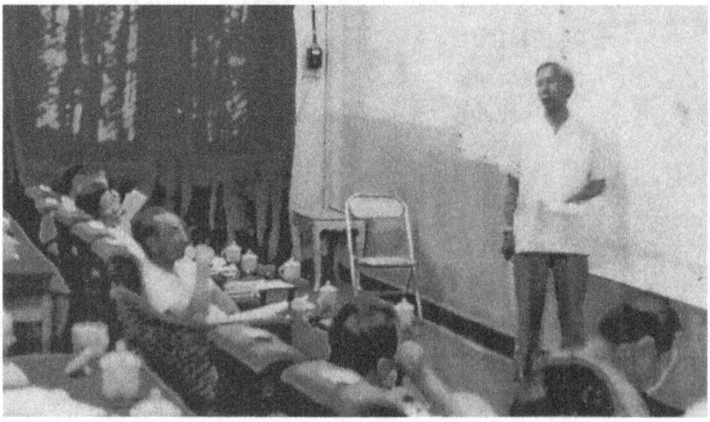

1989 年 8 月 20 日，地质矿产部塔北联合指挥部指挥康玉柱(前一)向国务委员邹家华(右四)一行汇报塔北油气勘探重大突破和下一步勘探部署。

1990 年 8 月 22 日，江泽民总书记(左一)视察塔北石油勘探区时，地质矿产部西北石油地质局副总工程师康玉柱(右一)向江总书记汇报后的亲切握手。

1996 年 5 月 20 日，康玉柱(左四)向中共中央书记处书记温家宝(左一)一行汇报塔里木盆地油气勘探喜获重大进展及下一步勘探部署。

1996 年 5 月 20 日，康玉柱(右一)向中共中央书记处书记温家宝(左一)汇报后合影。

2007 年 8 月 19 日，温家宝总理(中)专程登门看望康玉柱院士(右一)及其夫人刘海琴。

2007 年 8 月 19 日，温家宝总理(前排左五)及中央政治局委员新疆维吾尔自治区党委书记王乐泉(右五)、新疆维吾尔主席司马义·铁力瓦尔地(左三)、国土资源部部长徐绍史(右三)、中国石化副总裁焦方正(左一)和康玉柱院士(右六)及其家人合影。

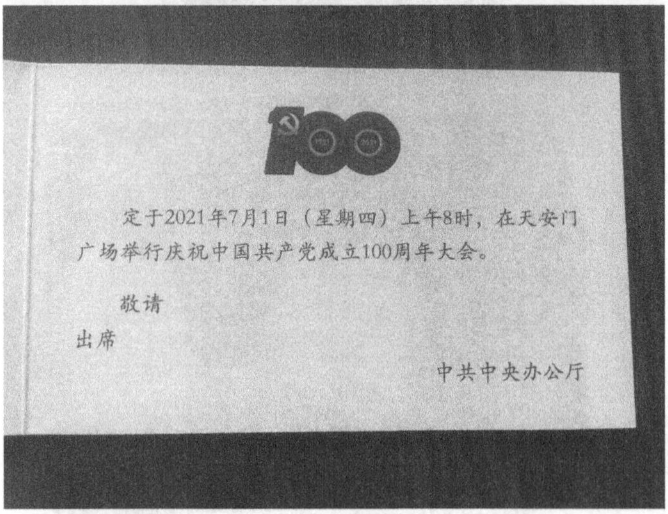

2021 年 7 月 1 日，康玉柱在北京参加庆祝中国共产党成立 100 周年大会。

第二节 省部级领导视察新疆，康玉柱向领导汇报——34次

1. 1970年5月3日，向地质部部长、著名地质学家李四光汇报：战略评价塔里木盆地油气前景的设计方案。

2. 1970年10月，在库车县向石油部部长王星等汇报：塔里木盆地油气前景及勘探部署建议。

3. 1978年1月，在南京向地质部部长孙大光、张铜玉、朱训等领导汇报：塔里木盆地油气前景及勘探部署，并建议尽快组建勘探队伍，早日发现大油田。

4. 1979年10月，在地质部西部新区勘探指挥部会议上，康玉柱向夏国治副部长建议：把勘探重点从塔西南向塔北沙雅隆起转移。

5. 1980年9月，地质部部长孙大光等视察塔里木盆地时，康玉柱向他汇报：塔里木盆地油气勘查新进展，并建议把塔北地区作为油气勘查重点，提出从塔西南向塔北转移。部长孙大光回复：正在考虑中。

6. 1985年2月14日，新疆维吾尔自治区主席铁木尔·达瓦买提到家里慰问时，康玉柱向他汇报：西北石油局油气勘探重大进展。

7. 1986年5月20日，地质部部长朱训等视察新疆时，康玉柱向他们汇报：塔北油气勘探新进展和勘探部署。

8. 1986年6月22日，石油部部长王涛等考察沙参2井现场，康玉柱向他们汇报：沙参2井获高产油气流情况及勘探部署。

9. 1986年11月，地质部副部长塞风、夏国治等考察塔北时，康玉柱向他们汇报：塔北油气勘探重大进展和勘探部署。

10. 1988年8月，康玉柱向地质部部长朱训等汇报：塔里木盆地油气勘探新进展和勘探部署。

11. 1990年8月，地质矿产部部长宋瑞祥等视察塔北时，康玉柱向他们汇报：塔北油气勘探重大进展和勘探部署。他指示：我们开采出来的油气卖钱自己用。

12. 1990年11月，康玉柱向新疆维吾尔自治区党委书记宋汉良汇报：沙22井喜获高产油气流，实现新区、新构造首次重大突破。

13. 1996年8月，地质矿产部副部长陈洲其等考察塔北油田时，康玉柱向他们汇报：塔北油气勘探新进展。

14. 1997年9月，新星石油公司总经理朱家甄等考察沙参2井时，康玉柱向他们汇报：沙参2井获高产油气流情况及工作部署。

15. 1999年8月9日，国土资源部副部长张洪仁到西北石油局考察时，康玉柱

向他汇报：西北石油局油气勘探新进展。

16. 1999 年 12 月，国家经济贸易委员会主任盛华仁等考察西北石油局时，康玉柱向他们汇报：塔北油气勘探新进展。

17. 2000 年 7 月 7 日，新疆维吾尔自治区党委书记张文岳一行，到西北石油局视察。康玉柱向他们汇报了：①新疆三大盆地（塔里木、准噶尔及吐哈）的情况；②近期西北石油局油气勘探新进展；③西北石油局加大了天然气勘探力度。

18. 2002 年 8 月，中国石化高级副总裁牟书令等考察塔北时，康玉柱向他们汇报：塔北油气勘探新进展。

19. 2006 年 1 月，新疆维吾尔自治区党委书记王乐泉到家里慰问时，康玉柱向他汇报：塔北油气勘探重大进展。

20. 2007 年 8 月 19 日，国土资源部部长徐绍史到家里慰问时，康玉柱向他汇报：塔北油气勘探重大进展。

21. 2012 年 1 月 10 日，中国石化总裁王玉普到家里慰问时，康玉柱向他汇报：塔北油气勘探重大进展。

22. 2012 年 1 月，中国石化高级副总裁王志刚、戴厚良、焦方正等领导到家里看望康玉柱。

23. 2012 年 9 月，中国石化高级副总裁曹耀锋等领导到家里看望康玉柱。

24. 2015 年 3 月，康玉柱陪同中国石化总工程师马永生考察涪陵页岩大气田。

25. 2018 年 8 月，康玉柱向中国地质调查局副局长王昆等汇报：中国油气勘探新进展。

26. 2018 年 8 月，康玉柱向吉林省省长景俊海等汇报：吉林省油页岩油资源潜力及建议。

27. 2018 年 9 月，康玉柱向中国地质调查局副局长李金发等汇报：中国非常规油气资源潜力。

28. 2019 年 7 月，康玉柱向中国石化高级副总裁牟书令汇报：新疆石油地质特征及前景评价。

29. 2019 年 8 月，康玉柱向吉林省副省长竺延风汇报：吉林省油页岩油资源前景。

30. 2019 年 9 月，康玉柱向时任广州市市长汇报：南海天然气水合物资源潜力及工作建议。

31. 2019 年 10 月，康玉柱向中国地质调查局局长钟自然等汇报：中国油气资源潜力。

32. 2019 年 10 月，康玉柱向自然资源部陵部长等汇报：中国“十四五”油气发展战略。

33. 2021 年 12 月 9 日，康玉柱向中国石化副总经理喻宝才汇报：参加工作 61 年的主要成就（共 10 大成就），得到副总经理评价：康院士为国家和中国石油工业发展作出巨大贡献！

1970年5月3日，地质部部长李四光听取康玉柱的战略评价塔里木盆地油气前景设计方案。

1980年9月，地质部部长孙大光(左二)在塔里木盆地视察。

1983 年 9 月，康玉柱(右二)陪同著名地质学家孙殿卿(中)、朱夏(左一)及副指挥吕华(左二)等观察天山地质剖面。

1984 年 10 月，新疆维吾尔自治区党委书记王恩茂(右一)及主席司马义 · 艾买提等领导到沙参 2 井出油现场视察。

1985 年 2 月 14 日(春节前夕)，新疆维吾尔自治区主席铁木尔·达瓦买提(右一)专程对刚获地质矿产部找矿特等奖的西北石油地质局副总工程师康玉柱(左一)表示亲切慰问。铁木尔·达瓦买提主席感谢康玉柱和西北石油地质局的同志在塔北沙参 2 井打出高产油气流，打开了南疆各族人民致富的“黄金库”，并代表自治区党委和人民政府，向康玉柱赠送了春节礼品，勉励他在新的一年里，在油气资源勘探上再立新功，拜托他代自己向西北石油地质局干部和工人表达节日问候，拜一个早年，祝大家在新的一年里有更大的突破。

1986 年 5 月，康玉柱(左一)向地质矿产部部长朱训(前排中)一行汇报沙参 2 井喜获油气重大突破并介绍了岩心的储集特征。

1990年11月16日，在沙雅隆起西达里亚构造上设计的沙22井于三叠系获高产油气流，日产油1000立方米、天然气24.6万立方米，康玉柱(右一)向新疆维吾尔自治区党委书记宋汉良(左一)汇报该井实现新区、新构造重大突破的情况和下一步的勘探部署。

1994年11月，地质矿产部部长宋瑞祥(左一)与自治区党委代书记王乐泉(右一)在沙15井抢险保井期间进行亲切交谈。

2006年1月27日(春节前夕)，中共中央政治局委员、新疆维吾尔自治区党委书记王乐泉(中)到康玉柱院士(右一)家中进行亲切慰问。

2007年8月19日，国土资源部部长徐绍史(左一)专程看望康玉柱院士(右一)和其夫人刘海琴。

2012年1月，中国石化集团公司总裁傅成玉(左一)看望康玉柱院士(右一)。

2015年2月12日，中国石化总经理马永生(右)到康玉柱院士(左)家里慰问。

2015 年 5 月 18 日，中国石化集团公司总裁王玉普（左一）看望康玉柱院士（右一）。

2015 年 8 月 20 日，中国工程院考察塔河大油田，观察原油样品。

2018 年 5 月 25 日，中国石化总公司总裁戴厚良（左一）看望康玉柱院士（右一）。

2020 年 9 月 14 日，中国石化院士会议召开期间，康玉柱向中国石化总裁张玉卓汇报西藏盆地油气资源潜力巨大，并建议尽快开展油气勘探工作。

第三章

承担的全国油气地质研究及勘探工作

第一节 承担的全国油气科研项目、主编的规划(设计)及成果报告

1. 1960 年，《吉林幅 1∶20 万地质设计》及报告(独笔)。

2. 1961 年，《华北盆地济阳坳陷第三系岩相古地理研究设计》及报告(独笔)。

3. 1967—1969 年，《甘肃西部主要盆地油气前景评价研究规划与年度设计》及报告(主编)。

4. 1970 年，《塔里木盆地油气前景评价研究设计》及报告(主编)。

5. 1971—1975 年，《中国东南诸省中新生代中的盆地油气前景评价规划年度设计》及报告(主编)。

6. 1978 年，《塔里木盆地石油普查勘探初步设计方案》及报告(独笔)。

7. 1980 年，《地质部新疆石油普查指挥部石油普查设计》及报告(主编)。

8. 1981—1985 年，《塔里木盆地石油普查勘探规划》及报告(主编)。

9. 1986—1990 年，《西北石油地质局石油普查勘探规划》及报告(主编)。

10. 1986 年，《西北石油地质局石油普查勘探设计》及报告(主编)。

11. 1987 年，《西北石油地质局石油普查勘探设计》及报告(主编)。

12. 1988 年，《西北石油地质局石油普查勘探设计》及报告(主编)。

13. 1989 年，《西北石油地质局石油普查勘探设计》及报告(主编)。

14. 1990 年，《西北石油地质局石油普查勘探设计》及报告(主编)。

15. 1991—1995 年，《西北石油局油气普查勘探规划》及报告(主编)。

16. 1991 年，《西北石油局油气普查勘探设计》及报告(主编)。

17. 1992 年，《西北石油局油气普查勘探设计》及报告(主编)。

18. 1993 年，《西北石油局油气普查勘探设计》及报告(主笔)。

19. 1994 年，《西北石油局油气普查勘探设计》及报告(主编)。

20. 1995 年，《西北石油局油气普查勘探设计》及报告(主编)。

21. 1991—1995 年，国家重点科技攻关项目《塔里木盆地油气资源(85-101)立项论证报告及设计》及报告(独笔)。

22. 1996—1998 年，国家重点科技攻关项目《塔里木盆地石油天然气勘探(96-111)，立项论证报告及设计》及报告(独笔)。

23. 1996—2000 年，《新疆“九五”油气勘探开发规划部署》及报告(主编)。

24. 1999—2000 年，国家重点科技攻关项目《塔里木盆地石油天然气勘探(二期)立项论证报告及设计》及报告(独笔)。

25. 2001—2015 年，《塔里木盆地“十五”到 2015 年油气勘探部署建议纲要》及报告(独笔)。

26. 2008—2009 年，中国中长期能源战略研究——石油天然气中长期战略（副组长）。

27. 2007—2010 年，《中国西北地区构造体系控油作用研究规划》及报告（主编）。

28. 2010—2015 年，《中国中东部构造体系控油作用研究规划》及报告（主编）。

29. 2011 年，《鄂尔多斯盆地构造体系控油作用研究设计》及报告（主编）。

30. 2012 年，《四川盆地构造体系控油作用研究设计》及报告（主编）。

31. 2013 年，《松辽盆地构造体系控油作用研究设计》及报告（主编）。

32. 2014 年，《华北盆地构造体系控油作用研究设计》及报告（主编）。

33. 2015 年，《中国南方地区构造体系控油作用研究设计》及报告（主编）。

34. 2017 年，《中国南海北部神狐地区构造体系控油作用研究设计》及报告（主编）。

35. 2020 年，《青藏地区构造体系控油作用研究设计》及报告（主编）。

36. 2021 年，《中国海洋构造体系控油作用研究设计》及报告（主编）。

37. 2022 年，《重庆地区煤炭发展战略研究设计》及报告（主编）。

38. 2022 年，《中国中东部地区构造体系控油作用研究设计》及报告（主编）。

39. 2022 年，《中国主要盆地新生代构造体系控油作用研究设计》及报告（主编）。

第二节　油气勘查的地区

（一）勘查的地区

1. 北京市：昌平、顺义、通州、大兴、房山、门头沟、十三陵、密云、燕山、军都山、密云水库。

2. 天津市：大港、塘沽。

3. 上海市。

4. 广州市。

5. 河北省：石家庄、保定、廊坊、衡水、沧州、邢台、邯郸、承德、秦皇岛、蓟县（现为天津市蓟州区）、唐山、山海关、宣化、张家口、滦县、太行山。

6. 山西省：太原、晋城、长治、临汾、大同、阳泉、运城、左云、右玉、沁水盆地、沁水致密气田、太行山、吕梁山等。

7. 内蒙古自治区：包头、呼和浩特、乌兰察布、登口、银川、杭锦旗、赤峰、鄂尔多斯、呼伦贝尔、二连盆地、银额盆地、阴山、大兴安岭、海拉尔山。

8. 辽宁省：沈阳、四平、阜新、北镇、黑山、盘锦、锦州、鞍山、营口、抚顺、大连、本溪、铁岭、丹东、下辽河盆地、阜新盆地、北镇山、医巫闾山。

9. 吉林省：吉林、长春、永吉、松原、小丰满、盘石、华甸、伊通、敦化、蛟河、桦甸、通化、延吉、图们、摩天岑、松花湖、长白山、延吉盆地、三江盆地、突泉盆地。

10. 黑龙江：哈尔滨、伊春、大庆、齐齐哈尔、鹤岗、佳木斯、鸡西、牡丹江、方正、小兴安岭、松花湖、松辽盆地。

11. 江苏省：南京、徐州、镇江、扬州、泰州、苏州、常州、盐城、无锡、苏北盆地。

12. 浙江省：杭州、温州、绍兴、嘉兴、宁波、丽水、金华、舟山、天台山、雁荡山、括苍山。

13. 安徽省：合肥、蚌埠、滁州、黄山、芜湖、天柱山、马鞍山、黄山、九华山、合肥盆地。

14. 福建省：福州、龙岩、厦门、武夷山。

15. 江西省：南昌、赣州、九江、板石、于都、瑞金、萍乡、信丰、安远、景德镇、上饶、清江盆地、鄱阳盆地、兴国、万安、崇义、大余、怀玉山、九岭山、武夷山、弋阳凹陷等、清江油田、弋阳油藏、崇义县、龙南县、盘古山、新余、新干、永新、吉安、景德镇、鹰潭。

16. 山东省：济南、烟台、威海、青岛、泰安、济宁、聊城、临沂、德州、黄骅、枣庄、淄博、济阳、东营、诸城、泰山、莱阳盆地、昆嵛山、胜利油田等。

17. 河南省：郑州、开封、安阳、信阳、洛阳、南阳、濮阳、焦作、平顶山、周口、襄阳盆地、三门峡、大汶口盆地。

18. 湖北省：武汉、荆州、江陵、潜江、荆门、咸宁、恩施、黄石、仙桃、江汉盆地、江陵凹陷、宜昌斜坡、神农架隆起、秭归、黄冈等。

19. 湖南省：长沙、洞庭湖盆地、武陵山、衡阳、郴州、张家界、常德、湘潭、凤凰城。

20. 广东省：广州、惠州、肇庆、佛山、韶关、东莞、茂名、三水、湛江、深圳等。

21. 广西壮族自治区：桂林、南宁、柳州、安顺、玉林、北海、湛江、百色盆地等。

22. 海南省：海口、琼海、万宁、文昌、五指山、三亚等。

23. 重庆市：涪陵、万州、彭水。

24. 四川省：成都、广元、绵阳、德阳、眉山、资阳、乐山、自贡、宜宾、内江、泸洲、南充、达州、四川盆地、盐源盆地、龙门山、观面山、大巴山、大凉山。

25. 贵州省：贵阳、遵义、贵北、安顺、六盘水、乌江、武陵山等。

26. 云南省：昆明、楚雄、大理、丽江、景洪、冈底斯山、勐海等。

27. 陕西省：西安、咸阳、宝鸡、铜川、鄂尔多斯盆地、河套盆地、渭河盆地等。

28. 甘肃省：兰州、白银、天水、民和盆地、武威盆地、潮水盆地、民乐盆地、酒西盆地、酒东盆地、金塔盆地、花海盆地、踏实盆地、敦煌盆地、阿克塞、六盘山盆地、雅布赖盆地、巴彦浩特盆地等。玉门、星星峡、嘉峪关、酒泉、高台、张掖、祁连县、肃南、金塔、金昌、武威、永登、巴丹吉林沙漠、阿拉善。

29. 青海省：西宁、柴达木盆地、海晏、青海湖、共和盆地等。

30. 宁夏回族自治区：银川、银额盆地。

31. 新疆维吾尔自治区：乌鲁木齐、克拉玛依、星星峡福海、塔里木盆地、准噶尔盆地、吐哈盆地、三塘湖盆地、伊宁盆地、焉耆盆地、大尤都斯盆地、小尤都斯盆地、库米什盆地等。

（二）爬过的大山：25座

大兴安岭、长白山、摩天岭、医巫闾山、燕山、泰山、太行山、吕梁山、大别山、天山、昆仑山、克拉玛依山、阿勒泰山、阿尔金山、祁连山、贺兰山、龙门山、观面山、大巴山、大凉山、武夷山、武功山、天柱山、横山、五指山。

（三）勘查过的海洋

渤海、黄海、东海、南海等。

（四）勘查过的盆地：共60个

松辽、延吉、三江、海拉尔、方正、下辽河、渤海湾、二连、大同、泌阳、鄂尔多斯、河套、渭河、六盘山、民和、武威、潮水、民乐、酒西、酒东、金塔、踏实、敦煌、阿克塞、武威、雅布赖、塔里木、准噶尔、吐哈、三塘湖、伊宁、焉耆、大尤都斯、小尤都斯、柴达木、共和、江汉、江陵、洞庭、苏北、常州、句容、金衢寿昌、清江、波阳、弋阳、吉安、安远、宜丰、宁都、瑞金、会昌、衡阳、桂林、贵阳、百色、板石、三水、东莞、茂名盆地。

第四章

油气地质研究及勘查成果巨大

第一节　参加指导全国 11 轮油气资源评价选区研究

1. 1983—1984 年，任职于地质部石油地质综合研究队。研究了《中国东部四大盆地（松辽、华北、江汉、江苏）油气资源前景评价》。

2. 1971—1976 年，任职于地质部石油地质综合研究队。研究了《中国东南诸省 30 多个中新生代中小盆地油气资源前景评价》。

3. 2006—2015 年，任职于国土资源部，以首席专家的身份参加指导了《全国页岩气资源评价选区研究》。

4. 2007 年至今，国家重大专项，指导研究了《大型油气田及煤层气研究》。

5. 2004—2015 年，任职于国土资源部，参与新一轮全国油气资源评价。

6. 2007—2021 年，任职于中国地质调查局，研究了《全国八大盆地构造体系控油作用研究》。

7. 2008—2012 年，任职于国土资源部，研究了《全球石油地质研究与区域优选》。

8. 2015 年，任职于国土资源部，研究了《全国油气资源动态评价》。

9. 2015 年，任职于国土资源部，指导研究了《全国新一轮油气资源评价》。

10. 2017—2019 年，任职于国土资源部，指导研究了《全国“十三五”油气资源评价》。

11. 2019 年至今，任职于自然资源部，指导研究了《全国油气资源经济与环境评价规划方案》。

第二节　油气地质研究及勘探成果巨大

一、在中国东部参加发现的油田

1961 年 4 月初，康玉柱参加了地质部第一普查勘探大队与石油部华北石油勘探处两个单位一起在济南研究讨论华 8 井、黄 3 井以及辽 3 井的井位部署会议。经过充分讨论后确定了这三口井的具体位置。经过实际勘探，实现首次油气重大突破，三口井均发现了新油田。

（1）1961 年 4 月下旬，华 8 井于古近系实现油气首次重大突破，从而发现胜利大油田；

（2）1962 年 7 月，黄骅坳陷的黄 3 井于古近系实现油气首次重大突破，从而发现黄骅油田；

(3) 1963年8月，辽河盆地的辽3井，于古近系实现油气首次重大突破，从而发现辽河油田。

二、开拓了中国古生代海相油气新领域，在新疆维吾尔自治区主持发现世界级塔河大油田和30多个油气田

几十年来，中国古生代海相成油，一直是国内外专家、学者十分关注的大问题。1922年，美国斯坦福大学的布莱维尔德教授说："中国缺石油可归因于三个地质条件——第一，中、新生代没有海相沉积；第二，古生代大部分地层不能生成石油；第三，除西部和西北部某些地区外，几乎所有地质时代的岩石遭受强烈的褶皱、断裂，并受到火成岩不同程度的侵入。"当时有些学者也跟着大讲中国无油、古生代海相无油……

国内不少专家、学者，对我国古生代海相油气勘探做了大量的工作，但一直没取得大的突破。因此，长期以来，摆在我国石油地质学家、学者面前的是两大难题与挑战：一是中国古生代海相到底有没有石油？二是古生代海相石油在哪里？

打起塔里木盆地油气勘探的帅旗！

塔里木盆地是我国最大的内陆盆地，面积达56万平方公里。从1952年开始，塔里木盆地的油气勘查工作经过五上五下的勘查历程，也没有取得大的突破和发现。

1970年初，地质部从我国油气工业发展战略出发，提前5~10年，为石油工业部门作好油气开发基地准备，首先看好塔里木盆地。并指令康玉柱带领西北分队到塔里木盆地进行油气前景战略评价。1970年5月中旬，康玉柱带领西北分队，以地质力学理论为指导，开展了全盆地的野外地质调查和综合研究工作：1970年7月下旬，首次在塔西南昆仑山前发现了石炭—二叠系重要的生储油岩系；之后又发现了寒武—奥陶系重要的生储油岩系，油气成藏条件好。

1970年10月，石油部在库车召开了塔里木盆地油气勘探部署讨论会。当时，石油部部长王星特邀康玉柱在会上发言，讲一下对塔里木盆地油气前景的认识和下一步的工作安排等。康玉柱应邀作了《塔里木盆地油气前景认识和今后工作部署建议》的报告，认为：塔里木盆地地层沉积齐全，既有古生界又有中新生界。不但有中新代生油岩，尤其我们又发现了石炭—二叠系和寒武—奥陶系生油岩。油气资源十分丰富，成藏条件优越。还发育有多个大型隆起和坳陷。所以，油气资源前景十分乐观。但是，当时在会上，有些人反对康玉柱的这些认识和看法，并说：我们中石油从1952年开始对塔里木盆地进行油气勘探，经过五上五下的曲折历程，也没有取得大的突破和发现……也有人说：塔里木盆地的地质条件和成藏条件太复杂，叫孙子辈去搞吧！

1970年12月底，康玉柱在由其主编的《塔里木盆地油气前景评价报告》中指出：塔里木盆地具有统一的前震旦系结晶变质基底，广泛的古生界基础和巨厚的中新生界盖层；该盆地是多构造体系控制的复合型盆地，具有多旋回沉积，发育多套生油岩。既有中新生界，又有古生界。尤其古生界生油岩厚度大、分布广。油气资源十分丰富，潜力大。具有多时代成油组合特征，具有多圈闭类型，找油领域广泛。首次提出——塔里木盆地是我国重要的大型含油气区，建议"地质部快上勘探队伍，

早日发现大油田”。

1. 组建西北石油地质局

1977 年至 1978 年 5 月，康玉柱根据国家地质总局的指示，组建了西北石油地质局，并担任技术负责人。

2. 扎根边疆找大油田的重大抉择

康玉柱经过 1970 年的战略评价塔里木盆地和 1977 年筹建西北石油局的再次调研，认为塔里木盆地可以找到大油田，可以为党和人民作点贡献。1978 年底，康玉柱毅然决然地向国家地质总局石油局领导苏局长提出：申请去新疆西北石油地质局工作。当时，石油局的苏局长说：“老康啊！你申请去新疆工作太好了，你对新疆塔里木盆地比较了解。但在这之前，石油局曾请三个大队技术负责人去新疆，人家都说有困难不去。所以，你要好好考虑一下，要去的话不是一两年，而是要长期干下去，而且要全家去才行。”康玉柱经过和夫人刘海琴沟通后，于 1980 年初，正式调入西北石油地质局工作；1982 年，康玉柱全家从鱼米之乡的湖北荆州迁到祖国边疆乌鲁木齐落户，扎根边疆找大油田。

3. 战略转移到塔北沙雅隆起

1978—1979 年，西北石油局先在塔西南喀什—麦盖提地区，经过一年多的勘探工作，发现了两大难题：一是塔西南地区目的层埋藏太深，当时，钻机打不到；二是地表构造十分复杂。必须寻找新的勘探靶区。那么，新的勘探靶区在哪里呢？1979 年 9 月中旬，国家地质总局和西北石油局在新疆阿克苏召开油气勘探部署工作会议，会上，康玉柱首先提出向塔北部沙雅隆起转移的建议。

但是，当时有些同志反对说：“中国石油在该区开展油气勘探工作约十年之久，作了大量重力磁力、电法及地震勘探，还打了四口探井之后认为——沙雅隆起新生界直接盖在古老变质岩上，因此不是有利的油气远景区！为什么我们还要上呢？”

康玉柱用构造体系控油理论指出：一是沙雅隆起在早古生代时，可能西与柯坪隆起、东与库鲁克塔格隆起同为一个东西向沉降带。晚古生代以来，东、西两个沉降带开始隆升而形成现在的隆起带，但沙雅隆起继续沉降接受沉积。现在看到的西部柯坪隆起和东部的库鲁克塔格古生界发育齐全。因此，推测沙雅隆起不但发育有中新生界，也发育有古生界。二是该区含油气目的层埋藏较浅，预测为 5000 米左右，钻机可钻。三是地表主要是戈壁滩，交通条件较好。

这些认识得到了同事和领导的支持，经上级同意，从 1980 年初，将勘探重点由塔西南坳陷转到塔北沙雅隆起。

4. 中国古生代海相油气首次取得重大突破

从 1980 年初，康玉柱主持在沙雅隆起进行勘探工作，经过一年多的勘探，于 1982 年上半年，地震勘探发现了雅克拉古潜山构造。经过加密地震测线，圈定了构造高点。1983 年初，康玉柱立即主持在雅克拉古潜山构造上部署沙参 2 井。经上级同意后，沙参 2 井于 1983 年 8 月 12 日正式开钻。

1984 年 8 月中旬，该井打到 5363. 5 米，见到了奥陶系古潜山风化面，并取得少量白云岩岩心，但未见油气显示，却开始发生严重井漏，漏失泥浆 1000 立方米以上。当时，钻井工程领导强烈要求停钻完井！理由一是井内没有任何油气显示，没有必要再往下钻了。二是要再往下钻进，必需先堵漏。要堵漏还要上百万元投资。如果再没有油气，就是极大的浪费，谁来负责！在要不要加深钻进的讨论会上，康玉柱果断提出：绝不能停钻！至少再打 100 米。其理由为：①只见一点白云岩还不能确定地质时代，原地质任务尚未完成；②该井在 3800 多米处见到的油砂，很可能是从深部运移上来的，油气还在下面；③根据我国古潜山油气藏特征，古风化壳有油不一定在表面，往往在古风化面下一定深度的风化淋滤带内。康玉柱的这个意见，得到参加会议的同志和领导的支持，后又得到上级领导的同意，决定加深。经过堵漏和下 7 寸技术套管后，又继续钻进。

1984 年 9 月 22 日，沙参 2 井只加深了近 28 米，即于 5391. 18 米，发现强烈井喷，喜获高产油气流，日产油 1000 余吨、天然气 200 万立方米，实现了我国古生代海相油气田首次重大突破。

沙参 2 井油气突破的意义为：①实现了深层古生界奥陶系海相碳酸盐岩油气田首次重大突破，成为我国乃至全球油气勘探史上一个重要的里程碑。②开辟了古生代海相油气勘探新纪元。③甩掉了中国古生代海相无油气的帽子。④是塔里木油气勘探的新转折。⑤为我国石油工业“稳定东部、发展西部”战略方针的确定，提供了重要的科学依据。⑥拉开了塔里木油气勘探大会战的序幕，为当前油气勘探的翻天覆地的大好局面奠定了坚实的基础。

• 1984年9月22日，位于库车县东南的沙参2井喜获高产油气流，日产原油1000余吨、天然气200万立方米。

5. 国家领导人高度评价

1986 年 6 月 7 日，胡耀邦总书记参观塔北油气勘探成果展览，特别是当他看到沙参 2 井获油气重大突破的录像后，连声说："好，好，好！""很了不起"。

1984 年 11 月 29 日国务院副总理万里听了关于沙参 2 井油气重大突破的汇报后说："中国人自己搞出来的很了不起，这是一个大贡献。"

著名地质学家黄汲清题词：喷油奥陶系、伴有天然气、康工主战场、开天又辟地……

6. 创新认识、科学预测

1984 年 10 月 16 日，康玉柱代表西北石油局到北京向地质矿产部部长等领导和知名专家汇报《沙参 2 井喜获高产油气流》的情况，认为：一是沙参 2 井揭开了塔里木古生界海相碳酸盐岩找油新领域。二是沙参 2 井油气重大突破，展示了沙雅隆起（面积 3 万平方公里）是一个大型油气富集带。三是沙参 2 井是古潜山油气藏类型，在盆地腹部的隆起区及斜坡区还会发现该类型油气田。四是塔里木盆地 5000 米以下，还有很丰富的高产油气田，深部找油潜力很大（上述认识已被后期勘探实践所证实），并建议地质矿产部加大塔里木盆地油气勘探力度，组织找油大会战。

7. 创建了中国第一个古生代海相大油气区

1985 年初，为迅速扩大沙参 2 井的油气成果，地质矿产部支持了康玉柱的建议。决定在塔里木盆地北部开展空前规模的联合勘探，从六个地区局调集 6000 多人参加会战，并成立"地质矿产部塔北油气勘探联合指挥部"。康玉柱任指挥和专家组组长。康玉柱提出了"扩大雅克拉，东西展开，注意新层系新地区的油气发现"的勘探部署方案，1985—2007 年，实现了油气连续突破，在 8 个层系发现了 20 个油气田和 1 个大油田，分别为：雅克拉、二八台、轮台、提尔根、跃进、大涝坝、亚哈、亚肯、丘里、阿克库木、阿克库勒、阿克莫奇、西达里亚、东达里亚、艾协克、艾西、艾南、桑塔木、沙西、东河塘等油气田和塔河大油田。2014 年，塔北油气累计探明储量达 20 亿吨油当量，三级储量达 50 亿吨油当量。2020 年产油气达 1000 万吨，创建了中国第一个古生代海相大油气区。

8. 世界级塔河大油田的发现

自 1984 年沙参 2 井实现海相油气首次重大突破后，到 1989 年在塔北已经发现 10 多个油气田了，但一直未发现大油气田。在油气勘探部署会上，有的同志开始产生怀疑：塔里木盆地古生界成藏条件太复杂，难以形成大油气田。也有的同志表示：海相碳酸盐岩油田是块硬骨头，叫孙子辈去找吧！

康玉柱不同意这些悲观意见，他认为：①塔里木具有两套古生界石炭—二叠系及寒武—奥陶系烃源岩，油气资源十分丰富，潜力大。具备多套成油组合，具备形成大油气田的地质条件。②特别是塔里木已经在不同的构造部位打出五口上千吨的油气井，如沙参 2 井（3000 吨）、沙 5 井（3700 吨）、塔中 1 井（2000 吨）、沙 20 井（1200 吨）、沙 18 井（5000 吨），充分展示了古生界油气资源潜力。③只要坚持在古生界、古隆起、古斜坡、区域不整合及断裂带勘探，一定会有大发现。④特别是在"阿克库勒凸起"高部位，也是阿克库勒大型旋扭构造带中心部位，很可能找到大油田。由此，1989 年初，康玉柱主持加快了“阿克库勒凸起”构造带的二维地震勘探工作。

1990 年 3 月，在“阿克库勒凸起”的高部位发现艾协克构造。康玉柱立即主持部署了沙 23 井，该井于石炭系见良好油气显示，但测井资料显示为水层。康玉柱请测井站再次处理解译后，仍然显示为水层。所以，当时对这个层要不要测试的分歧很大，有的领导也产生了动摇。

但康玉柱坚持要进行测试，原因：一是这个井是新地区、新构造上的探井，有无油气很关键。二是在石炭系已见良好的油气显示，应该有油气。

1990 年 10 月 22 日，经过测试，喜获高产油气流，实现了该区首次重大突破。由此，发现了塔河大油田。

为了扩大战果，加大了勘探力度，必需申请探矿权。康玉柱经过和矿权登记办公室领导三次协调后，获探矿权面积达 8000 平方千米。康玉柱立即主持部署三维地震勘探。1996 年初，根据三维地震新资料发现的三个古潜山高点，康玉柱主持部署沙 46 井、沙 47 井、沙 48 井和 2 口评价井。这三口探井于 1997 年在奥陶系均获高产油气流。尤其，沙 48 井日产油 570 吨、天然气少量。由此，塔河大油田定型。2016 年探明储达 14 亿吨油当量。成为中国第一个古生海相大油田，也是世界上的奥陶系大油田。

新疆维吾尔自治区地质矿产部塔北油气地质勘查工作实现重大突破庆功表彰大会。

9. 国家领导人高度评价

(1) 1990 年 8 月 22 日，江泽民总书记视察塔北时，听取了中石油塔指及地质矿产部塔北联指指挥康玉柱汇报“塔里木盆地油气勘探重大进展”后，作了重要讲话：塔里木盆地油气勘探进展很快，我们很高兴，我代表党中央、国务院、中央军委向你们并通过你们向战斗在塔里木全体石油勘探的职工表示衷心的感谢！

(2) 1996 年 5 月 20 日，时任中共中央书记处书记温家宝到南疆视察，听了中国石油公司及康玉柱的汇报后，作了重要讲话：你们为塔里木石油勘探作出了很大贡献，党和政府及全国人民感谢你们！我向在这里工作的全体干部、职工及技术人员，再次表示感谢、慰问！

(3) 1998 年 10 月 10 日，国务院总理李鹏在地质矿产部《关于塔北油气勘探连获突破的情况汇报》上批示“很好，请继续努力”。

1999 年 9 月 3 日，国务院总理李鹏在地质矿产部部长朱训《关于地质矿产部门油气地质工作近期取得进展的情况汇报》上批示——“江泽民同志和我对你们获得的成就感到十分高兴，向你们致以热烈的祝贺”。

10. 2012 年，西北石油局将《塔河奥陶系碳酸盐岩大油田勘探与开发》成果申报国家科技进步一奖

康玉柱是塔河大油田的主持发现者，理应在请奖报告中获奖名单上排第一位。但他把这个大奖和荣誉让给了年轻人。当时，在国家科技部召开的科技进步奖评审会上，有的评委委员说：塔河大油田是康玉柱院士主持发现的。但他不上请奖名单，把荣誉和奖励让给了年轻人，这种高尚的品格，真使人敬佩。

11. 开拓巴楚—麦盖提地区，发现第二个油气富集区

1990 年 8 月，地质矿产部领导指示：沙雅隆起已经发现多个油气田，成为塔里木盆地第一油气富集区了，那么塔里木盆地第二个油气富集区在哪里呢？康玉柱首先提出巴楚隆起—麦盖提斜坡可作为第二个油气富集区目标。

(1) 巴楚隆起—麦盖提斜坡。

1990 年 8 月中旬，在西北石油局勘探部署讨论会上，康玉柱根据地质力学及古生代海相成油理论，首先提出了巴楚隆起—麦盖提斜坡可作为首选目标。寻找第二个油气富集带。

但在当时的讨论会上，有的同志反对：前人在这个地区做了八年多的勘探工作。重力、磁力、电法和地震勘探全做了，还打了 9 口探井，未发现油气而放弃了；这个地区保存条件差，断裂发育、多期活动，油气很难成藏，风险太大！……康玉柱不同意这些论调。

(2) 康玉柱坚持上勘探的理由。

① 巴楚—麦盖提地区，发育二套古生代烃源岩(石炭—二叠系、寒武—奥陶系)厚度大、分布广，油气资源丰富。②多时代成油组合：中生界、上古生界及下古生界等，成藏条件好。③构建条件优越：古隆起、古斜坡是两侧油气运移的指向区，而且构造发育。④断裂较发育，它是油气运移的通道，也是油气聚集的部位。少数通天断裂影响不大。统一了认识后，决定上勘探队伍，进行勘探工作。

(3) 发现巴什托油气田。

1991 年，在麦盖提斜坡地区开展了地震勘探，并发现了巴什托构造。1992 年 10 月，康玉柱主持在巴什托构造部署了麦 3 井。这时，中国石油知道后，也要在这个构造上布置曲 3 井(中国石油称这个构造为曲若卡克构造)。当时，区块登记办公室领导来协调，结果协调不了，只好同意两个单位同时上钻勘探。麦 3 井和曲 3 井都部署在构造高点上，两口井相距约 1.5 公里。中国石油的曲 3 井于 1992 年 8 月中旬打到石炭系目的层后，任何显示都没有。当时，西北石油局地质处有的同志提出：“曲 3 井没有油气显示，我们麦 3 井没有必要再往下打了，应该停钻完井了！可以节省投资近百万元。”当时，康玉柱说：“我们不能停钻完井！按设计继续往下打！并要求地质处派人到井场进行现场监控，要严格按设计执行。”

麦3井在1992年9月14日于石炭系见到4米厚的良好的油气显示。于1992年9月22日，经过测试获高产油气流。日产油16立方米、天然气80万立方米。实现了麦盖提斜坡首次导向性重大突破，发现了巴什托油气田。后来了解到，中国石油的曲3井，因为泥浆比重过大，把油气压制住了。

(4) 发现亚松迪油气田。

1994年，在巴楚隆起上发现了亚松迪构造。1995年初，康玉柱主持在该构建上部署了巴参1井。1995年9月17日于石炭系获高产油气流，日产油61吨、天然气少量。实现了巴楚隆起首次导向性重大突破，发现亚松迪油气田。

这两口井突破的意义：①两个构造单元首次导向性重大突破。②证明了麦盖提斜坡和巴楚隆起具有形成大油气田的地质条件，又为国家发现两个新的油气勘探开发基地。

12. 高薪聘任、婉言谢绝

1996年9月去美国考察时，第一天晚上美孚公司的领导请他们吃饭，快结束时，美孚公司的领导突然说：康总，我司想聘请你担任我司北京办事处的高级顾问。他立即回答：不行！我不会英语。美孚公司的领导说：没关系，给你派一个高级翻译。晚上他又委派他的秘书到康玉柱的住房里，专谈聘高级顾问的任务及待遇。秘书说：在北京仅月薪就有8000美元，其他待遇不算。康玉柱一听月薪真高呀！当时他在西北石油局的月薪才1000多元。但他还是婉言谢绝了。后来有记者采访时问他：那么诱人的高薪水你为什么不干呢？你是怎么想的呢？他回答说：我从中学到大学全享受的国家助学金，才能有今天，我的家才能有今天。

13. 开创准噶尔盆地、发现10个油气田

中国石化的领导从我国油气资源发展战略出发，为加快中国西部油气勘探工作，成立了中国石化西部新区勘探指挥部(简称西指)。当时，中国石化的领导到康玉柱的办公室，"请康玉柱出山"。并邀其担任中国石化西部新区勘探指挥部副总经理兼总地质师，于是，康玉柱重返生产第一线，又开始主持准噶尔盆地的油气勘探工作。

2001—2007年，康玉柱在准噶尔盆地的新地区、新构造和新深度，主持发现了10个油气田(莫西庄、沙窝地、征沙村、董家海、博乐、柴窝堡、永进、车排2、车排6、哈山)，为国家油气工业发展作出了新贡献。

(1) 准噶尔地油气勘探部署。

2001年1月初，康玉柱主持准噶尔地油气勘探部署讨论会，会上有的同志说：准噶尔地油气勘探更难搞，因为中国石油在准噶尔地区进行了约50年的油气勘探。我们再发现新油田的难度太大！……康玉柱不同意这种认识，并说：塔里木盆地中国石油也勘探了几十年，我们于1979年才开始进行油气勘探，不是也发现了大油田和多个油田吗？所以，在准噶尔盆地也一定能发现新油田。统一认识后，康玉柱主持把中国石油没有登记的地区和他们认为没有油气的地区、深层、边角地区，全部登记了。共发现10个油气田。

(2) 莫西庄油田发现。

2002年，在准噶尔盆地中南部坳陷内，地震勘探发现了莫西庄侏罗系构造，深度约5800米。在康玉柱主持上钻勘探的讨论会上，有人反对说：中国石油有的同志

认为4600米深无油气应放弃了，太深了储层不好，不会有油。康玉柱不同意这种认识。因为中新生代沉积环境准噶尔盆地与塔里木盆地沉积体系基本相似。塔里木盆地侏罗系5000多米深层都发现了油气田，准噶尔盆地也应该没问题。统一认识后上钻勘探，于2020年10月该井于侏罗系5800多米时获油气流。发现莫西庄侏罗系油田。

（3）车排子油气田的发现。

2004年初，讨论在准噶尔盆地西南部车排子凸起上部署勘探工作。会上有的同志说：中国石油在这个地区勘探多年，还打了10多口浅井，只发现些沥青后放弃了，这个地区的目的层是新近系，埋藏太浅了，保存条件太差，难以成藏。我们还上吗？康玉柱认为：①新近系埋藏虽然较浅，但是为砂泥岩互层，有利油气的保存。②第三系下面是石炭—二叠系具多时代成油组合，前景乐观，应该进行勘探。

2005年3月10日，康玉柱主持部署的排2井，于井深1013米喜获高产油气流。日产油气1000多立方米油当量。发现排2油气田（春光油气田）。2006年又发现排6油气田（春风油气田）。

14. 海相帅旗、领航奋进

1984年以来，沙参2井的重大突破和塔河大油田的发现以及古生代海相成油理论等，有效地带动和指导了中国古生代海相油气田大发现。到2020年全国共发现古生代海相30个大油气田和50多个油气田。具体情况如下：①塔里木盆地，共发现8个大油气田；②准噶尔盆地，发现3个大油气田；③鄂尔多斯盆地，发现9个大气田；④四川盆地，发现10个大油气田。使我国油气储产量快速增长，实现了中国油气勘探第二大跨越。

15. 地质力学理论很有生命力，要把这面大旗撑下去！

2007年8月19日，国务院总理温家宝专程到家里看望康玉柱院士，温总理一见到康玉柱院士的面就说："我是专程来看你的。1984年你主持发现的沙参2井，实现了中国古生代海相油气首次重大突破，甩掉了中国海相无油的帽子，很了不起！"

康玉柱向温总理汇报"如何应用李四光创立的地质力学理论为指导，在塔里木盆地发现大油气田"时，温总理说：地质力学理论很有生命力。要把这面大旗撑下去！按照温总理的指示，取得了辉煌成果，又发现一批油气田。

16. 参加指导在全国发现48个油气田（藏）

（1）1960—1961年，在地质部第一普查勘探大队，主持研究渤海湾盆地济阳坳陷新生代沉积特征及油气前景评价后，首次提出古近系沙河街组，生储盖条件优越，应作为主要勘探目的层。对胜利大油田的油气勘探，起到了重要的指导作用。

1961年初，参加地质部第一普查勘探大队，济阳坳陷华8井位讨论，发现胜利大油田。

（2）1962年，参加地质部第一普查勘探大队，黄骅坳陷黄3井位讨论，发现大港油田。

（3）1963年，参加指导发现下辽河第三系首次重大突破，发现下辽河第三系油田。

（4）1962—1964 年，参加地质部石油地质综合研究大队，开展了中国东部四大盆地（松辽、华北、苏北及江汉）油气资源前景评价和选区，在此过程中，首次提出四大盆地中生界白垩系和侏罗系油气前景评价研究。

（5）1968 年，参加地质部石油地质综合研究大队，在潮水盆地发现侏罗系获油流。

（6）1968 年，参加地质部石油地质综合研究大队，在金塔花海盆地发现侏罗系—白垩系获油流。

（7）1969 年，参加地质部石油地质综合研究大队，在酒泉盆地白垩系发现油田。

（8）1971 年，参加地质部石油地质综合研究大队，在江西省清江盆地新生界发现油田。

（9）1973 年，参加地质部石油地质综合研究大队，在江西省弋阳盆地侏罗系发现油流。

（10）1975 年，参加广州 735 队，在广东三水盆地发现古近系油田。

（11）1985 年，参加西北石油局，在吐鲁番盆地发现二叠系油田。

（12）1985 年，参加西北石油局，在三塘湖盆地发现侏罗系油田。

（13）1988 年，指导中原油田，在伊宁盆地发现石炭—二叠系油田。

（14）2002 年，参加地质矿产部石油勘探开发研究院，在苏北盆地发现中生界—二叠系油田。

（15）2004 年，参加地质矿产部地质综合研究大队，在松辽盆地，方正断陷发现下白垩统砂岩油流。

（16）2010 年，参加地质矿产部地质综合研究大队，在四川盆地发现页岩气。

（17）2012 年，指导河南省中原油田，在中牟郑东页 1 井发现二叠系油流。

（18）2012 年，参加广州海洋局，在南海北部神孤地区发现陵水油气田（专家）。

（19）2014 年，参加延长油田，在鄂尔多斯盆地延安 1 井发现延安大气田，并首次提出全盆含气半盆油的新认识。

（20）2014 年，参加中国地质调查局，在松辽盆地发现下白垩粉细砂岩致密油流。

（21）2014 年，指导中原油田南华北，发现二叠系砂岩致密油流。

（22）2014 年，参加指导吉林省众诚公司，在松源地区地下 300 米油页岩油原位采成功。

（23）2015 年，参加中国地质调查局，在松辽突泉盆地发现侏罗系砂岩油流。

（24）2015 年，指导辽宁地质调查院，在下辽河盆地发现古近系砂岩油流。

（25）2016 年，参加中国地质调查局，在四川盆地川高参 1 井获高产煤层气及致密气（695 米深，日初产气 8307 立方米）。

（26）2016 年，参加中国地质调查局，在二连盆地发现下白垩统砂岩油流。

（27）2016 年，指导贵州省地质调查院，在北部安场构造安页 1 井下志留统泥质云岩及云质泥岩夹云质粉砂岩发现致密气及页岩气流（日产气 42 万立方米）。

（28）2016 年，指导河南省油田，在安深 1 井，2488 米处发现二叠系（日产油

2.5 吨)。

(29) 2016 年，指导中原油田，在南华北泌阳坳陷发现三叠系油流。

(30) 2016 年，参加江西省地质调查，在北部发现二叠系致密砂岩气流。

(31) 2016 年，参加辽宁地质调查院，在阜新盆地，发现下白垩统，发现致密砂岩油流。

(32) 2016 年，指导中国地质调查局，在黑龙江省海拉尔盆地发现下白垩砂岩油流。

(33) 2017 年，参加中国地质调查局，在湖北省宜昌鄂阳页 1 井，寒武系获致密气流及页岩气流(日产气 7.83 万立方米)。

(34) 2017 年，参加中国地质调查局，在湖北省宜昌鄂阳页 2 井，震旦系获致密气流及页岩气流(日产气 5.53 万立方米)。

(35) 2017 年，指导广西地质调查院，在广西桂林坳陷石炭—泥盆系获致密气流。

(36) 2017 年，指导贵州省能源投资公司，在岑巩天星 1HF 井寒武系发现致密气流。

(37) 2017 年，参加中国地质调查局，在内蒙古银额盆地拐参 1 井发现二叠系砂岩致密油流。

(38) 2017 年，参加青岛海洋研究所，在黄海二叠系发现砂岩致密气流。

(39) 2017 年，参加广州海洋局，在南海天然气水合物试采成功。初产天然气 3 万立方米，后日产 8000~6000 立方米。稳产 62 天，成为世界稳产时间最长的油气田，党中央及国务院发贺电祝贺!

(40) 2018 年，参加中国地质调查局，在内蒙古银额盆地，拐参 2 井花岗岩发现油流。

(41) 2018 年，参加中国地质调查局，在准南发现侏罗系煤层气流、致密油气田、乌伦古致密气流。

(42) 2018 年，参加地质力学所，在柴达木盆地上石炭统发现气流。

(43) 2018 年，参加四川省勘探公司，在涪陵发现页岩大气田。

(44) 2018 年，参加广西省地质调查院，在桂中坳陷桂融页 1 井 524 米处发现页岩气流(日产气 1 万立方米)。

(45) 2019 年，参加河北省煤田局，在张家口发现致密气、煤层气流。

(46) 2019 年，参加中国地质调查局，在安徽省合肥皖太参 1 井，发现二叠系致密气流。

(47) 2019 年，指导山西省地质调查院，在泌阳盆地发现中生界二叠系致密气流。

17. 首次提出“南海地块”的存在

2019 年，我国南海海域面积约为 $300\times10^8 km^2$。多年来，国内外许多专家、学者把南海海域分割到相邻的地块中。比如北部划归为华夏地块、西部划归为印度地块、东部划归为菲律宾地块，这些划法缺乏科学依据，特别是南海海域被相邻地块划出部分与其邻地块在地质构造特征及演化等方面的差异很大，从地质构造条件分析与其周围各地块可以说是格格不入。笔者经多年研究认为南海海域是一个不可分割的独立地块——海南地块。其依据为：①南海地块的基底是由前寒武系变质岩组成的，比四周各地块基底时代新。②南海地块地壳比四周各地块地壳厚度薄，为15~30km。③南海地块的沉积体系，古—中生界沉积残缺不全，只是新生界沉积发育齐全、分布广泛。而且以海相及海陆交互相为主，最大厚度达万米。④构造运动特征为南海地块新生代共有四次构造运动，是世界上构造运动最强烈的地区之一。

我国南海油气及天然气水合物成藏条件十分优越。目前，南海地块新生界已发现上百个油气田，而且以气为主。四类气源共存：生物气、浅层热解气、中深层热解气及油气田气等。是天然气水合物成藏的重要气源区，资源潜力巨大。

第五章

公开发表的科技论文及重要论文

第一节 公开发表的科技论文

公开发表的科技论文如表 5-1 所示。

表 5-1 康玉柱院士公开发表的科技论文

序号	时间	论文
1	1980 年 9 月	《塔里木盆地石油地质特征及找油方向》，第二次塔里木盆地油气资源座谈会上的发言
2	1981 年 7 月	《塔里木盆地中新生代构造特征》，全国中新生代构造研讨会上发言并编入论文集
3	1981 年 12 月	《塔里木盆地石油地质特征》，石油与天然气
4	1982 年 4 月 12 日	《富含油气的塔里木盆地》，中国地质报
5	1982 年 9 月	《塔里木盆地跃参 1 井获新成果》，石油与天然气，第三卷
6	1982 年	《塔里木盆地中新生代岩相古地理与油气关系探讨》(中国地质学会成立 60 周年论文)，汇编入会议论文集
7	1983 年 9 月	《中国西北地区石油地质特征及油气远景》(石油部西北地区石油勘探会上的发言)，石油实验地质，1984，6(3)，229-230 页
8	1983 年 12 月	《西北地区的油气资源》，中国地质报
9	1984 年 3 月	《塔里木盆地找油工作的重大进展》，石油与天然气地质，5(1)
10	1984 年 9 月	《新疆石油地质特征》，第三次塔里木盆地油气资源座谈会上的论文
11	1984 年 9 月	《西北地区石油地质特征及油气前景》，石油实验地质，6(3)，229-240 页
12	1984 年 12 月	《揭开塔里木油气之谜的沙参 2 井》，中国地质报(头版头条)
13	1984 年 12 月	《具有战略意义的重大突破》，中国地质报 2 版
14	1985 年 3 月	《塔北沙雅隆起雅克拉油气田的发现》，地球科学学术会议论文
15	1985 年 6 月	《沙参 2 井高产油气流的发现及今后找油方向》，石油与天然气地质，6
16	1985 年 8 月	《塔里木盆地沙雅隆起高产油气流的发现》，新疆地质
17	1985 年 11 月	《塔里木工业油气流的油源岩——古生代海相》，中国地质报 2 版
18	1985 年 12 月	《塔北沙雅隆起地质构造特征及找油前景》，石油与天然气地质，5(3)
19	1986 年 3 月	《塔里木盆地古生代海相油气田的发现和前景》，海相沉积区油气地质，1(1)
20	1986 年 9 月	《塔里木盆地构造体系与油气关系》，国际地质力学学术讨论会论文
21	1987 年 3 月	《塔里木盆地古生代油气资源丰富》，中国地质，3，13-14 页
22	1987 年	《新疆石油与天然气工业发展的战略设施》，中国西部开发报二版
23	1988 年 10 月	《塔里木地块(台)——盆地构造运动特征》，新疆地质
24	1988 年 10 月	《塔里木盆地是寻找古生代油气田最佳地区》，中国地质，10，17-19 页
25	1989 年 3 月	《塔里木盆地油气勘查进入新阶段》，中国地质报

续表

序号	时间	论文
26	1989年9月	《塔里木盆地油气勘查获巨大成果》，石油与天然气地质，10(3)，276-283页
27	1989年9月	《塔里木盆地北部石油地质几个问题的讨论》，现代地质，3(1)
28	1990年4月	《地质力学在塔里木盆地找油工作中的应用——纪念李四光教授诞辰100周年》，新疆地质，(1)，1-11页
29	1990年5月	《塔里木盆地构造体系与油气关系》，地质力学文集，9，105-114页
30	1991年12月	《塔里木盆地是我国油气资源战略接替区》，塔里木盆地北部油气地质研究文集，(2)
31	1991年12月	《试论塔里木盆地油气分布规律找油方向》，地球科学，16(4)，430-436页
32	1992年3月	《论塔里木盆地形成大油气田的地质条件》，现代地质，6(1)，11-39页
33	1993年6月	《塔里木盆地形成演化及构造特征与油气关系》，新疆地质，11(2)，95-103页
34	1995年	《中国西北地区石油地质特征成矿规律及油气前景预测》，预测找矿文集，中国地质科学院
35	1995年	《塔里木盆地古生代海相成油及特征》，新疆第三届天山地质矿产学术讨论会论文选集
36	1995年6月	《地质力学在塔里木盆地油气勘探中的重大进展》，地质力学学报，1(2)，1-10页
37	1995年10月	《塔里木盆地油气地质新进展》，中国地质学会"八五"成果交流会论文
38	1996年5月23日	《塔里木古生代海相油气的发现及意义》，中国西部开发报
39	1996年6月	《塔里木盆地构造演化与油气》，东亚地球科学(英文版)
40	1996年9月	《塔里木盆地古生代海相成油与特征》，第30届国际地质大会，中国论文集
41	1996年	《新疆优势矿产勘查开发战略探讨》，陈哲夫、康玉柱、杜焕民、李世文，中国西北地区经济发展战略研究论文集
42	1997年12月	《新疆油气地质研究》，新疆地质，15(1)
43	1998年4月	《塔里木盆地油气资源》，地质科技管理，(2-3)
44	1998年9月	《论塔里木盆地构造体系与控油作用》，地质力学学报，4(3)
45	1998年10月	《中国西北地区油气资源开发的战略与对策》，中国西部能源资源开发及优化部署学术研讨会论文集
46	1999年6月	《塔里木盆地奥陶系形成大油田地质条件》，新疆地质，17(2)
47	1999年9月	《石油勘探史上的丰碑——中国古生代海相成油理论的成立》，中国新星石油报
48	1999年9月	《塔里木盆地油气田的发现及重大意义》，新星石油文集
49	1999年10月	《李四光学术思想在塔里木盆地闪光》，全国地质力学学术讨论会论文集，纪念著名地质学家李四光诞辰110周年
50	1999年10月	《中国古生代海相成油特征》，中国科学技术协会首届学术会论文
51	2000年5月	《新疆油气资源开发战略与对策》，自治区专家顾问团如天的西部大开发会上的发言

续表

序号	时间	论文
52	2000 年 6 月	《塔里木盆地塔河大油田特征》，第四届天山地质矿产资源学术讨论会论文集，96-102 页
53	2000 年 6 月	《塔里木盆地油气藏(田)特征》，石油实验地质，22(2)
54	2000 年 6 月	《新疆油气资源开发工作回顾与展望》，新疆地质，18(2)
55	2000 年 10 月	《新疆油气分布特征》，石油地质，21(5)
56	2001 年 3 月	《塔里木盆地大油气田形成的地质条件》，石油与天然气地质，22(1)，21-24 页
57	2001 年 6 月	《构造体系控制油气分布的研究》，石油实验地质，23(2)
58	2001 年 9 月	《新疆油气资源开发战略与对策》，中国科协 2001 年学术年会
59	2001 年 12 月	《塔里木盆地古生代海相油气勘探重大进展》，北京地质出版社，朱夏油气地质理论应用研讨文集，233-242 页
60	2002 年 3 月	《塔里木盆地古生代海相油气勘探的进展》，新疆石油地质，23(1)，76-79 页
61	2002 年 9 月	《海相成油新理论与塔河大油田发现》，地质力学学报，8(3)，201-206 页
62	2003 年 3 月	《新疆三大盆地构造特征及油气分布》，地质力学学报，9(1)，37-41 页
63	2003 年 3 月 10 日	《塔河油田有望成为特大型油田》，中国国土资源报 1 版
64	2003 年 6 月	《准噶尔盆地天山山前油气前景展望》，新疆地质，21(2)，163-166 页
65	2003 年 6 月	《塔里木盆地古生代油气田》，石油实验地质，25(5)，458-463 页
66	2003 年 6 月	《塔里木盆地塔河大油田形成的地质条件与展望》，中国地质及中国科技发展精典文库(第三辑)
67	2003 年 9 月	《塔里木盆地古生代海相油气运聚特征》，第五届全国油气运移学术研究会论文
68	2003 年	《中国古生代海相成油理论(摘要)》，(海相油气地质，2003，8(1-2)，60)中国古生界油气勘探方向(摘要)
69	2004 年 6 月	《中国西北地区压性叠加盆地成油特征》，石油实验地质，26(2)，153-160 页
70	2004 年 10 月	《再论塔里木盆地古生代油气资源潜力》，石油与天然气地质，25(5)，479-483 页
71	2004 年 12 月	《塔里木盆地大油气田勘探方向》，新疆石油地质，25(6)，581-583 页
72	2004 年 12 月	《中国西北地区压性叠加盆地成油特征》，新疆地质，22(84)，406-412 页
73	2005 年	《塔里木盆地油气勘探实践论谈》，中国西部油气地质，1
74	2005 年 3 月	《塔里木前陆盆地构造特征及油气分布》，石油实验地质，27(1)，24-27 页
75	2005 年 3 月	《中国西北地区叠加复合盆地油气成藏特征》，地质力学学报，11(1)，1-9 页
76	2005 年 3 月	《准噶尔盆地中部坳陷区成藏特征》，中国西部油气地质，2，119-123 页
77	2005 年 8 月	《新疆油气资源开发战略研究》，中国科协会上论文
78	2005 年 9 月	《新疆地区前陆盆地成油特征》，中国石油学会召开的中国油气勘探大会领域研讨会上大会报告

续表

序号	时间	论文
79	2005年9月	《西北地区油气资源前景展望》，当代石油石化，7，17-20页
80	2005年10月	《塔里木盆地寒武—奥陶系古岩溶特征与油气分布》，新疆石油地质，26(5)，472-480页
81	2005年12月	《塔里木盆地塔河油田的发现与勘探》，海相油气地质，10(4)，31-37页
82	2006年3月	《中国古生代油气前景展望》，地质力学学报，12(1)，1-6页
83	2006年6月	《中国古生代海相成油特征及勘探方向》，中国科技前沿——中国工程院，高等教育出版社，9，37-39页
84	2006年7月	《新疆油气资源开发前景展望》，干旱区地理，2006，29(2)，163-170页
85	2006年9月	《自主创新与古生代油气田的发现》，中国工程科学，2006，8(9)，19-24页
86	2006年9月	《塔里木盆地寒武—奥陶系油气勘探重大进展及建议》，中国西部地质，2(3)，237-240页
87	2006年12月	《新疆油气勘探开发将更辉煌》，石油知识，2006，6，陈伟立等主编
88	2007年6月	《塔里木盆地古生代海相碳酸盐岩储集岩特征》，石油实验地质，29(3)，217-223页
89	2007年7月	《中国古生代海相大油气田形成条件及其勘探方向》，新疆石油地质，28(3)，263-265页
90	2007年7月	《新疆油气资源开发前景分析》，石油学报，28(4)，11-15页
91	2007年7月	《塔里木盆地古生界海相油气勘探——康玉柱院士》，海相油气地质，12(3)，1-4页
92	2007年8月	《油气田：老思路新发现，新思路再发现——康玉柱院士谈地质勘探领域的创新》，石油知识，2007，4，陈伟立
93	2007年8月	《中国古生代大油气田成藏条件及勘探方向》，天然气工业，27(8)，1-5页
94	2007年10月	《中国古生代海相油气田发现的回顾与启示》，石油与天然气地质，28(5)，570-575页
95	2007年12月	《科研无止境，创新无止境，认识无止境，发现无止境》，院士与创新，中国石油大学出版社，91-97页
96	2008年3月	《中国油气勘探开发面临的主要问题及发展方向》，油气纵横，2008，2-3页
97	2008年5月6日	《非有机的幔源油气——丰富的深部资源》，中国石化报—油气周刊
98	2008年6月	《中国古生代碳酸盐岩古岩溶储集特征与油气分布》，天然气工业，28(6)，1-12页
99	2008年8月	《中国西北地区石炭—二叠系油气勘探前景》，新疆石油地质，29(4)，415-419页
100	2008年12月	《火山岩是油气勘探新领域》，中国石化报油气周刊头条
101	2008年8月	《新疆两大盆地石炭—二叠系火山岩特征与油气》，石油实验地质，30(4)，321-328页
102	2009年2月	《难忘的创业历程》，中国工程院院士通讯，28-32页
103	2009年5月	《中国西北地区古生代油气前景分析》，天然气工业，2009，4，1-8页
104	2010年1月	《中国油气地质新理论的建立》，地质学报，84(9)，1232-1274页

续表

序号	时间	论文
105	2010 年 3 月	《中国古大陆形成及古生代演化特征》，天然气工业，30(3)，1-7 页
106	2010 年 10 月	《准噶尔盆地古生界油气前景与勘探方向》，新疆石油地质，31(5)，449-453 页
107	2010 年 12 月	《中国古生代海相油气资源潜力巨大》，石油与天然气地质，31(6)，499-706 页
108	2011 年 4 月	《中国油气资源前景展望》，中国沉积学与油气勘探开发新技术研讨会上发言
109	2011 年 12 月	《中国松辽—渤海湾盆地勘探老区资源潜力分析》，康玉柱、凌翔，天然气工业，31(12)，7-11 页
110	2012 年 1 月 21 日	《中国西北地区构造体系控油作用及油气资源评价》，中国地调局召开天山构造带上古生界油气资源研究会
111	2012 年 1 月 19 日	《致密岩油气开采价值明显》，中国石化报，2012 年 1 月 19 日 5 版
112	2012 年 3 月	《创新石油与战略思考》，中国工程科学，2012，14(3)，37-40 页
113	2012 年 4 月	《中国非常规泥页岩油气藏特征及勘探前景展望》，天然气工业，32(41)
114	2012 年 5 月 14 日	《泥页岩油气藏浮出地表》，中国石化报—油气周刊
115	2012 年 5 月	《中国非常规致密岩油气藏特征》，天然气工业，2012(5)，1-4 页
116	2012 年 7 月	《中扬子地区具备形成大气田的地质条件》，中国石化报—油气周刊
117	2012 年	《中国油气资源开发的战略思考》，科技导报
118	2012 年 11 月	《创新是油气田发现的灵魂》，中国石化报，2012 年 11 月 26 日专题报道
119	2013 年 3 月	《世界油气资源潜力及中国海相油气发展战略思考》，天然气工业，3(33)
120	2013 年 6 月	《中国三大类型盆地油气分布规律》，新疆石油地质，33(6)，635-639 页
121	2013 年 6 月	《中国西北地区构造体系与控油作用》，第五届中国石油地质年会
122	2013 年 6 月	《塔里木盆地海相大油田发现及地质规律》，第五届中国石油地质年会
123	2013 年 8 月	《构造体系控油方式》，新疆石油地质，34(4)
124	2014 年 4 月	《全球沉积盆地的类型及演化特征》，天然气工业，3(34)
125	2014 年 8 月	《中国石炭—二叠系致密岩油气资源潜力分析》，新疆石油地质，34(4)，375-379 页
126	2014 年 8 月	《全球主要盆地油气分布规律》，中国工程科学，2014，16(8)，18-25 页
127	2014 年 12 月	《塔里木盆地沙参 2 井海相油气首次发现的历程与启迪》，石油与天然气地质，2014(6)
128	2015 年 4 月	《中国泥页岩气重大进展及建议》，页岩气国际地质大会论文
129	2015 年 5 月 4 日	《中国古生代海相油气勘探辉煌三十载》，中国石化报
130	2015 年 8 月	《全球油气地质几个重大问题的思考》，中国地质，42(4)
131	2015 年 9 月	《中国古生代油气勘探成果与战略思考》，天然气工业，1-7 页
132	2016 年 8 月 15 日	《安页 1 井重大突破意义深远》，中国石化报
133	2016 年 8 月 29 日	《创新要敢为人先、敢于担当》，中国石化报
134	2016 年 10 月 20 日	《顺托大型油气田发现意义重大》，中国石化报
135	2016 年 10 月 18 日	《中国致密油气资源潜力及勘探方向》，天然气工业，36

续表

序号	时间	论文
136	2016年12月5日	《涪陵页岩气田勘探开发具有巨大示范引领作用》，中国石化报——油气短论
137	2017年4月	《中国中东部构造体系控油作用指导油气勘探》，中国地质调查成果快讯，3(6)
138	2017年8月4日	《我国南方隆起区油气前景乐观》，中国石化报——油气周刊
139	2018年11月1日	《中国非常规油气勘探进展与资源潜力》，石油科技论坛
140	2018年12月	《塔里木盆地油气资源潜力及勘探方向》，石油科学通报
141	2019年3月25日	《中扬子地区海相勘探迎来曙光——中扬子地区天然勘探重要接替区》，中国石化报—油气周刊
142	2019年5月25日	《中国油气勘探七十年的辉煌》，中国工程院院士通讯——中国工程院成立25周年专刊
143	2019年11月	《中国北方地区构造体系控盆作用与油气分布规律》，地质力学学报，25(6)
144	2019年12月15日	《全球海陆变迁的主要原因》，中国石化报
145	2020年6月	《中扬子地区非常规天然气资源潜力及勘探方向》，石油科学通报，卷(2)
146	2020年7月13日	《全球地壳隆坳演化与海陆变迁论》，中国石化报
147	2020年7月16日	《中国海相世界级大油田发现与成藏特征》，北京能源与环境学会网公众号
148	2020年7月21日	《全球地壳隆坳演化与海陆变迁论》，中国地质
149	2020年7月	《我国南方隆起区油气资源潜力与勘探方向》，断块油气田，2020(4)
150	2020年8月	《全球地壳隆坳演化与盆地》，石油实验地质，2020(5)
151	2020年10月25日	《中国东北地区古生界油气前景展望》，特种油气藏，27(5)
152	2020年11月25日	《中国北方石炭—二叠系致密油气资源前景分析》，特种油气藏，27(6)
153	2021年10月	《南海地块天然气水合物成藏条件探讨》，油气藏评价与开发，2021，5

第二节　重要论文

《新疆塔里木盆地石油地质特征及找油方向》(康玉柱，1981年)。

塔里木盆地是由多个构造体系复合、联合而成的大型构造盆地。天山、昆仑山纬向构造体系钳衔着盆地中间的地块，是盆地构造格局的基础。纬向系的长期活动对盆地的生成、发展起着主导控制作用；西域系、河西系使盆地呈现北—西向的隆、坳分异，对盆地内的沉积、构造与油气发挥着重要的控制作用；帕米尔歹字形和阿尔金构造带在中、新生代的强烈活动，控制着它们的山前坳陷带的形态、沉积、构造与油气。

一、构造体系的初步划分

（一）纬向构造体系

1. 天山纬向构造体系

它是天山—阴山巨型纬向构造体系的一部分，大致展布于北纬 40°~44°，包括天山山脉，吉萨尔山、喀拉铁克山和库鲁克塔格山。这一构造体系主要由东西走向的紧密复式褶皱带和巨大的压性、压扭性断裂带组成，有北东和北西向扭断裂与之伴随，还有多期中酸性岩体和部分基性岩分布其中。天山纬向构造体系发育历史悠久，从太古代至新生代经历了多次构造运动。其中以吕梁运动、晋宁运动、海西运动和喜马拉雅运动时期活动较为强烈。

天山纬向构造体系可划分为五个二级构造带。

（1）塔尔奇依陵山—博格达山东西向构造带，大致展布于北纬 43°30′~44°，以石炭纪地层组成的东西向波状弯曲的复式褶皱和高角度冲断裂为特点。

（2）伊宁—哈密坳陷带，由阿拉木图—伊宁盆地和吐鲁番—哈密盆地组成。盆地内沉积了三叠系、侏罗系、第三系和第四系的陆相碎屑岩，总厚度为 2300~4000 米。上三叠统—侏罗系具有一定的生油条件。

（3）哈里克他乌—觉罗塔格东西向构造带，展布于北纬 42°10′~42°50′。在构造带的轴部，由元古界组成“中天山复背斜”；在东段，由石炭系组成东西向紧密复式褶皱；在西段由志留—泥盆系或石炭系、二叠系组成东西向紧密线状褶皱。这些褶皱往往向南倒转，并伴之以巨大的东西向压性断裂。如北轮台大断裂（注 150）、东西向延伸 175 公里以上，断面北倾，倾角 3°~65°不等，石炭系和二叠系自北向南逆掩于白垩系至第三系西域组之上。本断裂向西延伸可能通过巴什基奇克—库姆格列木背斜带地伏，与 89 号东西向大断裂一起成为塔里木构造盆地的北部边界。

（4）库车坳陷，位于北纬 41°20′~42°10′，西起乌什，东达库尔楚，长 470 千米，宽 50 千米，中新生界总厚 8000 米左右，是一个狭长的东西向深坳陷。

库车坳陷在其生成、发展的过程中经历了三次明显的构造运动，海西晚期运动，天山开始褶皱褶断上升，海水退出本区，库车坳陷被迫继续下沉，连续接受了晚二叠统、三叠系至侏罗系的陆相沉积。侏罗系为湖沼相含煤建造。燕山运动使侏罗系遭受了侵蚀。侏罗系的展布，根据地质及物探资料推测，仅限于秋立塔格背斜带以北。白垩系为河湖相碎屑岩建造。古近系为泻湖—湖相含膏盐细碎屑岩建造。它们的展布可能扩展到轮台东西向隐伏断裂以北。由此可见，此间库车坳陷是属于纬向系中的一个山间槽地。新近纪，天山强烈褶断上升，使坳陷北缘堆积了巨厚的红色碎屑岩，而坳陷南部则泥岩增多，并间夹灰绿色层。此间由于其他体系的复合作用，使其水域与塔东坳陷区联成一体，由此本区转化成为典型的山前坳陷。

喜马拉雅运动使库车坳陷得以定型。坳陷内主要构造形迹均呈东西向展布。其北部褶断高强，多为线形褶曲，甚至向南倒转，并伴之以走向逆冲断裂。向南则褶断强度递次减弱，为箱状长轴褶曲或平缓短轴褶曲等。显然，这些构造形迹的形成是哈里克他乌褶皱山系向南挤压、推复的结果。其应力作用方式是南北向的单向挤压占主导地位。然而挤压并不均衡，再加上别的体系的干扰，出现了局部的扭应力场。这表现在一些褶曲轴线的舒缓波状弯曲或首尾错列，甚至秋立塔格背斜带的向南凸出及其两侧的短轴背斜的雁行斜列。

（5）喀拉铁克—库鲁克塔格东西向构造带。展布在北纬40°~41°20′，包括库鲁克塔格、雅克拉重力高、柯吐尔重力高、喀拉铁克，向西经科克通套山延至吉萨尔山（即西天山）。这里是一个东西向展布的平静的负磁场，在北纬40°线附近与其南侧的磁场明显分开。

东段：库鲁克塔格由太古界、元古界和下古生界组成东西向大型的挤压带。其中侵入了太古代、元古代、海西期中酸性岩体和加里东期基性岩体（图5-1）。辛格尔大断裂（158）、兴地大断裂（159）、牙尔当布拉克大断裂（160）呈东西向横贯。由于南北向的强烈挤压，诸断裂呈舒缓波状延伸，它们之间的古老岩石被挤压成透镜状。加里东运动使这里的褶断上升，使大部分地区缺失上古生界以上地层。

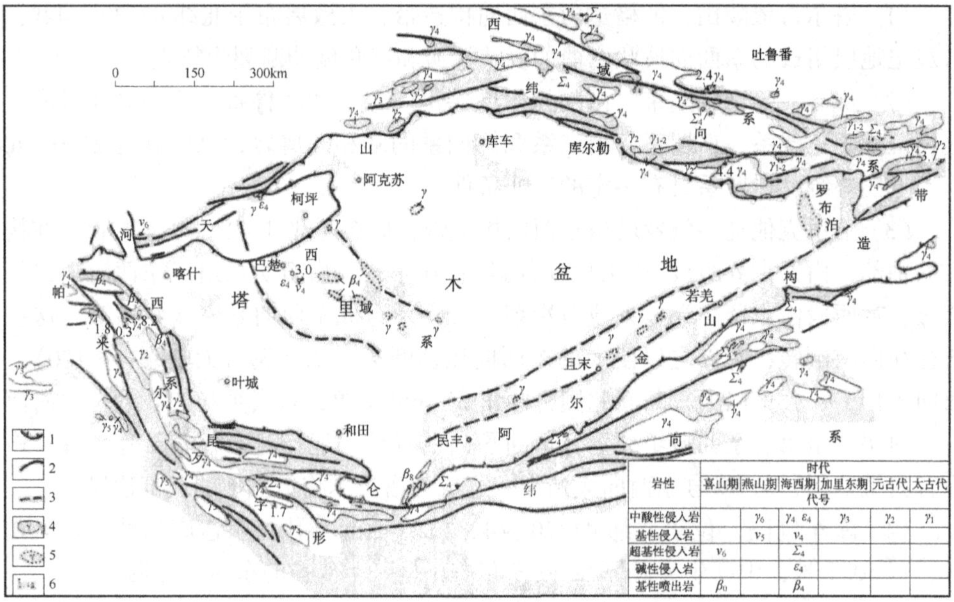

岩性	时代					
	喜山期	燕山期	海西期	加里东期	元古代	太古代
	代号					
中酸性侵入岩		γ_6	γ_4 ε_4	γ_3	γ_2	γ_1
基性侵入岩		v_5	v_4			
超基性侵入岩	v_6		Σ_4			
碱性侵入岩			ε_4			
基性喷出岩	β_0		β_4			

1.盆地边界 2.断裂 3.隐伏断裂 4.岩体及代号

图5-1　塔里木盆地及其周缘岩浆岩分布

中段：库尔勒鼻状隆起是库鲁克塔格向西倾伏部分。钻井和地震资料表明，鼻状隆起轴部为奥陶系，而上古生界和侏罗系仅分布于南北侧，新近系则不整合覆盖其上。向西是雅克拉重力高和柯吐尔重力高。推测它们也是下古生界的潜伏隆起。在加里东期它们与库鲁克塔格可能是相连的，只是在海西期被西域系改造而分割开来。至新生代它们再次成为一个东西走向的北倾斜坡。

西段：喀拉铁克、柯坪山区，由元古界、古生界、白垩系及第三系组成东西向及北东东向的迭瓦式褶断带。其生成可能始于加里东运动及海西运动时期。但主要活动与定型时期是喜马拉雅运动时期。如托帕北断裂（12）北盘二叠系逆掩于西域组之上（图5-2）。关于本段的归属，尚有争议，现暂归纬向系，有如下理由：①与吉萨尔山联系起来看，本段构造线总体走向仍然是东西方向的。阿图什至杜尚别一线的正弦此线状褶皱向纬向系与歹字形联合挤压不均衡产生的。②这里的早古生代沉积与库鲁克塔格十分相似，其相带展布亦为东西向。③“柯坪隆起”与柯吐尔、雅克拉潜伏隆起是同一东西带上性质类似的地质体。④本段晚古生代海水的浸漫，石炭纪、二叠纪的相带呈北东东向展布，喀拉铁克为盆地相，木兹杜克带相为过渡相，柯坪山区为台地相以及北东东向褶皱的穿插，可以看作受欧亚山字形的影响所致。

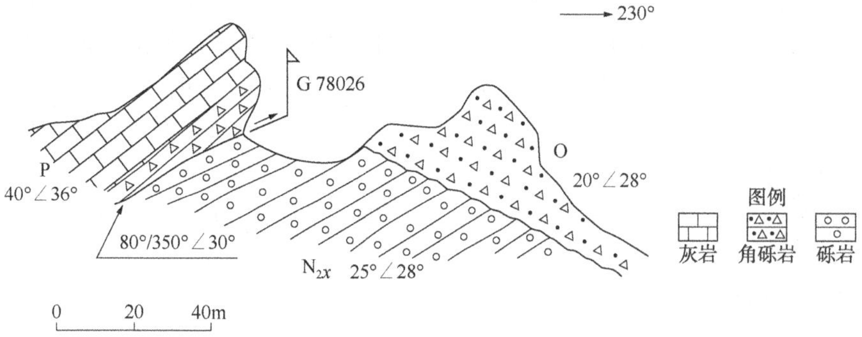

图 5-2　托帕北断裂

2. 昆仑纬向构造体系

大致展布于北纬 34°~36°30′间，可分为南北两个亚带。

(1) 南亚带——约基台东西向构造带

本带自西而东展布于喀姆里山、苏格特山，东达可可西里山脉，由一系列复式背向而构成，其南界为约基台逆掩大断裂。复背斜主要由上古生界组成，局部出露志留系和志留—泥盆，复向斜槽部则由中生界组成：三叠系为海相碎屑岩建造，与下伏石炭系、二叠系呈角度不整合；侏罗系在本带东段缺失，西段却有海相层展布；白垩系基本上为陆相。仅西段有小范围的海相碳酸盐岩建造。新生界主要分布在断陷盆地之中。地层东西走向，倾角较大，甚至直立倒转。本带岩浆活动比较微弱，仅在西部拉竹龙一带见少量花岗岩体及第四纪火山岩。

(2) 北亚带——昆仑山东西向构造带

本带北界限于塔里木盆地和柴达木盆地南缘，南界为昆仑山脉南侧逆掩大断裂。本带在幕士脉地段，由于帕米尔歹字形和阿尔金构造带的干扰，形成向南突出的弧形称“昆仑弧”。本带主要由前古生代结晶片岩、片麻岩和下古生界的浅变质岩系组成。局部有轻变质的上古生界和未变质的三叠系，并见有：元古代花岗岩，花岗闪长岩侵入体，加里东期片麻化斜长花岗岩、黑云母花岗岩等呈岩基、岩株状侵入；海西期的石英闪长岩、花岗岩等侵入体及燕山期中酸性侵入体以及喜山期的火山喷发岩。

3. 盆地中央隐伏东西向构造带

航磁发现在盆地中部，北纬 39°~40°，存在一支东西向平缓的磁性正异常带——航磁解释为由太古界结晶杂岩组成的基底岩相构造带。在其西段，航磁还发现了若干东西向“基底断裂”，如岳普湖南断裂(26)、岳普湖北断裂(25)、玛北断裂(65)、图木休克断裂(74)。这些断裂概括了“岳普湖断块凸起”和“巴楚隆起”的一部分。它们是东西向的基底隐伏隆起带。在东段，这个隐伏隆起带沉没较深。重力所圈定的跃进 2 号、6 号、7 号和古拉尔重力高可能与它有关。罗北 1 井井深 2229 米，第三系不整合在元古界之上，也是一个证据。

继续向东追索，在盒地东端的金雁山及其以北地带和以东的哈拉喀什塔格，元古界和古生界组成东西向褶皱，并有大型东西向压性断裂横贯，北东、北西向交叉扭断裂与之伴生。

在盆地的西端“卡巴加特—乌拉根凸起”出露了由元古界组成的东西向褶皱。这个凸起夹持于天山纬向系和帕米尔歹字形之间。它是天山山前坳陷与西昆仑山前坳陷的分界，又是天山纬向系和歹字形不同构造系统的分界。在喜马拉雅运动晚期由于帕米尔歹字形的强烈活动以及不均衡地向北推挤，使该凸起的一些地段掩伏在歹字形头部的逆掩断层之下。

由上可见，从盆地西端到东端长 1500 千米，宽 30～80 千米的地带，存在一个隐伏的区域性东西构造带。

（二）西域系构造体系

西域系又称古河西系。1978 年第二次全国地质力学会议上，许多同志认为“两域系”一名较好，因此我们也预沿用。

西域系是我国西北地区重要的一种古构造型式，它在祁连山、天山和塔里木盆地发育广泛，分带明显。它主要由北西西（290°～310°）走向的大型褶断隆起带和坳陷带组成。它的低级次隆起、坳陷或山间槽地常呈右行斜列的多字形。反映两域系具有顺时针扭动应力场。西域系主要生成、发展于古生代，但在新生代仍有活动表现。

1. 天山地区的西域系成分

（1）艾比湖—艾丁湖坳陷带，位于准噶尔盆地南缘及吐鲁番盆地西南缘。艾丁湖现今海拔低达 -154 米，是一突出的事例。该坳陷带控制了新生代陆相碎屑岩建造。

（2）婆罗科努褶断带。西起婆罗科努经伊林哈比尔尕山至卡瓦布拉克塔格，呈北西西方向，延长千余公里。由元古界和下古生界组成复式褶皱的轴部，泥盆系、石炭系组成两翼，有一组北西西向大型压扭性断裂与之伴生。如苏巴什大断裂（157）和卡瓦布拉克塔格大断裂（166），其长度可由 170 公里至数百公里，使元古界或志留系推复淤泥盆系、石炭系之上，挤压破碎带明显，有糜棱岩化现象，还有加里东期花岗岩和海西期花岗岩及超基性岩侵入。

本带在加里东末期发生褶断隆起，控制了其南北侧的晚古生代地槽型沉积，后又经历了海西末期运动进一步褶断而定型。

婆罗科努褶断带与天山纬向系呈斜接复合关系，因之使其东西两侧的纬向构造带发生右行错移。

（3）伊宁—焉耆坳陷带。伊宁盆地、尤勒都斯盆地和焉耆盆地组成多字形，其串联线方向为 290°。这些盆地的边界受东西向和北西西向两组断裂制约，使盆地成为菱形或三角形。它们具有古生界褶皱基础，坳陷内充填了少量的三叠—侏罗系和广泛的第三系陆相碎屑岩。厚度为 2000～4000 米。

（4）博洛霍坦褶断带，位于塔里木盆地的东北边缘。由元古代地层组成两个北西西向的复背斜，其两侧有北西西向的压扭性大断裂与之并列，如虎拉山大断裂（153）和松树达坂大断裂（154）以及北轮台大断裂的东段（150）。它们的长度都有 100 公里以上。

元古界掩于上古生界之上，沿断裂有元古代和晚古生代中酸性侵入岩分布。两个背斜之间是多南特买特复向斜。在这里石炭系组成紧密浅状褶皱。石炭系为过渡相的碳酸盐岩建造，下部夹多层火山岩，厚三千余米，不整合覆盖在元古界之上。

博洛霍坦褶断带的西端与哈里克塔乌山东西向构造带呈联合关系，而其东端则被库鲁克塔格东西构造带段限制。

2. 塔里木盆地中的西域系成分

可分为三个带，俗称“一隆二坳”。

（1）巴楚隆起：在玛扎塔格断裂、图木休克断裂之间以及重力-150 毫伽等值线所圈定的范围内。为全盆地的区域性重力升高异常区。古生界顶面埋深 0~2 公里，是一个北西西向的隆起，这里具有早古生代的正常浅海沉积。加里东运动的波及，使其开始上隆。中奥陶系至石炭系之间的一些地层可能缺失。石炭系、二叠系超伏在下古生界的不同层位之上。和深 1 井等揭露：石炭系厚 1065 米，中、下部为滨海碎屑岩含煤沉积，上部为浅海。泻湖相含石膏碳酸岩沉积；二叠系厚 972 米为陆相碎屑岩及火山岩，可见这里是一个浅水台地。由于基底较为刚性，晚期海西运动表现为断裂岩浆岩活动，北西向压扭性断裂发育并产生一些相关褶皱。在断裂控制下有基性岩体和碱性岩体侵入。后者的同位素年龄为 3 亿年。此外还有较多的基性岩浆沿断裂喷发，间夹于二纱之中。

中新生代。巴楚隆起被卷入河西系，继续上隆，缺失中生界，老第三纪局部有沉降，新近系也很薄。

（2）塔东坳陷区。在前述西域系的两个主要隆起带之间，是由西域系控制的晚古生代的坳陷区。从和深 1 井往东，这里可能有三千米左右的晚古生代海相及陆相沉降。根据重力和航磁资料，推测这里的中、新生界总厚度为 4000~6000 米。其中第三系的厚度较大，分布较广泛。

坳陷区内磁场十分平静，重力场变化平缓，表明这是一个相对稳定的构造单元。跃进一号重力高可能是下古生界的潜伏隆起，其上晚古生代地层可能减薄，并出现地层超覆和尖灭现象。中新生代地层倾角十分平缓，但其展布仍然受到北西西向的隆起和坳陷淋滤的控制。并沿着北西西向断裂带可能出现一些较明显的褶曲。

（3）西南坳陷带。在古生代也是受到西域系波及的一个负向地带，古生界地层较发育。中新生代时期，由于帕米尔歹字形等体系的负向叠加，本坳陷带接受了巨厚的中新生界地层。

（三）河西系构造体系

河西系也是由李四光同志提出的。当时他指的是展布在河西走廊、祁连山东头及青海东地区的北北西向褶皱和冲断面，以及与之相关的配套结构面和低级序成分的总和，可以划分为三列北北西向的隆起带和其间的两列多字形坳陷带。河西系形成于中生代，主要活动时期在新生代，至今还有地震活动，李四光同志还指出，河西系与新华夏系有“时代的模样”。

在塔里木盆地的西部北北西向的压性断裂系统十分醒目，与它们相伴生的北北西向褶皱和相关的入字形或旋扭构造也别具一格。我们将它们划归河西系构造体系。

最有特色的是卡腊山褶断带。从塔里木到库孜贡苏乃至苏联的卡腊山，在燕山早期是一个北西向的槽地，中晚三叠世至侏罗纪的沉积物沿此槽地展布，岩相从西北向东南做有规律的变化。总的趋势是位于西天山地段主要为山间槽地性质的粗碎屑含煤建造，进入盆地内部，主要为深水湖相的细碎屑岩建造。晚期燕山运动使其强烈褶断，形成了库孜贡苏—塔里木压扭断裂带和康苏—科汗压扭断裂带(图 5-3)。这些断裂带之间有萨里塔什等北西向褶曲与之并列。在断裂带旁侧还分布着与其相关的塔尔勒克旋卷构造(图 5-4)和入字形构造，反映了河西系的强烈顺时针扭动应力作用。

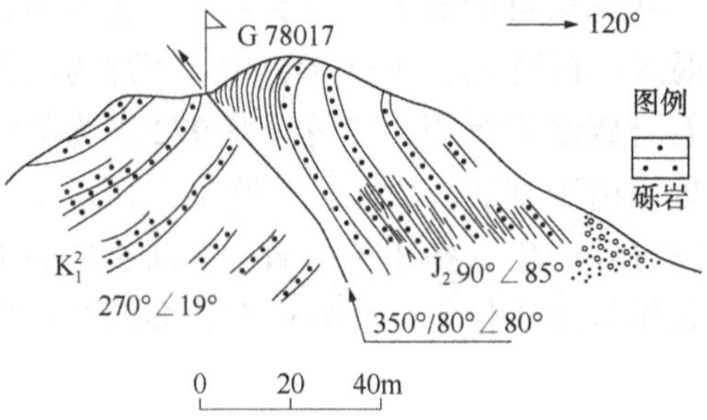

图 5-3 康苏断裂

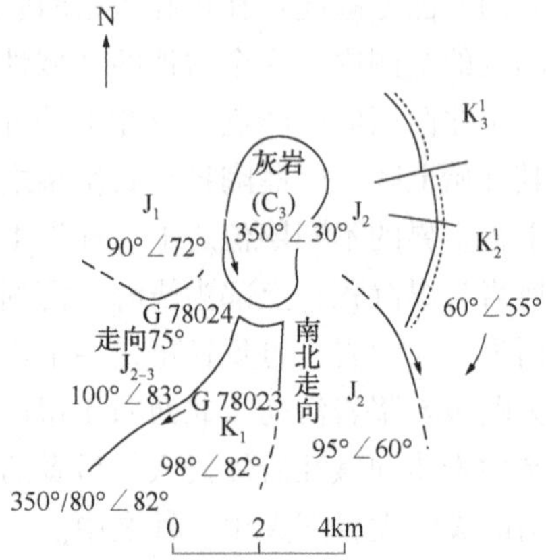

图 5-4 塔尔勒克旋卷构造平面展布

然后是普吕断裂和阿恰断裂。它们早期具有左旋扭动性质的扭裂面，这些结构面可能是属于欧亚山字形的波及范围，在燕山期被河西系所利用。它们构成巴楚隆起的边界，其间中生界缺失，新生界也很薄。而在它们东西两侧的坳陷中白垩系、第三系则较发育，阿瓦堤断陷明显地受到河西系断裂的控制。这些说明了河西系对中、新生代的沉积具有控制作用。

纵观中亚地区，北纬 40°~45°西走向的褶断带和盆地相间并列，同时北 10°~30°西向压扭性断裂系统也较发育。它们是楚—伊犁山褶断带、楚—萨雷苏盆地、卡腊山褶断带、锡尔河盆地、克齐尔褶断带、卡拉库姆盆地以及科比特山褶断带。上列北西向展布的盆地具有晚古生代台地相浅海沉积作为盆地的基础。而中新生代陆相碎屑岩则受北西向褶断山系的控制。我们认为它们是受到河西系主导控制的含油气区。

(四) 帕米尔歹字形构造体系

歹字形构造体系是特提斯海域十分典型的扭动构造型式。帕米尔歹字形位于塔里木盆地的西南侧，磅礴于世界屋脊。它的主体由三个反“S”形的旋回褶带组成：

北带称为共产主义峰—西昆仑隆起褶带。由元古界、下古生界和上古生界分别组成多个复背斜、复向斜，并有较多弧形断裂顺势展布。海西期和部分燕山的中酸性岩体侵入了复背斜的轴部或大断裂带。另有若干小型超丛性岩体沿弧形断裂侵入。这些复式褶皱、岩体和弧形断裂集合成反“S”形，构成了从西、北、东三面环绕帕米尔地块的旋回褶带。这里基本上缺乏三叠纪的沉积，因此推测北带从海西晚期或印支期开始生成。在燕山期，它起着分隔塔里木盆地与特提斯海的作用。其东北侧分布着陆相上三叠—侏罗系含煤地层，并间夹多层中、基性喷发岩。其南侧是特提斯海域，海相侏罗系广泛分布。

中带称为兴都库什—喀喇昆仑隆起褶带。它是三面环绕卡拉姆地块的巨大反“S”形旋回带。燕山期这里是特提斯海域，控制着海相上三叠—侏罗系和白垩系的分布。燕山晚期运动使其开始褶断上隆，海域向南推移。

南带是克什米尔—喜马拉雅隆起褶带。这里由前寒武系组成的反“S”形旋回褶带往南呈迭瓦式推复、逆掩于海相第三系之上。它控制着印度河—恒河山前坳陷的新生代沉积与构造。

帕米尔歹字形是西伯利亚盾地向南移动受到印度地块的阻挡，而印度地块本身又具有左旋扭动的性质，因此而造成的顺时针旋扭应力场的产物。中生代以来由于上述所指地块间相对运动方式的多次发动，使得歹字形的旋回褶带自北向南逐步形成发展。喜马拉雅运动强烈的旋扭应力使歹字形整体褶断升起，成为当今的世界屋脊。

与前述相反相成的是在歹字形的外围形成了若干深邃的山前坳陷带。

西南坳陷带就是其一。它是与歹字形北带共生的山前坳陷带。西起乌布拉特坳陷，向东南为喀什坳陷、叶城坳陷、于田坳陷，总体构成一个反“S”形的坳陷带。古生代这里是西域系的坳陷带，古生界发育较好，其厚3000~6000米。其中石炭系和二叠系为浅海碳酸岩及碎屑岩，厚四千余米。

燕山期，伴随歹字形北带的上升，在山前地带堆积了侏罗系的陆相含煤沉积和下白垩统的红色粗碎屑岩。从晚白垩世起，海水绕过歹字形的头部进入西南坳陷带。上白垩—古近系海相膏泥岩，碳酸盐沉积可以超复到色力布亚断裂—玛扎塔格断裂一线。新第三纪海水逐渐退出，堆积了巨厚的红色碎屑岩。新近纪末期，由于歹字形北带的强烈上升，在山前地带停积了厚大的砾岩。

晚喜山运动使坳陷带褶断定型。在歹字形的头部外侧地段发生了强烈的向北推挤和右旋扭动。例如喀孜克阿尔特断裂(3)在乌泊以西呈弧形向北突出，它以20°左右的断面倾角使古近系推复于西城组(N_2x)之上(图5-5)，并在明尧勒背斜的西南端形成了两个飞来峰。在乌泊东南，它与河西系的北北西向断裂重接复合，右旋扭动强烈，带出了乌泊—抗帕入字形构造。在反“S”形弧的中段，英吉沙至棋盘一带，右旋扭动表现为构造形迹的“雁行排列”以至出现反“S”形旋扭构造，如英吉沙背斜。在叶城以东，歹字形的顺时针旋扭应力场受到昆仑纬向系的限制，造成了甫沙、西河南、固满等首尾左行错列的背斜带。

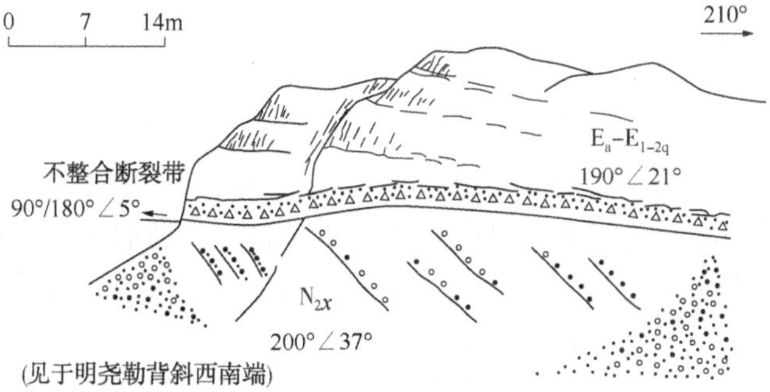

图5-5 喀孜克阿尔特断裂

（五）阿尔金构造带

该带由一系列巨大的北纬 55°～65°东向平列的压扭性大断裂和同方向展布的线状褶皱、沉积槽地、条带状侵入体和喷发岩以及伴生的扭裂面一起形成独特而有规律的构造形迹组合。本构造带在阿尔金山及北山地区集中分布、表现强烈、穿切力极强。它具有左旋扭动特征。它的生成可以追溯到元古代；在海西晚期、燕山早期均有活功；而在新生代至今仍有强烈活动。我们将其划分为三个二级构造带。

（1）阿尔金褶断隆起带：主轴呈北东东走向，沿阿尔金山延伸，长达 760 公里。中段由元古界和大量海西期及元古代中酸性侵入岩组成。其东北段西南段由少量下古生界及超覆其上的石炭系组成，还有海西期超越性岩体及喷发岩沿断裂展布。隆起带南北两侧被北东东向压扭性大断裂所挟持，其间伴生紧密线性褶皱或旋扭构造。值得注意的是，其一，阿尔金山大断裂在苦牙克以南切过昆仑山东西构造带，使其发生逆时针牵引错移。在这个地带至今仍有火山活动。其二，阿尔金隆起带海相三叠系，而其东南侧海相三叠系发育，表明阿尔金大断裂在印支期的活动起到分划海陆边界的作用，可能限制了青藏滇缅歹字形头部的展布。

（2）且末—若羌断陷带，位于阿尔金山北侧山麓断裂带和车尔断裂这两大北东东向压扭性断裂之间。其中堆积了中、新生界陆相碎屑岩厚三千余米。在江格沙依附近侏罗系是北东东向紧密线状褶皱，而白垩—第三系是宽缓褶皱。二者之间的不整合关系表明了燕山早期运动的存在(图 5-6)。

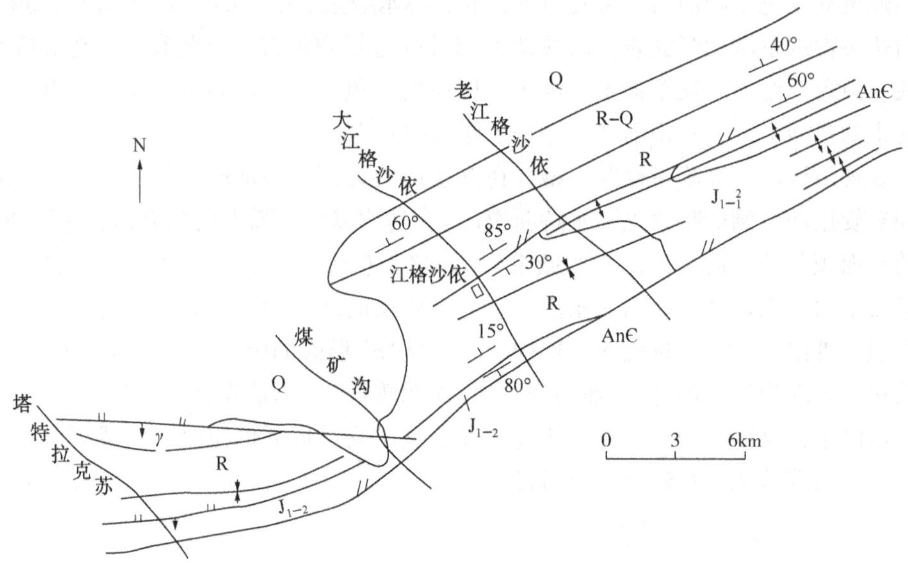

图 5-6 且末江格沙依煤田地质图(引自“新疆一五六煤田地质勘探队”)

（3）北民丰—罗布庄断裂隆起带，沿车尔臣河流域一组北东东向的隐伏大断裂带挟持着一列重力高和磁异常。根据北民丰和罗北 1 井的启示，可以认为青格坐克重力高和它持重力高是元古界的凸起。而磁异常解释为沿火断裂侵入的酸性岩体。它们被新生界不整合覆盖。其埋深 1～3 公里。

（4）唐古兹巴斯特—古城墟坳陷带：位于车尔臣河北断裂带和北戈半断裂带以

北。它是受阿尔金构造带北东东向压扭性断裂控制的中、新生代的箕状坳陷。由重磁资料看出，它北浅南深，其东南侧因靠近大断裂带，其深度可达 4000 米左右。阿南 1 井和铁南 1 井 1000 米左右发现侏罗系。这一事实可以看作北东东和北西西向坳陷负向复合的结果。由此我们认为在车尔臣河断裂带的北侧可能有较厚的中、新生界展布。

二、构造体系的复合和联合现象

在漫长的地质发展历史中，由于构造运动的多期性和应力方式的多样性，必然出现多种构造体系的复合和联合。塔里木盆地现今的构造景观，就是历次构造运动所产生的各种形变的综合产物（图 5-7）。

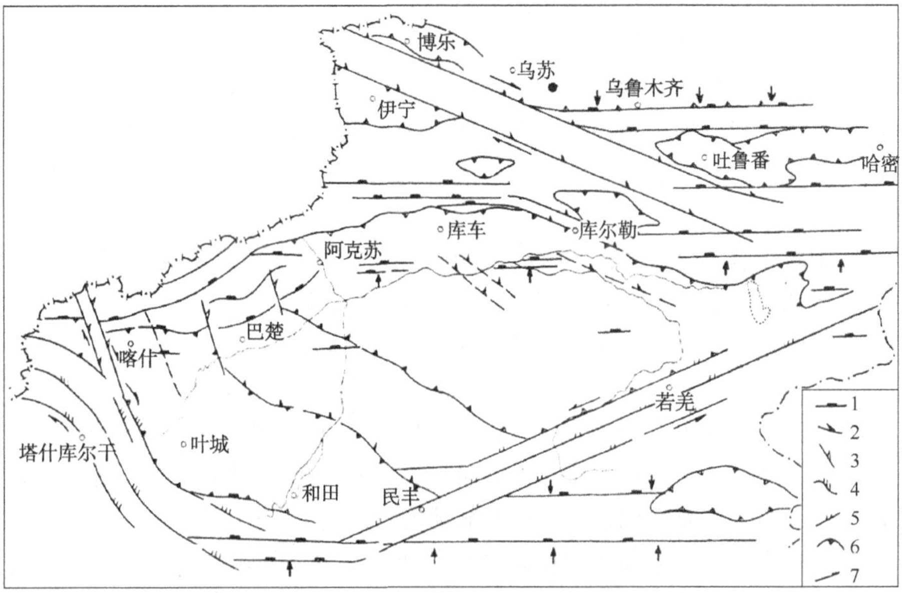

1.纬向构造系 2.西域系 3.河西系 4.歹字形 5.阿尔金构造带6.坳陷区 7.运动方向

图 5-7　塔里木盆地及外缘地区构造体系复合关系

（1）纬向系，前震旦纪已有显示，加里东期出现天山、昆仑山两大海槽，海西期强烈的构造运动，使其褶皱回返成隆起构造带，燕山期以来也有活动。

从岩浆活动看，该体系岩浆活动持续时间长，除印支期没有确切资料外，从太古代到第四纪的岩浆活动都有发现。其活动的高峰为海西中晚期，燕山期和喜山期活动规模远不及海西期。从其岩浆活动时间比较，天山纬向系比昆仑纬向系要早些；在空间上，呈现由东而西，由老到新的推移特点。如天山纬向系东段岩浆活动的高峰是海西早中期，中段则是海西中晚期，西段主要是海西晚期，并有喜山期侵入岩。因此，纬向系是历史悠久而复杂的，它是塔里木盆地的基本边框。而后被其他构造体系复合和改造。

（2）西域系，加里东期已经出现，海西中晚期活动最强，基本定型，在波罗科努隆起带，主要为海西中期的超基性岩和中晚期的花岗岩类；盆地内的巴楚隆起则以海西晚期基性喷发岩为主，从另一个侧面帮助我们认识了该体系的活动特点。西域系在天山巴仑台一带切割了天山纬向系。在塔里木盆地主体呈北西西向展布的一隆两坳，与纬向系为斜接复合关系。

(3) 河西系，主要活动时期是中新生代，它切割了纬向系并与其呈反接复合。与西域系为斜接复合。

(4) 帕米尔歹字形构造体系，主要活动时期是中、新生代，尤以新生代最为强烈。从岩浆活动情况看，燕山期和喜山期岩浆岩活动较强烈亦是一个佐证。它与纬向系呈斜接复合，与河西系在某些地段呈重接复合，并干扰了阿尔金构造带。它的头部外围褶带对西天山南缘纬向系亦产生一定的影响，使之成为正弦曲线状。

(5) 阿尔金构造带主要是从海西晚期发展起来的，中新生代为主要活动时期，与纬向系为斜接复合，与西域系呈反接复合，并对西域系产生强大的限制和改造作用，但阿尔金构造带最终被限制在天山纬向系之南侧。

各构造体系活动情况如下。

(1) 塔里木、柴达木盆地均受东西向构造控制，后分别受北西向构造与歹字形影响和复合，才形成现今的构造景观。所以，盆地总体呈菱形，其内部的构造格架均显示为北西向。它们都是在海西末期或印支运动时初具雏型，到晚喜山运动使盆地定型。

(2) 中新生代以来，沉积发育特征基本一致，都具有两个沉积旋回，即三叠系—侏罗系和白垩系—古近系、新近系。中新生代盖层厚万余米。

(3) 它的生、储油层位，除塔里木盆地西南坳陷区多一套上白垩系—古近系海相层及石炭系—下二叠统外，其他基本可比，生油岩厚度都很大。

(4) 当前两盆地出大油(气)的地区，都在盆地西南部，由于多体系负向叠加，坳陷深，生、储层发育，加上扭动构造显著，有利于油气聚集。但从盆地面积、沉积状况、成油组合等方面比较，塔里木盆地均较优越。

总之，在塔里木盆地邻区的各盆地都找到了不少油气田。而且，它们与塔里木盆地的石油地质特征基本相似。由此，推断塔里木盆地也应是一个很有远景的地区。

第六章

含油气远景预测

第一节　塔里木盆地是我国主要的含油气区

（1）生、储油条件良好：盆地面积大，沉积盖层厚万余米，既有陆相，又有海相棚。具多时代、多层组生油和储油的特征，晚古生代以来生油层累积厚 1000～2000 米，因此，它有雄厚的物质基础。初步估算生油量约为 1100 亿吨。

（2）构造条件优越：该盆地是由多构造体系控制的复合型盆地。由于各体系成生和发展时间的差异，以及它们的内在特点，使盆地形成多隆多坳，这些隆起和坳陷都有长期活动的性质，坳陷内局部构造比较发育，给油气的生成、运移、聚集提供了极好的条件和场所。

（3）成油组合多：由于盆地内构造活动的多期性，导致沉积发育的多旋回。所以，盆内具多时代的成油组合、油气圈闭类型较多，找油领域广阔。

（4）塔里木盆地在成油地质条件方面较我国东部一些含油气盆地亦不逊色，它具多时代、多类型的成油组合。

从盆地面积、构造条件、沉积发育及含油气性等方面来看，与邻区相比亦不差。在某些地质条件还更优越。

（5）盆地内油气显示丰富，并找到了高产油气田，雄辩地证明塔里木盆地是我国重要的含油气区。

一、分区含油气远景评价

（一）西南坳陷区

位于塔里木盆地西南部，北为天山褶皱带，南部为铁克里克隆起，东北与中央隆起区相接，呈北西—南东向分布的箕状坳陷，面积为 12.6 万平方公里。

它是由纬向系、西域系、河西系和歹字形构造体系复合控制的深坳陷区。按其基底起伏、盖层发育，可进一步划分为六个二级构造单元。

根据航磁和重力资料分析，基底埋藏深为海拔 -10～-12 千米，最深达 -15 千米。中新生代地层发育全，总厚万余米。

区内有四套生油层：石炭系—下二叠系、中下侏罗系、上白垩系—古近系及新近系，中新统发育良好，既有陆相，又有海相。储油岩分布广、厚度大。因此，具多时代多层组的成油组合，找油领域广阔。

区内局部构造十分发育，扭动性质明显，多呈排成带出现，为油气的运移和聚集提供了必要的场所。

已在该区发现极其丰富的油气显示，在克拉托、扬叶构造见少许油气流，尤其是已在叶城坳陷、西河甫构造打出高产油气流。在西河甫构造打出大油气之后，我们认为：一方面要扩大其成果，另一方面要集中力量突破喀什坳陷出油关。

据新疆石油管理局资料，目前明尧勒构造上的明1井油气显示很好。该井位于其构造高点东4.6公里，1979年底井深4301米(上新统底界1727.5米)。

① 1755~2570米，有四层气异常，钻进中多次外溢盐水泥浆，并有气浸。

② 2878~3141米，有四层气异常。

③ 2697~3995米，有20层为电测可疑油层及可疑低渗透油层。

明1井油气显示井段长、幅度大，全烃最高含量可达9%，推断明1井可能以气层为主。初步对比，明1井的异常井段相当于柯克亚油田的上组油层。因此，我们对明1井的显示，必须引起足够重视，这是突破喀什坳陷出油关的很重要的构造之一。

另外，与相邻的中亚地区各含油气盆地相较基本可比，预示其远景极佳。

综上认为，西南坳陷区是塔里木盆地含油气远景最好的地区。

区内二级构造单元比较：叶城坳陷、喀什坳陷和麦盖提斜坡较好；于田坳陷和莎车隆起次之。

（二）塔东坳陷区

位于塔里木盆地东部，其东北部为库鲁克塔格隆起，北与北部坳陷区相连，西部邻中央隆起区，东南为东南断阶区，总体略呈菱形，是盆地内最大的一个坳陷区，面积约为18.7万平方千米。

它的发生和发展主要受纬向系、西域系及阿尔金构造带所控制。区内构造格局为北西展布，据基底起伏和盖层发育状况进一步划分为六个二级构造单元。

结晶基底埋藏深度为海拔-6~15千米。但有些人据重力资料认为塔东主要为一个隆起区，其坳陷范围很小。为解决上述问题，航测大队经过水平微商处理和深度计算，发现该区虽为重力高，但密度界面深度为10千米，显示是基岩坳陷。如果这个区域密度界面是上古生界顶面的话，则该区无疑是个中新生代沉积坳陷；如果区域界面是元古界顶面的话，那么区内中新生代地层厚可为6千米左右。

沉积发育状况，古生界可能较全。因区内大面积被沙漠覆盖，仅孔雀河斜坡有六口井的资料可以借鉴。铁南2井及英参1井分别于2445米及2733米见志留—泥盆系，孔雀河斜坡缺失上古生界的石炭—二叠系，而据物探资料以及和深井301~2555米为二叠—石炭—泥盆系。所以，推测塔东坳陷区应有上古生界沉积。

由于海西末期印支运动的影响，该区出现一些分割的断陷，并充填了上三叠系—侏罗系碎屑岩含煤建造。白垩系除孔雀河斜坡缺失外，坳陷内可能沉积一套红色碎屑岩。老第三纪海水可能自西南坳陷区通过唐古磁巴斯特侵入本区，故在坳陷中心部位可形成浅海—泻湖相沉积物。新第三纪随着盆地普遍下沉，开始了新的水进，区内接受了较厚的浅湖相、淡化泻湖相及河湖相砂泥岩沉积。

区内尚未发现直接油气显示，在英参1井和铁南2井侏罗系见10~12级萤光显示。

在孔雀河斜坡四口井均打到了侏罗系，暗色泥质岩厚100~300米，生油地化指标较好。预计向坳陷中心生油岩厚度增大，生油性变好。钻井揭示新近系中新统吉迪克组内灰绿包、灰色泥质岩，泥灰岩累积厚为100~250米，地化指标尚可，具一定生油性，向坳陷中心部位，很可能成为塔东坳陷区之重要生油层之一。

另外，古生界石炭系—下二叠系的生油层区内也应存在。如果尚存在海相古近系生油层，更提高了该坳陷区的评价。

储集岩很发育，据现有资料认为，侏罗系、古近系及新近系、中新统均可储油，物性尚可。

该区虽然工作程度很低，但已发现几个完好的重力高和鼻状构造，值得重视。

总之，据现有资料和区域地质构造条件分析，认为塔东坳陷区是塔里木盆地含油气远景较好的地区。可列为二级含油气远景区。

区内二级构造单元含油气远景比较，满加尔坳陷，跃进一号长垣和阿瓦提断陷较好；顺果勒坳陷、古城墟斜坡和孔雀河斜坡次之。

（三）北部坳陷区

北邻天山褶皱带，南接塔东坳陷区；西起乌什，东到库尔楚，呈东西向展布的坳陷区，面积约 6 万平方公里。它的形成和发展主要受天山纬向系控制。据其沉积发育的差别，可划分两个二级构造单元即库车坳陷和沙雅斜坡。

基底深度为海拔-3～-6 公里，中新生界厚 7000～10000 米。

海西晚期运动之后，盆地内最早接受沉积的地区就是库车坳陷。所以，中新生代地层发育齐全。主要生油层为上三叠—中侏罗系和新近系中新系吉迪克组。储集岩极其广泛，各时代地层均可储油。坳陷内局部构造十分发育，共有 50 多个，并成带出现，是油运移、聚集之良好场所。而且，油气显示亦非常丰富、类型多，并具多层系成油组合特征。已找到依奇克克油田和吐格尔明背斜西高点的工业物流。

沙雅斜坡位于库车坳陷南部，呈东西向分布。据航磁和重力资料认为，早古生代可能为东西向隆起，向西与柯坪隆起相连，向东延至库鲁克塔格隆起。晚古生代被西域系分解改造，形成了柯吐尔凸起和轮台凸起，其凸起上基岩埋深海拔-3～4 公里，柯吐尔凸起轴部有中基性侵入体。中生代处于隆起状态。

地震资料表明没有沉积。新生界成为向北倾斜坡，从柯 1 井 3731 米未打穿新近系，推断该斜坡上新生界厚 4000 米左右。并且，在柯 1 井和轮 1 井中新统吉迪克组均见有 60～100 米灰绿色、灰包泥质岩夹泥灰岩。

总之，上述资料说明北部坳陷区含油气远景较好，可列为二级区。区内的库车坳陷更显优越。其中的巴什基奇克背斜带和秋曝塔克背斜带最有利。而在沙雅斜坡上注意寻找古生界和古潜山型油气田。

（四）中央隆起区

位于盆地腹部呈北西—南东向展布的古生界隆起区。北部以柯坪断裂为界，西邻西南坳陷区，东接塔东坳陷区，面积约为 8.7 万平方公里。它的生成发展主要受西域系控制。该隆起是海西期以来逐渐形成的，海西晚期构造运动较强烈，进而沿断裂出现较大规模的基性岩喷发和基性、碱性岩体侵入。印支—燕山运动时期隆起尤为突出和醒目。所以，缺失中生界沉积。结晶基底埋藏深度在-6～-2 公里，由西北向东南倾伏加深。

该区古生代地层发育齐全。新生界直接超伏在古生界之上。厚一般为 1000～2000 米，唐古兹巴斯特坳陷可能较厚。并估计有海相古近系存在。

在巴楚隆起上的巴 1、2 井内石炭系中见良好油气显示。尤其是在北邻的柯坪隆起上，石炭系—下二叠系发现丰富的油气田，可作借鉴。

因此，在区内寻找古生界油气田(藏)是有利的。而在唐古兹巴斯特坳陷还可能找到新生界油气田(藏)。

(五) 东南断阶区

位于盆地的东南部，北部与塔东坳陷和中央隆起相连，东南为阿尔金隆起，为北东向展布的带状，面积约为 10 万平方公里。它的生成和发展受阿尔金构造带控制，并为该构造带的组成部分。

结晶基底海拔在-2~3 公里。根据基底起伏和中新生界盖层发育的不同，又划分为且末—若羌断陷和北民丰—罗布庄断隆。

罗北 1 井 2229 米见元古界结晶基底，其上直接覆盖新生界。另在北民丰元古界已暴露地表，认为该断隆上可能普遍缺失古生界和中生界。且末—若羌断陷，在靠近阿尔金山前部分地区可能有上古生界沉积。中新生代地层较齐全，侏罗系为一套含煤碎屑岩建造，白垩—第三系均为红色碎屑岩。

据目前资料，于江格沙依以西侏罗系岩性变细，到吐狼呼架河一带上游暗色泥质岩增加，并见有炭质页岩，可能具一定生油性。另外在罗北 1 井新近系中新统吉迪克组有 240 米的灰色泥灰岩及泥质岩，地化指标分析也有一定生油性。

总之，该区中新生界生油条件较差，目前认为其油气远景较其他各区逊色。

二、几点认识

(1) 塔里木盆地具有统一的前震旦系结晶变质基底，广泛的古生界基础和巨厚的中新生界盖层。

控制盆地成生和发展的主要构造运动：晋宁运动使塔里木开始了基础的沉积阶段，海西末期运动塑造了盆地雏形，喜山晚期运动使盆地定型。

(2) 该盆地是由多体系控制的复合型盆地。即纬向系、西域系、河西系、帕米尔歹字形及阿尔金构造带等构造体系的复合、联合造就了盆地现今的构造景观。但对盆地起主导控制作用的是纬向系和西域系。新生界以来，西南坳陷区受帕米尔歹字形构造体系的作用较强。

由于各体系的长期活动和叠加复合，使盆内形成大型坳陷和隆起，其坳陷均具有长期相对沉降的性质，为油气的形成提供了必要的物质基础。

(3) 塔里木盆地及其外缘地区的岩浆活动，受构造体系的严格控制。由于各体系长期活动，使岩浆活动尚较频繁，而且主要分布在外缘地区，并显示其在石炭纪以前东强西弱，二叠纪之后西强东弱的特点。

盆地内在海西晚期受西域系影响，于中央隆起区以西出现较大规模的沿断裂带之基性喷发岩，其他地区罕见。但中生代以来仅在西南缘见微弱的火山喷发。总之，盆内岩浆活动微弱对油气的运移和聚集影响不大。

(4) 该盆地具多旋回、多成油组合特征。震旦纪以来有三次大海浸，形成四大旋回，即震旦—志留系、泥盆—二叠系、三叠—侏罗系和白垩—新近系。从而奠定了多套良好的生、储油组合基础。盆内主要生油层：石炭系—下二叠统、上三叠—下中侏系、上白垩系—古近系和新近系中新统。另外寒武—奥陶系的碳酸岩生油问题也应重视。储油层极其发育、储集类型较多、分布广。因此，该盆地具有多时代、多类型的成油组合，是形成大油气田(藏)的雄厚物质基础。

(5) 盆地内油气显示极其丰富，类型多。油气具有优质、高产、多油源的特征。以柯克亚油田为例，原油属低比重、低黏度、低含硫、低胶质的轻质油。该油田的西 1 井和西 10 井是我国罕见的高产油气井。

目前，已证实柯克亚油田为背斜圈闭类型的油田，依奇克里克油田为背斜断层遮挡圈闭类型的油田。根据该盆地优越的地质构造条件推测，还应存在古潜山，岩性尖灭、礁滩，盐丘构造等圈闭类型。所以，塔里木盆地具有多种圈闭类型，找油领域广泛。

(6) 晚喜山运动是一次强烈的构造运动，影响范围十分广泛，它使盆地及外缘地区构造体系定型，并造就了众多局部构造、断裂的形成。因此，使油气必然在喜山运动的影响下，富集于新的构造格局中而形成油气田(藏)。所以，喜山运动是盆地定型、油气运移及再分配的重要因素。

总之，塔里木盆地已被实践证明，而且随着石油地质工作的进展，将进一步证实它是我国的重要含油气区，是寻找大型油气田的基地。

三、工作部署建议

为适应我国四个现代化的需要，大力增加石油的后备资源，尽快在塔里木盆地找到大型油气田，不但非常必要，而且是完全可能的。但必须看到该盆地的地质条件的复杂性和盆地大、自然地理条件很困难等找油工作的艰巨性。所以，石油普查勘探工作要立足于现实条件，妥善安排点与面、当前与长远、浅层和深层、陆相与海相等的关系，先易后难，选好重点，一块块解决。

总体部署建议：着眼全盆、分区规划、加强普查、择优突破。

近期石油普查勘探部署：坚持区域展开、重点西南、侦察塔东、扩大北部，探索中央隆起区，勘探目的层应以中新生界为主，以古生界为辅，海相、陆相兼顾，油气并举的方针。

区域展开：对全盆尽快开展 1∶20 万重磁普查，作几条横贯全盆的纵横地震大剖面，在重点构造或地区打参数井，特别要加强综合研究工作，弄清区域地质情况，进一步评价。

重点西南：近期石油普查勘探工作仍然以西南坳陷区为重点。区内工作部署方案：突破喀什坳陷、扩大叶城坳陷成果、加强麦盖提斜坡，准备于田坳陷。

侦察塔东坳陷区：该坳陷区是塔里木盆地最大的一个坳陷区。鉴于该区工作程度差、沙漠广布，交通条件困难，当前应首先以物探工作为主，加强综合研究，适当地打参数井，弄清区内构造格局，了解地层发育和含油气性。据现有资料，以跃进一号长垣、阿瓦提断陷及跃进七号为最高重点。

扩大北部坳陷区：区内的库车坳陷工作研究程度较高，已经发现了油田。目前的工作是扩大含油层位及不同构造或不同类型的油气田(藏)。其重点要主攻巴士基奇克背斜带和秋里塔克背斜带。目的层除中侏罗统克孜勒努力组外，对阳霞组、白垩系及新近系中新统也要注意，寻找新的油气田(藏)。

另外，对沙雅斜坡要加强地震工作，并可在柯吐尔、轮台等凸起上打参数井，揭示地层发育及含油气性。

探索中央隆起区：该区是寻找古生界油气田的有利地区。况且，已有苏联中亚地区楚—萨雷苏盆地作借鉴，但在古生界碳酸岩中找油在我国还算新领域，尤其是在这样一个新区，当前应该加强碳酸岩中油气生成、运移和移聚规律的研究方可提高勘探效果。目前，可选择较好力高或构造打参数井，如352潜伏隆起就是其中一个。

此外，对唐古兹巴斯特坳陷要加强普查工作，先上物探了解坳陷性质，选择有利构造打参数井揭示其地层和含油气情况。

但是，必须指出由于盆地大，地质条件复杂，当前石油普查勘探工作程度很低，我们野外实践较少。因此，上述认识和建议仅供参考。

第二节　揭开塔里木油气之谜的沙参2井

从1980年起，地质矿产部西北石油地质局的油气普查工作重点转移到沙雅隆起地区，相继集中了6个重力队及11个地震队和钻井队，先后完成了二十万分之一重力测量及几千公里地震剖面的工作，发现了十多个局部隆起或构造。在跃参1井、沙参1井首次揭示了一套中生界生油层和上古生界沉积。

在沙雅隆起的十多个局部构造中比较理想的雅克拉构造上，我们进一步加密地震测线，查清了该构造的形态、性质、深度及良好的圈闭条件，并发现有亮点显示，在反复研究分析的基础上，确定了沙参2井井位，终井深度5391.18米。

(1) 钻入地层。

第四系视厚113.5米；新近系库车组厚2649.5米，康村组厚917米，吉迪克组厚547米，苏维依组厚634米，古近系库姆格列木组厚93米；下白垩统卡普沙良群厚292米；下侏罗统—新近系厚117米；奥陶系厚28米(未穿)。

(2) 油、气、水的性质。

原油性质：经原油常规分析，沙参2井原油密度较小，黏度低，胶质、沥青质含量不高，属轻质原油；该油含蜡量低，含硫量只有0.27%，是一种低硫优质原油；350摄氏度轻质油收率达64.5%，500摄氏度收率(重量百分数)达92.71%，具有较高的经济价值。

天然气性质：甲烷占73.09%、乙烷占2.46%、丙烷占1.01%……属于湿气。是较典型的油田伴生气。

水的性质：水型为氯化钙型，矿化度较高。水中指相元素锶为372mg/L、锂为34.6mg/L、溴为34.0mg/L，含量很高。这些元素与氯离子的比值同海水中这些元素与氯离子的比值相近，且有浓缩作用，说明该水样与海水或海相地层有关。

该井水样中钾、钠的含量以及溴、碘的含量都很高，接近或达到工业利用的价值，又是一项经济价值较高的资源。

总之，沙参 2 井原油属成熟度较高的海相腐泥型原油。根据区域地质资料分析，初步认为其生油母质可能主要为寒武—奥陶系海相碳酸盐岩。

(3) 储油岩及油气藏类型。

该井储油岩为奥陶系顶部的中晶白云岩。岩石内次生溶蚀孔洞、晶洞、微裂隙等十分发育，晶间孔隙增大现象明显。所以，孔洞连通的喉道较为畅通，岩石孔隙性、渗透性均佳；且在钻进中又发现有漏失泥浆和放空现象等，均表明该岩层具有较好的储油气性能。

沙雅隆起寒武—奥陶系沉积之后，长期处于隆起状态，曾在部分地区接受了一定厚度的上古生界，直到中生代才开始下沉，沉积了较厚的中新生界。由此，导致寒武—奥陶系等海相生油岩达到生油门限值，开始二次生油。生成的油气沿断裂、不整合面运移、集聚，储存在良好的奥陶系顶部圈闭内，形成了油气田（藏）。故初步确定为古生界顶面风化壳型油气藏，它有别于“古潜山”或“基岩”油藏。

第三节　沙参 2 井高产油气流的发现及今后找油方向

塔里木盆地沙雅隆起雅克拉构造高产油气流的发现，是我国油气普查勘探史上具有战略意义的重大突破，是我国在第二轮油气普查的过程中向新地区、新领域、新类型、新的深度进军的重大地质成果。

沙参 2 井是塔里木盆地古生代地台上的第一口高产油气井，它揭开了塔里木地台找油的序幕。它不但打开了我国西部古生界，尤其是下古生界找油的新局面，而且为我国东部下古生界找油气提供了借鉴。

根据现有油气水分析成果可知，沙参 2 井原油属海相环境的产物。另外，从区域石油地质条件分析，沙雅隆起及附近地区海相生油层石炭—二叠系分布不太广，沉积亦较薄，而寒武—奥陶系在该区分布广、厚度大。所以，初步认为沙参 2 井的油气可能主要来自寒武—奥陶系油源层。

沙参 2 井的发现，更加证实了在塔里木盆地找油气的广阔前景。但是，由于不同构造单元成油地质条件有所差别，各区找油的主要对象亦不同。

一、寻找古生界油气藏的有利地区

(1) 沙雅隆起及其南侧：沙雅隆起北以亚肯南断裂为界，南到塔里木河附稗—

尊烤柯坪隆起，东连库鲁克塔格隆起，面积约为3万平方公里。据航磁和重力资料，古生界埋深4~6公里，前震旦系基底埋深6~9公里。

该隆起出现于晚加里东期，定型于海西末期。中生代为水下隆起状态，新生代失去隆起性质，并形成北倾的斜坡。

在隆起上，发育有寒武—奥陶系、石炭—二叠系及三叠—侏罗系三套生油岩系。且又位于库车坳陷和阿瓦提断陷—满加尔坳陷之间，是油气运移的指向地区。隆起上各时代的储集岩十分发育，尤其是寒武—奥陶系顶部碳酸盐岩层，长期裸露遭受风化、淋滤和溶蚀，次生孔、洞、缝十分发育。据沙参2井岩心观察，可见次生孔、缝一般宽1mm左右，大者可为3mm以上，个别溶洞达6mm；电镜测定，孔隙占岩石总面积的5%左右，且连通性好，裂隙宽为1~5μ，溶孔一般为5μ左右，最大的达200μ。另外，沙参2井在钻遇白云岩时，不但进尺加快，且有钻具放空和泥浆严重漏失等现象，这均表明该隆起上的寒武—奥陶系白云岩、灰岩等为孔隙大针渗透率高的良好储集岩系。

沙雅隆起上，断裂亦较发育。经地震、重磁查证，有北东东、北东及北西向三组断裂共30多条。它们的活动时间一般始于海西末期，止于中新世。这些纵横交织的断裂，起到了改善储层性能、提供油气运移通道和封闭遮挡油气等作用。现已在隆起及其南侧地区发现10多个局部构造，为油气的聚集提供了良好条件。

综上所述，该区成油地质条件优越、目的层深度为现有钻机可及，是有希望找到大型油气田的最佳、最现实的地区。

(2) 中央隆起区：是横亘于盆地中部，呈北西向展布的古一中引：代隆起区。本身呈西北高、东南低的斜坡状，故分为巴楚隆起和卡塔克隆起两个次级构造单元。隆起上古生界发育较全，并于石炭—二叠系内见丰富的油气显示。古生界埋藏较浅，部分已出露地表，是寻找古生界不同类型油气藏的有利地区。

(3) 麦盖提斜坡：为晚古生代末形成的西南低、东北高的平缓大斜坡，中、新生界由西南向东北逐层上超。该斜坡古生界发育好，且埋藏较浅。已打的麦参1井、麦参2井、曲1井、曲2井在石炭系内见良好的油气显示及少许原油，表明古生界具有良好的生、储油条件。因此，该区是寻找古生界油气藏的有利地区。特别要注意色力布亚断裂附近、不同时代上超部位、古生界顶部的不整合面及岩性等可能形成的圈闭。

(4) 古城墟斜坡(塔东坳陷区南缘)及北民丰—罗布庄断隆：其北部是顺托果勒坳陷和满加尔坳陷，其南为且末断陷，亦是油气运移的指向地区。在古城墟斜坡上古生界发育齐全，并埋藏较浅。北民丰一罗布庄断隆新生界可能覆盖在古生界或上元古界之上。因此可能形成各种类型的油气藏，从而成为寻找古生界油气藏的有利地区之一。

二、寻找中、新生界油气藏的有利地区

塔里木盆地中、新生界的找油前景亦十分广阔。因为该盆地不但中新生界本身有较好的生、储油气条件，而且广布的古生界生成的油气也可以通过断裂、不整合面运移到中新生界中去。因而，油源是非常充足的。只要有适当的圈闭即可形成油

气藏(田)。

(1) 叶城—于田坳陷、喀什坳陷、满加尔坳陷、顺托果勒坳陷、库车坳陷、阿瓦提断陷及且末断陷等，都是找中新生界油气藏的有利地区。如在叶城—于田坳陷已发现了柯克亚油气田，在库车坳陷已找到了依奇克里克油田，在喀什坳陷亦发现了克拉托、杨叶油气流等，都是极好的例证。

(2) 在寻找古生界油气藏的地区，亦不能忽视找中新生界的油气藏，如沙参 2 井在中新生界内已见油气显示，就是一个新的线索。

第四节　中国古生代油气田的发现

2006 年，《国家科技规划纲要》强调坚持自主创新，努力建设创新型国家。多年的勘探实践，使笔者深刻认识到在油气勘探事业中自主创新尤为重要。因为，我们所要勘探的不同的地区或盆地，或是同一地区的不同时代的地质构造条件、成藏条件是千差万别的。所以正确的地质认识、勘探思路、勘探技术，成为发现油气田的关键和前提。一个新思路、新认识，一定会带动一批油气田的发现。多年的勘探经验告诉我们：用老思路在新区可发现油气田，用新思路在老区也能发现油气田，但很难在一个老区用老方法找到新的油气田。因此，要想不断地发现油气田，必须在地质理论上、勘探思路上和技术上不断地创新。中国石化西北石油局从 1978 年建局到 1984 年沙参 2 井实现油气重大突破及塔河大油田发现的过程，就是石油地质在理论上自主创新和实践的过程。

一、古生代海相成油问题的提出

几十年来，中国古生代海相成油一直是国内外专家、学者十分关注的大问题。1922 年，美国斯坦福大学的布莱维尔德说："中国缺石油可归因于 3 个地质条件——第一，中、新生代没有海相沉积；第二，古生代大部分地层不能生成石油；第三，除西部和西北部某些地区外，几乎所有地质时代的岩石遭受强烈的褶皱、断裂，并受到火成岩不同程度的侵入。"

多年来，不少专家、学者对我国古生代海相碳酸盐岩油气勘探做了大量的工作，并发现了一批天然气田。

1969 年著名地质学家李四光教授提出：现在有一个问题，我想提出来与同志们研究一下，我们现在找出来的油田都是中、新生代的，难道我们的古生代就没有油吗？美国有一半的大油田在古生代，苏联的第二巴库也是泥盆系，非洲的阿尔及利亚、利比亚也是古生代的。它们的特点，都是褶皱构造比较平缓，我们要在古生代盖层平缓、褶皱缓和的地区集中力量试验一下。譬如，黔南、四川，特别是塔里木，从战略上讲，我们要选一个地方，早一点去打开一个缺口。

长期以来，摆在我国石油地质学家、学者们面前的有两大难题。

(一)中国古生代海相到底有没有石油

1970 年笔者等人按李四光教授的指示，对塔里木盆地进行油气前景评价。在编写的《塔里木中新生代盆地油气远景的初步认识》报告中提出，塔里木古生代由于古地台处于相对稳定阶段，沉积一套海相碳酸盐岩及碎屑岩构造。塔里木盆地由不同性质的大型坳陷与隆起构成，这些坳陷和隆起的发育特点不同，导致含油气性特点也各有不同。它们具有长期相对上升和下沉，发育巨厚的中新生界和古生界，为油气形成提供了必要的物质基础；且自寒武纪到二叠纪，区内表现为长期较稳定的连续下沉，形成了一套以有利生储油碳酸盐岩为主的地层，并首次提出石炭—二叠系是重要的生储油岩系；盆地大型坳陷区内的长垣及斜坡带，具长期相对隆起性质，在注意可能形成的油气聚集的岩相带外，抓住有利构造进行勘探；盆地内深大断裂一般具长期活动性，对盆地的发生和发展，对含油区和油气聚集带的分布，有着一定的控制作用。塔里木是一个多油气藏类型的含油气盆地，塔西南地区和塔东北地区油气前景最好，塔中地区油气前景较好。

建议地质部开展石油普查勘探，并把勘探重点向塔西南转移。具体部署：扩大一块(库车坳陷)，突破一块(西南坳陷区)，准备一块(东部坳陷区)，研究一块(巴楚隆起古生界)。1977 年 5 月石油部在塔西南发现了柯克亚油气田(油源主要来自于石炭系)。

(二)古生代海相石油在哪里

1979 年笔者等又在《新疆塔里木盆地石油地质特征及找油方向》报告中提出：

(1) 塔里木盆地是我国主要的含油区：①生储油条件良好；②构造条件优越；③成油组合多；④圈闭类型多，找油领域广阔。

(2) 盆内寒武—奥陶系发育一套海相碳酸盐岩是重要的生储油岩系。中央隆起区、沙雅隆起(斜坡)是寻找古生界古潜山油气田(藏)有利地区。

(3) 在总体部署上建议坚持着眼全盆，分区规划，加强普查，择优突破；着重西南、侦察塔东、扩大北部、探索中央，海相陆相兼顾，油气并举的方针。

总之，塔里木盆地具有统一的前震旦系结晶变质基底、广泛的古生界基础和巨厚的中、新生界盖层；该盆地是由多构造体系控制的复合型盆地，具有多旋回、多成油组合特征，喜山运动是一次强烈的构造运动，是盆地定型、油气运移及再分配的重要因素；塔里木盆地具有多圈闭类型，找油领域广泛。因此，将进一步证明塔里木盆地是我国重要的含油气区，是寻找大型油气田的基地。

1979 年 9 月，国家地质总局新疆石油普查勘探指挥部(下称新指，后改为西北石油地质局)在阿克苏召开地质工作会议，会上，笔者等针对不同的认识，首先提出应向塔北沙雅隆起(斜坡)转移的意见。为什么向这个地区转移呢？笔者等人应用李四光地质力学理论和方法研究认为：沙雅隆起在早古生代时，西与柯坪隆起、东与库鲁克塔格隆起同属一个东西向构造带。晚古生代时由于西域构造体系的作用，使柯坪与库鲁克塔格开始隆升而沙雅隆起相对沉降，并接受了晚古生代及中新生代沉积。沙雅隆起不但有中生界也应有古生界沉积。该隆起处于库车和满加尔两大生油坳陷之间，为油气运聚的指向区，其上还发育有几个重力高点，所以油气前景好。另外，根据重磁力资料表明目的层埋藏较浅。上述意见得到了上级领导的支持和同意。新指从 1980 年初将油气勘探重点向塔北沙雅隆起转移。

二、古生代油气的重大突破

（一）沙参 2 井油气重大突破

1980 年将主要地震队（3 个）安排在塔北地区作区域大剖面，并对沙雅隆起开展了 1∶20 万重力普查，以及在塔河南跃进一号重力高点上设计跃参 1 井。

经过一年多的勘探，在雅克拉重力高点的二维地震剖面（302 线）发现古潜山构造。根据取得的新成果，1980 年底编写的 1981 年油气勘探总体设计中首先提出在雅克拉构造上打沙参 2 井的意见。并安排了在该构造上加密地震测线，搞清其构造形态和高点位置，确定了具体位置。1983 年 5 月中旬进行井位勘定；1983 年 8 月 12 日，由一普 6008 井队施工的沙参 2 井正式开钻（图 6-1）。1984 年 8 月中旬该井打到 5363.5m，见到了古潜山风化面，并取得少量白云岩岩心，但未见油气显示，当时有些人要求停钻完井。在要不要加深的关键时刻，笔者提出：绝不能停钻，至少再打 100m。其理由如下：①见一点白云岩还不能确定地质时代，原地质任务尚未完成；②该井在 3800 多米见到油砂，很可能是从深部运移上来的，油气还在下面；③根据我国古潜山油气藏特征，古风化壳有油不一定在表面，往往在古风化面下一定深度的风化淋滤带内。该意见得到领导的支持，决定加深钻进。经过堵漏，下 7 英寸（17.8cm）技术套管后，只加深了近 28m，即于 5391.18m 处发现强烈井喷，喜获高产油气流，日产油 1000 吨，天然气 200×10^4 立方米，实现了我国古生代海相油气田首次重大突破，成为我国油气勘探史上的重要里程碑，拉开了塔里木油气勘探大会战的序幕。

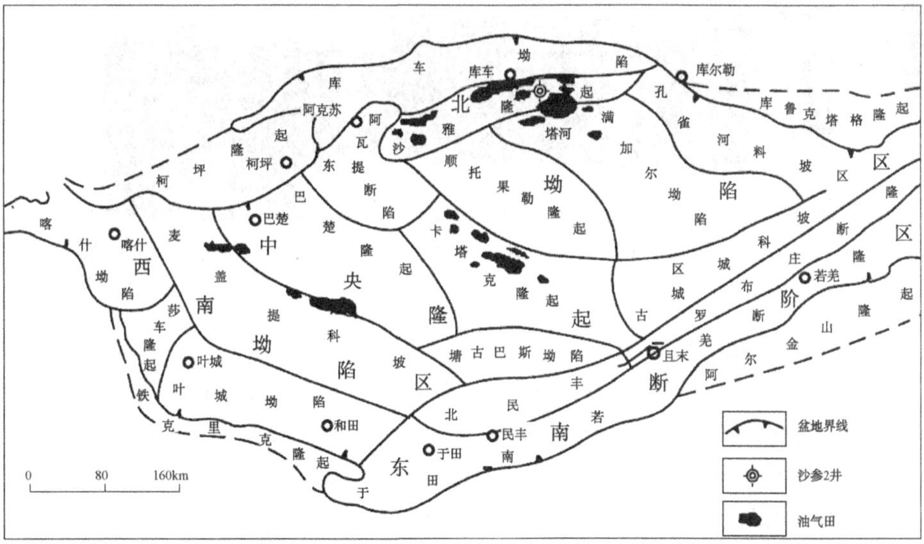

图 6-1　塔里木盆地构造分区及古生界油气田分布

1984 年 10 月 16 日向地质矿产部的领导及专家们汇报《沙参 2 井喜获高产油气流》的情况时，笔者等人认为：①沙参 2 井实现油气重大突破，预示沙雅隆起（面积 $3\times10^4km^2$）是一个大型油气富集带；②揭开塔里木地台古生界碳酸盐岩找油新领域；

③沙参 2 井是古潜山油气藏类型，该类型是盆地腹部重要的油气藏类型之一；④塔里木盆地 5000m 以下，还有很丰富的高产油气田，深部找油潜力很大(上述认识已被勘探实践所证实)。并建议地质矿产部加大塔里木盆地油气勘探力度，组织找油大会战。

沙参 2 井喜获高产油气流现场。

1991 年 9 月 3 日地质矿产部和新疆维吾尔自治区政府联合为沙参 2 井油气重大突破立碑纪念。

(二) 塔北连获油气突破

1985 年初，地质矿产部为迅速扩大沙参 2 井的油气成果，决定在塔里木盆地北部进行联合勘探，调集 6 个地区局的约 6000 人，在塔北摆开了空前规模的找油大会战的战场。在扩大雅克拉、东西展开、注意中浅油气发现的勘探思路的指导下，1985—1990 年实现了油气连续突破，在 8 个层系(E，K，J，K，C，O，∈，Z)发现了雅克拉、轮台、阿克库木、阿克库勒、阿克莫奇、西达里亚和艾协克等 7 个古生界油气田(特别是阿克库勒构造上沙 18 井于石炭系底部获日产油 1400 吨，天然气 420×10^4 立方米，成为国内石炭系罕见高产井)。迎来了石油部门到塔里木大会战的新局面。

（三）导向性油气重大突破

1990 年下半年地质矿产部的领导指示：沙雅隆起已经发现多个油气田，已成为油气富集带，那么第二个“沙雅隆起”（油气富集带）在哪里呢？笔者等人根据古生代海相成油特征及地质力学理论，以古隆起、古斜坡和断裂带控油理论，排除不同观点，首先提出了在巴楚隆起—麦盖提斜坡开展油气勘探工作，寻找第二个油气富集带。1991 年在这个地区开展了地震勘探，并发现了一批构造。1992 年 10 月在麦盖提斜坡的巴什托构造设计麦 3 井于石炭系获高产油气流，实现了麦盖提斜坡的首次重大突破。1995 年 9 月在巴楚隆起的亚松迪构造上设计巴参 1 井于石炭系获工业油气流，实现了巴楚隆起的首次突破，这两个构造单元导向性油气重大突破，为国家找到了两个古生界油气勘探开发后备基地。

（四）塔河大油田的发现

自从 1984 年沙参 2 井实现古生代海相油气首次重大突破后，笔者等人坚持古生界、古隆起、古斜坡找大油气田的思路，1990 年在沙雅隆起阿克库勒凸起上的艾协克构造部署了塔河第一口发现井——沙 23 井，该井于石炭系首次获高产油气流，并于奥陶系见厚层良好油气显示（后经酸化压裂也获高产油气流）。1991 年又在桑塔木构造上部署了塔河第二口发现井——沙 29 井，该井于三叠系获高产油气流。之后，争得了该区的探矿权，加大勘探力度，部署三维地震勘探，1996 年初根据三维地震新资料，部署了沙 46 井、沙 47 井、沙 48 井和 2 口评价井，这批井于 1997 年在奥陶系均获高产油气流。特别是沙 48 井日产油 450~570 吨，连续 3 年累计产油 50×10^4 吨，成为国内罕见的高产稳产井。由此，发现了塔河大油田，2005 年累计探明油气地质储量 6.98×10^8 吨，三级储量 15.54×10^8t，成为我国第一个古生界大油田。

三、古生代海相成油理论的建立

通过“七五”“八五”科技攻关研究，总结了塔里木乃至国内多个古生代油气田特征，于 1992 年建立了我国古生代海相成油理论（相关专著有《塔里木古生代海相油气田》《中国古生代海相成油特征》等）。

（一）古生代海相成油理论的内涵

1. 多时代、多类原型盆地叠加成油，中国大陆演化，经历晚元古代早期的大陆裂谷，震旦纪晚期至早、中奥陶世的洋盆扩张，中、晚奥陶世至志留纪的俯冲消减，志留纪末至泥盆纪的碰撞造山和古中国联合大陆形成，石炭—二叠纪再次拉张挤压阶段，从而完成了中国大陆古生代演化历史。

上述演化使塔里木、华北和扬子等地块形成多类原型盆地，如裂陷槽（裂谷）、大陆周边、克拉通内坳陷、挤压型克拉通等盆地，其中沉积了盆地相、陆棚相、台地相的巨厚而广泛的碳酸盐岩及泥页岩，不同时代的原型盆地叠加造就了我国古生界形成大油气田的基础。

2. 多时代烃源岩、多期成藏

（1）从总体而言震旦纪—二叠系均能生油，但以寒武—奥陶系及石炭—二叠系为主。

(2) 主要烃源岩有：暗色泥岩、页岩、灰岩及泥灰岩等。

(3) 生烃特点：①碳酸盐岩有机质丰度相对较低，有机炭为13%以上，但成烃转化率高；②能二次生烃、多期生烃；③有机质成熟度高。

(4) 多期成藏：总体有2~4个成藏期，如塔里木主要有四期成藏，即加里东晚期、海西早期、海西晚期、印支、燕山期、喜山期，但以喜山期为主。

3. 多时代成油组合

(1) 储集岩具多时代的特点：①储集岩有碎屑岩、碳酸盐岩及岩浆岩，但以碳酸盐岩为主；②碳酸盐岩的储集空间以裂缝、孔洞或孔洞-裂缝型为主，非均质性强。

(2) 盖层具有多时代特点，其盖层岩石类型有：泥岩、页岩、膏盐、致密灰岩等。

(3) 纵向成油组合主要有2套，一是古生界自生自储组合，二是古生界与中新生界形成的成油组合(即古生界生成的油气储集到中新生界中形成的油气藏)。古生界组合以寒武—奥陶系和石炭—二叠系为主。

(4) 油气具有长距离运移的特征。油气纵向可穿过几个地质时代，横向可运移几十公里至上百公里。

(5) 多成藏模式。成藏模式是指烃源岩、成油期与储集层在时空上的组合。古生界为主要烃源岩，生成的油气聚集在多时代储层中，形成了多种模式：①古生古储，古生代生成的油气又储集在古生代地层中(塔里木盆地、四川盆地)；②后生古储，喜山期生成的油气储集在古生代地层中(塔里木盆地、鄂尔多斯盆地)；③后生中储，喜山期生成的油气储集在中生代地层中(塔里木盆地)；④后生新储，喜山期生成的油气储集在新生界中(塔里木盆地)。

(6) 多油气相态并存。不同时代生油岩的油气并存，不同成熟度的油气并存，不同相态的油气并存。

(7) 油气分布特征。从全国分布看，西油东气，油气田主要分布在塔里木、准噶尔、鄂尔多斯、四川、渤海湾等盆地。从构造看：①克拉通盆地古隆起、古斜坡控制油气区域性聚集；②区域性不整合是油气运移和聚集的重要因素；③断裂控制油气的分布。

(二) 古生代海相成油理论有效地指导了油气勘探工作

塔里木盆地自1984年沙参2井实现古生代海相油气重大突破后，坚持以古隆起、古斜坡、断裂带及区域性不整合控油等勘探思路，先后指导中国石化和中国石油两大部门在塔北、塔中、塔西南发现30多个油气田，共获探明储量达7.5×10^{8}t，特别是又发现了塔河大油田、和田河大气田等。

另外，1984年塔里木盆地北部沙参2井实现中国古生界海相油气首次重大突破，以及地质理论认识的更新，对国内古生界油气勘探有重要的启示、借鉴和指导作用。近年来，在我国西北、南方油气勘探取得了重大进展，发现多个古生界大型油气田。笔者认为，古生代油气勘探刚刚开始，油气潜力巨大，领域广阔，必将成为我国油气资源的重要接替领域。

第五节　中国古生代海相成油特征

几十年来，中国古生代海相成油，一直是国内外石油地质专家、学者十分关注的大问题。

1922 年，美国斯坦福大学某教授说，中国缺乏石油可归因于 3 个地质条件。第一，中新生代没有海相沉积；第二，古生代大部分地层不能生成石油；第三，除西部和西北部某些地区外，几乎所有地质时代的岩石都遭受了强烈的褶皱、断裂，并受到火成岩不同程度的侵入。这些错误的判断早已被大量勘探成果所驳倒。

我国古生代海相沉积分布十分广泛，以华北、华南、塔里木等地块发育最佳。

40 多年的历史，广大石油地质专家、教授和学者们对中国南方古生界天然气田的发现和成气条件进行了大量研究，作出了重要贡献。

一、古生代海相成油问题的提出

1969 年 2 月 11 日，世界著名地质学家李四光教授，在听了石油部介绍石油地质工作情况后说："现在有一个问题，我想提出来与同志们研究一下。我们现在找出来的油田都是中、新生代的，难道我们的古生代就没有油吗？美国有一半的大油田在古生代，苏联的第二巴库也是泥盆系的，非洲的阿尔及利亚、利比亚的大油田也是古生代的。它们的特点都是褶皱构造比较平缓。我们要在古生代盖层平缓、褶皱缓和的地区集中力量试验一下。比如，黔南、四川，特别是塔里木……从战略上讲，我们要选一个地方，早一点去打开一个缺口。"

1970 年初，我们遵照李四光教授的指导性意见，用地质力学观点和理论在塔里木盆地开展了油气地质调研和油气远景评价工作。确认上古生代的石炭系、下二叠系海相泥质岩、碳酸盐岩是塔里木盆地重要的生油岩，并指出塔里木盆地是我国重要的大型含油气盆地之一。

1978 年，我们又在进行塔里木盆地评价和选区的研究中，首次提出寒武—奥陶系碳酸盐岩是该盆地的重要生、储油岩系，还指出注意在盆内古隆起上寻找古生界古潜山型油气藏(田)。

二、古生代海相油气田的首次重大突破

1980 年底，笔者根据地质力学理论低级次扭动构造控油的理论和地震成果，在雅克拉构造上部署了沙参 2 井，于 1983 年 8 月 12 日正式开钻，1984 年 9 月上旬钻至井深 5363. 5m 时，打穿了中、新生界并见到古生界白云岩，但是，未见到油气显示。根据需要和找油经验，决定继续钻进。

1984 年 9 月 22 日凌晨，当沙参 2 井钻至井深 5391. 18m 的奥陶系白云岩时，喜获高产油气流。日初产原油 1000 吨，天然气 200×10^4 立方米。从而实现了中国古生

代海相碳酸盐岩油气田的首次重大突破，是塔里木盆地油气勘查工作历史性的转折，拉开了塔里木找大油气田的序幕，很多专家认为：沙参 2 井的重大突破完全可以和松辽盆地大庆油田的第一口发现井——松基 3 井的历史意义相比。因此，沙参 2 井成为中国石油天然气工业发展史上的重要里程碑。

当时，国务委员康世恩说："沙参 2 井高产油气流的发现，是一个大大的突破。"国务院副总理万里说："中国人民自己搞出来的，很了不起，是一个大贡献。"

地质矿产部部长朱训说："沙参 2 井钻获高产油气流，是塔里木盆地油气勘查工作的一个具有战略意义的突破。"

新疆维吾尔自治区党委书记宋汉良说："沙参 2 井是在塔里木地台上打出来的大油大气，是一个巨大突破，给新疆人民立了一大功。"

三、古生代海相成油理论的创立

1984 年 12 月，笔者根据区域地质条件和原油化验分析资料，首先提出沙参 2 井原油的油源岩为寒武—奥陶系的碳酸盐岩，而且认为是二次生油的结果。当时，对沙参 2 井原油的油源岩认识众说纷纭，到 1989 年才统一到寒武—奥陶系为沙参 2 井原油的油源岩认识上来。

随着油气勘查的不断深入，1988 年笔者又总结出古生代海相成油特点：多时代生、储层系，多油气藏类型，多时代成油，深生浅储，多层结构、多因素控油等。

1989 年在《塔里木盆地北部石油地质几个问题的讨论》(现代地质)中论述了塔北古生代沉积及油气地质特征。

在研究总结塔里木盆地石油地质特征和 13 个油气田(藏)的基础上，1992 年又主编并出版了《塔里木盆地古生代海相油气田》专著；1993 年又发表了《塔里木古生代盆地演化及成油特征》；1993 年 11 月在《中国地质矿产报》上发表了《我国古生代海相成油理论创立》，论述了古生代海相成油的基本特征等，从而创立了古生代海相成油理论。

四、古生代构造演化特征

中国古生代具有多时代、多类型原型盆地叠加复合的特点：

古中国陆块系早古生代末因中国洋消减，被古中国洋分隔的华北、华南、塔里木等陆块重新合并的联合古陆块。中国古生代盆地深边缘沉降为主要特征，海相沉积十分广泛，其演化过程可分为大陆裂谷—大洋扩张—俯冲消减—拉张挤压等四个发展阶段。(图 6-2)

(一) 大陆裂谷阶段(晚元古代早期)

自晚元古代始泛大陆分裂，原中国陆块从东冈瓦纳边缘裂解出来。它在向外漂移过程中，除陆块边缘产生一系列拉张裂谷带之外，在陆块内部也拉张分裂，形成昆仑—秦岭大陆裂谷带和北祁连大陆裂谷。裂谷初始沉积了以陆相为主的红色或杂色粗碎屑岩，随后沉积了滨浅海细碎屑岩和碳酸盐岩或蒸发岩，随着拉张作用加强，沿断裂带发生了强裂的碱质基性、超基性—酸性岩浆侵入和碱质双峰式火山喷。晚元古代时期西昆仑—秦岭裂谷带的中轴裂谷内开始出现洋壳，但宽度不大，塔里木和辽南发育有与扬子区类似的早震旦世冰碛岩。

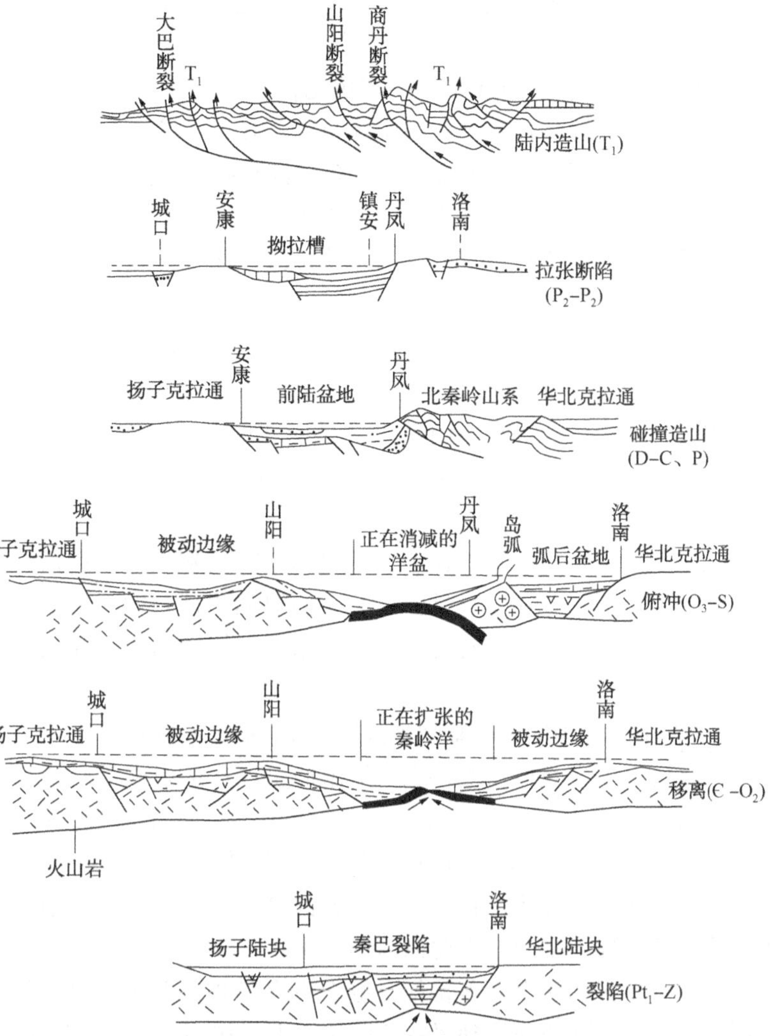

图 6-2　华南—秦岭—华北构造演化模式(据张渝昌，等)

(二) 洋盆扩张阶段(震旦纪晚期—早、中奥陶世)

震旦纪晚期—早寒武世，昆仑—秦岭裂谷带已扩张成洋盆，发育了完整的洋脊型蛇绿岩套，华南陆块与华北—塔里木—柴达木陆块分离。此时，后三个陆块尚未分离，遍布于华北陆块南缘、河淮、豫西、北秦岭、北祁连镜铁山、北山，柴达木陆块欧龙布鲁克、阿尔金山，塔里木陆块库鲁克塔格等地上震旦统—下寒武统冰碛岩是充分的证据。祁连—阿尔金的裂谷期一直延续到中寒武早期。甘肃郭米寺一带早寒武世晚期—中寒武世早期大面积出露的富钠酸性火山岩和少量双峰式基性火山岩，含有多金属矿产的较深水硅泥质沉积标志了裂谷轴所在。中寒武世中晚期洋脊型—裂谷型蛇绿岩的出现表明北祁连已从裂谷阶段演化到洋盆阶段。这时塔里木陆块和柴达木陆块与华北陆块分离成为三个独立陆块，北祁连洋和昆仑—秦岭洋一起组成古中国洋，其中后者是洋盆。这不但由上文所述两洋蛇绿岩性质所证明，而且得到昆仑—秦岭洋是奥陶纪古生物区系的分界线所证实。

由于古中国洋的扩张，华北陆块南缘、塔里木陆块东南—南缘、柴达木陆块两侧和华南陆块北缘从边缘裂谷发展为大西洋型离散边缘，而陆内裂谷分别形成贺兰拗拉槽。

（三）俯冲消减阶段（中/晚奥陶世—志留纪）

中奥陶世晚期—晚奥陶世初，古中国洋进入以俯冲为主的阶段，此时洋盆虽然还在扩张，但其速度已抵不上俯冲速度，洋盆逐渐消减。

在昆仑—秦岭洋东段东秦岭地区，从陕西商县、丹凤、商南，经河南西峡到信阳，东西延伸千余米的洋壳蛇绿岩带中发育低温高压变质带（3T 型多硅白云母，C 尖榴辉岩，蓝闪石）（叶大年，1979；安三元，1985），其北平行分布着矽线石为特征矿物的高温低压变质带，组成双变质带。这时在华北陆块南缘的早期被动边缘转化为弧盆系活动大陆边缘，而华南陆块北缘仍保持被动边缘构造/建造特征（图 6-2），因此，古中国洋的东段俯冲极性是向北的，具有明显的沟弧特征（秦德余等，1992）。阿尔金断裂以西的西昆仑段为双向俯冲，两侧形成具有压性弧特征的安第斯型深成岩浆弧。

北祁连支洋盆的主要俯冲发生在中奥陶世末—晚奥陶世初到志留纪。北祁连蛇绿岩套和高压变质带两侧分别发育弧盆系，因而双向俯冲是明显的，从泥盆系磨拉石不整合在志留系俯冲增生的碎屑复理石之上来看，俯冲结束时间大致与主洋盆相同，为志留纪晚期。

（四）碰撞造山和古中国联合陆块形成期（志留纪末—泥盆纪）

古中国洋经历了中、晚奥陶世—志留纪俯冲，洋盆逐渐被消减殆尽，两侧陆块（或岛弧）逐渐接近，最后于志留纪末—泥盆纪发生碰撞，陆块边缘强烈变形隆升，碰撞型花岗岩岩基侵入（325Ma～420Ma）形成规模巨大的秦—祁—昆造山系。华北、塔里木、柴达木和华南诸陆块重新拼合，形成古中国联合陆块。在造山系前陆或/和弧后区因构造负载、地壳挠曲产生碰撞前渊。

秦—祁—昆造山区的一个显著特征是缝合带严格划分开了南侧陆块，即在上地壳层次上明显缺乏一个陆块逆掩到另一侧陆块之上的作用，与喜马拉雅造山带相似。这种结构是中国所有碰撞造山带的共同特征。根据洋壳俯冲特点和造山带结构差异可将该造山区分为两种类型：

（1）单向俯冲—陆陆碰撞形成的不对称造山带（图 6-2）。东昆仑—秦岭造山带横剖面的基本特征是明显的不对称性，缝合带以北为强变形区，以南变形很弱；总体向南推掩，仅在原弧后盆地北侧发生规模不大的反向冲断；前渊主要发育在南侧，叠置在原来的被动边缘之上。根据推覆带拉伸线理和盆地中次级拉张断陷的方向判定在推覆体自北向南的推挤时伴有明显的右行滑动（吉让寿等，1990）。

（2）双向俯冲—陆陆碰撞形成的对称造山带。山系以缝合线为轴，向两侧推掩，横剖面结构呈花状；两侧都发育前渊盆地，如祁连山带和西昆仑造山带，但两者仍有某些差别，后者的前渊盆地直接位于弧后，前者的前渊盆地主体位于变形弧后盆地外侧。

（五）再拉张—挤压阶段

（1）第一次拉张—挤压旋回（C1-C2）。

早石炭世早期开始拉张，形成东西向红石山—柳园地堑，自北而南由红石山、马鬃山、柳园三个裂谷和其间的两个地堑组成。红石山裂谷，开始为浅海环境快速堆积的粗碎屑岩，接着拉张沉降加速，沉积了较深水的泥岩。早石炭世晚期—晚石炭世早期拉张作用达到最高峰，北支红石山裂谷轴发育为小洋盆深海沉积与蛇绿套共生。马鬃山、柳园裂谷为北深南浅的箕状裂谷，拉张强度较小，堆积了巨厚火山碎屑岩。晚石炭世末，北山裂谷系发生了强烈的缩合作用，北带红石山小洋盆地闭合，裂谷沉积物呈花状褶皱冲断，并导致大规模混合岩化和花岗类岩基侵位。晚石炭世晚期，仅有小规模残留裂谷。中、南带裂谷、晚石炭世晚期残余海盆范围大为缩小，发育中酸性火山岩和陆源碎屑岩，其边缘陡坡发育滑混岩。

（2）第二次拉张—挤压旋回(P1)。

早二叠世北山地区再度受南北向拉张作用而形成三条裂谷：南带以巨厚的枕状拉斑玄武岩为特征，有辉长岩、辉绿岩和超镁铁质岩，可能具初始洋壳，沉积物从早期的粗碎屑岩到复理石，伴有强烈的火山活动，沉积厚度超过4000m；中带以巨厚层碎屑岩和双峰式火山岩为特征；北带拉张最弱，沉积了浅海—次深海细碎屑岩，仅上部夹有较多中酸性火山岩和少量硅泥质岩，最大沉积厚度为2000m左右。

早二叠世与晚二叠世间，裂谷闭合，海水迅速退出，北山区成为挤榨变形带，造成陆相上二叠统与下二叠统间广泛的不整合接触。

天山地区古生代构造格局和演化与北山大体相同，但拉张时期较早，强度较大，因而具有某些不同的风格，北天山西段巴音沟—玛纳斯南山拉张期较早且强烈，有完善的晚泥盆世—早石炭世蛇绿岩套，代表该期形成的洋盆，东部博格达山、黄山强烈拉张发生于早石炭世至晚石炭世早期，拉张强度不及巴音沟一带大，而与东延的北山北带相同，缺少完整的洋壳—上地幔岩组合，处于初始小洋盆阶段。随后，北天山洋盆聚合俯冲消减，西段可能以向南俯冲为主，引起中天山广泛的中酸性岩浆侵入，形成宏伟的石炭纪—二叠纪花岗岩，北天山转变为残余海盆，这一转变时期大约发生在晚石炭世，在巴音沟蛇绿岩之上不整合覆盖着晚石炭世砂岩夹薄层砂质灰岩及类复理石。早二叠世强烈的火山喷发，可能标志着又一次拉张。

南天山南部的演化大体类似，整个天山地区裂谷的最终转化发生在早二叠世末—晚二叠世，但相对的挤压导致产生大规模相似于北天山的花式反转推覆构造，贺兰山—大青山以东区段，在晚泥盆世—早石炭世中亚洋向北俯冲—碰撞缝合时，没有强烈的造山，很快转为拉张环境，广泛发育裂谷构造(唐克东等，1992)。本区的裂谷最早发生于早石炭世，规模不大，为向东开口的楔形裂谷，位于南侧的赤峰至吉林省磐石、永吉一带，早石炭世火山—陆源碎屑沉积层覆于泥盆纪时期的碳酸盐岩之上，晚石炭世晚期起从西向东由于南北挤榨作用，西部出现红色磨拉石，海水退至吉林省东部。晚石炭世的裂谷作用向北侧推移至锡林浩特—长春一线。发生于晚石炭世早期的裂谷作用，形成碱性双峰式火山岩(玄武岩和流纹岩、英安岩)和海相陆屑岩层。晚石炭世晚期裂谷盆地经热冷却沉降范围扩大后，发生反转并有花岗岩类侵入。晚石炭世末—早二叠世开始的裂谷系统展示着全新的构造格局：①裂谷作用范围扩大，向北已越过贺根山—二连缝合带，向南影响到阴子—大青山隆起带；②除继续发育与前期构造线一致的东西向裂谷带外，还出现了切割前期构造线的北东向裂谷带(南兴安岭裂谷、张广才岭裂谷等)，且越往东规模越大，这种特征反映出古太平洋(实为古特提斯洋东延部分)的直接影响，从吉林东部延边地区温暖生物群向西过渡为寒冷生物群也表明了这一点。

东西向裂谷有大型锡林浩特—贺根山裂谷，规模较小的有白云鄂博—正兰旗裂谷和更小的大红山裂谷。北东向的有南兴安岭和张广才岭裂谷。延边裂谷带发生时间较晚，于早二叠世末期才开始。该期裂谷系自西向东于晚二叠世转为快速充填的陆相沉积，并于中三叠世起转化，形成裂谷挤榨带。

五、多期成油

(一) 多时代生油岩

中国古生代海相地层具有多时代、多层系生油岩，生油岩类型有暗色泥岩、页岩、灰岩、白云质灰岩、白云岩等。其分布时代震旦系—下三叠统均具生油性，但各地区有别(表 6-1)。

表 6-1　生油岩地化指标统计

地区		层位	岩性	有机碳/%	沥青“A”/10^{-6}	烃/10^{-6}	转化率/%		
							“A”/C	HC/“A”	HC/C
塔里木盆地		$C-P_1$	泥岩	0.40~5.32	100~4900	64~3233	8.7	74.5	6.5
			灰岩	0.15~0.44	200~300	102~201	9.3	69.1	6.4
		Є-O	泥岩	0.40~1.34					
			灰岩	0.10~1.01	53~972	23~722	6.7		9.7
华北地区	鄂尔多斯盆地	C_2-P_1	泥岩	2~3.1	392	200~260			
		Pz_1	泥页岩	0.5	115~203	134			
			灰岩	0.1~0.3	70~181	42~106			
	燕山地区	Pt	泥页岩	0.5~5.69	250				
			灰岩	0.3~1.79	269				
		P_1	泥岩	1.71	240	121	1.4	60.4	0.7
华南地区	江苏		灰岩	0.61	256	143	5	55.9	2.8
		Pzj	页岩	0.7	300	180	4.3	38	1.5
			碳酸盐岩	0.1~0.2	740	340	35	46	1.6
	四川	Z	碳酸盐岩	0.3~0.4	100~600	182			

(二) 海相生油岩特征

(1) 碳酸盐岩有机质丰度低，成烃转化率高。

多年来，国内外一些专家、学者研究了不同地区的泥质岩与碳酸盐岩的有机质，发现泥页岩的有机碳含量普遍要高于碳酸盐岩 2 倍以上，但成烃转化率后者要高于前者 1 倍乃至几倍。

(2) 二次生油。

早期生油岩，经后期的沉降埋藏后，使生油岩达到了生油门限值开始生油，称一次生油。由于地壳运动抬升使原生油岩失去了生油条件(温度和压力)，这时停止了生油。后经地壳下沉再深埋，使原生油岩再次达到生油门限，又开始生油，这称为二次生油，中国古生界大部分地区，都具有二次生油的特点。如塔里木盆地寒武—奥陶系生油岩到泥盆系沉积后已进行门限开始生油。后经海西早期的抬升运动，大部分地区遭到剥蚀停止了生油，海西晚期，又沉降使较厚的石炭—二叠系覆盖于寒武—奥陶系之上，使其再次进入生油门限，开始二次生油，因此，塔里木盆地不少油气田是二次生油的产物，扬子地块，华北地区也有类似情况。

(3) 多期成藏。

中国古生代海相具有多期成藏特征，一般 2~4 成藏期，塔里木盆地下古生界烃源岩有四个成藏期，即：海西早期，海西晚期，燕山期和喜山期。

鄂尔多斯盆地至少有两个成藏期，第一期是晚海西期，第二期是喜山期。

四川盆地，在地质历史中，曾有过多次生油气高峰期，多次成藏期(郭正吾等，1997)。

(4) 有机质高、成熟偏高。

据目前资料认为中国古生界生油岩有机质演化，主要处于高成熟—过成熟阶段，就全国而言，以过成熟为主。因此，中国东部地区，处于生气阶段；中国西北地区，以塔里木的勘探成果表明，生油岩，有机质演化处于高成熟—过成熟，以凝析油和高熟轻质油居多。

六、多时代多类型成油组合

(一) 储集岩

中国古生代海相储集岩既有碎屑岩，又有碳酸盐岩，但以碳酸盐岩为主。

碎屑岩储层主要分布在志留—泥盆系和 C-P 系中，以砂岩为主，储集岩孔隙类型以次生孔隙为主，只有塔里木盆地原生孔隙和次生孔隙复合类型，其物性变化不均一(表 6-2)。

表 6-2 砂岩物性统计

地区		层位	样品数/个	孔隙度/%		样品数/个	渗透率/$10^{-3}\mu m^2$		备注
				区间值	平均值		区间值	平均值	
扬子地块	江苏	S		1.07~3.34	2.20		0.03~0.52	0.32	
		D			1.97			0.53	
塔里木盆地		C	138	1.28~21.65	13.12	120	0.08~462.9	55.9	
		S-D	22	9.78~21.97	16.39	12	0.25~342.7	76.66	
鄂尔多斯盆地		$C-P_1$		8.8~13.5	11.5		1~5.2	3.6	

碳酸盐岩储集岩主要为灰岩、白云岩，为孔隙、裂隙和孔洞型，特别是灰岩主要以裂隙和孔洞为主，物性非均质性十分突出(表 6-3)。

表 6-3 碳酸盐岩物性统计

地区		层位	样品数/个	孔隙度/%		样品数/个	渗透率/$10^{-3}\mu m^2$		备注
				区间值	平均值		区间值	平均值	
湘鄂		T_1-Zb	4733		1.21		一般小于 0.1		
滇黔桂			2197		2.58				
四川	威远	Zbd	1518		1.41				
四川	川东	C_2	1271	0.2~20.63	2.9	490		2.4	小于 $0.01\times10^{-3}\mu m^2$ 样品数占 47%
四川	川南	P_1	6212		0.98	2030			76.6%样品孔隙度小于 1% 88.9%样品渗透率小于 $0.01\times10^{-3}\mu m^2$
四川	川南	T_1	2006		2.8	1083		2.15	
下扬子		Ti~Zb	103	0.02~7.24	1.18	107	0.02~2.08	0.171	
华北	鄂尔多斯	O		1.23~8.6	1.62		0.1~14.7	0.37	
华北	山东	Є-O		0.03~4.8			0.04~2.5		
塔里木盆地		C	24	0.15~3.7	2.01	5	0.03~3.8	1.8	
塔里木盆地		O	11	0.95~2.11	1.36		0.01~19.11	0.82	

（二）盖层

古生代盖层亦十分发育，均具多时代、多层系特点，盖层岩石类型主要有膏盐、致密灰岩，泥页岩。

（1）蒸发岩(石膏、盐岩)：这类岩石十分致密。氯化钠晶间距离为 2.8×10^{-10}m。而烃类中最大甲烷分子直径为 3.758×10^{-10}m，不能通过，所以盐岩是最佳盖层。

（2）泥页岩：结构致密，突破压力高，在地层中分布广、厚度大且较稳定，也是良好盖层。

（3）致密碳酸盐岩：泥晶、微晶含泥质的灰岩，突破压力高，亦可形成盖层。

（4）粉砂质泥岩和结构致密的粉砂质页岩也能起一定的封闭作用。

（三）成油组合

依据生、储、盖层在时间、空间上的分布特点，可将区内生储盖组合划分为两类 7 种形式。

1. 连续组合

生、储、盖层存在于连续沉积的地质单元中，生油岩与储层直接接触(面接触、带接触或体接触)，输导通道以孔隙—裂隙为主。有以下四种形式：

（1）封闭式：储集体被生油岩所包围，如塔里木艾协克奥陶系油气藏，它们的储集体是相对独立的构造裂缝加上溶蚀孔、洞系统。

（2）侧变式：储集层由致密的生油层相变而成，此种组合形式目前尚未见到，推测在阿克库勒凸起的东南缘斜坡发育有礁、礁滩等，将会有重大发现。

（3）叠层式：储集层叠置在生油岩上部，如塔里木塔中 12 油气田、储层为志留—泥盆系含油气砂岩，其油气来自下伏寒武—奥陶系灰岩。

（4）互层式：生油岩与储集层间互出现，如中生界生储盖层可组成这种形式，不过目前发现的中生界油气藏均是以海相油源为主，组合形式更复杂一些。

2. 不连续组合

生、储、盖层在时间上不连续，在空间上可以相邻或不相邻（后者不包括储、盖层间的关系），生油层与储层是通过不整合面、断裂接触或沟通的。有以下三种形式：

（1）不整合型：生油层和储层由不整合面沟通，它们可以分别或同时存在不整合面的上方及下方，如鄂尔多斯庆阳气田（奥陶系）、塔里木塔中 4 石炭系气藏等；

（2）不整合+断层型：在不整合型组合上又被断层复杂化，这种组合形式在塔北分布最广泛，如雅克拉凝析气田；

（3）断层型：生油层与储层以断层为输导组成的组合，如塔里木波斯坦石炭系油气藏，是寒武—奥陶系生成的油气以断层为输导，运移到石炭系砂岩中聚集成藏的。

总之，以上两类 7 种形式，实际上单一形式并不多，多为复合型。

七、多成藏（田）模式

（一）成藏模式

成藏模式是指油源岩、成油期与储集层时空上的组合。寒武—奥陶系为主要油源岩，生成的油气聚集在多时代储层中，形成了多种模式。

（1）古生古储：古生代生成的油气又储集在古生代地层中（塔里木盆地、四川盆地）。

（2）后生古储：喜山期生成的油气储集在古生代地层中（塔里木盆地、鄂尔多斯盆地）。

（3）后生中储：喜山期生成的油气储集在中生代地层中（塔里木盆地）。

（4）后生新储：喜山期生成的油气储集在新生界中（塔里木盆地）。

（二）油气田模式

指单一或多种类型油气藏在油田中组合。可分为：

（1）单一结构：如塔中一号油气田、庆阳气田，目前只在奥陶系顶部风化带发现油气藏。

（2）双层结构：如塔里木、雅克拉凝析气田，下古生界为断块潜山凝析气藏，中生界为平缓背斜凝析藏。

（3）多层结构：如塔里木、阿克库勒油气田，下部为奥陶系顶面不整合油气藏，中部为石炭系岩性油气藏，上部为三叠系披覆背斜油气藏。

八、油气田分布规律

（一）油气田纵向分布

中国古生代海相油气田，在纵向上，自震旦系—二叠系均有分布（表 6-4）。

表 6-4 油气田纵向分布表

时代	典型油气田(藏)	地区
P	临降场气田、纳溪气田、自流井气田	四川
C	阿克库勒、东河塘和塔中油田	塔里木
	相国寺、卧龙河气田	四川
	平水坝沥青带(古油藏)	贵州
D	龙头山沥青带	广西
	塔中油田	塔里木
S	麻江沥青砂岩	贵州
	柯坪沥青砂岩、塔中油气田	塔里木
O	雅克拉油气田、塔中油气田、沙西油田、阿克库勒油田、塔里木柯坪沥青	塔里木
	庆阳气田	鄂尔多斯
Є	雅克拉油气田	塔里木
	石溪河沥青带	四川
Z	雅克拉油气田	塔里木
	威远气田	四川

（二）油气田平面分布

古生代油气田，主要分布在塔里木、四川、鄂尔多斯、准噶尔等盆地，但是古生代油田主要分布在塔里木和准噶尔盆地；中国东部地区古生代都是气田。

（1）大型古隆起和斜坡控制油气区域聚集。

H、IO、乌斯宾斯卡娅对20世纪80年代以前世界上发现的16000个油气田统计分析得出结论，有85%的储量主要集中分布在5%的大型、特大型油气田中，其中绝大部分分布在不同级别的古隆起范围内。控油和聚油模式各有特色。成千平方公里大面积连片聚油者，如东欧地台鞑靼隆起，聚油于巨型背斜圈闭的泥贫系高孔隙砂岩储层之中；中亚卡拉库姆盆地中央隆起大气区。如中国塔里木盆地、鄂尔多斯盆地、四川盆地，在古隆起形成大油气田。如川东石炭系气田群；在古隆起之上的群体构造呈星罗棋布聚气成大型气田者，如塔里木的沙雅隆起、卡塔克隆起及鄂尔多斯中央隆起和川南泸州古隆起(图6-3、图6-4、图6-5、图6-6、图6-7、图6-8)。

（2）不整合面控制油气运移和聚集。

盆地区域性不整合面，以加里东中期构造运动形成的奥陶系顶部不整合面，海西早期运动形成的志留—泥盆系顶部不整合面和海西末期运动形成的二叠系顶部不整合，对油气运移聚集最为重要，如塔里木盆地，由于志留—泥盆系、石炭系在沙雅隆起主体部位剥蚀变薄、尖灭，呈楔状体叠置或错列展布，造成一些地区不整面复合的现象，形成了复合性不整合面。在不整合面上下发现了一系列油气藏的事实，有力地说明了不整合面控油的重要性。不整合面控油有以下特点：

① 不整合面是油气运移的通道。

不整合面上的砂岩、砾岩及不整合面下的碳酸盐岩风化壳，都有良好的储集性能，可作为油气运移的良好通道。构造变动可使不整合面由生油坳陷向隆起区上倾，促进了油气向隆起区运移效应的加强，形成不整合面古风化壳古生古储油气藏或后生古储油气藏。

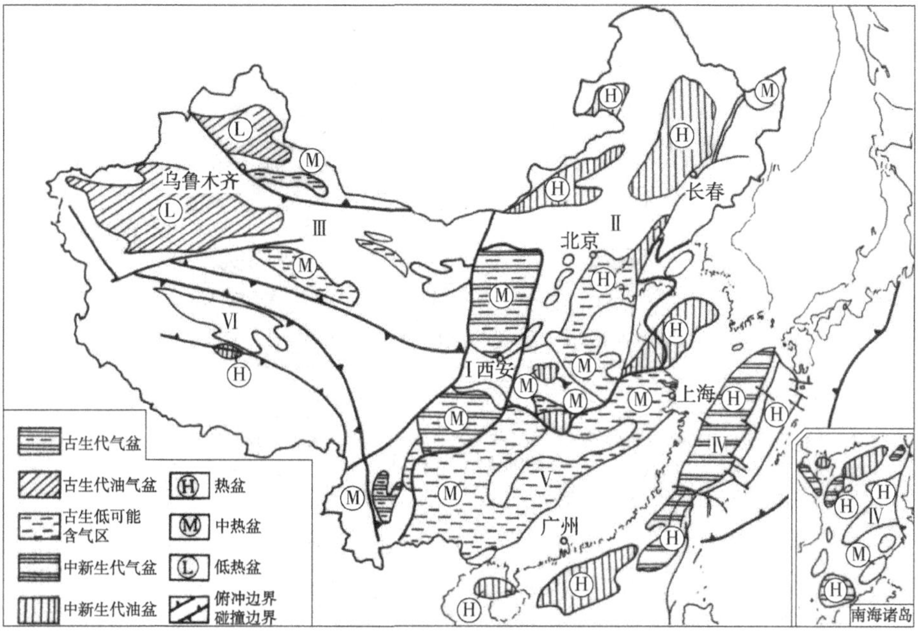

图 6-3　中国油气分区及盆地分布(据戴金星修编，1997)

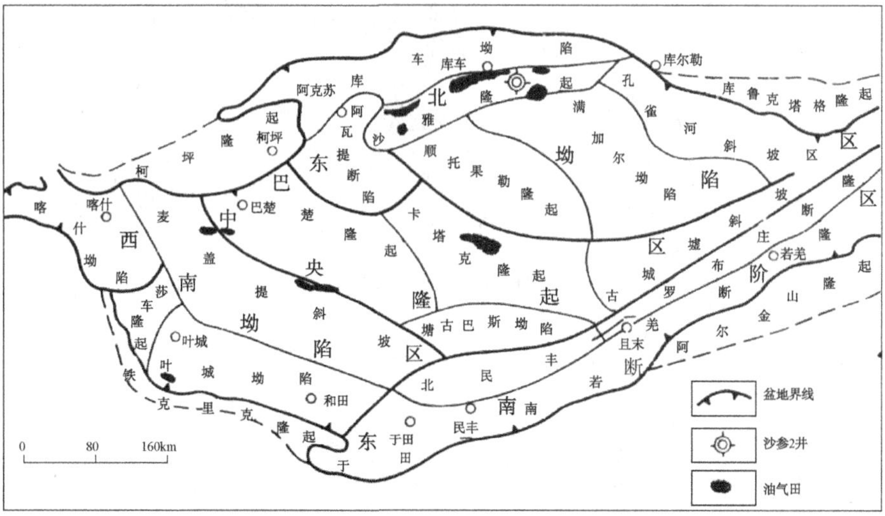

图 6-4　塔里木盆地构造分区及油气田分布(据康玉柱，1996)

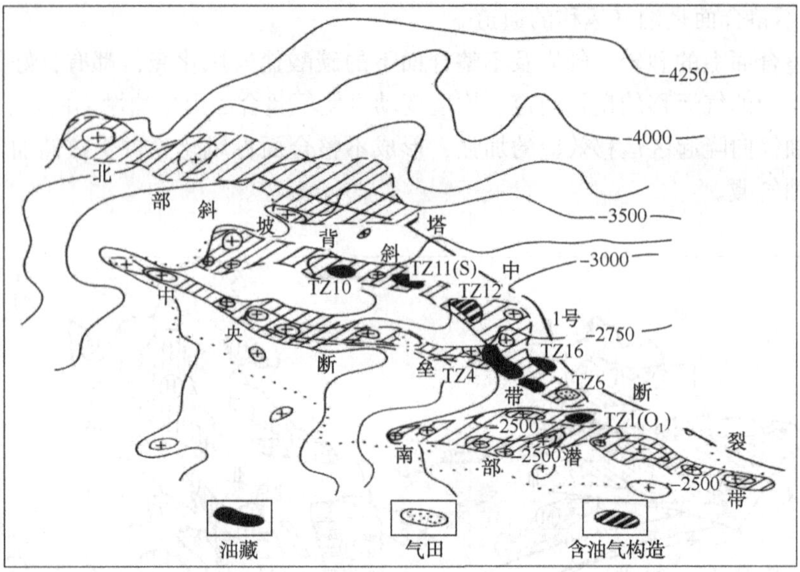

图 6-5　塔里木盆地塔中隆起油气田分布(据梁狄刚，修编，1997)

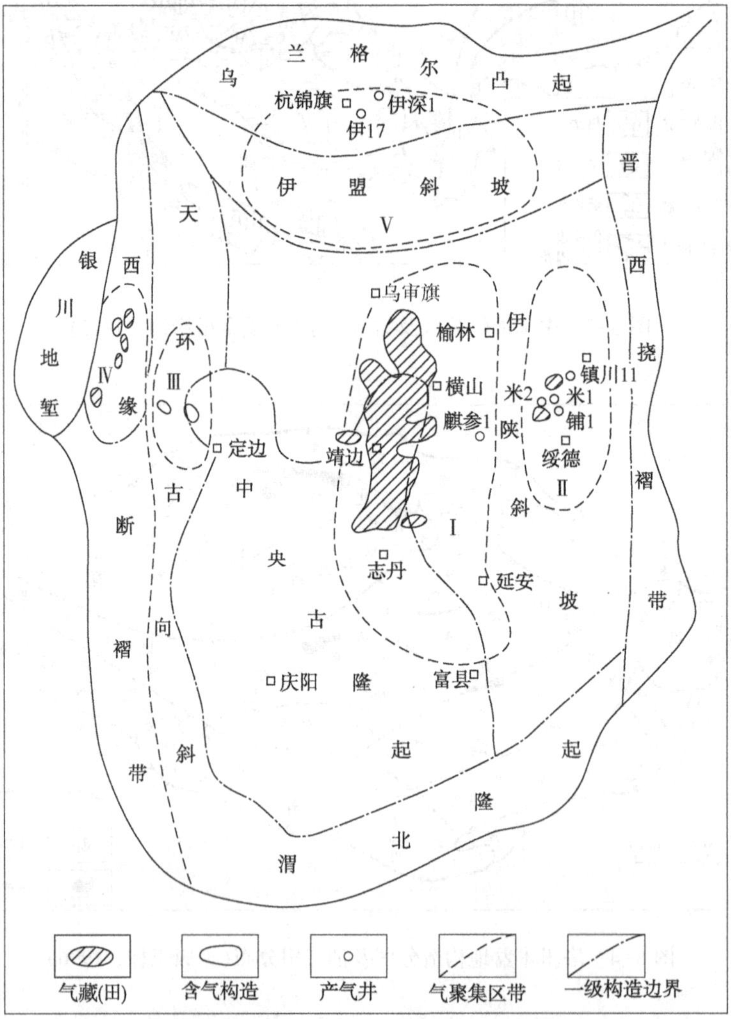

图 6-6　鄂尔多斯盆地天然气聚集区带分布(据王庭斌)

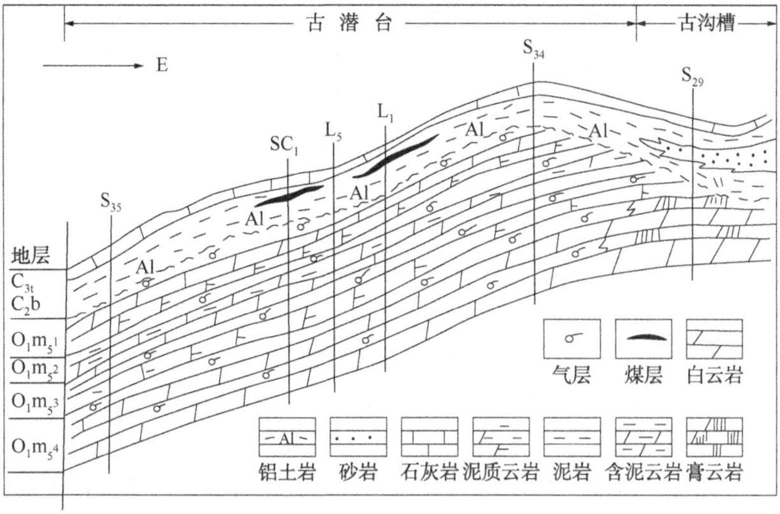

图 6-7　鄂尔多斯盆地中部古隆起气田剖面(据戴金星等，1997)

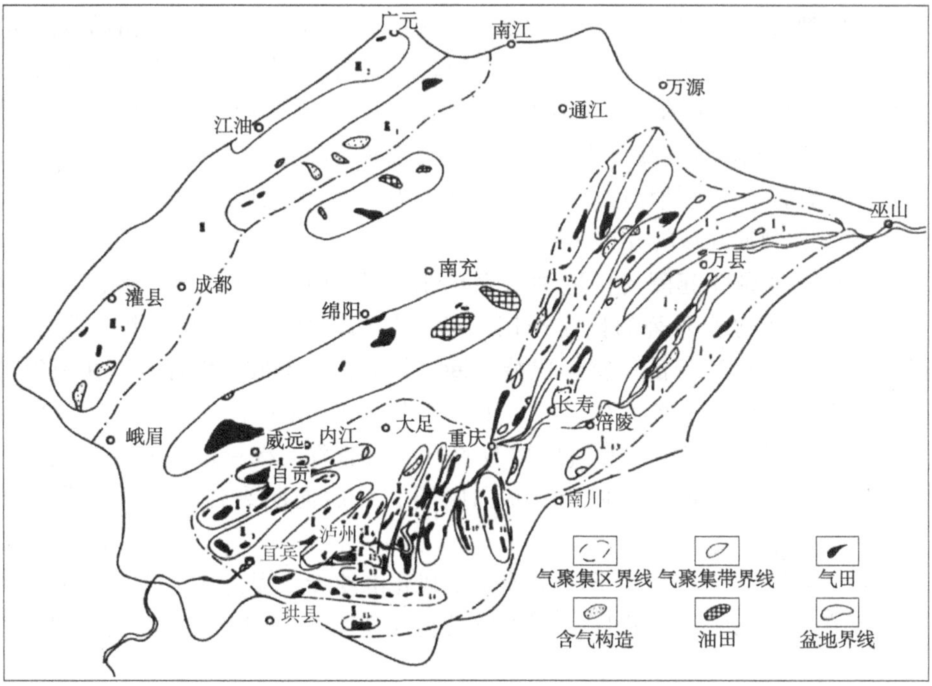

图 6-8　四川盆地气聚集区带分布(据郭正吾)

② 不整合面沟通储油层导致多层聚集油气。

寒武—奥陶系主生油层在隆起边缘以不整合面与志留—泥盆系的不同层位、不同岩性及不同类型圈闭沟通；不但在志留—泥盆系、石炭系两大地层楔形体中形成了油气聚集，而且在中生界的三叠、侏罗、白垩系和第三系的圈闭中聚集(塔里木、雅克拉、轮台等)。

(3) 断裂控制油气运移和遮挡油气。

① 断裂控制油气运移聚集。

各地区发育有不同规模和级次的断裂，对隆起构造格局形成、局部构造生成、输导油气、改善储集性能、封闭油气，均起到一定的控制作用。大型断裂，多构成构造单元边界，控制隆坳构造格局。大断裂对隆坳展布格局的控制，体现为生油坳陷的油气向隆起区运移聚集的区域性和普遍性。

如塔里木沙雅隆起有多种性质的断裂展布，以逆冲断裂带和局部构造的形成关系最密切，据统计沙雅隆起及其外围已确定的50余个局部构造中有65%的构造，其形成与逆冲断裂带的活动有关(如轮台、沙雅、沙井子等逆冲断裂及其上下盘的一些构造圈闭，阿克库木、阿克库勒背冲断块形成的断块潜丘带与断褶潜丘带上的众多构造圈闭)。逆冲断裂带中的逆冲断裂及其派生的小型正断裂往往起着油气运移通道的作用，断裂与储油层、不整合面、生油层或古生界油藏串通，一方面造成沿着不整合面侧向运移的油气向上接力运移，另一方面串通油源岩或已聚集的油气藏，使油气通过断层上蹿输入上覆层中聚集，而且断层所断至的任一层位，只要该层位圈闭和储集条件具备，就可使油气聚集成藏。

② 断裂遮挡油气。

逆冲断裂具挤压性质，易于在含油气渗透层与泥质岩或致密的碳酸盐岩层断错相接处(在断距小于隔盖层厚度的情况下)或断成封闭情况下，对油气起遮挡作用。较典型的实例如塔里木的阿克库勒背冲断块褶皱构造带，逆冲断层封闭的奥陶系褶皱潜丘中油藏得到保存，仅派生的小断层使油气藏切割复杂化而已。

断裂具有破坏与遮挡作用，但以遮挡作用为主导(如轮台断裂东段)。

③ 断裂控制油气藏的分布聚集。

在塔里木沙雅隆起圈闭构造油气藏的形成都与断裂有直接关系，断裂对油气藏的分布聚集起着显著的控制作用。断裂与局部构造、储层、烃源层三位一体的有机配置，有利于油气富集成藏。断裂带旁，常形成牵引背斜；在断裂带的端点、拐点、交点、分支点和错列点处，有利于形成圈闭。油气在应力驱动下，可优先在这些部位聚集，如波斯坦构造的石炭系油藏，雅克拉构造凝析气藏。因此，沙雅隆起发育的近东西向、北东向断裂和北西向断裂控制了油气藏的聚集分布。

此外，断裂带的发育和与断裂带有关的风化淋滤带，都会改善岩层的储集性能，提高其孔隙度和渗透率。如阿克库勒凸起艾协克奥陶系致密灰岩中的裂隙型储层油气藏。

总之，古生代油气，是中国石油工业发展的主要领域。在1984年塔里木盆地沙参2井实现重大突破前，有四川盆地气田勘探开发，之后在塔里木盆地又发现16个油气田；1988年又有鄂尔多斯大气田发现，我们相信中国古生代油气资源非常丰富，随着勘探形势的发展，会在中国西北、西南、东北、中南、华东等地区，发现更多的油气田，一个南、北齐进，东、西并举的古生代油气田勘探开发新时代已经到来。

第六节　海相成油新理论与塔河大油田的发现

一、古生代海相成油理论的建立

1984 年 9 月 22 日，西北石油局在塔北地区设计的沙参 2 井于井深 5391. 18m 奥陶系喜获高产油气流，日初产油 1000 吨、天然气 200×10^4 立方米，成为我国古生代海相油气田的重要里程碑。之后，又连续发现古生界油气田，经过“七五”“八五”科技攻关，笔者研究总结了塔里木盆地和国内有代表性的古生界油气田成藏特征，于 1992 年首次建立了我国古生代海相成油理论。1950 年以来，又充实了这一理论。其主要内容：

（1）多时代、多类型盆地叠加复合形成了巨大的海相沉积体，并造就了形成丰厚油气资源的构造、沉积背景和良好环境。

（2）多时代生油岩、多期生油。盆地古生界生油岩有：上震旦统、寒武—奥陶系、志留系、石炭—二叠系等。由于盆地长期处于多旋回条件，使生油岩具有长期生油特征。因此，油气资源十分丰富。

（3）多时代、多类型的储集层系有：震旦系、寒武—奥陶系、志留—泥盆系及石炭—二叠系。储集岩有：碎屑岩、碳酸盐岩及火山岩等。而碳酸盐岩储集空间为：孔、洞、缝。孔、洞、缝储集体发育是大油气田形成重要因素之一。

（4）油气具有长距离运移的特征。这是有别于陆相成油特征之一。

（5）多期成藏。主要成藏期有：海西早期、海西晚期、印支—燕山期、喜马拉雅期，但以海西晚期和喜马拉雅期为主要成藏期。

（6）成藏模式。古生界成藏模式有：古生古储、后生古储、后生中储、后生新储。

（7）油气分布特征。古生界海相油气田主要分布在古隆起、古斜坡、断裂带和区域性不整合面附近。

根据上述理论的指导，西北石油局坚持在古生界找大油气田的思路，先后在沙雅隆起区、中央隆起区发现多个油气田，其后在塔北地区又发现了塔河大油田。

二、塔河大油田的发现

塔河大油田位于塔里木盆地北部沙雅隆起阿克库勒凸起的西南斜坡上（原艾协克桑塔木地区），已控制面积约 $720km^2$。

1984 年 9 月 22 日，塔北雅克拉构造沙 2 井于奥陶系重大突破后，迎来了塔里木盆地的古生代海相地层为主要目的层的勘探热潮。先后发现了雅克拉、阿克库勒、东河塘、塔中等油气田。1990 年 10 月 22 日在塔河 3 号(原艾协克构造上)完钻的沙 23 井于下石炭统获高产油气流。由此发现了塔河大油田。1991 年 9 月在塔河 1 号(原桑塔木构造)三叠系又获得高产油气流，这是第二口发现井。从此该地区成为西北石油局主要勘探区块之一。笔者坚持在奥陶系找大油气田，加大勘探力度。根据三维地震解译新资料，于 1996 年在塔河 3 号又布了沙 46 井、沙 47 井、沙 48 井等。各井均在下奥陶系灰岩中获得高产油气流。初步形成了大油田的轮廓。之后，勘探工作全面铺开。2001 年初经国家科委审定，共探明储量 210×10^8t 油当量。由此，形成了塔河超亿吨级大油田。这是塔里木盆地乃至全国第一个古生界大油田。

三、塔河油田特征

(一) 地层和构造

塔北沙雅隆起于加里东中晚期开始出现，海西期快速抬升，一直到石炭纪时才下沉接受沉积。因此，奥陶系经过长期风化淋滤作用，形成大面积非常发育的古岩溶区。

油田区沉积地层为震旦系、下奥陶系、下石炭系、三叠系、侏罗系、白垩系、古近系和新近系。

海西构造运动使本区成为阿克库勒凸起西南斜坡上的奥陶系潜山(丘)带(区)，石炭系披覆其上，三叠系形成了低幅度构造。其含油层主要为奥陶系，其次是石炭系及三叠系(图 6-9)。

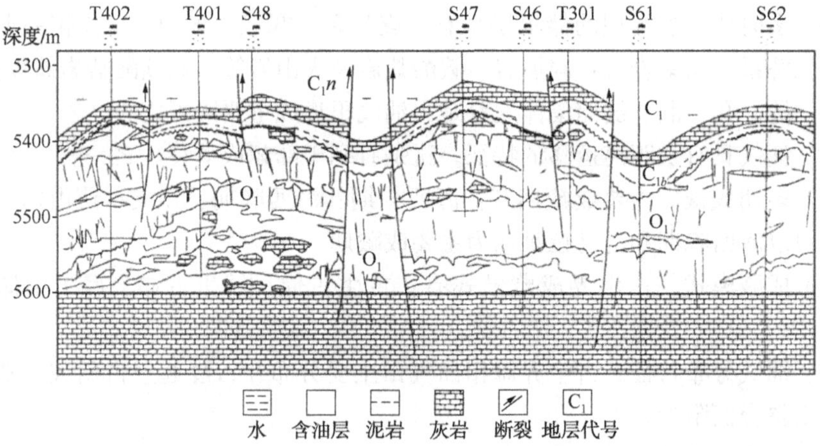

图 6-9　塔河Ⅲ、Ⅳ号油气田奥陶系油气藏剖面

区内发育了三组断裂：即北西西向压扭性逆断裂、北东东向张扭性及南北向压扭性断裂。这些断裂系统对奥陶系古岩溶的形成及油气运移和聚集起了重要作用。

(二) 储集类型

塔河油田奥陶系碳酸盐岩孔、洞、缝三种储集空间以不同的组合构成了 4 类储层：裂缝型、孔洞—裂缝型、裂缝—孔洞型和生物礁(滩)孔隙型(表 6-5)。

表 6-5　塔河油田碳酸盐岩储层类型及特点

储层类型	主要储集空间	岩溶发育情况	油气产出特点	代表区块
裂缝型	裂缝	较发育	初产高	塔河 3 号
孔洞—裂缝型	孔洞、裂缝	发育	产量较高—高	塔河 3 号
裂缝—孔洞型	裂缝、孔洞	发育	高产、稳产	塔河 3 号
生物礁(滩)孔隙型	孔隙	较发育	已获油气流	O_{2-3}尖灭线附近

（三）储集体分布规律

塔河油田奥陶系储集体三种基本类型的储集空间以不同组合形式出现，其分布规律受构造条件、成岩环境、原岩性质、岩溶发育程度、古地貌、古水文条件等方面的控制，分布规律如下：

（1）裂缝—孔洞型储集层纵向上有两个主要发育带，一是风化面附近的地表岩溶—渗流岩溶带上部；二是潜流岩溶带。主要缝洞发育带大多位于风化面以下 200m 范围内，受岩溶发育深度的明显控制。中、上奥陶统与下奥陶统分界面附近也是一个岩溶发育的有利带。

（2）海西早期形成的北东向构造线与海西晚期形成的近东西向构造线的交会处也是裂缝—孔洞型储集体发育的有利场所。海西早期形成的裂缝为岩溶发育提供了良好的通道，海西晚期所形成的裂缝改善了早期缝洞的连通性，使储集空间在一定范围内连通。

（3）在古背斜构造的轴部，由于受强烈挤压应力的作用，平行背斜走向产生一系列断裂和张节理，为岩溶发育提供了地下水必要的导流条件，特别在两组断裂的交会处，是裂缝—孔洞型储集体的主要发育部位。岩溶孔缝洞的分布一般由古构造的轴部向两翼由以洞为主逐渐变为以缝为主的洞缝储集体和少量裂缝的孔缝储集体，储集性能相应由好变差。

（4）岩溶缓坡区储集体发育。在同一个岩溶斜坡内，岩溶强弱程度受次一级古地貌控制。地貌高部位，风化侵蚀程度高，即被埋藏后的岩溶残丘，岩溶缝洞相对发育。因此，斜坡上的残丘一般比低洼处的储集性能好。

（5）生物礁(滩)孔隙型储集体分布于下奥陶统顶部，沿塔河油田中—上奥陶统尖灭线附近分布。

（6）由深部岩溶作用和成岩作用形成的缝合线、缝合线溶孔、微孔隙组合成的储集体主要发育在距风化面 200m 以下的部位，储渗条件相对较差。

（四）储盖组合

（1）盖层条件：塔河油田奥陶系油藏的直接盖层为下石炭统巴楚组双峰灰岩及下泥岩段。塔河油田南部还发育有中、上奥陶统的棕红色泥灰岩、灰质泥岩段，也可形成较好的局部盖层。

（2）储盖组合：塔河油田奥陶系主要发育 4 种储盖组合：石炭系巴楚组泥岩(盖)—奥陶系风化面岩溶储集体(储)；奥陶系地表岩溶坡积层(盖)—其下岩溶储集体(储)；中、上奥陶统泥灰岩(盖)—下奥陶统一间房组礁(滩)相灰岩(或经裂缝、岩溶改造)(储);下奥陶统致密灰岩及岩溶充填层(盖)—岩溶储集体(储)。其中第一种诸盖组合最重要、分布也最广泛;第四种储盖组合主要发育在距风化面100m以下的部位,有时可能出现大型溶洞。

(五)油(气)藏类型

目前,据区内奥陶系发现的油(气)田实际资料分析,奥陶系的油(气)藏圈闭类型主要有两种。

(1)古风化壳潜山(丘)型:奥陶系经过海西运动抬升和长期风化剥蚀淋滤作用,使其表面发育裂缝、溶孔(洞),成为油气聚集空间,形成圈闭或油气藏,又可细分为背斜潜山和断块潜山。古风化壳厚度一般在50~100m,如塔河3号、塔河4号油田。

(2)岩溶储集体型:由于长期的风化淋滤作用,在渗流带和潜流带内形成较发育的裂缝、溶孔、溶洞等储集体形成的油(气)藏,这类圈闭有的分布在构造高部位,有的分布在斜坡或谷地等部位。如塔河3号沙46井5556m处油层是在奥陶系古风化壳下180多米。

(六)岩溶主要形成期和岩溶古地貌

(1)海西早期:志留—泥盆纪沉积之后,由于本区强烈抬升、风化淋滤、剥蚀作用,岩溶开始形成。

(2)海西晚期:石炭—二叠纪沉积之后,本区第二次抬升并遭风化、淋滤、剥蚀及断裂活动,进一步扩展和强化第一次岩溶体。

(3)印支—喜马拉雅期:由于构造运动和地下水作用,使奥陶系岩溶带特别是潜流岩溶带进一步扩展。

岩溶古地貌在横向上划分为岩溶高地、岩溶斜坡和岩溶凹地;纵向上划分为地表岩溶带,渗流岩溶带和潜流岩溶带。

(七)油气成藏期

(1)海西早期:寒武系下奥陶统烃源岩,在海西早期为成熟—高成熟阶段,这是第一次成藏期,生成了大量油气。

(2)海西晚期:是本区第二次成藏期,此期寒武系烃源岩进入高成熟—过成熟阶段,下奥陶统烃源岩为生油高峰—高成熟期;中、上奥陶统进入成熟期。这个时期是本区主要成藏期。

(3)印支—喜马拉雅期:是盆地内第三个成藏期。

(八)原油成因特点

塔河油田无论是三叠系、石炭系还是奥陶系的原油均为海相,来源于寒武奥陶系烃源岩。原油物性变化很大,从凝析油、轻质油、重质油其原油密度由东向西变重,含硫量增大,纵向上为上轻下重。原油轻烃指纹表明塔河原油总体上为高成熟原油(表6-6)。

天然气特点:东部以凝析气为主、赋存状态多为气顶气,西部则以溶解气为主,成熟度东高西低,并有晚期高过成熟气的混入,充注是由东向西连续进行的(表6-7、表6-8)。

表 6-6 塔河油田奥陶系地面原油物性

区块及油质		相对密度/(g/cm³)	动力黏度/(mPa·S)	凝固点/℃	含盐量/(mg/L)	含硫量/%	含蜡量/%
3号	凝析油	0.819	3.7	-2.6	114.3	0.57	7.6
	轻质油	0.849		-2	685.3	0.94	6.8
	重质油	0.948	215.1	-1.25	3363.2	2.73	6.4
4号重质油(平均值)		0.956	894	3	7974	2.57	3.1
6号重质油(平均值)		0.981	4176	22	3355.9	2.4	2.0

表 6-7 塔河油田奥陶系原油溶解气地面物性

区块	样数/个	相对密度/(g/cm³)	C_1	C_2	C_3	IC_4	NC_4	IC_5	NC_5	N_2	CO_2	C_{2+}
3号(平均值)	14	0.7570	75.58	7.56	5.64	1.53	3.01	0.78	0.86	3.46	1.29	12.83
4号(平均值)	8.81	0.7281	77.26	7.24	4.67	0.82	1.63	0.433	0.51	4.92	2.51	15.32
6号(平均值)	33	0.7600	71.03	7.34	4.56	0.77	1.61	0.41	0.52	11.3	2.429	15.21

表 6-8 塔河油田奥陶系地层原油高压物性分析

区块	井号	原始地层压力/MPa	原始溶解气油比	饱和压力/MPa	地层压力下原油体积系数/f	饱和压力下原油体积系数/f	地层原油密度/(g/cm³)	地层条件下脱气油黏度
3号	T302	59.45	763	59.67	2.6998	2.7301	0.5493	0.69
	S48		60	20.20	1.1625	1.2277	0.8604	21.703
4号	S65	59.88	40	14.25	1.1264	1.1785	0.8951	36.199
	TK404		58	19.55	1.1793	1.2159	0.8635	24.090
	TK407		57	19.15	1.1786	1.2132	0.8674	15.046
6号	S67	S67	53	17.00	1.1767	1.2400	0.8603	11.71

塔河油田奥陶系油藏油水关系复杂，不存在层间水；地层水总矿化度平均为219467mg/L，密度1.154g/cm³，水型为$CaCl_2$型，属高矿化卤水(表6-9)，地层水性质总体上变化不大。

表 6-9 塔河油田奥陶系地层水地面性质

区块	井号	样数/个	相对密度/(g/cm³)	pH值	总矿化度/(mg/L)	离子含量/mg/L					
						Cl^-	SO_4^{2-}	HC^{3-}	K^+ Na^+	Ca^{2+}	Mg^{2+}
3号	S23	7	1.141	5.6	206671	124863	341	264	62737	15492	940
4号(平均值)		16	1.156	5.4	223269	104359	409	247	43380	23983	1390
6号	S75	23	1.157	5.3	234903	148342	300	768	48682	30124	6950

四、经济效益与油气前景

塔河油田自1996年大规模勘探以来，已打探井、评价井、开发井80多口，命中率高达72%，为世界罕见。单井产量最高600多吨，一般井日产达150~200吨，沙48井1997年10月用11mm油嘴日产油450~500吨。从1997年10月—2000年10月三年产油$50×10^4$吨，创全古生界单井稳产高产纪录，被称为"王牌井"。

2000年塔河大油田探明储量达到$115×10^8$吨规模，由此，形成了古生界为主超亿吨级塔河大油田，是塔里木乃至全国第一个古生界大油田。

自1998年以来，原油产量年年翻番，即：1998年产$57×10^4$吨，1999年产$100×10^4$吨，2000年产量$193.17×10^4$吨。

据目前资料分析，油气前景展望十分乐观。阿克库勒凸起的奥陶系的油气分布现已获探明储量$115×10^8$吨，控制储量$4000×10^4$吨，预测储量$16000×10^4$吨。经勘探工作不断深入，预测含油气面积可扩展到1000~1500km^2，将获地质储量$(8\sim10)×10^8$吨的超大型油田。

第七节　中国古生代海相油气资源潜力巨大

一、油气勘探的重大进展

（一）甩掉了中国古生界海相无油的帽子

几十年来，我国古生代海相成油，一直是国内外专家、学者十分关注的大问题。1922年，美国斯坦福大学某教授在一篇题为《中国和西伯利亚的石油资源》的论文中再次强调，"中国缺石油归于三个地质条件：中、新生代没有海相沉积；古生代大部分地层不能生成石油；除西部和西北部某些地区外，几乎所有地质时代的岩石遭受强烈的褶皱、断裂并受到火成岩不同程度的侵入，中国更无海相石油"。

1969年，著名地质学家李四光提出："现在有一个问题，我想提出来与同志们研究一下，我们现在找出来的油田都是中、新生代的，难道我们的古生代就没有油吗？美国有一半的大油田在古生代，苏联的第二巴库也是泥盆系，非洲的阿尔及利亚、利比亚也是古生代的。"

中国古生代海相到底有没有石油？海相石油在哪里？这是石油地质学家和石油勘探家必须回答的重大问题。我们的回答是：中国古生界海相不但有石油，而且含有丰富的石油和天然气。

1970年5月初，我们带着李四光教授的指示与期望，来到塔里木盆地进行油气前景评价，首次提出石炭—二叠系是塔里木盆地重要的生、储油岩系；1978年，又提出寒武—奥陶系是该盆地重要的生、储油岩系，并于 1984 年在塔北沙雅隆起雅克拉构造上部署了沙参 2 井。该井于 1984 年 9 月 22 日钻到 5391. 18m 深的奥陶系白云岩时，发现强烈井喷，喜获高产油气流，日产油 1000 吨、天然气 200×10^4 立方米，实现了我国古生代海相油气的首次重大突破，成为我国油气勘探史上重要的里程碑，亦拉开了塔里木油气勘探大会战的序幕。之后，又发现了多个古生界油气田，从而甩掉了中国古生界海相无油的帽子！

（二）海相油气勘探成果卓著

自 1984 年以来，我国在古生代海相共发现几十个油气田，其中大型油气田 14 个，如塔里木盆地的塔河油田、塔中油气田、和田河气田、轮南油气田、哈德油田，鄂尔多斯盆地的静边气田、苏里格气田、榆林气田、乌审旗气田、大牛地气田、米旨气田等，四川盆地的普光气田、五百梯气田、威远气田、龙岗气田以及准噶尔盆地的克拉美丽火山岩气田。另外，在东北、华北、苏北还发现一批 CO_2 气田。

1992 年，我国古生代海相成油理论首次建立。这些年来的勘探实践和研究，进一步丰富了我国古生代海相成油理论，建立和完善了勘探技术系列。

二、我国古生代油气资源潜力巨大

（一）古生代油气资源前景展望

我国经过三次油气资源评价，全国石油资源总量达 1086×10^8t、天然气资源总量 56×10^{12}立方米油当量(其中，古生界油气资源量为 385×10^8t 油当量)。这一资源量只是现阶段研究程度和油气勘探程度相对较低的情况下计算的结果，对当前的油气勘探工作起到了重要的指导作用。但从战略上讲，它不能代表我国实际的油气资源状况。

从我国三次油气资源评价情况看，由于油气勘探工作的不断深入，有的盆地油气资源量一次高于一次。如塔里木盆地古生代油气资源量第一次 1990 年为 60×10^8t 油当量，第二次 1995 年为 120×10^8t 油当量，第三次 2005 年为 150×10^8t 油当量。四川盆地、鄂尔多斯盆地等也有相似的进展，表明我国古生代油气资源十分丰富。

1990 年之前塔里木盆地沙雅隆起(塔北隆起)油气资源量为 10×10^8t 油当量；在塔河大油田发现后，油气资源量飙升为 $38\times10^8\sim40\times10^8$t 油当量。近年的勘探成果表明，草湖坳陷以西古生界连片含油气，目前在该隆起探明油气储量约为 14×10^8t 油当量。笔者预测，沙雅隆起可能形成特大型(大庆式)油气田。另外，1985 年库车坳陷油气资源量为 10×10^8t 油当量；在克拉 2 等大气田发现后，该坳陷油气资源量改写为 30×10^8t 油当量。综上认为，我国古生代油气资源量可能是现在 385×10^8t 油当量的两倍。

（二）古生界海相油气勘探潜力巨大

自 1984 年塔里木盆地沙参 2 井实现古生界海相油气首次重大突破后，在国内出现连锁反应，发现 13 个大型油气田。但这仅是刚刚起步。据目前阶段性油气资源评价结果，我国古生界油气资源量为 385×10^8t 油当量，其资源转化率仅 10%左右；况且，尚有广大地区对古生界基本上未开展勘探工作。由此认为，古生界海相油气勘探是今后我国主要的勘探领域之一，也是众多大油气田发现的主要领域。

近几年来，国土资源部、各大油公司及高等院校开展了全国油气战略选区评价研究，取得了一批重大的研究成果，对一些新区、新领域古生界油气地质条件获得了创新性认识，为我国古生界油气资源评价提供了基础资料，如东北地区的石炭—二叠系，西北、华北、青藏地区的古生界—中国南方的古生界以及我国海域的中—古生界等。上述地区的古生界发育有较好的烃源岩，油气资源量还未来得及进行全面、系统的评价。

1. 东北地区

东北地区古生界为一套裂陷—克拉通盆地沉积。古生界分布广泛，没有区域性变质，烃源岩发育。通过地质调查，确定在东北地区东部的磐石、西部的东西乌旗、呼伦贝尔盟和兴安盟等地区，晚古生代发育4套烃源岩系。

第一套为下泥盆统。典型剖面见于乌奴耳附近，出露的下泥盆统泥鳅河组上段为泥岩、灰岩，厚度为91.43m。

第二套为下石炭统。典型剖面见于磐石附近和西尼气附近。其中，磐石附近出露的暗色岩为下石炭统鹿圈屯组，厚度为108.9m；西尼气附近出露的暗色岩为下石炭统红水泉组，暗色泥岩—粉砂质泥岩—泥灰岩厚度大于415.4m。

第三套为中二叠统。典型剖面见于索伦附近出露的中二叠统哲斯组，灰黑色泥岩—粉砂质泥岩厚度大于600m。

第四套为上二叠统林西组。典型剖面见于索伦附近和西乌珠穆沁旗石林附近。其中，索伦附近出露的暗色岩为上二叠统林西组，暗色泥质粉砂岩—泥岩—粉砂质泥岩厚度为509.8m；西乌珠穆沁旗石林附近出露的暗色岩也为上二叠统林西组，黑色炭质页岩—暗色泥岩—粉砂质泥岩厚度为122.6m。

以东部的磐石地区为例。下石炭统鹿圈屯组烃源岩的有机碳含量为0.3%~0.6%，有机质类型多属Ⅲ1、Ⅱ2型，有机质成熟度R_o(镜质体反射率)值为0.8%~2.4%，属高成熟—过成熟阶段(少数为成熟阶段)，总体评价为较好烃源岩(图6-10)。

磐石地区下石炭统鹿圈屯组烃源岩与东北部分地区石炭—二叠系暗色岩的有机地球化学分析数据比较表明，磐石地区烟筒山和明城剖面的有机质丰度较高，干酪根类型均为$Ⅱ_1$、$Ⅱ_2$型，Tmax(最高热解峰温)值主要集中在455~500℃(高成熟)，仅索伦、烟筒山和明城剖面的有机质成熟度为成熟阶段。

石炭—二叠系钻井样品的有机质丰度高于露头样品，钻井样品的有机质类型为Ⅲ型，露头样品主要为$Ⅱ_1$型、$Ⅱ_2$型，部分为Ⅲ型；露头样品的有机质热演化程度比较高，而钻井样品的有机质不同地区热演化程度相差较大。

石炭—二叠系野外露头样品与井下样品的对比表明，野外露头生油岩有机碳含量主要在0.6%~1.5%，少部分大于1.5%，有机质丰度应达到中等；盆地内石炭—二叠系样品的有机碳含量明显高于野外露头样品，大多数达到好生油岩标准。钻井岩心和野外露头样品的干酪根显微组分分析结果表明，石炭—二叠系烃源岩有机质类型主要为$Ⅱ_1$型、$Ⅱ_2$型，部分为Ⅲ型。有机质成熟度研究表明，野外露头样品的R_o值可大致分为两组：一组样品的R_o值分布在0.8%~1.4%(与薄片鉴定热变质板岩、千枚岩的结果相矛盾)；另一组样品的 R_o 值分布在 2.2%~3.4%。所有样品的 Tmax 值大于 440℃，最高均 500℃以上，说明野外露头石炭—二叠系烃源岩的热演化程度比较高。从松辽盆地基底石炭—二叠系样品的镜质体反射率直方图可以看出，大多数样品的 R_o 值大于 2.0%，25%样品的 R_o 值小于 2.5%。松辽盆地基底石炭—二叠系在不同地区现今热演化程度相差较大，如四深 1 井二叠系顶面现今 R_o 值已经达到 3.6%，而庄深 1、双深 4、尚深 2 等井石炭—二叠系的现今 R_o 值只有 2.0%左右。在纵向上，不同层位的 R_o 值有差别，从浅到深成熟度依次增高。

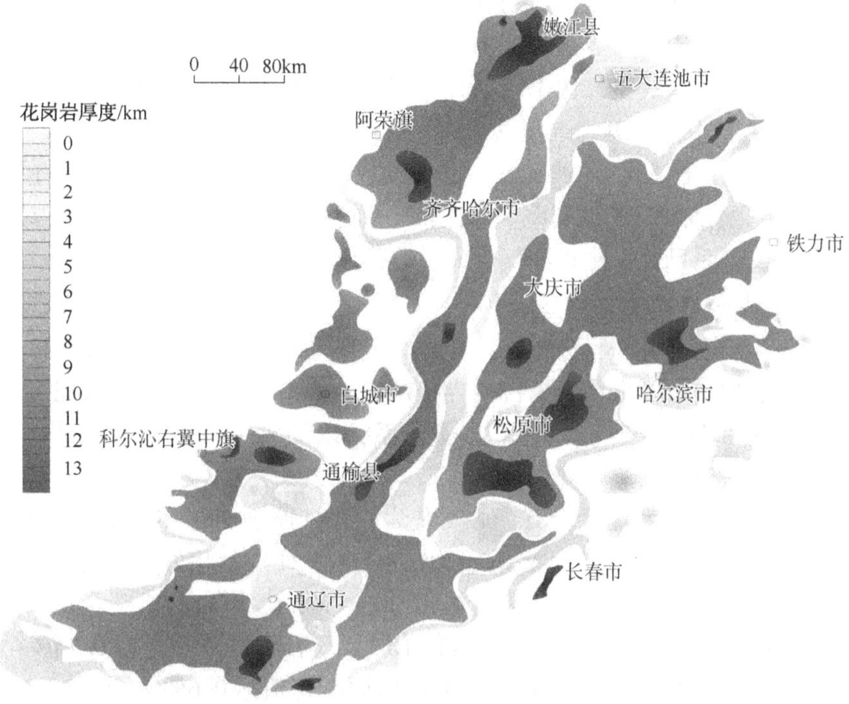

图 6-10 松辽盆地石炭-二叠纪烃源岩等厚图

另外，在本区下古生界分布较广，为一套海相碳酸盐岩及碎屑岩构造，泥页岩和灰岩烃源岩发育值得进一步评价。

2. 南华北地区

出露于安徽霍邱县与河南固始县交界四十里长山地带的下寒武统有丰富的油浸和运聚痕迹，镜下荧光显示明显。

在下寒武统马店组储层中，可清晰地见到两种不同类型的烃类运移踪迹。一类为固体沥青，多见于层理面、裂隙和缝合线中，并以其第三、第四岩性段交界处之上的 20cm 砂灰岩沥青储量最为丰富，储集空间全为炭沥青充填，表面呈褐色，岩石坚硬，风化后似“褐铁矿”层。另一类为烃类运移后留下来的“浸染状”踪迹，烃类在岩石中运移时还原岩石中的泥质物，使岩石发黑灰色，一般中部较黑，颜色向四周逐渐变淡，是轻质原油运移的古痕迹，这类痕迹大多出现在砾屑灰岩、砂屑灰岩及黑色页岩层的周围，呈脉状、团块状和斑块状分布。

南华北地区下寒武统马店组泥岩具有生烃潜力。该区下寒武统马店组泥岩的有机碳含量分布在 0.28%~13.46%、平均值达到 3.46%，氯仿沥青“A”含量分布范围为(16~59)×10^{-6}、平均值为40×10^{-6}，有机质类型同为Ⅰ型，R_o值高达2.0%~3.5%，已处于过成熟阶段；而且该套烃源岩展示较高的有机碳含量和较低的氯仿沥青"A"含量，与塔里木和扬子地区的烃源岩演化史相近，但其进入生油、生气时期较晚，现今的演化程度也相对较低，因此具有生烃潜力。

目前，在河南四十里长山隆起发现寒武系斜坡相泥质烃源岩，有机碳含量为0.28%~6.02%，最高可达11.18%，平均为2.66%，有机质丰度可达较好—最好烃源岩标准。

南华北地区自印支期构造运动开始，进入了具有多次沉降—隆升的复杂构造演化史阶段，相应地上古生界烃源岩亦经历了沉积—埋深—抬升剥蚀改造—再埋深过程，再次埋深过程中具备二次生烃条件。因此，南华北盆地的石炭—二叠系烃源岩既可与下古生界中—下奥陶统碳盐岩古风化储层+石炭系底部的铝土质泥岩及铝土岩盖层形成"上生下储式"的油气藏，也可在断裂的沟通下与上覆中、新生界碎屑岩储层形成"下生上储式"的油气藏。如南12、周参13、周6、周参7、周参8等井分别在石炭—二叠系已经发生过油气生成、运移和聚集，前景很好。

3. 柴达木—河西走廊地区

该区古生界发育齐全、分布广泛，为一套裂陷—克拉通盆地型沉积体系，为海相碳酸盐岩、碎屑岩及火山岩。古生界烃源岩主要发育寒武—奥陶系泥页岩、灰岩和石炭—二叠系泥岩、灰岩夹页岩及煤系，以石炭—二叠系烃源岩发育较好(图6-11,图6-12)。

柴达木盆地石炭系烃源岩有泥岩、灰岩，累计厚度200~600m，泥岩有机碳含量为0.8%~2.1%，氯仿沥青"A"含量为(58~210)×10^{-6}，均处于成熟—高成熟期。

河西走廊地区泥岩及灰岩等累计厚度200~560m，泥岩有机碳含量为0.45%~3.10%、氯仿沥青"A"含量为(57~358)×10^{-6}，灰岩有机碳含量为0.14%~0.75%、氯仿沥青"A"含量为(57~49)×10^{-6}，有机质演化R_o值达0.6%~2.1%。

总之，柴达木—河西走廊地区石炭—二叠系烃源岩发育好，油气资源潜力大。但对该区寒武—奥陶系烃源岩，以前不少人误认为已变质，未列入烃源岩之列，故所做工作甚少，有待加强研究。预测这套烃源岩资源潜力很大。

4. 准噶尔盆地

经近年研究，该盆地震旦—泥盆系发育一套裂陷—克拉通盆地充填系列，为一套深海—较深海—浅海相的复理石建造—碳酸岩盐、碎屑岩及火山岩建造，未发生区域性变化，形成一套以泥页岩及灰岩为主的烃源岩，资源潜力较大，有待研究。

5. 青藏地区

近年来，不少单位对青藏地区进行了石油地质调查，从西到东、从北到南多处发现古生界烃源岩。特别是石炭—二叠系烃源岩分布广泛，资源潜力较大[12,13]。

(1) 羌塘盆地。

在羌塘盆地，古生界烃源岩露头少见，在以往研究中未引起重视。古生界出露地表的有奥陶系及二叠系的烃源岩，以二叠系热觉茶卡组(P2r)和鲁谷组(P1l)为主，烃源岩测试样品较少。其中，鲁谷组烃源岩以灰岩为主，平均厚度为80.60m，有机碳含量为0.10%~0.93%、平均有机碳含量为0.30%，镜质体反射率平均为

1.22%，总体评价为中等—差烃源岩；热觉茶卡组烃源岩有机碳含量为 0.36%～2.49%、平均有机碳含量为 1.09%，镜质体反射率为 1.91%～2.45%、平均镜质体反射率为 2.09%，烃源岩为泥岩、煤、灰岩等，在剖面上其平均厚度达 113.79m，总体评价为中等—最好烃源岩。

地层系统					厚度/m	岩性剖面	岩性描述
系	统	阶	组	段			
石炭系	上统	小独山阶	扎布萨尕秀组	上段	208.2		灰色、黑灰色厚层生物灰岩，夹灰色、黑灰色粉砂岩、粉砂质页岩、炭质页岩，顶部夹长石石英砂岩和火山凝灰岩，底部为灰色、灰绿色不等粒石英砂岩、页岩夹灰色厚层含燧石生物灰岩
				下段	114.6		灰色粉砂质页岩、泥质生物灰岩及炭质页岩夹灰、灰褐色钙质细砂岩，局部夹煤线或薄煤层
		达拉阶	克鲁可组	4段	88.84		灰色粉砂质页岩、泥质灰岩夹硅质岩、砂质页岩，底部为灰白色含砾石英砂岩
				3段	396.7		以灰白色石英砂岩、灰色粉砂质页岩、灰岩韵律层特别发育为特征，含生物灰岩
		滑石板阶		2段	121.6		灰色、灰黑色中厚层含泥质生物灰岩、粉砂质页岩夹生物灰岩、炭质页岩及细砂岩，局部夹菱铁矿结核层、薄煤层或煤线
		罗苏阶		1段	79.0		灰黑色粉砂质页岩及泥灰岩，含生物灰岩夹叠锥灰岩及薄煤层，底部为粗砂岩
	下统	德坞阶	怀头他拉组	生物灰岩段	58.0		深灰色灰岩及生物碎屑灰岩夹灰褐、灰黄色砂页岩
		上司阶		燧石灰岩段	348.5		主要由含燧石灰岩、生物灰岩组成，下部夹砂页岩和泥灰岩
				砂页岩夹灰岩段	304.7		下部以紫红色页岩、灰绿色砂页岩、泥灰岩和鲕状灰岩为主，局部见铁锰结核或钙质结核，偶见植物碎片，上部为含煤线的砂页岩与灰岩韵律层
		旧司阶	城墙沟组	砂质灰岩段	192.7		以灰色中厚层砂质灰岩及深灰色灰岩为主
		汤耙沟阶	穿山沟组	上段	194.9		岩性为中厚层、厚层生物灰岩及鲕状灰岩等
				中段	81.8		
				下段	158.4		

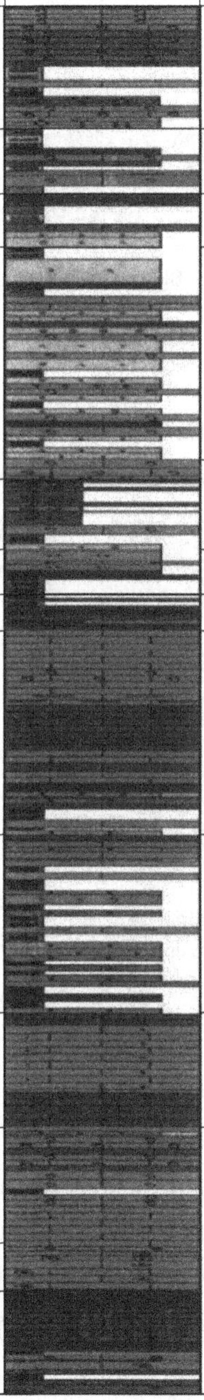

图 6-11　柴达木盆地石炭系地层柱状图

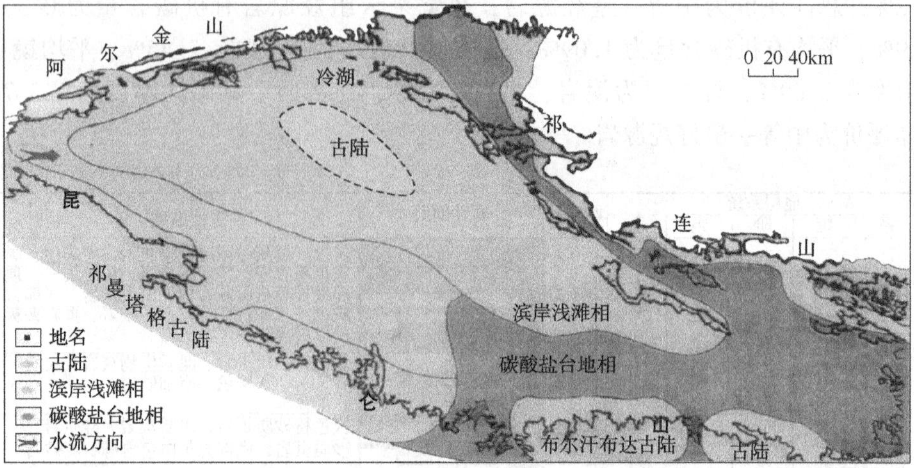

图 6-12　柴达木盆地晚石炭世岩相古地理图(据马寅生，2008 修改)

肖茶卡组是一套开阔台地—浅海陆棚相灰岩、砂岩(页岩)沉积。烃源岩除在中央隆起区缺失外，在盆地内分布广泛，厚度基本大于 1500m。北羌塘坳陷东部以泥(质)岩为主，碳酸盐岩次之；西部以碳酸盐岩为主，泥(质)岩次之。南羌塘坳陷东部以碳酸盐岩为主，泥(质)岩次之；西部也是以碳酸盐岩为主，泥(质)岩次之(图 6-13)。

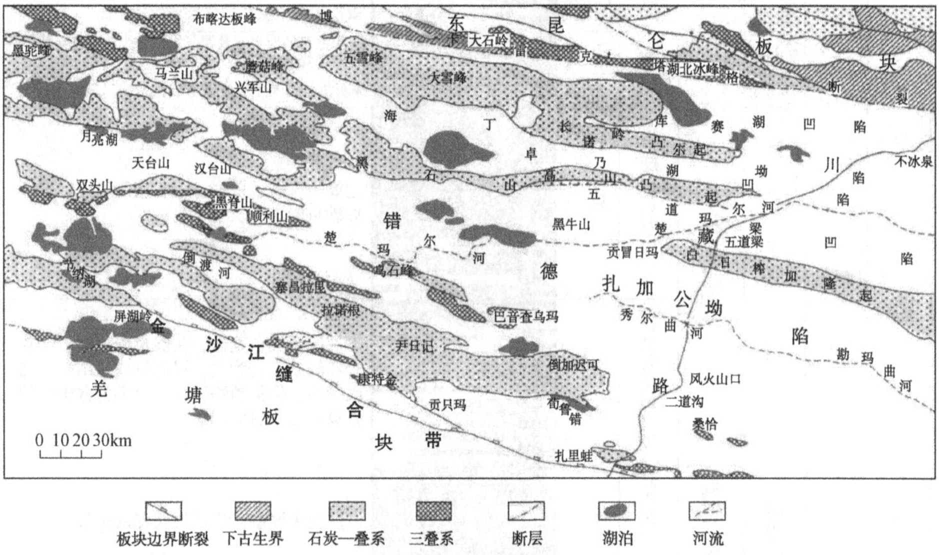

图 6-13　藏北可可西里盆地古生界沉积相展布(据刘家铎等，2007)

大量资料统计表明，灰岩有机碳含量为 0.16%~0.58%、平均为 0.32%，氯仿沥青“A”含量平均为 64×10^{-6}，生烃潜量(S_1+S_2)为 1.85mg/g。有机质类型主要为Ⅱ型，其平面分布为：北羌塘坳陷东部以$Ⅱ_1$型和$Ⅱ_2$型为主、偶见Ⅰ型，西部以Ⅰ型、$Ⅱ_1$型和$Ⅱ_2$型为主，偶见Ⅲ型；南羌塘坳陷东部以$Ⅱ_2$型为主，西部也是以Ⅰ型、$Ⅱ_1$型和$Ⅱ_2$型为主。

泥岩有机碳含量为 0.06%~6.23%、平均为 2.76%，氯仿沥青“A”含量平均为 64×10^{-6}，生烃潜量(S_1+S_2)平均为 2.76mg/g，镜质体反射率 R_o 值为 0.62%~

3.35%、平均为1.35%。有机质类型主要为$Ⅱ_1$型，其平面分布为：北羌塘坳陷东部几乎均为$Ⅱ_1$型和$Ⅱ_2$型，西部以Ⅲ型为主，$Ⅱ_1$型和$Ⅱ_2$型较少；南羌塘坳陷东部以$Ⅱ_2$型为主，西部几乎均为$Ⅱ_1$型。

烃源岩甾烷αααC27/αααC29比值为0.62~0.76，其中泥(质)岩高于碳酸盐岩，Pr/pH值、伽马蜡烷值相近；岩石热解峰温Tmax值平均为465℃；镜质体反射率R_o值低于泥(质)岩，烃源岩从低成熟到过成熟阶段均有分布。烃源岩镜质体反射率R_o值平面分布为：羌塘盆地中部R_o值最低，西南部R_o值高于北部和东部。干酪根δ13C值分布于-27.64‰~-24.30‰。总的来说，烃源岩为中等—较好烃源岩，其中泥质岩烃源岩好于碳酸盐岩烃源岩。

（2）措勤盆地。

措勤盆地石炭—二叠系烃源岩为海相泥岩、泥灰岩及灰岩，厚300~580m。

（3）冈念盆地。

冈念盆地东部和盆地南北边缘，出露奥陶系—二叠系。

奥陶系仅见上奥陶统，由薄层灰岩和灰岩与页岩互层组成，厚度约为500m。

志留系为一套稳定的碳酸盐岩夹页岩，厚100~200m。

泥盆系下部为达尔东组薄层状灰岩夹生物碎屑灰岩及泥质灰岩，上部为查果罗马组开阔台地相厚层状灰岩夹鲕状粒灰岩和砂屑灰岩组成，厚度约为1000m。

石炭系由下部的永珠组和上部的拉嘎组组成，为一套海相泥岩及灰岩，厚度为300m。

二叠系下部为昂灰组页岩，中部为下拉组碳酸盐岩，上部由坚扎弄组炭质页岩及煤层组成，总厚度约为500m。

（4）喜马拉雅地区。

该区发育一套海相寒武—二叠系泥岩、页岩及灰岩组成的烃源岩，累计厚度上千米，预测油气资源潜力大。

（5）西藏北可可西里地区。

据现有研究成果，该区发育有较广泛的古生界沉积。寒武—奥陶系为海相碳酸盐岩、泥岩、页岩夹砂岩，含有丰富的海相化石，厚度大于1600m。志留系为海相灰绿色凝灰岩、砂岩夹页岩及灰岩，厚度较大。泥盆系为浅海相砂岩及灰岩，厚度大于500m。石炭系分布广，主要为一套杂色砂岩、泥岩及灰岩夹炭质页岩，厚度为300~800m。二叠系分布与石炭系相似，下统为浅海相杂色砂、泥岩夹灰岩及火山岩，厚度为200~960m，上统为陆相杂色砂、泥岩不等厚互层夹砂砾岩等，厚度为320~670m。

该区石炭系—下二叠统发育一套暗色泥页岩及灰岩；寒武—奥陶系的暗色页岩及泥岩均为较好烃源岩。预测北可可西里地区前景较好，有待进一步研究和评价。

综上，青藏地区古生界烃源岩分布广、厚度大，油气资源丰富，有待深入研究和评价。

6. 松潘—阿坝地区

该区自震旦纪以来沉积特征与四川盆地相似，古生代为一套裂陷—克拉通盆地型海相碎屑岩、火山岩及碳酸盐岩体系。据我们研究，古生界未发生区域性变质作用，只是在压扭断裂带及接触带附近有变质作用。所以，该区寒武—二叠系发育一套海相烃源岩。

根据盆缘和井下岩石沉积相研究，若尔盖地区不同时期的沉积地层、盆地结构不同。下古生界为被动大陆边缘沉积；上古生界为碳酸盐台地沉积，沉积广泛；中生界三叠系为裂陷槽—残余海(洋)盆复理石沉积，以碎屑岩夹碳酸盐岩建造为主。

因此，本区古生界存在有利生、储油岩相带。其中，寒武系半深水—深水相的炭质硅质页岩、志留系陆棚相的泥质硅质烃源岩厚300~500m，平均有机碳含量分别为1.72%和1.27%，且镜质体反射率多数小于4%，具有生烃条件；同时，泥盆系、石炭系、二叠系发育有开阔台地、浅海相，沉积了台地相白云岩、颗粒灰岩、生物(碎屑)灰岩等碳酸盐岩，它们都是可能的储集岩。因此，区内具有成油气物质基础。

曾在若尔盖周缘地区地表发现多处油气显示，经源岩对比确定了志留系和寒武系烃源岩有过生、排烃史。红参1井的钻探，在井下发现了丰富的油气显示。在红参1井的石英—方解石脉体中，发现许多烃类包裹体，证明这些烃类很可能来自下部的古生界地层。

综上所述，上述几个地区古生代广泛发育了裂陷—克拉通盆地，盆地沉积厚度大、分布广泛，且没有发生区域性变质作用。区内发育有寒武—奥陶系、石炭—二叠系及下志留统烃源岩，有机质丰度较好，均处于成熟—过成熟阶段，油气资源十分丰富。因此，有待进一步研究，以优选有利区(带)进行油气勘探，力争早日实现新的重大突破。

三、古生代海相油气勘探战略思考

综观我国古生代海相油气勘探，应从以下几个方面加以考虑。

(1) 战略突破区。

该区包括：①塔里木盆地新区、新领域和深层；②四川盆地古生界，特别是川东北、川东南、川西深层、川中下古生界等；③中扬子地区下古生界；④鄂尔多斯盆地下古生界；⑤滇黔桂地区古生界。

(2) 战略准备区。

该区包括：①南华北地区古生界；②下扬子地区古生界；③南黄海盆地古生界；④准噶尔盆地上古生界。

(3) 战略评价区。

该区包括：①青藏地区古生界；②柴达木—河西走廊地区古生界；③东北地区古生界；④准噶尔盆地下古生界；⑤海域中—古生界。

我国古生界油气资源十分丰富，据估算，油气资源量为$(600\sim700)\times10^8$t油当量，但目前资源持化率仅为10%左右。古生界具有多套生、储、盖组合，包括震旦—奥陶系、志留—泥盆系、石炭—中三叠统及古生新储等组合。古生界油气勘探领域广，从陆地到海洋，从碳酸盐岩到碎屑岩、火山岩及变质岩；特别是近年来，在古生界发现了多个大油气田。因此，中—古生界油气勘探潜力巨大，是我国当前和今后油气勘探主要的接替领域之一。

第八节　地质力学在塔里木盆地油气勘查中的重大进展

李四光教授在 1969 年就指出：“塔里木盆地很值得注意，……开展勘探工作，也是具有意义的……塔里木盆地的石油远景不是没有希望的”。1969 年，他指示地质部石油地质综合研究队到塔里木盆地进行勘察和初步评价工作，同时，还提出在塔里木寻找古生代油气田的问题。他强调，“我们找出来的油田都是中、新生代的，难道我们的古生代就没有油吗？美国有一半的大油田在古生代，非洲的阿尔及利亚、利比亚也是古生代的。他们的特点都是褶皱构造比较平缓，我们要在古生代盖层平缓、褶皱缓和的地区集中力量试一下。譬如：黔南、四川，特别是塔里木，……从战略上看，我们要选一个地方，早一点去打开一个缺口”。

20 年来，笔者运用地质力学理论和方法，研究了塔里木盆地的发展历史，划分了构造体系，探索构造体系控油问题等，取得了卓越成果。

一、确定含油气区—发现油气田

（一）确定含油气区

1969 年 7 月，地质部石油地质综合大队遵照李四光教授指示，到塔里木盆地开展了石油地质勘察工作。据前人资料和野外实际调查，确定该盆地内石炭—二叠系、三叠—侏罗系、上白垩—古近系(盆地西南部)及中新统有生油岩存在，认为该盆地是寻找油气有远景的地区。当年 12 月，李四光教授在听了汇报后指示：“盆地这么大，条件复杂，一下子抓，不好办。所以从现实出发，首先把重点放在库车地区，其次是西南部做些工作。要从构造观点找油，从构造观点出发，抓住一两个构造试一下”❶。

1970 年，按照李四光教授的指示，在前人工作的基础上，对塔里木盆地进行油气前景评价。从库尔勒—库车—柯坪—喀什—叶城—和田—民丰等地区，开展了全面地质调研，取得如下认识和建议：

(1) 塔里木盆地是我国西部两条巨型东西向构造带—天山和昆仑山之间的菱型盆地，受多个构造体系控制的负性大型沉降区，是我国重要的大型含油气盆地之一。

(2) 盆地内发育了两大坳陷区(西南坳陷区和东北坳陷区)及几个大的隆起(图 6-14)。这些隆起和坳陷具有长期活动特点，沉积了巨厚的中、新生界和古生界，为油气生、运、储提供了良好条件。所以塔里木是多油气藏类型的含油气盆地。

❶ 李四光教授在听了关于塔里木盆地石油地质工作计划后的谈话纪要，1969。

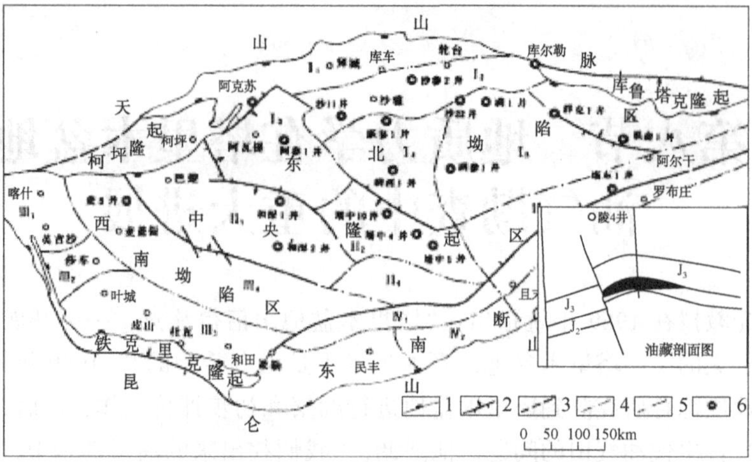

1—盆地边界；2—逆冲断裂；3—推测断裂；4—一级构造单元分界线；

5—二级构造单元分界线；6—区域钻井；I_1—库车坳陷；I_z—沙雅隆起；

I_a—阿瓦裂断断陷；I_q—顺托果勒隆起；I_s—擡加尔坳陷；

I_t—孔雀河斜坡；I_r—巴楚隆起；I_g—卡塔克隆起；I_2—吉城墟隆起；

I_s—唐古兹坳陷；I_1—喀什坳陷；I_t—莎车隆起；I_z—叶城坳陷；

I_4—麦盖提斜坡；IV_1—北民丰—罗布庄断隆；IV_2—且末—若羌断陷

图 6-14　塔里木盆地构造分区

（3）在总体部署上提出扩大一块(库车坳陷区)，突破一块(西南坳陷区)，准备一块(东北坳陷区)。当时，建议有关部门把石油勘探工作的重点由库车坳陷区向西南坳陷区转移，以便尽早突破……这一建议被采纳，1971 年开始向西南坳陷区转移；1975 年新疆地质局第二地质大队在西南坳陷区叶城坳陷之玉力群构造上钻探硫磺矿时，于古近系内首次发现油砂，从而坚定了在本区找油气的信心。新疆石油管理局在 1977 年 5 月，终于在叶城坳陷之西河堡构造上打出了高产油气流❶，证实了原先的预测、部署和建议。

1977 年 8 月，为地质部在塔里木盆地进行油气勘查做准备，进一步运用地质力学理论对全盆地进行了深入研究。笔者等(1979)系统地分析研究了盆地发展历史、构造体系划分及构造体系与油气之关系等(图 6-14)，因此认为：①塔里木盆地具有统一的前震旦系结晶变质基底，广泛的古生界基础和巨厚的中新生界盖层；②塔里木盆地是多构造体系控制的复合型大盆地，有纬向构造体系、西域构造体系、河西构造体系、帕米尔反 S 形构造体系和阿尔金构造体系，但盆内以纬向构造体系和西域构造体系为主导；③多构造体系的生成发展，导致了多时代、多层系的成油组合的存在。所以，塔里木盆地油气资源十分丰富，是我国西部重要含油气区，是寻找大油气田的基地❷。

❶　西河堡已改称柯克亚。

❷　康玉柱等，《塔里木盆地石油地质特征及找油方向(研究报告)》，1979。

（二）选择油气富集带

根据大型坳陷内的隆起或两种构造体系正向复合地区是油气富集的有利地带这个认识，1979 年我们对曾被否定的塔北台隆(沙雅斜坡)进行深入研究。该斜坡(现改为沙雅隆起)位于库车坳陷南部，呈 EW 向，早古生代为纬向系的隆起，向西与柯坪隆起相连，向东延至库鲁克塔格隆起；晚古生代被西域系改造、复合，出现柯吐尔、雅克拉、轮台等凸起；中生代处于隆起状态，新生代为北倾斜坡。我们认为油气远景较好，是寻找古生界和古潜山油气田的有利地区，建议加强地震工作，打参数井，揭示地层发育及含油性；而跃进一号、七号重力高及中央隆起等地区也都是有利的油气富集带。

（三）寻找油气田

上述建议被地质部采纳后，1980 年决定工作重点向塔北沙雅隆起转移。

地质力学理论认为，受一定方式的应力驱使，石油由应力大的部位向应力较小部位移聚。从我国西北 10 多个已知油气田分布特点看，油气田主要受油气富集带内低序次扭动构造控制。所以，在油气勘探过程中，必须从分析构造型式入手，结合岩相条件，去寻找油气聚集的场所，以便发现油气田。

于是，我们首先在 NW 向展布的跃进一号重力高上设计了跃参 1 井，但因地表条件限制，钻机被迫安在该重力高北坡。1980 年底，这口井首次揭示了一套 600 多米厚的中生界，并见到了上古生界，尤其是发现了 320m 的生油岩。

1980 年底，在沙雅隆起上又设计沙参 1 井。该井布在沙雅隆起西端 NW 向展布的柯吐尔构造上。该井钻穿了新生界和二叠系，见到了石炭系灰岩，并在中生界和二叠系见到油气显示。同时又在低级次扭动性质的北西向雅克拉构造上设计了沙参 2 井。该井于 1983 年 8 月 12 日开钻，1984 年 9 月 22 日在井深 5391. 18m 的奥陶系白云岩中喜获高产油气流，日产原油 1000 立方米、天然气 200×10^4 立方米(图 6-15)。从而实现了我国古生代海相碳酸盐岩油气田的首次重大突破，揭开了在塔里木寻找大型油气田的序幕，成为我国石油天然气工业发展史上的重要里程碑。

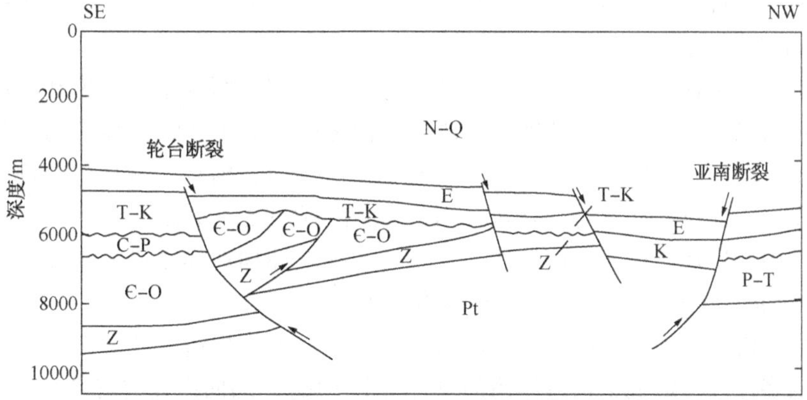

N-Q—新近系—第四系；E—古近系；K—白垩系；T-K—三叠—白垩系；
P-T—二叠系；C-P—石炭—二叠系；Є-O—寒武—奥陶系；Z—震旦系；Pt—元古界

图 6-15　雅克拉油气田剖面

二、中国古生代海相成油理论的建立

沙参2井出油后，地质矿产部及石油等部门对沙参2井的原油进行分析化验研究。当时不少专家和学者认为，沙参2井的油气源是中生界，但也有人认为是上古生界石炭系等，众说纷纭。

沙参2井出油不久，笔者根据宏观区域地质条件分析，提出油源很可能是寒武—奥陶系。当原油分析资料出来后，笔者更坚定了这一认识。并于1984年12月3日在中国地质报上首次发表《揭开塔里木之谜的沙参2井》，阐述塔北沙雅隆起是一个油气富集带，是找大油气田的有利地区，且认为沙参2井原油，属成熟度较高的海相腐泥型原油，主要油源岩为寒武—奥陶系之碳酸盐岩，而且是二次生油的结果。

1985年，地质矿产部为迅速扩大战果，调集6个地区、将近6000人的精干队伍到塔北进行空前规模的联合勘查工作，并取得了在新地区、新构造、新层位、新类型上的连续重大突破。到1988年，首先在7个层系中获得工业油气流，共发现7个油气藏(田)，使塔北的油气勘查工作进入了一个拿面积、拿储量、拿大油气田的新阶段。1989年4月中国石油天然气总公司成立了“塔里木石油勘探开发指挥部”，也在该盆地开展了大规模的油气勘探大会战，并在塔中、塔北也发现多个油气田。不少专家、教授对塔北各井油气性质及油源岩的反复深入研究后，终于在1988年认同了沙参2井等原油的油源岩为寒武—奥陶系。

三、古生代海相成油特征

(一) 多构造体系复合叠加盆地成油

(1) 前震旦纪。据航磁资料推测，前震旦纪主要存在两种方向不同的构造带，即盆地北部和中部的EW向构造带；南部的NE向构造带。

(2) 早古生代。在加里东运动影响下，SN向挤压力加强，纬向构造体系继承性发展，控制了本区主体构造格局。本区南部原NE向构造带被纬向系改造而逐渐消失，同时，出现NW向构造。如满加尔坳陷、中央NW向断裂等。盆地东南部亦开始有NE向断裂迹象。

(3) 晚古生代。由于强大的顺时针扭应力的作用，西域系的产生和发展控制了全区构造格局，较明显地改造纬向系成分，使区内形成了NW向展布的一隆两坳的构造骨架，即西南坳陷—中央隆起—塔东坳陷。此时，柯坪—沙雅—库鲁克塔格隆起继续发展，保持隆起状态。阿尔金构造体系出现并强烈发展。

(4) 中新生代。由于印度地块向北推移，除上述构造体系进一步发展外，还产生了NNW向的河西系和帕米尔反S形构造体系。

总之，塔里木地块在漫长的地质历史发展中，由于构造运动的多期性和应力活动方式的多样性，形成了构造体系的复合(图6-16)。纬向系在前震旦纪就已开始出现，早古生代活动最强，中新生代依然活动；西域系在加里东晚期开始出现，华力西运动时期为强烈活动期，中、新生代仍在活动；阿尔金构造体系于晚华力西期产生并发展。所以，塔里木是多构造体系复合型盆地，而各时代盆地的叠加形成多层系、多类型的油气田。

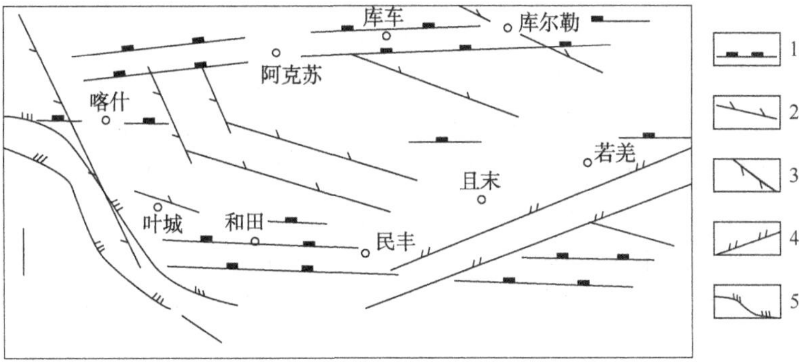

1—纬向系；2—西域系；3—河西系；4—阿尔金系；5—帕米尔反 S 形

图 6-16　塔里木盆地构造体系示意图

(二) 多时代生油层系

盆地内有四套主要生油岩系，前震旦系(Z_2)为较好一较差生油岩；寒武系—奥陶系(Є-O)有机质类型为腐泥型；下志留统(S_1)有机质也为腐泥型；石炭系一下二叠统($C-P_1$)有机质类型为腐泥型及腐殖腐泥型。由于篇幅所限，在此不详细介绍每层的特点。从生油岩性质、分布、厚度等分析，认为寒武系、奥陶系和石炭系—下二叠统生油岩最佳，是该盆地主要油源岩。

(三) 多时代储集层系

区内储集岩十分发育，既有碎屑岩又有碳酸盐岩，并具有多时代的特点，形成了自生自储、下生上储、古生新储的特征(表 6-10)。

表 6-10　各含油层岩石物性

时代	岩性	孔隙度/%	渗透率/$10^{-3}\mu m^2$
N_1	砂岩	20~22.25	385~825.05
E	砂岩	17~25.04	423~1093.93
K_1	砂岩	12.26~17.96	81~98.55
J	砂岩	13.08	27.44
T	砂岩	14~18.28	129~423.85
C	砂岩	11.2	27.69
	灰岩		
S	砂岩	10~20	76.66
O	灰岩	<1	0.12~0.22
	白云岩	7.58	0.19
Є	白云岩		
	白云岩	2~8	
Z	灰岩		
	白云岩	5.11	0.65~43

根据储层的岩性、累加厚度、孔隙度、渗透率、孔隙类型、孔隙结构等参数综合考虑，对各时代层位评价结果分级顺序如下：

（1）碎屑岩储集层分级评价。上白垩统—古近系：非常好的储层；苏维依组：非常好的储层；中三叠统：很好的储层；志留—泥盆系：中上等储层；卡普沙良群：中等储层；下侏罗统：中等储层；下石炭统：中等储层；吉迪克组：中等储层；下三叠统：中下等储层；上三叠统：很差的储层。

（2）碳酸盐岩储集层分级评价。上寒武—下奥陶统白云岩，是好和较好储层，其风化壳是很好的储层。各时代灰岩，是中、下等储层，其风化带和裂缝发育带是好的储层。

（四）石油、天然气性质及成因类型

塔里木、雅克拉、阿克库勒、沙雅西 3 个区块主要产层的原油，以环烷型为主（强烈后生改造过的为芳香中间型），组成结构均显示海相原油的特点；二八台、轮台及库车依奇克里克油田，已见的原油以石蜡型为主，显示了陆相原油的面貌；阿克库木沙 9 井奥陶系及沙雅西英买 1 井白垩系产层原油则具有混合原油特征。

天然气主要为热解成因的海相油型气，以高成熟凝析气为主并伴有深源成因气特点。如塔北地区雅克拉和沙西等地区，天然气整体显示了高成熟阶段凝析气的特征。古生界产层天然气以组成变化较大，比重也较大（>0.7），并普遍含氦气，这与中、新生界陆相天然气明显有别。根据天然气的组成特征及热解模拟，以及不同类型源岩的天然气组成和碳同位素分布的变化规律，区内天然气主要为热解成因类型，但在沙雅西地区见有深源成因。成气母质类型在沙雅隆起主要是腐泥型有机质形成的海相油型气。热解气的成熟度，全区以凝析气为主，阿克库勒东段见有过成熟裂解气。

（五）多期生油、多期成藏

塔里木含油气盆地是我国含油气盆地中古地温最低的一个盆地，表现在该盆地沉积巨厚，自震旦—第四系沉积厚度达万余米，目前仍发现丰富的下古生界生油岩所形成的油气。

（1）寒武—奥陶系下统（ϵ–O_1）。寒武—奥陶系生油岩是盆地中主要的生油岩。它分布广、厚度大、生油气潜量大，经历了漫长的油气生成演化、排烃、运移、聚集和多期成藏的过程，如海西早期和晚期、印支—燕山期、喜马拉雅晚期。当其处于不同的演化阶段，油气产物与资源结构也不同。

喜马拉雅晚期，满如尔坳陷、阿瓦提断陷、唐古巴斯坳陷及西南坳陷演化进一步加深，高成熟油气区和过成熟气区范围进一步扩大，在满加尔中心区已出现小范围（R_o 值>4.0%）的干气区。巴楚西部及古城墟隆起演变不大，仍基本保持低成熟区。但原来处于低成熟的沙雅隆起已与顺托果勒、卡塔克、巴楚东部及麦盖提斜坡同处于生油高峰区（R_o 值在 0.8%~1.3%）。因此，该时期仍是该层系生油层的主要生油期，即燕山晚期—喜马拉雅晚期是奥陶系中上统生油岩主要生油、生气期。

（2）石炭系下统（C_2）。晚古生界生油层在喜马拉雅晚期油气演化表现出西部演化深、东部演化浅，阿瓦提断陷、西南坳陷演化已进入高—过成熟阶段（R_o 值为

1.3%~2.0%)，在其外缘的顺托果勒隆起西部、巴楚隆起大部分及满加尔中心区为生油高峰区(R_o值为0.8%~1.3%)，其他地区均为低成熟区。因此，该层系生油岩主要生油期为喜马拉雅晚期，阿瓦提断陷及西南坳陷等地区主要生油期可能要推前到喜马拉雅早期。

综上所述，多期生油导致多期成藏，主要成藏期为海西早期、海西晚期、印支—燕山期和喜马拉雅晚期。海西期成藏有沙西1~2号构造奥陶系白云岩中油气藏，雅克拉构造石炭系稠油，哈拉哈塘坳陷打的哈1井志留系200多米厚的沥青砂岩等。海西晚期构造运动，不但使塔里木盆地发生褶皱、断裂，而且有大幅度抬升，致使寒武—奥陶系、下志留统、石炭系—下二叠统的生油岩，大部暴露地表。因此这些生油岩中的有机质全部或部分未能转化成石油。后来经过中、新生界的重新埋藏，到中、上新世时，一般埋深4~5km，上述生油岩开始或再次生成大量石油和天然气。故对下古生界的生油岩在喜马拉雅晚期称为二次生油，如雅克拉、阿克库勒等油气田。因此，多期生油拓宽了找油气前景。

(六) 油气藏(田)圈闭类型及油气运移

目前发现的油气藏主要以构造圈闭和地层圈闭为主。按圈闭的成因和形态，塔里木盆地的圈闭及油气藏类型可划分为3大类、8亚类、13型(表6-11)，其中包括已发现的和待发现的两部分。

表6-11 圈闭和油气藏类型

圈闭类型			油气藏类型			发育地区及层位	油气藏类型
大类	亚类	型	大类	亚类	型		
构造圈闭(Ⅰ)	背斜圈闭	褶皱背斜圈闭	构造油气藏	背斜油气藏	褶皱背斜油气藏	库车坳陷(Mz，Kz) 雅克拉断凸(Mz)	依奇克里克(J)
		披覆背斜圈闭			披覆背斜油气藏	阿克库勒凸起(Mz) 沙西凸起(Mz)	阿克库木(T_2)
		牵引背斜圈闭			牵引背斜油气藏	库车坳陷(Mz) 雅克拉断凸西部(Pz) 沙西凸起(Pz)	波斯坦(C_1)
		基岩内幕背斜圈闭			基岩内幕油气藏	沙西凸起(O，∈)	沙西2号(O_2)
	断裂遮挡圈闭	断裂遮挡圈闭		断裂遮挡油气藏	断裂遮挡油气藏	沙西凸起(Pz)	
		不整合—断裂遮挡圈闭			地层—断裂油气藏	沙西凸起(Pz)	
	刺穿圈闭	岩浆岩刺穿圈闭		刺穿接触油气藏	岩浆岩刺穿接触油气藏	沙西凸起中部(Pz)	
		膏盐岩刺穿圈闭			膏盐岩刺穿接触油气藏	沙西凸起北部(Kz)	

续表

圈闭类型			油气藏类型			发育地区及层位	油气藏类型
大类	亚类	型	大类	亚类	型		
地层圈闭(Ⅱ)	地层不整合圈闭	潜山(丘)圈闭	地层油气藏	地层油气藏	潜山(丘)油气藏	沙西凸起北部(O, Є) 卡塔克隆起	英西(O) 塔中一号(O)
		剥蚀断块圈闭			断块潜(丘)油气藏	雅克拉断凸(Pz) 阿克库勒凸起(O_1) 沙西凸起北部(O, Є)	雅克拉(O, Є) 阿克库勒(O_1) 阿克库木(O_1)
		削蚀体不整合圈闭			削蚀楔形体油气藏	沙西凸起南部(P-S)	
	地层超覆圈闭			地层超覆油气藏		阿克库勒凸起(S-D) 沙西凸起(T, K)	
	生物礁圈闭			生物礁油气藏		达里亚(O-Є)	
岩性圈闭(Ⅲ)	尖灭体岩性圈闭	砂岩尖灭体岩性圈闭	岩性油气藏	尖灭体岩性油气藏	砂岩尖灭体岩性油气藏	沙雅隆起(Mz, C)	阿克库勒(C_1)
	透镜体岩性圈闭	砂岩透镜体岩性圈闭		透镜体岩性油气藏	砂岩透镜体岩性油气藏	沙雅隆起(Mz, C_1)	雅克拉(J)

我国陆相成油理论，总结出油气为近距离运移特点。塔里木盆地古生代海相成油，表明古生代生成的油气以区域性不整合—断裂为输导，作长距离的运移储集到各类圈闭中。其运移的距离纵向达 2～3km，横向达 80km，形成深生浅找的特点。如雅克拉、阿克库木及柯克亚等油气田，均为深部寒武—奥陶系生成的油气经过长距离纵横向运移，储集在中浅层中新生代圈闭中而成藏。

（七）成藏及成田模式

按生油岩、生油期及储集层的组合关系（图 6-17），将塔里木盆地归纳为如下成藏模式：

1. 成藏模式

(1) 古生古储。寒武—奥陶系生油岩于海西期生成油气，并储集到古生代地层中成藏，如沙西奥陶系灰岩内幕油气藏。

(2) 后生古储。寒武—奥陶系生油岩于喜马拉雅晚期二次生成油气，并储集到古生代地层中形成油气藏，如雅克拉下古生界油气藏。

(3) 后生中储。寒武—奥陶系生油岩于喜马拉雅晚期生成油气，并储集到中生代地层中形成油气藏，如阿克库勒中生界油气藏。

(4) 后生新储。古生界生油岩于喜马拉雅晚期生成油气，并储集到新生代地层中形成油气藏，如轮台油气藏。

2. 油气田模式

(1) 单一型。由一种类型的单一油藏组成的油气田，如塔中一号油气田。

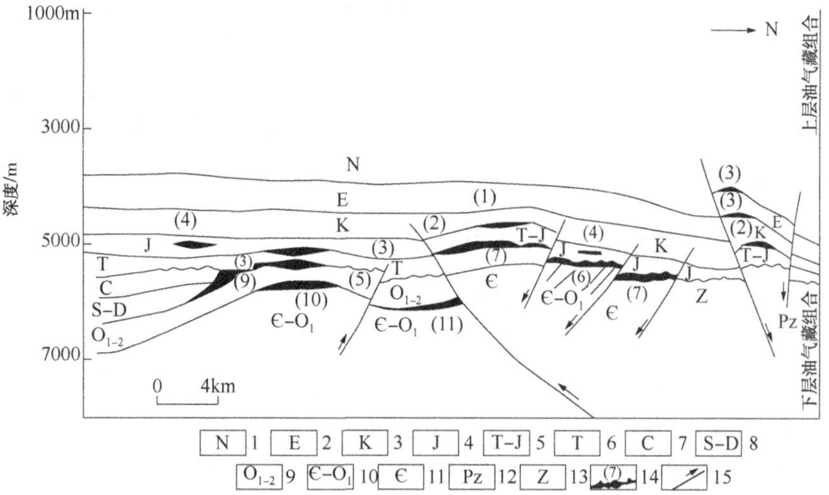

1—新近系；2—古近系；3—白垩系；4—侏罗系；5—三叠—侏罗系；
6—三叠系；7—石炭系；8—志留—泥盆系；9—中、上奥陶统；10—寒武—下奥陶统；
11—寒武系；12—古生界；13—震旦系；14—油气藏；15—断层

图 6-17 油气藏纵向组合模式

（2）双层叠加型。由两种类型的油气藏组成的油气田，如阿克库木油气田。

（3）多层叠加型。由三种或三种以上类型的油气藏组成的油气田，如阿克库勒、雅克拉等油气田。

我国古生代海相沉积分布很广，特别是中国南方广大地区，古生代海相沉积厚度大，而且在地质历史中曾生成大量的石油和天然气。虽然这些地区中、新生代构造运动强烈，使古油藏遭受过严重破坏，但在保存条件较好的地区和构造部位，一部分油气可以保存下来。

自 1984 年实现我国古生代海相油气田首次重大突破后，8 年多时间先后在塔北、塔中共发现 12 个油气藏（田），随着油气勘查工作的不断深入发展，将会在盆地内有更多的发现。在塔里木之前，四川气田的勘探与开发。1988 年鄂尔多斯盆地奥陶系顶部风化带巨型天然气田的发现等都是例证。因此，古生代海相油气是我国石油工业发展的重要领域。

第九节 塔里木盆地构造体系与油气关系

运用地质力学理论和方法，在中国东部寻找中、新生代油田屡见成效。

李四光教授在 1969 年 2 月指出："我们现在找出来的油田都是中、新生代的，难道我们的古生代就没有油吗？……我们要在古生代盖层平缓、褶皱缓和的地区集中力量试验一下……从战略上讲，要选一个地方，早一点打开一个缺口。"

1969 年以来，按照李四光等老一辈地质学家的指教，试用地质力学理论和方法，研究了塔里木盆地发展历史、构造体系划分，从构造体系控制油气的观点出发，在确定油区—选择油气聚集带—寻找油气田，进行了一系列实践。

1984 年 9 月在雅克拉构造上实现了古生代海相油气田首次重大突破，使李四光教授的言论得到证实。

一、盆地形成及发育历史

塔里木盆地从震旦纪开始，作为稳定地块夹持在天山及昆仑山纬向带之间，它的成生和发展受到周边构造体系的影响，形成了不规则菱形景观。据现有资料分析，该盆地具有三个结构层，它们是统一的前震旦系结晶变质基底；广泛的古生界基础和巨厚的中、新生界盖层。

晚元古代末期的塔里木运动，使前震旦系褶皱变质，从而固结成“刚性体”。震旦纪—志留纪接受了海侵；泥盆纪初海水退出；泥盆纪末发生了强烈的构造运动；石炭纪又出现了广泛海侵；早二叠世，海水只侵漫了西部，晚二叠世再次抬升，海水基本退出。

华力西末期的强烈构造运动，使古生界发生了褶皱、断裂并抬升，形成盆地的雏型。

印支—燕山运动，塔里木盆地出现有规律但又不均衡的沉降活动。到晚白垩世塔里木盆地西部受到海侵；早第三纪盆地西部海侵范围扩大，甚至库车坳陷两部亦受一定程度的海侵。晚第二纪形成了统一的盆地，由于多体系的负向复合，故在各坳陷堆积了巨厚的碎屑岩(最厚达万余米)。喜马拉雅运动使塔里木盆地最后定型，造就了现代景观(图 6-18)。由此可以看出，自古生代以来，出现三次大的海侵，即震旦—志留纪、石炭—下二叠世、晚白垩世—早第三纪。由于盆地中部基底东西向正磁性异常带影响，早古生代沉积出现北厚南薄、北全南缺之特点。晚古生代沉积，受北西西向西域系控制，则出现北西向展布的一隆两坳的格局。故岩性、岩相东西分带性清楚，并呈现西厚东薄、西全东缺的特点。而中新生代盆地的发展，经历了三个阶段：三叠—侏罗纪断陷时期，白垩—早第三纪断坳时期、晚第三纪—坳陷时期。晚第三纪，盆地沉降幅度最大，坳陷最深，堆积速度最快，地层也最厚。但各时代的沉积中心均不一致。

二、构造体系划分及特征

塔里木盆地的主要构造体系，有纬向构造体系、西域构造体系、阿尔金构造带、河西构造体系、帕米尔反 S 形构造体系等(图 6-19)。但控制盆地成生发展起主导作用的乃是纬向构造体系和西域构造体系。

(一) 纬向构造体系(简称纬向系)

天山、昆仑山纬向系夹持着塔里木地块，经历了多次构造运动，对盆内下古生界沉积和油气有明显的控制作用。其二级构造带有以下几种。

(1) 库车坳陷：位于塔里木盆地北部，北为天山纬向构造带，南接沙雅隆起，面积约 30000km^2。它是华力西末期开始形成的中新生代坳陷。中新生代地层发育齐全，其总厚可达 10000m。该坳陷内存在三条东西向展布的背斜带(图 6-20)。

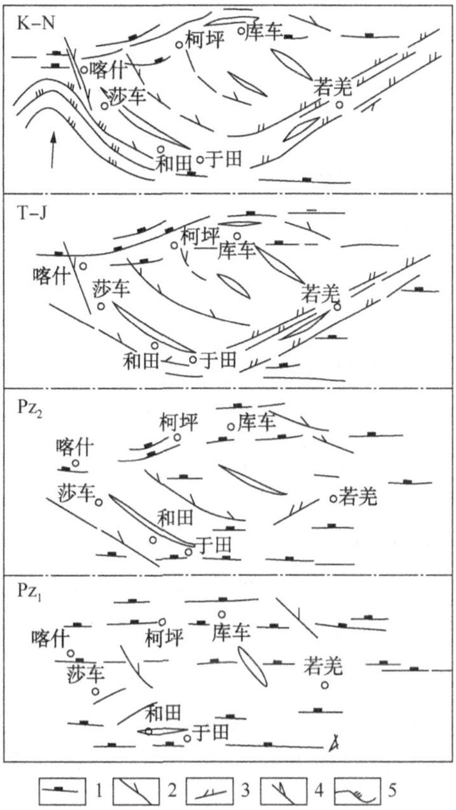

图 6-18　各构造体系成生发展阶段示意图

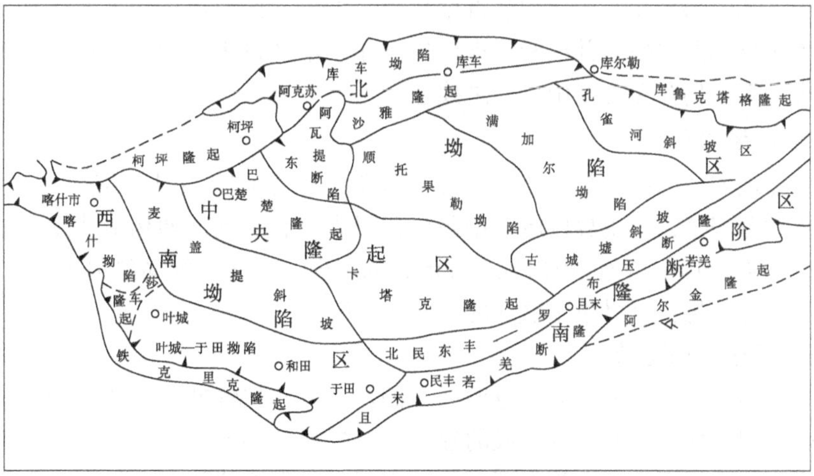

图 6-19　塔里木盆地构造分区略图

(2) 沙雅隆起：北与库车坳陷相接，南到塔里木河附近，面积约 30000km^2。它始于加里东早期，华力西早中期呈皱型，华力西末期定型，为东西向展布的古生代隆起。除部分地区缺失中生界及古生界外，各时代地层发育较齐全。

(3) 盆地中部磁性正异常带：航磁资料反映为岩性构造带，西起乌拉根，东到金雁山，东西向展布，横贯全盆地，其宽度约为 40km。由前震旦系正磁性变质岩及断裂组成。它对塔里木下古生界沉积有明显的控制作用。

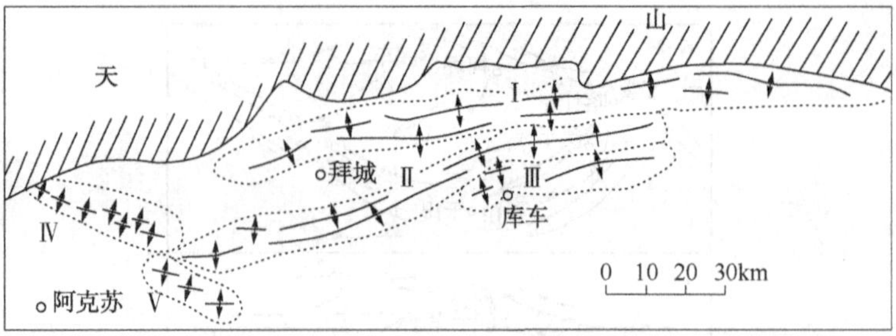

Ⅰ—巴什基奇克背斜带；Ⅱ—秋里塔克背斜带；Ⅲ—亚肯背斜带；
Ⅳ—北斜列雁行型背斜带；Ⅴ—南斜列雁行型背斜带

图 6-20　库车坳陷直线型背斜带示意

(4) 叶城—于田坳陷，该坳陷北邻中央隆起区，南接铁克里克隆起，是晚加里东期以来长期沉降的地区。堆积了较厚的上古生界及中新生界，坳陷内发育有近东西向展布的褶皱、断裂。含油气前景好。

(二) 西域构造体系(简称西域系)

该体系是我国西北地区较显著的一种构造形式，分布广，规模大，分带性清楚。由复式背斜和压性、压扭性断裂组成的隆起构造带。其两侧常发育有沉降带(盆地)。

1. 塔东坳陷

北与沙雅隆起相接，南到北民丰—罗布庄断隆，西邻中央隆起区。自中生代以来长期沉降的地区。总体呈北西向展布。古生界、中新生界发育齐全，是塔里木盆地重要的含油远景区。

2. 中央隆起区

位于盆地中部呈北西走向的晚古生代以来的隆起区。由于华力西运动，在该隆起上产生多条北西向断裂并沿断裂火山岩分布。本区古生界较全，缺失中生界和部分新生界。至今仍存在几个中生界之残丘。

3. 西南坳陷区

位于盆地的西南部，是呈北西向展布的晚古生代以来的长期沉降区。上古生界、中新生界发育齐全，新生界巨厚。中新生代以来，它受到河西构造体系、帕米尔反S形体系的复合作用，故区内出现多种形式的斜列、入字形等局部构造或断裂带等。油气远景十分理想，是塔里木盆地的重要油气区。

(三) 阿尔金构造带

该带是由一系列巨大的北东方向展布的压性、压扭性断裂及线状褶皱、沉积槽地、条带状侵入体或喷发岩等形成的独特而有规律的构造形迹组合。这一构造带在阿尔金山和北山地区表现尤为强烈，穿切力强，具有左旋扭动之特点。它出现于海西晚期，北东向断裂控制石炭—二叠纪沉积及火山岩分布。中新生代活动剧烈，喜马拉雅期定型，可具体划分为：阿尔金隆起、且末—若羌断陷、北民丰—罗布庄断隆三个次级构造带。

(四) 河西构造体系

总体呈北北西方向展布，它始于印支期，喜马拉雅晚期定型，由北北西向断裂带及断陷槽地组成。表现为复合、穿插和改造利用前中生代构造形迹之特点。

（五）帕米尔反"S"形构造体系

位于盆地西南缘，由环绕帕米尔高原到喜马拉雅山一带的许多褶皱带及压性、压扭性断裂组成。盆地内的西南坳陷区，是该反S形外围的一个沉降构造带。该沉降带于古生代时属于西域系、纬向系成分；中新生代以来帕米尔反S形利用、改造了原构造体系，是多体系负向复合之产物。

（六）局部构造型式及特点

低级次的局部构造是构造体系的结构要素。它们在一定区域应力作用下，形成了各种各样的构造形迹。这些构造形迹对油气的运移、聚集起重要的控制作用。因此，研究它们的成生发展、展布特征，对寻找油气田具有现实意义。据不完全统计，盆内已发现的局部构造160多个，它们的展布型式有：直线型背斜带（图6-20）；斜列雁行型背斜带（图6-21）、入字形构造（图6-22）；弧形旋扭构造等。

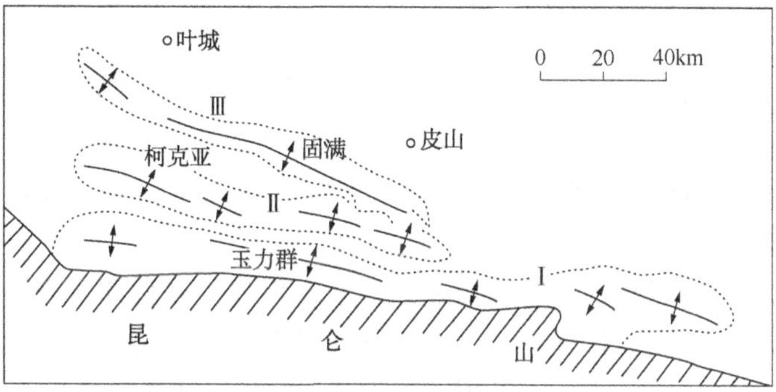

Ⅰ—玉力群背斜带；Ⅱ—柯克亚背斜带；Ⅲ—固满背斜带

图6-21 叶城斜列雁行背斜带示意

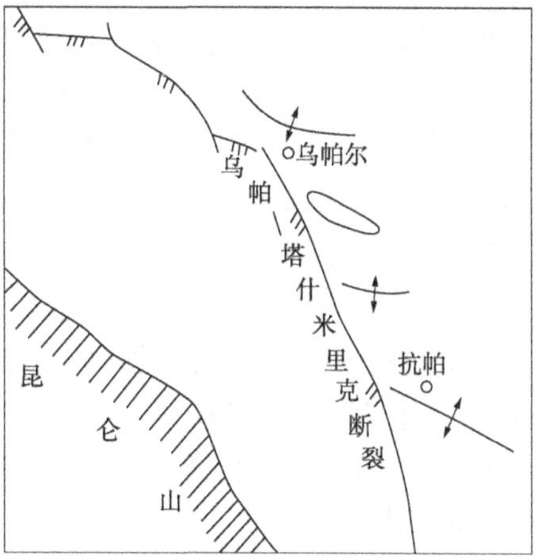

图6-22 乌帕尔"入"字形构造示意

总之，盆地内的局部构造，主要发育在受挤压、压扭较强烈的盆缘地区，多成排成带分布，其排列形式与其所处构造体系的应力作用有关，这些局部构造主要于喜马拉雅末期定型。

三、构造体系与油气关系

地质力学认为，油气的运移、聚集主要由一定应力方式的应力作用造成的一定构造型式所控制。

塔里木盆地经历四个主要构造变动期，每个构造变动期都有相应的构造体系的成生和发展，同时亦形成一套独特的沉积建造序列及成油组合，而每个构造变动期内都有其完整的生、移、聚过程，乃至形成油气田。因此塔里木盆地是四个构造期不同构造体系复合作用的综合产物。所以油气分布特点则应是各构造期形成的成油气组合复合的结果。

（一）油气区的确定

塔里木盆地内由于存在多个多构造体系负向复合的大型坳陷区，因此它们有持续和稳定沉积条件及良好的还原环境，物源充分、有机质丰富，有利于油气生成。

1. 西南坳陷区

是西域系、纬向系、帕米尔反S形及河西系负向复合的沉降区。自古生代以来长期下沉，接受了巨厚的上古生代以来各时代的地层。成油地质条件十分优越，已发现丰富多彩的油气显示和柯克亚油气田。所以该坳陷是塔里木盆地重要的含油气区。

2. 东北坳陷区

是西域系和纬向系负向复合的坳陷区。从古生代以来长期沉降，堆积了巨厚的各时代地层，成油地质条件优越，并在库车坳陷内发现丰富多类型的油气显示及依奇克里克油田，在沙雅隆起上亦发现了雅克拉油气田，油气远景甚佳。

上述两大坳陷区的成生发展特点：

（1）五套生油岩系，寒武—奥陶系其生油岩主要为一套海相灰岩、泥页岩、白云岩、磷块岩等。厚度500~2000m。这套生油岩往东北坳陷区发育最好。

（2）石炭纪—下二叠世，为浅海—海陆交互相暗色泥页岩、灰岩。厚度为200~800m。这套生油岩系以西南坳陷区、中央隆起区发育最佳。

（3）上二叠—中下侏罗统以浅湖—湖沼相的暗色泥页岩、泥灰岩或油页岩。厚度200~980m。这套生油岩在盆地的边缘坳陷，尤其库车坳陷发育最好。

（4）上白垩统—古近系为浅海—泻湖相的灰绿色或黑灰色泥岩、灰岩、生物灰岩。厚度200~400m；该套生油岩在西南坳陷区发育最佳。

（5）新近系中新统，为浅湖相的晴色或灰绿色泥岩、泥灰岩。厚度70~100m，局部达700m。该套生油岩在喀什坳陷发育最佳。

上述生油岩系，亦同时是盆内良好的油气储集岩系。各套生储油岩系中均已发现良好的油气显示或油流及油气田。

1970年我们从成油地质条件分析，确认西南坳陷区、东北坳陷区是塔里木盆地内最佳的含油气区。到1977年5月终于发现了柯克亚油气田，使推断得到验证。

（二）油气聚集带的选择

根据构造体系的复合关系，在大型坳陷区内或邻区，寻找油气聚集的有利地带（构造带），是寻找油气田的重要步骤。据油气移聚规律及已有经验，在生油坳陷中或两个生油坳陷之间或附近的正向构造带是控制油气聚集的重要条件，即是油气运移的指向地区(带)。

1. 沙雅隆起

它出现于加里东早期，发展—定型于华力西期，中生代仍处于隆起状态，到新生代形成了北倾斜坡(图 6-23)。

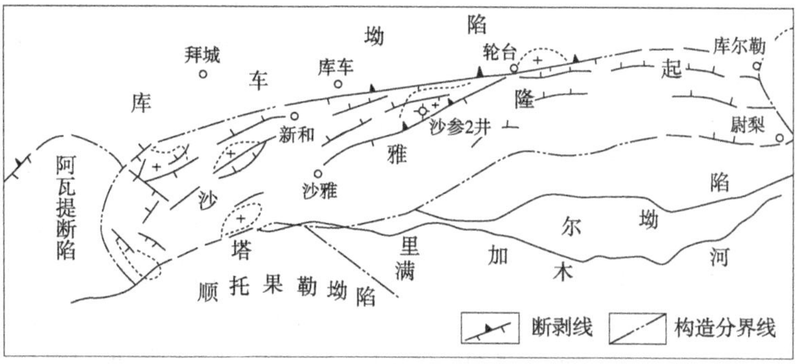

图 6-23　沙雅隆起构造纲要图

沙雅隆起以外围坳陷为主要油源，通过断裂、不整合而及岩性等作运移通道，在多类型的圈闭内聚集。它是一个理想的油气聚集带，是寻找大油气田的地区。

2. 中央隆起区

它是海西期以来逐渐形成的古隆起。上古生界厚度不大、缺失中生界，新生界亦较薄。该隆起两北高东侧低。其两侧均为大型生油气坳陷区，是油气聚集的指向地区，而且隆起本身古生界生、储油气条件尚好。因此，中央隆起区亦是油气聚集的较好地区。

3. 北民卡—罗布庄断隆带

该带两侧坳陷生成的油气必然向这个古断隆带上运移。所以，这个带仍然是不可忽视的油气富集带。

4. 麦盖提斜坡、古城墟斜坡及孔雀河斜坡

自晚生代以来它们长期处于地貌斜坡状态，因而在坳陷内生成的大量油气，自然地向斜坡区运移，一旦有良好的圈闭条件就很可能形成油气田。而且这三大斜坡本身尚有较好的生、储油气条件。所以，上述斜坡区仍为油气富集的有利地区之一。

5. 大型压性、压扭性断裂带

如天山前断裂带下盘、沙井子断裂下盘、吐木休克断裂、色力布亚—玛札塔克断裂、喀孜克阿尔特断裂下盘、和田断裂附近、昆仑山前断裂及阿尔金山前断裂等，均是油气聚集的有利地区。

(三) 油气田可能存在的部位

根据构造体系控制油气的理论，在一定方式的应力作用下，驱使油气由应力较大的部位向应力较小的部位移聚，共聚集时间则与控油气构造型式的成生发展阶段有关。从我国西部 10 多个油气田分布特点看，主要受含油气区内不同类型 3~4 级低序次扭动构造控制。因此，在油气普查勘探中，必须从分析构造型式入手，结合岩相条件，推断油气富集的有利部位，进而选择突破口，找到油田。举例如下。

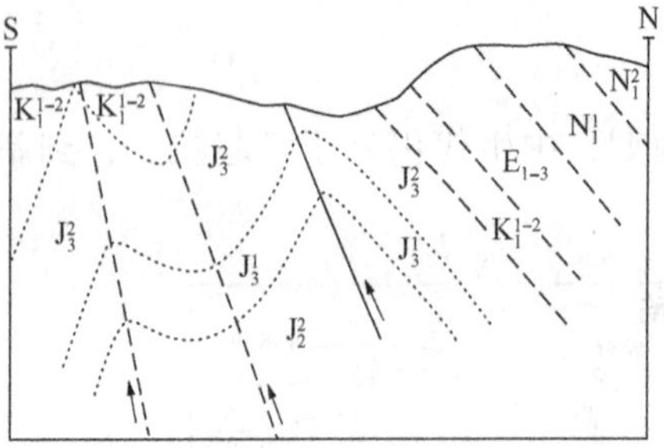

图 6-24 依奇克里克油田剖面示意
（据石油部）

（1）依奇克里克油田：位于库车坳陷北缘第一排东西向构造内，该背斜呈北缓南陡，顺轴向在压性和张扭性断裂，其油气仅分布在两条断裂之间的高点部位。所以，这个油田是断裂和背斜作为控制油的关键条件（图 6-24）。

（2）雅克拉油气田：位于沙雅隆起中部，雅克拉构造圈闭的油气田。经沙参 2 井等揭示：第三系厚 4860m；下白垩统厚 486m；侏罗—三叠系厚 110m；寒武—奥陶系厚 28m。

华力西运动末期，轮台断裂使其北部抬升，故促使寒武—奥陶系形成隆起，并处于长期裸露剥蚀状态，因此，碳酸盐岩的缝洞十分发育，孔渗条件良好。三叠纪晚期又开始接受沉积，根据原油成熟度分析，到中新世才达到二次生油的地质条件。所以，以下古生界为主要油源层的油气，通过断裂、不整合面移聚到雅克拉构造圈闭上聚集成油气田。由此，雅克拉油气田是受低序次的扭动构造、断裂控制的古风化带型油气藏（田）（图 6-25）。

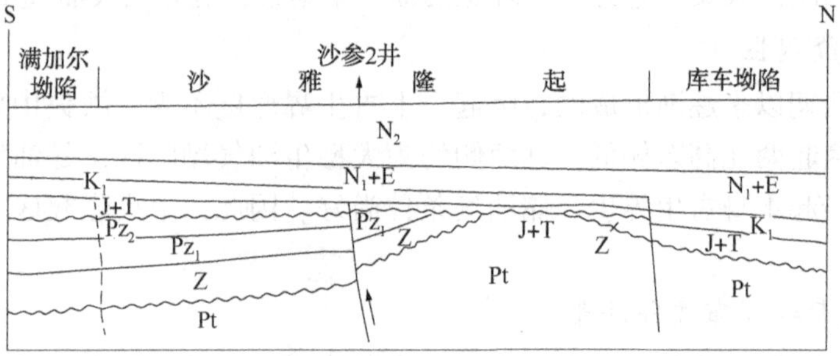

图 6-25 沙雅隆起雅克拉油气田横削面示意图

沙参 2 井高产油气流的发现得到世界不少国家的关注。它是我国第二轮油气普查勘探新地区、新领域、新类型和新深度进军的卓越成果，是我国以下古生界海相碳酸盐岩为油源的首次重大突破，揭开了我国石油工业发展史的新篇章，从而打开了古生界海相碳酸盐岩找油气的新思路，亦是塔里木盆地油气普查勘探新的转折点。

四、结语

（1）塔里木盆地是多构造体系控制的复合型盆地。纬向系和西域系在造就该盆地构造景观中起主要作用。

（2）塔里木盆地受多个构造体系控制，致使现今的油气区形成，必然变受到多体系的控制或影响。因此，它是复合类型的油气区。每个构造变动期，都有一套构造体系的成生和发展，都有一套独特的沉积层和建造序列及一套成油组合。由此，每一个构造变动期，都有一个完整的生、移、聚的过程，形成一个独具特点的成油期。

塔里木盆地油气区，以古生代构造变动期控制的成油期为基础，经过中新代构造变动期的强烈扭动或旋扭作用，而具有新的富集特点。

(3) 油气运移、聚集的规律，是一定方式的应力作用，使油气从应力较大部位向应力较小部位运移。其移聚时期，则与控制油气的构造型式的成生发展阶段有关。即：在构造体系形成应力最强烈的时期，乃是油气移聚的主要时期。如华力西末期、燕山晚期、喜马拉雅期。而多次应力活动亦使油气相应地多次移聚。

(4) 在油气普查勘探中，寻找油气田的程序应该是：确定生油坳陷区—选择油气富集带—寻找油气田。即：首先，从区域入手，分析构造体系成生和发展，确定多体系或单体系长期负向复合坳陷区，往往就是含油气区；其次，在含油区内(坳陷区)或相邻隆起带，选择有利的油气富集构造隆起或斜坡带；最后，从地应力驱动出发，根据构造型式，尤其要分析各扭动构造特点，预测油气聚集的部位，进而突破。

总之，塔里木盆地已被证实是我国西部重要含油气区，是寻找大油气田的基地，而且其随着油气普查勘探工作的进展，将进一步得到证实。

笔者成文后请孙殿卿研究员和孙宝珊副研究员阅改，特此致谢。

第十节　中国主要盆地油气分布规律及勘探经验

一、松辽盆地油气分布规律

(一) 油气聚集带的分布

探讨油气聚集带的分布特征，可归结为阐明构造带或地层岩相变化带与盆地发育的成因联系，以及它们的空间展布形式。由于盆地发育的全过程受基底构造(包括断裂带和隆起带)活动所制约，所以必须结合盆地基底构造分布格局加以论述。松辽盆地基底断裂带和隆起带的对立统一发展过程，控制了坳陷或断陷的发育和隆起带的形成。

盆地中部，由于松辽主断裂带的活动，控制了扶余—钓鱼台中央隆起带和西部斜坡区之间的中央坳陷区的形成。在盆地南部，它又被安广—扶余—青山口潜伏隆起带和受长岭断裂带制约的英台隆起带分隔为大安、乾安和黑帝庙 3 个次凹陷。其中，在乾安凹陷内分布的乾安区域性砂岩上倾尖灭带和乾西同沉积低幅度构造带，主要是受西、中、东部三大构造单元的差异升降运动，以及由此引起的通榆砂体的相带变化制约而形成的。黑帝庙凹陷中的黑帝庙—情字井低幅度构造带是在上述构造运动控制下，由保康砂体前缘摆动产生的。中央坳陷区东、西两侧近对称分布的阶地挤压构造带主要是在坳隆过渡带的控制下，后期受来自南东东向的挤压力作用的产物。至于英台—四方坨子低幅度构造带，主要是在阶地与斜坡转折的构造背景下，与英台扇三角洲前缘相带制约形成的。

盆地西部的斜坡地层超覆带主要是在盆地整体沉降运动控制下，嫩江组初湖水急剧扩张，地层大面积超覆在西缘英台扇三角洲上产生的。

盆地东部构造带或地层岩相变化带的成因，主要在两江(松花江和第二松花江)、鲍家和桑树台断裂带活动的控制下，自北而南形成了被农安西和杨大城子基岩凸起分割的莺山、德惠和梨树凹陷或断裂。相对抬升的扶余—钓鱼台中央隆起带大体自南而北倾伏。其上或偏东，浅层分布有长春岭、扶余Ⅱ号、扶余Ⅰ号、登娄库、伏龙泉、顾家店和钓鱼台等"削顶"构造。它的南段深层于东西两侧存在地层岩相变化带；而北段于两江地区古隆起埋深适中，分布有浅层受基岩古隆起控制的继承性构造带，如已阐述过的新—扶构造带及其东部的大三井子构造带。德惠断陷西部断凸带上分布有包括深、浅层在内的农安—万金塔断裂构造带。向南分布有杨大城子基岩凸起控制的地层不整合带，以及梨树断陷内的"洼中隆"—茅山和四家子断裂构造带。

综上所述，盆地南部控油构造带及地层岩相变化带的分布模式(图6-26)为：相对稳定的凹陷区内，分布有区域性砂岩上倾尖灭带和同沉积低幅度构造带坳隆过渡区，主要有大体对称分布的阶地挤压构造带；而在定向构造应力作用不明显的宽缓区，分布着同沉积低幅度构造带。

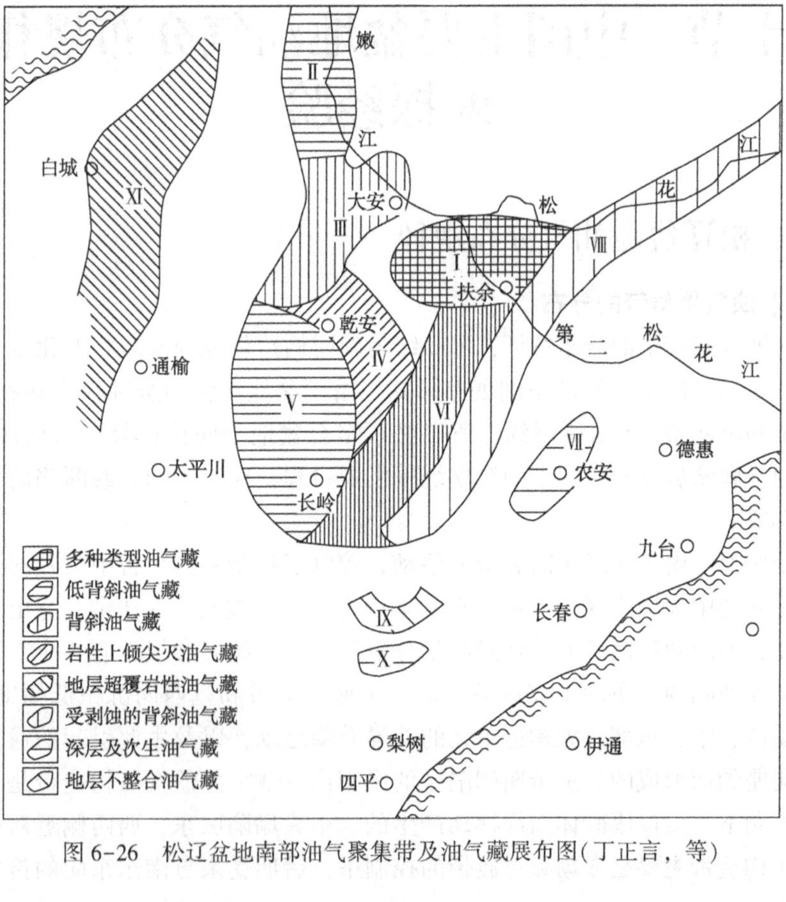

图6-26　松辽盆地南部油气聚集带及油气藏展布图(丁正言，等)

（二）体系控油作用

大庆S形构造，位于松辽沉降区的中北部，介于三肇和古龙两凹陷之间，南北分别以第二松花江及滨洲沿线，连续不断、规模不大的断裂及伴生的挠折带组成的北西西向新华夏系初序次扭张性结构面为界。自北而南，由喇嘛甸子、萨尔图、杏树岗、宝山、太平屯、高台子、葡萄花、敖包塔8个局部构造组成。

今构造的轴向显示左行雁行排列，但总体却成一反S形，局部构造两翼倾角的变化，总的来讲，由北端的西陡东缓至南端变为东陡西缓；构造的脱顶现象明显，即表层构造轴线在北端向西，而南端则向东作逆时针方向偏转。今构造的这些特点，从古构造分析中可能得到很好的说明，在早白垩世青山口组沉积末及姚家组沉积的早期，这一反S形构造初具雏形，首先出现萨尔图、杏树岗、葡萄花等构造，呈左行雁行排列，显示南北向逆时针方向的直扭外力作用；之后，由于沿北西西向扭张性结构面分扭应力活动的加剧，在其南北两端产生了逆时针方向的旋扭作用，结果便歪曲了雁行排列中已具形象的背斜轴线，而拖曳南北两端的北斜坡构造发生逆时针方向的旋扭，这种作用至嫩江组沉积末期使反S形构造定型，至晚白垩世末期仍有活动。

古隆起控制的继承性构造油气聚集带（Ⅰ为新—扶油气聚集带）；阶地挤压构造油气聚集带（Ⅲ红岗—大安油气聚集带，Ⅵ. 孤店—双坨子油气聚集带）；区域性砂岩上倾尖灭油气聚集带（Ⅳ乾安油气聚集带）；同沉积低幅度构造油气聚集带（Ⅱ英台—四方坨子油气聚集带，Ⅳ黑帝庙—情字井油气聚集带）；斜坡地层超覆油气聚集带（Ⅺ白城—套保油气聚集带）；断裂构造油气聚集带（Ⅷ农安—万金塔油气聚集带，Ⅹ茅山—四家子油气聚集带）；基岩凸起控制的地层不整合油气聚集带（Ⅸ杨大城子油气聚集带，Ⅶ长春岭—登类库油气聚集带）。

凡有由旋扭活动所产生的反S形构造，不拘其规模大小，在它的旋回带所半环绕的部位，不是发生旋涡，就是产生砥柱。大庆反S形构造在成生发展过程中，由于旋扭作用明显加强，必然要影响两侧原来由初始直扭应力作用而与其相伴成生的同级别、序次的三肇、齐家—古龙凹陷。即反S形构造南北两端旋回带的内侧所环绕的旋涡，重叠在原有两凹陷之中，使古龙凹陷沉降中心由南向北迁移：三肇凹陷沉降中心由东向西迁移，导致原来沉积幅度一直相差较大的2个凹陷，在反S形构造定型时期却趋于一致，而在同时期内沉降区其他一些凹陷则相对发育较差，这一事实足以说明反S形构造对两旋涡影响之大。

油气生成聚集的特点与反S形构造的成生发展紧密相关。反S形构造范围内控制着著名的大庆油田的油气富集，已知的萨尔图、葡萄花、高台子3个主要油层的油气聚集时期，都是在反S形构造成生发展时期之中。而大庆油田的油水界面与S形构造成生发展的应力活动的所在平面的一致性，可以说明油气运移过程中应力驱动的重要性。

国内外已知油田的实际资料表明，其油水界面往往不是水平面，而有一定的倾斜度，过去常解释为水动力驱动的结果。但大庆油田的情况却与之相矛盾，它的总体油水边界具有西高东低、南高北低的特点，按照水动力驱动的理论，其动力来源应力微弱，甚至趋近于零，因此，相对的静力分异作用就显露出来，油气分别向构造高部位移聚，并留下一条托举和封堵的“水墙”。

通过上述几种不同类型的旋扭构造与油气关系的讨论，可以看出旋扭构造在各沉降区内的成生发展往往晚于高级别、高序次的直扭构造，所以它控制油气的能力受早期直扭构造形成的油气格局影响甚为明显，分布在直扭构造形成的生油凹陷之中或其邻近的旋扭构造中，利于油气的聚集。尤其是带有旋涡的大中型旋扭构造，在其成生发展过程中，加剧原有生油凹陷的幅度，增加其生油能力，在旋扭应力驱动下，丰富的油气运移到具有封闭性的旋扭构造之中，形成良好的油气聚集。由此可见，这种对油气具有双重控制作用的大中型旋扭构造是寻找油气极为重要的构造类型。

二、渤海湾盆地油气分布规律

渤海湾盆地(含辽河、渤海湾及华北)面积达 $40\times10^4km^2$。从 1955 年开展石油普查工作以来，已发现 100 个油气田。集中分布在辽河、渤海湾、黄骅、济阳、东明、南阳等地区。建成了胜利、辽河、大港、中原、河南等六大油气基地，已成为我国重要油气生产地之一。下面分区概述其油气分布规律。

(一) 辽河盆地

下辽河是中新生代裂谷盆地，面积约为 $2\times10^4km^2$。目前已发现 16 个油气田，虽然经过多年勘探但仍有较好勘探潜力(葛泰生等)。

辽河裂谷盆地的油气藏类型繁多，大小极不均一，油气贫富悬殊。然而，众多含油层系、储集层及油气藏类型在三度空间内受一定的地质条件控制而纵横叠加和衔接，形成了多种复式油气聚集带(区)。受断层控制形成的古近系坳陷多为箕状坳陷。其剖面结构分为缓坡、凹槽、陡坡 3 个部分，凹槽内又有洼坳与背斜构造带之分，再加上凸起，各部分的地质结构与发展历史不同，油气藏类型与组合方式不同，故可分为 5 种类型的复式油气藏。

(二) 济阳坳陷油气分布规律

济阳坳陷隐蔽油气藏的分布与盆地二级正、负向构造带有密切的关系，具有成群成带分布的特点。以东营凹陷为例，可建立 5 种类型的油气聚集模式。

1. 陡坡带

长期发育的控凹大断裂，不但控制了第三系的沉积，而且由于重力和扭张应力场的作用，形成了多样的构造样式，如坨—胜—永断裂伴生背斜带。陈南大断层为一近东西向的古断剥面，倾角一般为 15°~30°，临近开阔的沉积洼陷，具有沟梁相间的古地貌特征。由于受次级断层持续活动的影响，发育了高低不平、宽窄不一的断阶。这种特殊的古地貌景观决定了该带沉积具有近物源、多物源、沉积厚度大(3000~5000m)、相变快的特点。主要发育浊积扇、冲(洪)积扇和三角洲等沉积体系。与此相对的，在不同的部位分别形成了 6 类砂砾岩扇体：辫状河三角洲、扇三角洲、冲积扇、近岸水下扇、陡坡深水浊积扇、近岸砂体前缘滑塌浊积扇。这 6 类砂砾岩扇体的纵向演化特征有明显的规律性：冲积扇系列从早期的孔店组至东营组沿陡坡向上呈后退式序列，从冲积扇、近岸水下扇演变为扇三角洲或辫状河三角洲，最终演变为陆上洪积扇；而重力流沉积系列在湖相、冲积扇和三角洲沉积体系的控制下分布于较深水部位。平面上，陡坡带断阶外侧斜坡发育冲积扇、扇三角洲砂砾岩扇体；断阶上，则发育扇三角洲、近岸水下扇砂砾岩扇体，局部地区发育浊积扇或辫状河三角洲砂砾岩扇体；断阶内侧向湖盆倾没部位则发育近岸水下扇及浊积扇砂砾岩扇体。精细研究表明，东营凹陷北部陡坡带共发育有10沟11梁，与此相对的，形成了十大扇体群。

东营凹陷北部陡坡带共有4种油气藏，且呈规律性分布。在湖盆深水部位，主要发育与扇体有关的岩性油气藏（如坨71、坨719等透镜状油气藏，坨79、坨142砂体上倾尖灭油气藏等）；在湖盆断阶上则主要发育与扇体有关的构造—岩性油气藏（如坨121、盐16、盐18、利371油藏）；湖盆边缘则主要发育与扇体有关的地层超覆不整合油气藏（如单家寺、王庄砂砾岩扇体地层油藏）；凸起则易形成潜山油气藏和新近系构造油气藏。从勘探实践来看，沙河街组四段上亚段、沙河街组三段下、中亚段发育的近岸水下扇、近岸砂体前缘滑塌浊积扇和深水浊积扇成藏条件最为有利。从构造方面来看，一是由差异压实作用或重力作用形成的具有背斜形态的砂砾岩扇体成藏条件最为有利；二是位于断面附近的扇体，由于油气运移通道畅通，有利于油气成藏；三是虽不具有背斜形态，但由于扇根物性变差或基岩面孔渗性较差起到很好的封堵作用，而使扇中及扇缘也具有很好的含油性（如永921、坨145油藏）。此外，主断裂活动强烈时，可造成深部岩浆的侵入或喷发，形成中小型火成岩油气藏（如滨674油藏等）。

2. 洼陷带

洼陷带是济阳坳陷普遍发育的负向二级构造带，东营凹陷由于中央隆起带的分隔，形成了利津、民丰、博兴及牛庄4个次级洼陷，该带一般是盆地的沉积中心，多为深湖相沉积区，也是盆地的油源中心。缓坡带、中央隆起带的三角洲和扇三角洲前缘砂体等储集体垮塌沉积可发育大量浊积砂体，并形成众多的岩性相对较细的原生砂岩油气藏（如牛庄、大芦湖及丰11等油藏），其油藏规模与洼陷及砂体大小有直接关系。大洼陷、大砂体可形成大油田；小洼陷、小砂体可形成小油田。洼陷带成烃、排烃作用较强，在与正向构造带的过渡地带中易形成不同规模的泥岩裂缝油藏（如河54、永54、利983等油藏）。洼陷带油气藏埋藏深、隐蔽性强、勘探起步晚，一般是含油气盆地的后备勘探领域。

3. 中央背斜带

济阳坳陷新生代断陷强烈，在接受第三系沉积的同时，产生了许多同生断层，并在开阔凹陷地带形成了大型的中央构造带。东营凹陷中央背斜带为陈南断层活动引发沙河街组四段盐岩塑性拱张而形成，背斜顶部还发育了北东及北西向的多组断层。由于断层极为发育，构造面貌十分复杂，形成了多种圈闭类型（有背斜、鼻状构造、断块等）。中央背斜带演化具有临近洼陷同沉积拱升的特点，一般处于沉积盆地浅湖—深湖区，往往又是大型三角洲沉积的有利地区，沉积储层非常发育。大型三角洲前缘砂体直接覆盖于早期烃源岩之上或侧向插入两边的生油洼陷之中，形成了十分有利的生—储—运—聚配置，为大中型油气田的形成创造了有利的条件（如东辛、现河庄、郝家、史南等油田）。该带是以构造油气藏为主的复式油气聚集带，但近几年的勘探表明在沙河街组三段以下地层中岩性油气藏广泛发育，如营931、河89、辛158等，大多为透镜状岩性油气藏，具有高压高产的特点，边缘也可发育砂体上倾尖灭油气藏。

4. 缓坡带

缓坡带是济阳坳陷十分发育的一种二级构造带，该类构造带外接凸起，内临洼陷，地层现今坡度小(0°~30°)，构造变动持续缓慢，发育大型的鼻状构造和盆倾断层是其基本的构造特征，而且存在多个不整合面，还发育大量的冲积扇、扇三角洲、生物碎屑灰岩等，因此成藏条件极为有利。

由于构造带宽，演化与沉积存在不均衡性，从洼陷向凸起方向可进一步划分出内带、中带、外带。外带紧临凸起，发育众多大型缓坡冲积扇，同时存在多个不整合和地层尖灭带，是形成大中型地层、岩性重质油气藏的主要地区(如乐安、金家、八面河等油田)；中带为缓坡主体，断层较发育，是河流相最发育地区，断层与河流相砂体配合，多形成中小型岩性—断块油藏(如王家岗油田等)，还可形成下切河道砂体油藏(如纯47油藏)；内带紧临沉降中心，盆倾断层较发育，而且断层对沉积具有一定的控制作用，该地区扇三角洲、低位扇等发育，是寻找中等规模构造—岩性油气藏的有利场所(如梁家楼、乔庄等油田)。

5. “断裂坡折带—低位扇”岩性油气藏

(1) 复杂陆相断陷盆地，全盆地高精度层序地层研究奠定了成藏规律研究的基础。按地层沉积的时间单元准确划分地层是油气勘探开发的需要，层序地层学为解决这一问题提供了手段。层序地层研究的核心和难点是准确确定各级层序界面即沉积间断面。我们综合应用地震、岩心、测井、古生物和地球化学等资料，在济阳坳陷古近系确定了一、二、三级层序界面，结合构造和沉积特点，划分出全盆地统一的1个一级层序、4个二级层序、10个三级层序，实现了全盆地三级层序的地层等时对比，并对主要含油层序进行了更精细的研究。还发现陆相断陷盆地三级层序也具有3层结构，即低位体系域、湖侵体系域和高位体系域。其中深断陷型三级层序是岩性油气藏勘探的主要目的层序。

(2) 陆相断陷盆地“低位扇”是岩性油气藏的最有利储集体三级层序发育过程。研究表明，在古地形斜坡突变带(坡折带)易发育湖底扇和扇三角洲砂体，统称“低位扇”。随湖面上升，在其上先后沉积湖侵体系域泥岩(通常是生油岩)和高位体系域大型河流—三角洲砂体。对济阳坳陷三级层序进行研究后，发现它们基本都有“低位扇”发育，并圈出了4个主要三级层序内7种低位扇的主要发育区。研究发现，“低位扇”砂体具有储集性能好、近油源和圈闭条件好的特点，是岩性油气藏的最有利储集体。

(3) “断裂坡折带”控制“低位扇”的发育和分布，在陆相断陷盆地内，与地层沉积同时发育的断层称同沉积断层，通常由几条断层组成断裂带。这个带是三级层序沉积古地形的急剧变化带，被命名为“断裂坡折带”。它们控制了低位扇砂体的发育，向岸一侧发育近岸水下扇，向湖心一侧发育深水浊积扇等。多种类型的低位扇砂体沿断裂坡折带成群成带发育和分布。

(4) “断裂坡折带—低位扇”成藏包含了4个互相有机联系的要素。

① 油源：富含有机质，深湖相三级层序湖侵体系域泥岩是优质生油岩，常形成“成烃超压带”，是油气的主要来源。

② 油气初次运移动力：生油层生成的油气，依靠成烃超压带的巨大压力，促使

油气多期向外排出。

③ 油气运移通道：运移通道为层序界面、砂体和断层，生油岩排出的油气通过它们向圈闭运移。

④ 圈闭和成藏：低位扇砂体构成的岩性圈闭储存油气，形成岩性油气藏。

低位扇沿断裂坡折带成群成带分布。因此，断裂坡折带就是岩性油气藏的主要发育带，形成岩性油气藏群，局部地区可有多个油气藏叠合连片。

认识了这一规律，就掌握了岩性油气藏勘探的关键，就可以大大提高勘探成功率和勘探效益。

三、江汉盆地油气分布规律

盐间含油层系的含油型式为自生自储型。据生油研究成果，通过对生物标记化合物，包括甾烷、萜烷、异戊二烯类烃、金属卟啉及碳同位素、正烷烃分布特征等地球化学参数的分析研究，对潜江凹陷潜江组不同产层的原油进行了分类对比和原油与生油岩的对比，可将潜江组原油分为 3 种不同的原油类型，即潜四段成熟度较高原油、潜三段成熟原油及潜一段低成熟原油。3 种不同成熟度的原油分别来自潜四段、潜三段、潜一段 3 套油源层。这一研究成果充分说明，盐岩对油气的纵向运移聚集具有严格的制约作用，使盐岩分布区内的油气是以排聚组合（两个区域性盐岩集中段之间，为一排聚组合）为单元，自生自储（组合内所生成的油气只能聚集在本组合的砂岩储集体内），因而，各组合含油气的丰度与组合自身的生油能力和砂体规模成正比。从纵向上看，可将潜江组划分为 24 个油层组、39 个砂层组，在组合中相对生油岩厚度较大、砂体分布范围较广（一般占凹陷面积的 30%以上）的潜三 1，潜三 2、潜三 4、潜四 1、潜四 2、潜四 36 个油层组中的 11 个砂层组含油性较好，丰度较高；而以韵律层段横向相变出现的分布局限的油层组（潜四下 1、潜四 0、潜四中 0、潜四下 0、潜四下 2 等油层组）含油性较差，丰度亦低。

油气以组合为单元的聚集特点，造成纵向上多油层组、多砂层组含油。如王场油田，共有 8 个油层组含油，含油段长达 2707m。此外，发育良好的油气隔层，致使同一油层组的不同砂层组，甚至同一砂层组的不同砂层，油水系统不统一，均以层状油藏为主，油田内油水关系较为复杂，油水界面的平面分布参差不齐。如钟市油田，有 12 个油层组含油，油水界面多达 47 个。

平面上，潜江凹陷潜江组有蚌湖、周矶、总口、黄场、三合场、三江、吊堤 7 个孤立分布的、规模不一的生油深洼陷，但从有效生油量角度看（排出烃量），以蚌湖生油深洼陷为主，其有效生油量占整个凹陷总有效生油量的 90%左右。在蚌湖向斜（生油深洼陷区）获得突破，又发现了广北油田，具体又在潭口地区潜江组有了新的进展，并在新近系浅层获得高产天然气（潭 32 井，折算日产气 13.88×10^4 立方米）及稠油油藏。从潜江组油气藏的平面分布看，主要围绕蚌湖生油深洼陷，呈内、中、外带的环带状分布，轮廓日趋明显（图 6-27）。深洼陷（向斜）区，是以岩性油气藏为主体的复式油气聚集带。由于特定的沉积、构造条件，使得向斜区含有油气，这在勘探我国东部陆相盆地中不断有所发现，过去认为石油地质学中的找油禁区——向斜，将转变为盆地后期勘探挖潜的重要领域。

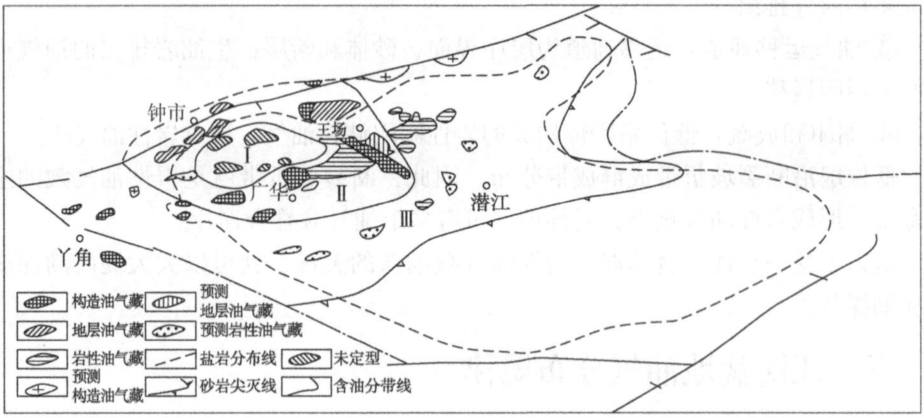

Ⅰ—内油气聚集带；Ⅱ—中油气聚集带；Ⅲ—外油气聚集带

图 6-27　潜江凹陷油气聚集带划分图

（一）内带

潜江凹陷蚌湖向斜是潜江组继承性沉降中心，也是主要的生油深洼陷，且位于潜江组砂岩发育区内，生、储油气条件配置最好，故成为凹陷内油气的排聚中心。据钻探成果及沉积相、地震地层学研究认为，该深洼陷区及其边坡存在一系列冲积扇砂体、浊积砂体、透镜状砂体及上倾尖灭的带状、舌状砂体，形成以岩性圈闭为主的众多圈闭，成群成带、叠合连片分布。目前已发现的广北油田，广 2-9 井区，广 25 井区，浩 2-3、6-1、6-2、8-3、10-2、7-2 等井区，均为舌状或透镜状砂体形成的油藏。其中广 2-9 井区潜三油层组油气藏为一单层厚度近 40m 的砂层，在上倾方向不足 600m 即行尖灭，形成岩性圈闭含油。可以肯定，该深洼陷区是勘探挖潜的重点有利区，随着勘探工作的不断加强，其将成为重要的含油领域。

（二）中带

紧邻蚌湖生油深洼陷的正向构造带，是凹陷内目前探明石油储量最多（占全凹陷 80%以上）的含油带。该带由 2 个特点不同的二级构造带组成，一是位于凹陷中部，在古隆起背景上发育起来的断裂构造带，包括王场、广华、浩口、高场等油田；二是由于凹陷北部边界断层控制形成的构造断裂带，包括钟市、潭口 2 个油田。总体来看，该含油带的油气聚集类型具有多样化特征。

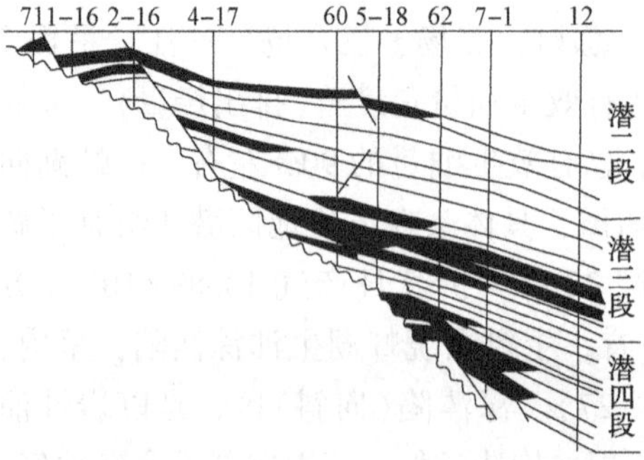

图 6-28　钟市油田油藏剖面示意图

1. 钟市地区（油田）

以地层因素为主，与岩性（坝体）、构造（地鼻、断层）因素结合形成的圈闭群体油气聚集带（图 6-28）。此外，在该区北部（潜北断层上升盘），经地震发现有钟北、祖师殿等潜山头以及新近系披覆构造；已完钻的钟 76 井，在钻过潜北断层进入石炭系海相碳酸盐地层时，发现了良好的油气显示。反映该区潜江组油气通过断层发生过运移，因此，其北部的潜山及新近系披覆构造应是寻找次生油气藏的有利地区。

2. 潭口地区(油田)

是一个以不整合面上、下地层油气藏为主，伴有构造、岩性油藏的复式油气聚集带。该区位于潜北边界断层前缘，受断层复杂化，可划分为高、中、低 3 个台阶。高台阶(潭 4—潭 3 井区)东、南、西三面存在落差数百米以上乃至千余米的断层，是紧靠潜北断层的一个高垒块。其高部位潜江组全部被剥蚀，仅翼部较低部位保存有部分潜四上段及潜四下段。已发现的油气藏主要位于上、古近系间的不整合面附近。不整合面以下的潜江组均在上倾方向为不整合面遮挡，形成地层油藏，一般油层埋深 600~1100m，有稠油，也有稀油，个别井还能自喷。不整合面以上的新近系以稠油为主，还有与稠油伴生的天然气藏。中台阶潜江组部分被剥蚀，但潜三段、潜四段主要含油层位保存较完整，以构造油藏为主，兼有岩性、地层油藏。低台阶潜江组保存完整，可能因油气已向高、中台阶富集，其含油性及丰度相对偏低，且以岩性(上倾尖灭型)油藏为主，构造油藏次之。

此外，据钻探、地震资料分析，潭口地区尚存在潜山圈闭，如潭 15 井区潜山，该井于 2980m 进入震旦系灯影组石灰岩。通过进一步研究，有可能发现潜山油藏。

总之，潭口地区高、中、低 3 个台阶均含油，平面上地层、构造、岩性油藏叠合连片分布(图 6-29)，此外，还可能有潜山油藏，是凹陷内含油较富的地区。

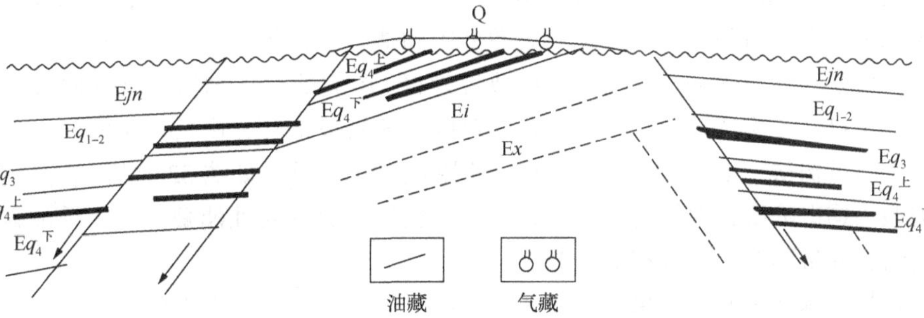

图 6-29　潭口油田油气藏剖面示意图

3. 王场、广华、浩口、高场地区(油田)

处于凹陷中部，是在古隆起背景上发育起来的断裂构造带。已发现的王场、广华、高场等局部构造，与盐系塑性流动上拱有关。沉积过程继承性发育的古隆起对砂体的分布起一定的控制作用，位于面迎物源一侧的古隆起下斜坡具有局部加厚的上倾尖灭舌状砂岩体(如广 2-9 井区的潜三油层组等)。此外，还有一系列的带状砂体、透镜状砂岩体，形成一系列圈闭。断层带附近以及高陡背斜轴部(王场)泥质岩类具有发育的裂缝，亦为油气储集的有利空间。整个构造带以构造油藏为主体，还有岩性、裂缝、地层(刺穿盐体的围翼，如广南地区)的组合，构成复式油气聚集带。值得指出的是，王场、广华两油田的潜四段油层组系是由 20 多个规模不一的砂岩透镜体组成的岩性圈闭群，且很少受断层的干扰破坏，造成大面积(约 $30km^2$)含油，在王场、广华两油田间的构造鞍部，超出构造圈闭等深线以下 700m 也含油。平面上，两油田含油面积叠合连片(图 6-30)。

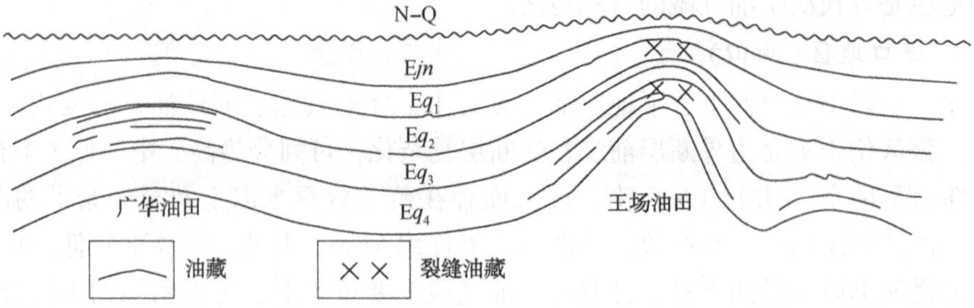

图 6–30 王场—广华油田油藏剖面示意图

总体来看，中带具有近油源，砂岩发育，圈闭类型、数量多等优越的成油条件，是凹陷内含油最富的复式含油带。

(三) 外带

位于中带外侧，包括凹陷东部、南部、西部 3 个斜坡。由于沉积相带差异和构造条件不一，各斜坡带的主要含油圈闭类型及其组合也不同。东部斜坡包括张港、黄场、泽口及潜江等地，处于区域性砂岩尖灭带上，主要发育上倾尖灭的舌状砂体、透镜体及成岩圈闭，以形成岩性油藏为主。此外，还可能存在刺穿盐体围翼(潜江盐构造)及上、古近系不整合面(渔薪地区)等形成的地层油藏。南部斜坡系指熊口、洪宋、曹垸等地，亦处于区域性砂岩尖灭带内，但断层较东部斜坡发育，并具有一些小幅度背斜(如曾家滩)及断鼻构造。目前该斜坡带只见油气显示，尚未获得工业油流。据现有资料预测，其主要油藏类型以构造、岩性为主，还可能存在盐体围翼(熊口地区)及上、古近系不整合面(曹垸地区)形成的地层油藏。西部斜坡包括新农、习家口、苏家巷等地，处于砂岩发育区，该斜坡上存在由反向正断层形成的一系列小断鼻构造(如习一区、习二区)及层间小幅度背斜(如浩 32 井区)，其主要油藏类型为构造油藏，次级为由单一砂层上倾尖灭形成的岩性油藏。由于受油藏条件的制约，外带的含油丰度相对偏低。

根据资源评价研究成果，目前凹陷内探明的石油储量只占潜江组潜在资源量的 40%~50%，说明凹陷勘探尚具较大的资源潜力。据油气分布受生油深洼控制的认识，今后勘探的重点应是内含油带蚌湖向斜(生油深洼陷区)的岩性油藏以及中带的潜北断裂带两侧地层、潜山油藏和王—广—浩断裂构造带的浅层油藏、地层、裂缝油藏。

此外，应着重指出的是，潜江凹陷潜江组分布广泛，厚度大的油浸泥质岩蕴藏的储量是比较丰富的，应尽早把泥质岩裂缝油藏的勘探和开采工艺技术提到议事日程上，以便油田勘探开发不断发展。

四、苏北盆地油气分布规律

苏北盆地位于江苏省北部，包括安徽省天长地区一部分，南至江都—如皋一线以北，北至连云港，西起泗洪、盱眙一线，东临黄海，面积为 $3.59\times10^4 km^2$，经过多年勘探已发现多个油气田，但仍有一定的勘探潜力。

盆地的总体走向为近东西向，但组成盆地的次一级构造转为北东向，盆地的一、二级构造均为单断不对称的箕状凹陷。一级构造为南断北超，二级构造除海安凹陷外全为南东断北西超。箕状凹陷的边界断裂不仅控制着凹陷的发育规模，同时还控制着沉积相带的展布(图 6-31)。

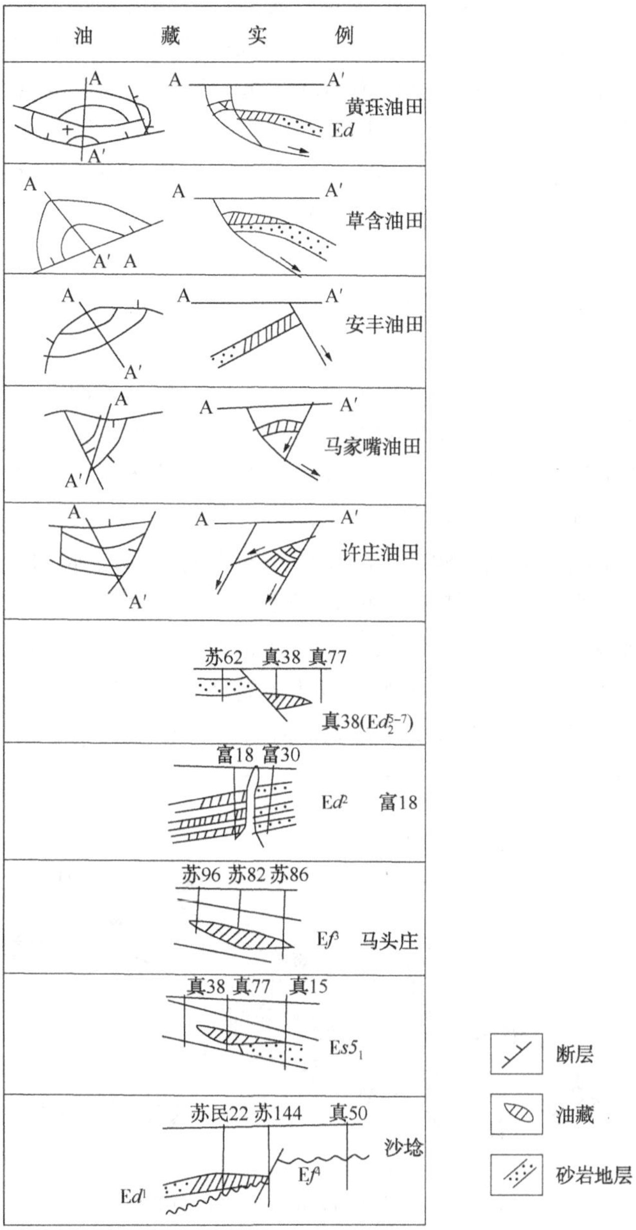

图 6-31 苏北盆地古近系和新近系油藏分类

(一) 基本地质特征

苏北盆地的基底为中、下元古界变质岩。震旦纪和早古生代为陆缘海的沉积环境，主要是裂陷槽和台地沉积。泥盆纪至中三叠世早期为水体不深但比较统一的陆表海沉积环境。印支运动使华南和华北两大板块进一步对接碰撞。中国东部大陆边缘受到强烈挤压，导致古生界—中三叠统沉积盖层褶皱并隆起成陆。侏罗系陆相火山岩发育。火山岩对大陆盆地影响较大。吴堡运动前的泰州组、阜宁群主要为富含有机质的水下湖相细粒碎屑岩沉积。沉积分布广泛，岩性、岩相稳定。已经确定泰州组上部、阜宁群二段和四段曾受过海侵的影响。古生物面貌、岩矿和地球化学资料均反映沉积虽以陆相特点为主，但也具有海陆过渡相的特征，是盆地的主要生油岩系。有机质类型以混合型为主，部分为腐泥或腐殖型，有机质丰度中等，总烃含量为 $300\times10^{-6}\sim500\times10^{-6}$。最大厚度为 800 余米，吴堡运动后的戴南组和三垛组主要为水上粗碎屑沉积。岩性、岩相和厚度变化较大，为目前盆地的主要产油气层。

苏北盆地生油岩成熟门限深度在 2000～2500m，各二级凹陷略有差异。相应的门限温度为 85～90℃。油气大量生成的深度为 3000m 左右，相应的地层温度为 100～125℃。油气大规模运移主要发生在垛二段末期的三垛运动时期。长期发育的断裂为油气的垂向运移提供了通道。

（二）油气分布

目前，在苏北盆地发现的油气藏类型不多，但没有一个油气藏是受单一因素控制的。从影响油气藏圈闭的主要因素考虑，可归纳为 2 种主要类型，一类为构造油气藏，另一类为地层油气藏。这 2 类油气藏可进一步划分为 10 个亚类(袁宪智)。

苏北盆地的油气藏主要分布在成熟生油岩凹陷附近，一般围绕着生油凹陷呈环带状分布。根据金湖凹陷刘庄构造、海安凹陷安丰构造和高邮凹陷的资料分析，油气藏距生油凹陷的距离一般不超过 10km。在凹陷呈箕状时，油气藏主要分布在陡坡带，沿边界大断裂的下降盘呈串珠状展布。金湖和溱潼凹陷比较典型，南侧边界大断裂的下降盘为油气的主要富集场所。高邮凹陷具有半地堑的性质，油气藏主要分布在深凹带，沿南北两条大断裂的下降盘呈环带状分布(图 6-32)。

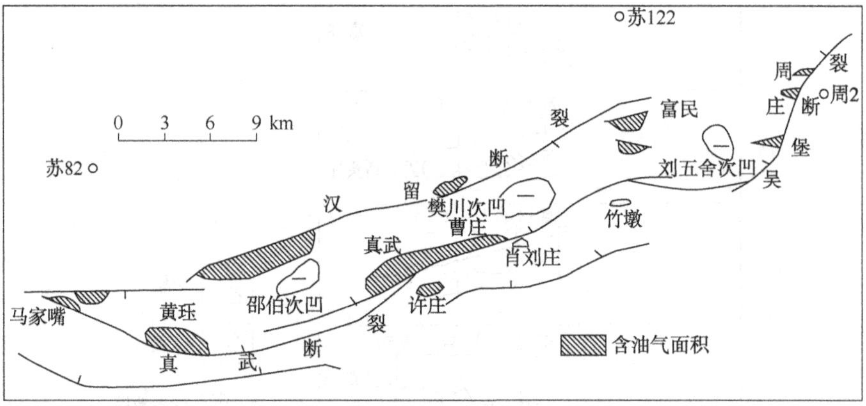

图 6-32　高邮凹陷油气藏平面分布图

（三）断裂对油气的控制作用

一些箕状凹陷的边界断裂，不仅控制着凹陷发育状况，同时对于油气的富集程度也起着控制作用。断裂对油气的控制是从多方面起作用的。

(1) 凹陷的边界断裂对地层发育起明显的控制作用。

首先在地层沉积时就受到断裂的控制。箕状凹陷的边界断裂或一些其他较大断裂基本上都是同生断层。断裂下降盘的地层厚度往往比其上升盘厚一倍或几倍。地层形成后的保存状况也受到断层的控制。一些较大断层或边界断层的上升盘不仅将几千米厚的阜宁群剥蚀殆尽，而且三垛组和戴南组也保存甚少。以高邮凹陷的戴一段为例，远离边界断裂的缓坡高部位和上升盘，地层基本被剥蚀，在边界断裂的下降盘，越靠近大断层，地层厚度越大。

（2）断层对砂体的发育起明显的控制作用。

因为地层的加厚而免遭剥蚀，通常情况下也会带来砂层的变好。另外一些较大或边界断层又往往和地貌上的分界线联系在一起。例如，有些断层就是沉积时的湖岸线。因此在这些断层附近往往是各种砂体发育的场所，深凹带又往往有浊积体发育，故为储集层发育的有利地带。

（3）断层控制着盖层的发育。

较大的断层或边界断层都是些同生断层。这些断层的下降盘不仅沉积速度快，沉积时水体相对也较深，所沉积的能起盖层作用的泥质岩不仅单层厚度大、层数多，平面分布也比较稳定，是盖层发育的良好场所。高邮凹陷戴一段上部和垛一段下部的泥质岩盖层，均具有上述特点。

（4）断层控制着成熟生油岩的体积。

苏北盆地主要的生油层为泰州组、阜宁群和戴一段上部。尤其是泰州组和阜宁群的沉积属广湖相，对油气的生成更为有利。生油岩的厚度、有机质类型和丰度在盆地内变化不大，而影响资源量的主要因素是成熟生油岩的体积。前面已经提到盆地的一、二级构造单元均有单断不对称的特征。在斜坡的高部位有些生油岩还未进入成熟阶段，有些则只能部分成熟，这就造成由边界断裂的下降盘向斜坡的高部位成熟生油岩体积有逐渐变小的趋势，到了盆地高部位的北部，生油岩基本还未成熟。由于油气运移以短距离为主，因此油气藏多沿边界断裂下降盘呈环带状分布。

（5）断层是垂向油气运移的主要通道。

目前所发现的油气藏在纵向上多靠近断层分布。这些油气藏由断层向外延伸一般为数百米，远者达千余米。纵向气藏往往有数层出现，含油层段有的长达千余米，其特点如图 6-33 所示。这种特点的形成主要与油气沿断层作垂向运移有关。

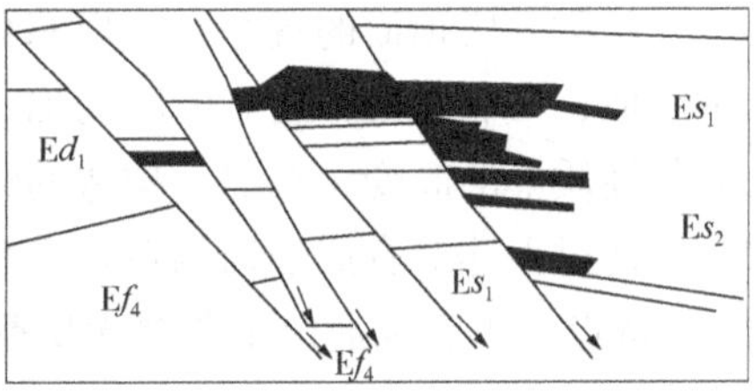

图 6-33　油气藏垂向分布示意图

（6）一些较大断层或边界断层附近也是形成各类圈闭的主要场所较大断层或边界断层附近是各类伴生断层集中发育的场所。各种断层相互交切，易形成与断层遮挡有关的油气藏。同时大断层附近逆牵引构造也比较发育，各种砂体的变化也大，所以这里又容易形成与构造和岩性变化有关的油气藏。由于断层附近各类圈闭比较发育，因此油气藏也多沿断层附近富集。

（四）油气运移、断层活动和圈闭形成期的配置关系对油气富集场所的控制

前面分析了断层从宏观上对油气富集条件的控制，但是在有利的含油地区内，并不是每一处都能发现油气藏、每一个圈闭都能储集油气的。油气能否在一个圈闭内富集，决定因素是油气运移期、断层活动期和圈闭形成期的配置关系。现以真武油田的例子来说明。真武油田位于高邮凹陷南侧陡坡带边界断裂的下降盘，是在苏北盆地发现的最大的油田。主要含油层系为戴一段、戴二段和垛一段 3 套含油气层系，现均已投入开发。油源主要来自阜宁群阜四段，同时戴一段也是一个重要的油气源岩层，这些已被油源对比资料所证实。真武油田为什么这样富集？这与真武油田所处的高邮深凹带油源充足，以及其本身的构造活动有利于油气富集密切相关。真武油田属高邮凹陷较好的地层对比标志层，反映了垛一段沉积前戴一段顶面的古构造。经过戴二段的沉积，戴一段已经隆起为断背斜，隆起幅度已达400余米，主要断层均已产生。

垛二段沉积前戴一段顶面古构造图。经过垛一段沉积时期，戴一段顶面的构造形态在戴二段沉积期的基础上又有加剧，但是构造形态和断层面貌没有改变，只是幅度有所增大。构造幅度由原来的400余米增加到500余米，断层的断距也相应有所加大。

从垛一段沉积前戴一段顶面古构造图看，虽然戴二段与垛一段之间、垛一段与垛二段之间均有沉积间断及构造活动发生，但是构造活动的继承性比较好。断层和构造面貌没有发生大的改变，只有个别小的伴生断层发生。主要反映在构造幅度和断距的加大上，构造幅度增加了100m左右。这时阜宁群最上部生油岩埋藏深度超过2500m，生油岩已进入成熟生油期。根据各种资料确认，垛二段沉积末期的油气运移是规模最大的。高邮凹陷深凹带在戴二段沉积末期可能已有油气开始生成，但以前的油气生成规模都不如垛二段，所以三垛组沉积末期是油气大规模的生成期和运移期。

从垛二段沉积前戴一段顶面的古构造图看，这时的构造幅度已增加到700余米，断层的断距也相应有所加大，另外还新生了一些小的伴生断层。但是构造和断层的基本面积没有很大的变化，仍保持着较好的继承性。

从戴一段顶面的现今构造形态分析，现今的构造和断层面貌与上述各时期的基本相似，只有构造幅度和断距的加大，以及一些小的伴生断层的增多，而无形态方向和性质上的改变。总之，构造的继承性非常好。

通过上述对真武油田构造发育史的分析，认为真武油田的构造和断裂具有下述2个特点：①真武油田主要储集层戴一段、戴二段和垛一段的背斜构造形态在油气大规模生成和运移之前已经形成，而且从戴一段沉积末期至今的历次构造活动中，只有构造幅度的不断加大，而无形态、方向和性质的改变。这样就保证了圈闭内储存的油气不至于被后期的构造活动所破坏，而且随着构造幅度的加大，油气富集程度不断增大。因此形成了自上而下含油面积逐渐扩大的特点。戴二段的含油面积大大超过了垛一段，由于戴一段勘探程度较低，含油面积扩大趋势揭露得还不够明显。②真武油田构造上的断层均属张扭性断层，活动期断层开启，为油气运移的通道，断层静止期，断面闭合，易于形成断层遮挡。断层的活动贯穿于油气生成和运移的全过程，这是油气不断沿断面进入圈闭的重要条件。断层的断距适中，从数十米至数百米不等，但最大断距不超过两侧泥质岩层的最大连续厚度，这是断层对油气能起遮挡作用的有力保证。

真武油田构造和断层的特点具有一定的代表性。目前已发现的富民、黄珏、联盟庄、闵桥、刘庄、安丰等油气田的构造和断层特征基本和真武油田的类似。因此苏北盆地内各凹陷油气的富集具有类似的规律。

(五) 今后油气勘探方向的意见

苏北盆地的油气富集规律和其他断陷盆地既有相同点，又有很大区别。针对苏北盆地的特殊性，笔者提出以下几点意见供勘探部署时参考。

1. 确定生油中心

苏北盆地的泰州组和阜宁群生油岩分布非常普遍，但是受埋藏深度所限，很多地区生油岩并未达到成熟程度。因此在分析油源条件时不仅要考虑生油岩的多少、好坏，也应考虑成熟生油岩的体积大小。另外，生油凹陷内较小的次凹陷单元，彼此分割，相互间的差异也较大，这是和其他断陷盆地有显著差别的特征之一。在选择和确定勘探目标时，首先要考虑的就是每一个次凹陷的成熟生油岩的发育情况。

2. 生储盖的配置

目前探明的油气储量绝大部分集中在三垛组和戴南组。以戴二段和垛一段为例：储集层的物性较好，容易形成高产油气井，但是盖层条件较差，缺乏较好的区域性盖层。出于这个原因，发现的油气田比较小而破碎，影响到勘探效益的提高。因此，今后除继续加强对三垛组、戴南组的勘探外，还应积极开展对泰州组和阜宁群的勘探，这套目的层的生储盖组合条件较好。泰州组上部、阜二段和阜四段不仅是3套较好的生油层，同时也是较好的区域性盖层。夹在其中的阜一段和阜三段不仅本身有生油能力，同时还有较好的储集层。这2套储集层的主要问题是储集层物性变化较大，目前还没有完全掌握其变化规律，这是今后应着重研究的。由于生油条件和盖层条件远远优于三垛组、戴南组，可望在阜一段和阜三段地层的勘探中能有较大的突破。

应加强油气运移期、构造形成期和断层活动期配置关系的研究。

在其他断陷盆地，只要在生油凹陷附近有圈闭，就能找到油气田，但在苏北盆地并不如此。根据苏北盆地勘探实际，从石油地质成藏条件分析，我们认为“十五”规划期间苏北复杂断块群的勘探重点为展开6大区带、探索4个领域。

展开6大区带：

(1) 高邮凹陷北斜坡沙埝地区：沙埝地区是由北向南倾的宽缓的鼻状构造，是苏北盆地典型的复杂断块群，面向生油坳陷，按照3套油气系统、3套成藏组合的基本思路，考虑3套构造层的勘探即阜宁组、戴南组、泰州组。

(2) 高邮凹陷南部断阶带：以断裂复杂著称，含油层位有三垛组、戴南组、阜宁组和泰州组，具有潜力大、难度大的特点。2001年度钻探的许浅1井获得成功，目前正加紧南部断阶的连片地震资料处理，部分地区实施地震资料的采集工作。

(3) 高邮凹陷西部地区：面向生油凹坳，按照3套油气系统、3套成藏组合的基本思路，考虑阜宁组、戴南组、泰州组的勘探。已发现韦12井戴南组油藏，关键是攻克该区低信噪比地震，进一步落实圈闭。

(4) 金湖凹陷天长地区：该区包括杨村断裂带、铜城断裂带及斜坡带，油气显示层位多，目前勘探成果集中在斜坡带区域。

(5) 金湖凹陷下闵杨周边地区：该区是一长期继承性隆起，通过老区滚动勘探和周边地区的预测，近期发现了墩塘油田、张家尖和小关等含油构造，滚动扩大了闵20等块含油面积，在闵桥南部、东部部署了三维地震勘探。

（6）金湖凹陷、三河次凹陷周边地区：包括西斜坡、石港断裂构造带及深凹带内侧戴南组油气藏的勘探挖潜，目前该区勘探程度较高，但还有一定勘探潜力。崔11-1、高13、高14等表明西斜坡具备挖潜潜力，另外外斜坡、内斜坡戴南组、石港断裂带北部等具有一定的潜力。

探索4个领域：

（1）苏北盆地第三系深层：目前苏北盆地油气勘探主要集中在1000~2500m深，一般认为深度较大时储层物性变差，加之构造破碎，深层勘探难度较大。分析认为深层具备成藏的基本地质条件，通过优选有利的勘探目标区，加大深层地震攻关，加强储层保护和改造力度，突破深层是完全可能的，目前初步选定了富民深层、海安深层作为勘探目标。

（2）苏北盆地第三系非构造油藏：苏北盆地戴南组具备形成非构造油气藏的基本地质条件，墩塘油田戴一段及高邮凹陷黄珏等地区也已发现该类油气藏。运用层序地层学的思路选定突破区域，依靠地震识别非构造圈闭是目前正在攻关的主要内容。

（3）苏北盆地“新生古储”“新生中储”油气藏：在高邮、金湖等相对富油凹陷的断阶带积极探索这类油气藏，目前在陈堡油田已发现K2c组油藏，在真武—吴堡断裂带发现了一些油气和构造圈闭，目前正抓紧落实准备上钻。

（4）探索苏北盆地“古生新储”油气藏：研究表明盐城天然气藏属于典型的“古生新储”油气藏，深部气源通过断裂运移至第三系成藏，第三系及晚白垩系覆盖的叠合盆地区中生界烃源岩的二次生烃及晚期成藏已得到证实。按照这一基本思路，构建“大盐城”的思路是有依据的，在连帛等地部署地震勘探，落实圈闭，力争新发现。

五、鄂尔多斯盆地油气分布

（一）气藏分布规律

（1）构造枢纽带提供了成藏的最佳环境。

古构造发育史的研究表明，鄂尔多斯盆地在古构造演化过程中，先后经历了加里东期的西隆东坳、印支期的北隆南坳和燕山期的东隆西坳格局。但盆地中部却始终处于隆起与坳陷、抬升与沉降的枢纽带。该带的长期存在，不仅是烃类运聚的重要指向，而且为烃类的浓缩富集和岩溶古地貌的成藏提供了理想的构造环境。

（2）生、排烃中心叠合区决定了气藏的分布。

盆地本部构造微弱、地层平缓，天然气缺少长距离运移的条件。从生、排烃中心的分布特点来看，奥陶系生、排烃中心位于靖边—绥德一带，面积为20000km^2，排烃强度大于20×10^8立方米/km^2；石炭、二叠系生排烃中心位于乌审旗—宜川—吴堡区域内，面积为50000km^2，排烃强度大于28×10^8立方米/km^2。由于受构造—热体制的影响，生、排烃时间具有南早北晚的特点。生、排烃较晚的乌审旗—靖边地区，恰好与奥陶系生、排烃中心叠合，构成生、排烃主体带。这一区带正好使盆地中部奥陶系风化壳古岩溶储集体上下逢源，优先具备了丰富的气源。现今大气田的分布范围也正好处于 2 个生、排烃中心的叠合区（图 6-34）。

（3）巨型岩溶阶地控制了天然气富集。

勘探实践表明，靖边岩溶阶地马五Ⅰ地层保存较全，岩溶发育广泛，风化壳深度稳定，有利于天然气的富集及气藏形成。

① 气藏的纵向分布受风化壳深度制约。

风化壳岩溶的发育，在垂向上具有明显的分带性，以地区侵蚀基准面和潜水面为标志，可将风化壳岩溶带自上而下分为垂直岩溶带、水平岩溶带和深部岩溶带。垂直岩溶带以潜水面为底界，其上岩溶水活跃，溶蚀孔洞发育，是天然气富集的主力气层段。水平岩溶带位于潜水面以下至深部循环带之间，是地下水以水平径流为主导的饱水带区域。深部岩溶带分布于侵蚀基准面之下，因接近风化壳底部，岩溶作用微弱。但由于裂缝及穿越岩溶发育，有利于天然气在局部富集，如马五 14 气层。根据深部岩溶带的变化特征，可将风化壳底界确定在硬石膏部分溶蚀带底部。该界限不仅决定了岩溶空间发育的部位，而且控制了气层的纵向分布。

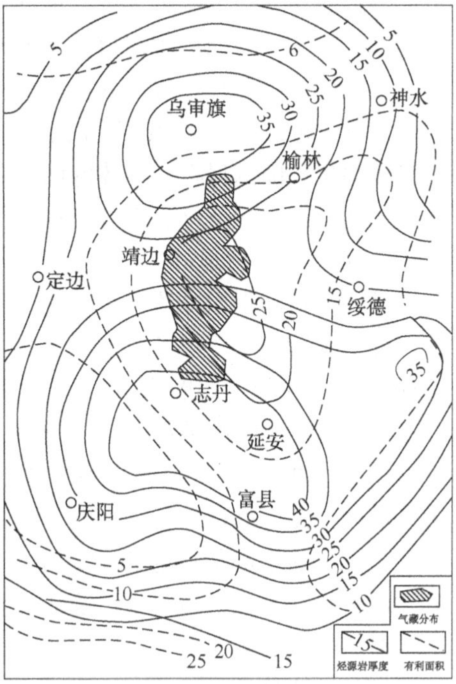

图 6-34　奥陶系生烃中心与气藏关系

② 气藏的平面分布受岩溶阶地边界控制。

靖边岩溶阶地形成早期处于含膏云坪发育区，具有岩溶孔隙发育的物质基础。加里东运动抬升后，由于该区处于西隆东坳的过渡带，岩溶水汇集，径流活跃，强烈的侵蚀作用塑造了岩溶阶地的基本特征，并发育了分布广泛的孔、洞、缝储集网络。由于该区又夹持于 2 个成烃中心的叠合区，生、排烃峰值期成为烃源岩生、排烃过程中形成的高压异常释放的容器和捕集天然气的场所。在古构造演化过程中该区又始终位于构造环境相对稳定的枢纽带复合区，具有天然气运聚、保存的优越条件。因此，靖边岩溶阶地不同地史阶段，既是成藏要素密切配置的发育区，又是气藏的基本含气单元。已探明的气藏分布范围，正好与岩溶阶地的展布轮廓相接近。由此可见，岩溶阶地不仅决定了天然气的富集区带，而且控制了气藏的分布特征。

（二）三叠系延长组油藏分布规律及油藏类型

扇三角洲、三角洲沉积体系分别控制着储集砂岩的类型、物性及其分布规律，形成了以平原分流河道、水下分流河道砂岩体为储集场所的油气富集区，形成了岩性油藏、地层—岩性油藏、压实构造—岩性油藏及差异溶蚀油藏等多种油气藏聚集类型。

（1）三角洲平原分流河道、水下分流河道砂体是油气富集的主要场所。

① 三角洲平原分流河道砂体。

三角洲平原分流河道砂体广布于三角洲平原亚相，处于河流下游入湖的河口附近。砂体展布受河道制约，主河道部位砂体厚，呈透镜状。分流河道在侧向上的不断摆动，使不同时期的主河道砂体叠覆在一起，沉积厚度大。岩性以中—中细粒砂岩为主，砂体中部物性好。砂体经过较长距离的搬运后，杂基含量较小，分选程度较好，砂岩成分成熟度和结构成熟度均较高，早成岩期的机械压实作用相对较弱，有利于原生孔隙的保存。砂体的两侧为河间沼泽，厚度变薄，物性变差，是形成油气侧向运移遮挡的条件，有利于油气富集。

② 水下分流河道砂岩。

处在三角洲平原分流河道与前三角洲亚相之间，为三角洲平原分流河道砂体向前延伸入湖后的水下沉积部分，其展布形态仍然受主河道的制约。主砂体厚度大，多期叠加后，可形成更厚的砂层。岩性以中细砂岩为主，砂体核心岩性较粗。砂体经过湖水的反复冲洗后，杂基含量少，分选好，均一程度好，结构成熟度高。早成岩时期，这种砂岩有较强的抗压实能力，保留了全区最多的剩余粒间孔。由于侧向为分流间湾泥岩沉积，且三角洲相随时间向湖心推进，往往使水下分流河道砂体叠覆于长 7 生油中心的暗色泥岩之上，紧邻生油岩，有“近水楼台”之便。在平面上砂、泥岩间互出现，砂岩呈透镜状，易于形成岩性尖灭油藏、地层—岩性油藏、压实构造—岩性油藏。

（2）油藏分类。

鄂尔多斯盆地内三叠系延长组地层总体上表现为一个大的西倾单斜，虽以岩性油藏为主，但表现形式多种多样，有岩性油藏、地层—岩性油藏。成岩期差异溶蚀作用强的地区，出现差异溶蚀油藏；在盆地西缘断褶带，还存在构造油藏。

① 岩性油藏。

由于储集体地层尖灭或岩性、物性发生变化，造成储层上倾遮挡而形成的油藏。延长组可见 2 种岩性油藏—岩性尖灭油藏和非均质遮挡油藏。

岩性油藏—岩性尖灭油藏：由于相变，储层向上倾方向尖灭，使油气运移受阻，形成油藏。主要以平原分流河道、水下分流河道砂体为储层。横向上砂体往往为河间洼地或分流间湾微相所形成的泥岩相隔。王窑油藏就是一个岩性油藏。该油藏区域构造是一个向西倾斜的平缓单斜，倾角不足 1°。水下分流河道砂体延伸方向与构造走向斜交，沿砂体延伸方向之外带(上倾一侧)，发育相伴并行的分流间湾泥质岩沉积，形成该油藏的上倾遮挡。

非均质遮挡油藏：同一砂体，由于沉积时所处位置不同，导致砂体内部粒度、杂基含量等岩性结构方面的差异，或经成岩改造后表现出砂体储渗性能方面的非均质性，从而在砂体的上倾方向构成油气运移的阻碍，形成的油藏属于非均质遮挡油藏。华池油田华 176 井区长 33 油藏就是一例，该井区长 33 砂体属三角洲前缘水下分流河道砂体，河道中心砂岩厚，岩性粗，分选好，杂基含量少，为细粒长石砂岩。向两侧砂体变薄，岩性变细，杂基含量增高，出现岩屑粉细粒长石砂岩，甚至粉砂质泥岩，砂体中心物性好，岩心分析渗透率最大为 $7.3\times10^{-3}\mu m^2$，平均为 $1.6\times10^{-3}\mu m^2$；孔隙度最高达 19.3%，平均为 14.4%。

② 地层—岩性油藏。

盆地内在单斜背景上，局部构造虽不十分发育，但因差异压实作用和长期地壳升降运动的差异性，地层仍有微小的起伏，形成与砂体增厚差异压实有关的鼻状构造及局部圈闭高点。如塞 29 井南部的长 61 下部砂岩油藏，就是一个典型的压实构造—岩性圈闭油藏。砂体为水下分流河道砂体，河道中心砂体厚、分选好，侧部砂体薄、分选差。在成岩压实作用下，砂体中心厚度减少小，而侧部地层厚度减少多，在其核部形成鼻状隆起。

③ 构造油藏。

分布于盆地西部的马家滩断褶带，属断块油藏。油气受有利生油岩的分布和构造控制。有利于生油区的马家滩断褶带东侧—掩冲推覆带的前缘构造，断层切开生油岩，起到沟通油源的作用。油气沿断裂面上升，沿构造高点形成构造油藏。该类油藏油、气、水分布完全受构造控制，油藏形态和油、气、水分布较为规则（图 6-35）。

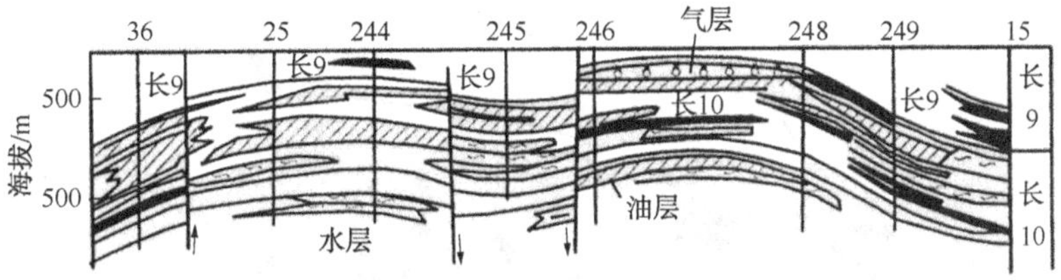

图 6-35　构造油藏图

④ 差异溶蚀油藏。

这类油藏主要存在于东北三角洲砂体中，它的形成取决于 2 个方面的因素。一是砂岩体在早成岩期有大量浊沸石形成；二是砂岩体靠近暗色泥岩等有利生油岩，中成岩期生油岩中干酪根热演化释放出大量 CO_2，使地层水呈酸性，随泥岩压实进入砂岩中。这些被浊沸石胶结的砂岩其浊沸石胶结物、火山碎屑等在酸性环境中不稳定，发生溶蚀，从而形成大量的次生溶孔。在远离生油岩的地方，浊沸石胶结物未被溶蚀，其砂岩比较致密，从而形成油气运移的阻碍，形成差异溶蚀油藏。安塞坪桥长 61 油藏就属这类油藏。砂体属水下分流河道沉积，呈北东向展布。在主砂带内，孔隙类型属粒间孔—浊沸石溶孔复合型孔隙，以浊沸石溶孔为主。在砂体东北边部，浊沸石溶蚀作用很弱，浊沸石溶孔不发育，形成该油藏东北方向一条致密带。在该砂体北部存在一条石英、长石加大压嵌带，该带围绕油藏呈马蹄状分布，向南与浊沸石富集带一起构成油藏的上倾遮挡。

三叠系延长组油藏的圈闭条件往往并不是由单一因素形成的，而是多种因素在一起起作用。如王窑长 61 油藏，上倾方向虽以分流间湾泥岩为主，浊沸石胶结致密砂岩带也起到阻碍油气运移的作用。坪桥长 61 油藏虽以成岩致密带遮挡为主，但该带以东的分流间湾泥岩遮挡因素也不容忽视。

六、四川盆地油气分布

四川盆地是我国大型油气盆地之一，面积为 $18\times10^4km^2$，是我国最早开发天然气的地区。经过多年的油气勘探已发现天然气田 90 多个、油田 13 个。天然气年产量和储量占全国天然气总量的 40%左右，成为我国第一大气区。

四川盆地气藏分布主要受区域构造带、断裂和逆掩断裂带、古隆起带、地层剥蚀、超覆带、岩相岩性变化带等多种地质因素控制。但在某一地区往往是以一种因素为主、以其他因素为辅，形成以一种气藏类型为主、以其他气藏类型为辅的多种气藏类型的富集(区)带。根据四川盆地实际和预测主要有以下几类。

(一) 克拉通古隆起控制的大型气田分布

在川中块状隆起刚性基底上，于乐山—龙女寺加里东期大型克拉通古隆起东南坡形成威远-龙女寺大型穹隆背斜构造带，长期处于聚集油气的有利地带，已发现威远气田和龙女寺、磨溪气井。这里集中分布了不少大型穹隆背斜和潜伏背斜，是继续寻找大型穹隆气藏的有利地带(图 6-36)。还由于这个地区是处在加里东期大型古隆起的斜坡，也有利于形成下古生界地层和岩性圈闭类型的气藏富集。

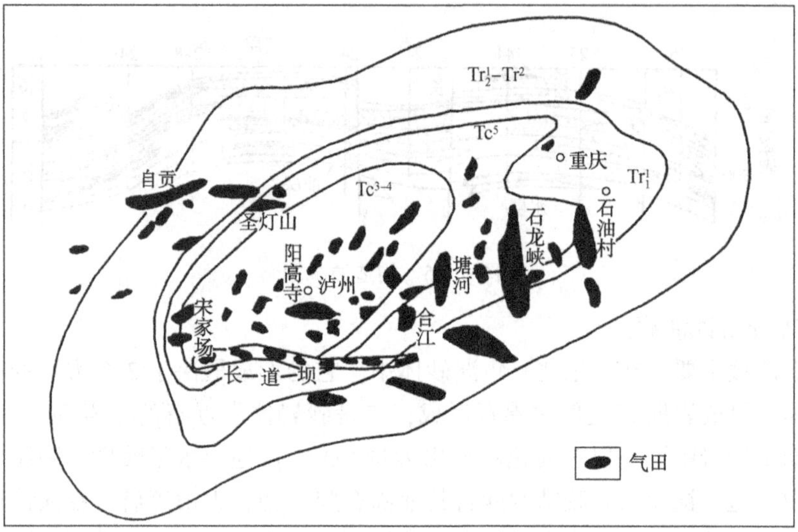

图 6-36　乐山—龙女寺古隆起东南坡大型穹隆潜伏构造及气藏展布示意图

(二) 印支期古隆起控制二叠系、三叠系背斜气田的分布

中三叠世末印支运动沿华蓥山形成泸州、开江 2 个大型古隆起，对二叠系、三叠系油气聚集十分有利，形成气藏富集(区)带。因此，在隆起区气藏密度大，含气范围广，高产原油、地层水很少，不但形成众多的背斜、断凸、断垒、断块气藏，而且在向斜、鞍部、背斜翼部等低构造部位也发现较多的断鼻、断块、生物(粒屑)滩和局部缝洞体圈闭的气藏。在古隆起区不但有利于早期的油气聚集，而且在同沉积发展中也有利于浅滩相的形成，可以改善储集层和形成圈闭。在后期形成现代构造时，又受早期古隆起的制约，在隆起及其周围形成围绕隆起成群带分布的褶皱适中的低缓、低陡类型的背斜构造，形成以低背斜为主的气藏富集带。如泸州古隆起南翼的长垣坝串珠状气藏富集带，隆起东侧的合江、庙高寺、榕坝等气藏富集带，隆起西北翼的宋家场、牟家坪、广福坪、桐子圆气藏富集带，隆起顶部的阳高寺、南井、纳溪、中兴场气藏富集带(图 6-37)。这些气藏富集带的联合，形成了川南气区。

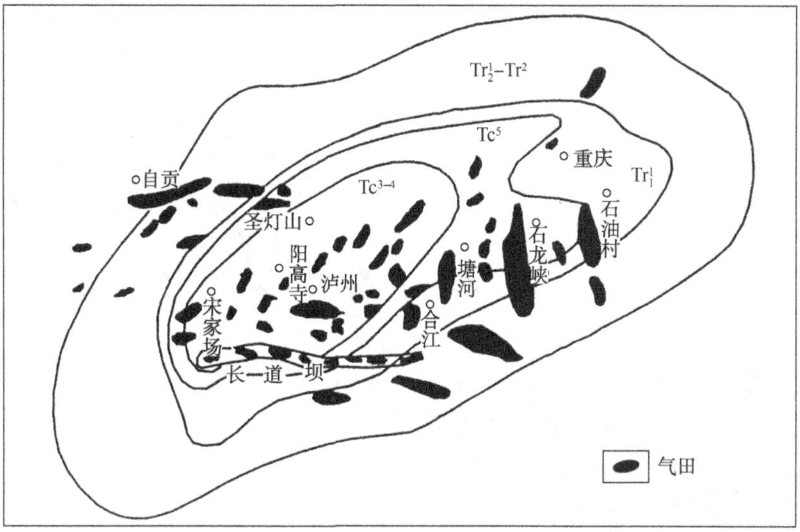

图 6-37　泸州古隆起二叠、三叠系气藏展布示意图

（三）川东南背斜构造控制气田分布

在川东南地区由于受北西—南东向构造挤压力，产生以北东向为主的隔挡式褶皱、一系列大型背斜和断裂带及众多的局部褶皱背斜构造。据勘探情况和研究结果进行分析，气藏富集与局部构造类型、形态关系密切，以褶皱适中的低缓、低陡构造类型和高丘状、似梳状等构造形态含气条件最好，是最有利的局部构造圈闭类型。这类构造集中分布的地区往往形成气田富集(区)带。如川东高褶带南端的卧龙河、新市双龙等气田，石油沟、东溪等气田，北端的福成寨、雷音铺、沙罐坪等气田，川南、川中过渡带自流井凹陷中的自流井、黄家坪、圣灯山等气田，华蓥山帚状褶皱带南端的川南低背斜气田等，它们都是以褶皱适中的低背斜为主体的气田富集(区)带(图 6-38)。它们一般分布在强烈褶皱带间的缓冲地带和过渡地带以及二级凹陷地区。这类气田富集带目前仍然占主要地位。

（四）逆断裂带控制气田分布

该类型在川东南地区尤多，一般位于大背斜带两翼大逆断层下盘，因断层切割可使大背斜带解体，往往形成若干块体，并各自形成圈闭。在断层带往往造成挤压、破裂和陡褶，在断层下盘往往产生一系列派生构造，如挤压断褶、断鼻、断块等，它们一般比大背斜带顶部的高陡背斜保存条件好，是很有利的圈闭类型。因其往往成带状分布，故可形成以断褶形式为主的多种圈闭类型的气藏富集带，如大天池背斜带西翼的张家场气田。板桥—铜锣峡背斜带东翼的板东气田、明月气田、统井气田，西翼的板西、座洞崖等石炭、二叠系气藏；临峰场背斜带西翼的长仲、临西南、临南、临南南等二叠系气藏。这类气藏富集带具有类型多、数量多、气田小、发展前途大等特点，具有极广阔的勘探前景，也是老气区不断精查、细找二次勘探的主要对象。

（五）逆掩断裂带及印支期褶皱控制的油气田分布

在龙门山前山带，有一系列大型逆掩断层，组成逆掩断裂带，同时也是印支期褶皱带。根据地震资料，逆掩断裂带是印支期和喜山期形成的大型推覆体，在推覆

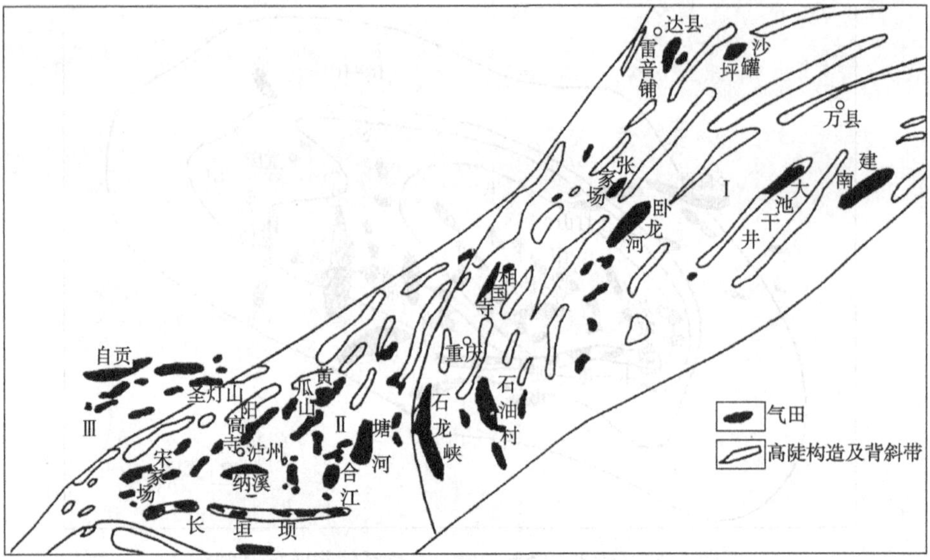

Ⅰ—东高褶带；Ⅱ—南低褶带；Ⅲ—自流井凹陷

图 6-38 川东南断褶带褶皱适中的低背斜及潜伏构造圈闭气藏平面示意图

体之下古生界稳定，并有潜伏构造。在推覆体上、下均可形成多种圈闭类型和众多圈闭(图 6-39)。这里在北段有加里东期天井山古隆起，在隆起上从寒武系到志留系发现了众多的大型沥青脉，表明有古油藏。在中段有印支期古隆起和印支期褶皱构造，有较多的背斜构造，如江油背斜群、中坝古构造带。中坝气田是山前带靠盆地一侧的潜伏古背斜，为目前四川三大气田之一，丰度高，产凝析油。据生油分析，这里是盆地油气演化程度最低的地区，地面发现了大量油苗，从寒武系到侏罗系均有分布，表明是油气富集的有利地区。

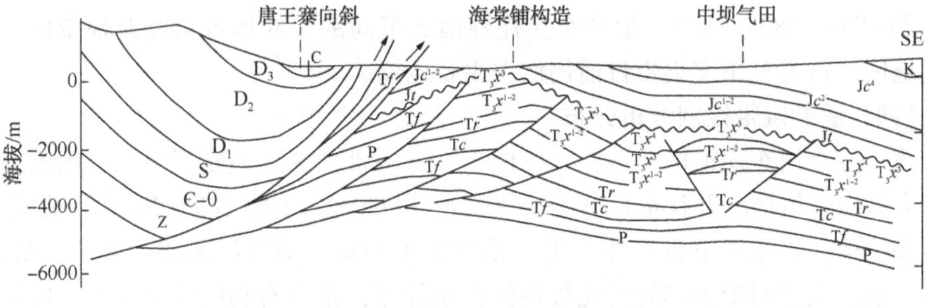

图 6-39 龙门山前逆掩断裂带及印支期褶皱控制的气藏剖面图

(六) 岩相带的生物礁(滩)控制气田分布

四川盆地海相碳酸盐岩储集层属浅海台地相沉积，在台地相与盆地相过渡带有台地边缘礁(滩)相分布。台地边缘相具有成带分布的特点，礁(滩)沉积具有岩缝的特征，这对油气富集、形成气藏都十分有利。在川东鄂西地区已发现广泛分布的长兴组生物礁(滩)点，仙关组滩相沉积也很发育，具有形成以礁(滩)类型为主的气藏富集带的良好条件，已发现建南、石宝寨、板东、双龙等生物礁(滩)气藏。从岩相变化和礁(滩)相分布预测，在川东东部及东北部地区为台地边缘礁(滩)相分布地区，沿开江古隆起及华蓥山断裂带东侧有形成堤状礁(滩)沉积的可能，而在广大川东和台地相区，局部隆起成高地，也有形成台内局部浅滩和点礁的环境，而这种环境无论在层位和地区分布上将更广泛，从而出现厚薄不一、大小不等的岩性圈闭气藏富集地区。

（七）不整合古风化壳控制古岩溶气田分布

四川盆地经历了多旋回的构造运动，特别是几期主要运动在震旦系顶部、志留系顶部（加里东期古隆起区可延至奥陶系顶部、寒武系顶部、震旦系顶部）、石炭系顶部、阳新统顶部、中下三叠统（Tr-Tc）顶部遭受强烈剥蚀和风化淋滤，可形成地层剥蚀尖灭和古岩溶类型的气藏富集带。如川东石炭系气层，是一套下超上剥的潮坪相白云岩，厚度不大，由于顶面的强烈剥蚀、风化淋滤，造成膏溶角砾白云岩和极发育的溶洞、溶孔，形成良好的储集层，给油气富集创造了条件。又由于地层剥蚀，沿川东海湾边缘造成环形尖灭和古残丘，在海湾内部隆起和高地出现侵蚀窗，这些都给地层尖灭圈闭提供了条件。因此形成了剥蚀尖灭圈闭、剥蚀尖灭与构造和断层复合圈闭以及古残丘圈闭类型的气藏富集地区。在一些复合性圈闭，气藏范围往往有超越局部构造的特点。这种以剥蚀尖灭类型为主的油气富集带，在加里东期古隆起的寒武系、奥陶系、志留系和印支期古隆起的嘉陵江、雷口坡组可能出现。川中、川南过渡带正处在 2 个古隆起之间，下古生界由南往北剥蚀加剧，Tc、Tr 由北往南剥蚀加强，是形成剥蚀尖灭气藏富集带的有利地区。目前过渡带 Tc、Tr 勘探已初露油苗。古基井奥陶系产气也可能与此有关。对于古风化壳、古岩溶类型的油气富集，从储集层地质条件分析，应以震旦系灯影组白云岩顶部和阳新统茅口组石灰岩顶部的形成条件最好。

尤其在各自所处的古隆地区，有可能获得更多不完全受局部构造控制的油气富集。

（八）构造体系控油气作用

据目前资料分析，油气分布与相应构造体系密切相关，具体如下。

四川盆地油气显示极为普遍。从目前发现的数十个油气田来看，油气具有多产层及裂缝性特点。在下二叠统阳新组、下三叠统嘉陵江组、中三叠统雷口坡组、上三叠统须家河组、中石炭统、上震旦统灯影组及中侏罗统自流井群等 11 个层位共获得 29 个油气产层。无论是海相碳酸盐岩还是陆相碎屑岩产层，储油岩物性均差。油气产出及其优劣与构造裂缝密切相关。所有油、气田均为孔洞储集、裂缝富集，属构造裂缝型油气田。

构造裂缝的发育状况与不同构造体系，特别是新华夏系不同级次的构造有关。

七跃山以东的新华夏系第三隆起褶带，构造活动强烈，断裂及构造裂缝极为发育。自晚三叠世，尤其是白垩纪以来多次间歇上升，岩溶及古岩溶发育。

七跃山以西的盆地内部，构造裂缝发育规律较为复杂。在形变较强的川东新华夏系构造发育区，断裂及构造裂缝发育，找油、找气工作着眼于构造保存条件。在构造平缓的川中地区，则主要是油气富集的构造条件，应着眼于寻找构造裂缝发育地带。

川南二叠系、三叠系气区是盆地天然气的主要产区。多年勘探、生产实践为研究构造体系控油（气）作用提供了丰富资料。川南二叠系、三叠系气区的气田主要受东西向构造(如纳溪、长垣坝等)、南北向构造(如合江、庙高寺、阳高寺南高点等)及新华夏系构造(如阳高寺、桐子园等)控制。

从阳高寺、纳溪等气田地面构造裂缝调查资料来看，不同构造体系的构造具有不同的构造裂缝组合特点。

阳高寺背斜为新华夏系与南北向构造体系复合的产物，由3个高点组成。主高点(花园高点)及北高点(谭云观高点)走向为北北东向，属新华系构造。齐家树至阳18井一带以南的南高点(或称南倾没端)走向为南北向，属南北向构造体系。

在主高点及北高点，轴部主要发育北东东走向及北北西走向共轭扭裂缝，次级为北北东走向的压扭性裂缝及北西西走向的横张裂缝，后者常追踪共轭扭裂缝而发育。东、西两翼及阳高山断层附近，北北东走向的压扭性裂缝为主干组系，其规模较大、延伸远、穿层能力强，具有大量标志东盘向北扭动的水平擦痕。此外，还有与之垂直的北西西走向的横张裂缝。

(1) 川西北盆地边缘、龙门山前逆掩断裂带及其下盘向盆地过渡带的褶皱背斜、古背斜、断褶、断块以及受逆掩带控制的多种隐蔽和复杂类型油气藏值得探索。特别是靠近盆地一侧，在逆掩带下盘，构造条件和保存条件变好，为更有利的地带。

(2) 川东地区长兴组生物礁勘探已取得初步成果，但目前所获多为点礁控制的白云岩储集层，虽普遍但分散难找。据岩相变化预测，在川东东北部达县、万县、梁平、石柱一带台地边缘相区及开江古隆起和华蓥山断裂带东侧，应为有利地带。从上二叠统岩相变化及生储油组合条件预测，在长兴组石灰岩、生物灰岩稳定分布的台地相区，在其下紧邻乐平组煤系地层发育的地带，煤系气源丰富，又有储集层，应具有广泛的勘探前景，特别是川中东部至华蓥山、中梁山两侧，从组合条件来看，也应当是有利地区。

七、酒西盆地油气分布

酒西盆地位于甘肃省河西走廊中部，面积为8400km^2。这个盆地油气勘探历史悠久，1938年孙建初教授在老君庙、石油沟完成1∶10000构造调查，查清了老君庙构造并打了第一口钻井，发现了老君庙油田，新中国成立后加强了这个地区的勘探。目前为止发现6个油气田，特别2001年在盆地的青西凹陷南缘的逆掩推覆构造之下的白垩系中发现裂缝性大中型油气田，使老油田焕发“青春”。

(一) 油气纵向分布

酒西盆地内虽然只有白垩系是有效的生油层系，但由于盆地发育着多期、多方向的基底断层，油气也存在着多期生成、多途径运移和多方式供油。因此，几乎从古生界到新生界，都发现了油藏。志留系、石炭—二叠系、白垩系、第三系均有工业油流，只是各系油藏形成条件不同，在纵向上有明显的分类性。

(1) 新生界以背斜构造油藏为主。

第三系油藏属于古生新储油藏。它的油源来自下伏的白垩系生油岩，白垩系生油岩通过与第三系接触的不整合面和断层向第三系提供了大量的源油。第三系沉积时期，白垩系上覆沉积厚度不断增大，生油岩大部分成熟，达到生油高峰，生成大量油气。此时，盆地的南部和北部不断上升隆起，成为油气运移的指向区域，油气源源不断地向隆起区运移。第三系末期，喜山运动对盆地影响十分强烈，适时地产生了背斜褶皱，提供了有利的构造圈闭。在第三系共发现 13 个油藏，其中构造油藏 9 个，占第三系油藏的 70%，控制了第三系油藏总储量的 95%以上。

（2）中生界以地层岩性油藏为主。

在下白垩统沉积之后，盆地经历了强烈的挤压作用。但对下白垩统的挤压作用不十分强烈，表现出较为平静的构造面貌。经多年的勘探，没有发现大幅度完整的背斜圈闭，只有小幅度、大面积的宽缓的地层起伏和鼻状构造。形成鼻状构造的主要原因是洪积扇、扇三角洲浊积岩沉积经成岩差异压实作用下白垩统的岩性、岩相纵横变化急剧，形成了许多岩性圈闭。有洪积、河流相的砂岩和砾岩孔隙型储集层，也有深湖相泥岩、白云岩裂缝。

（3）古生界以潜山油藏为主。

古生界中的油藏属新生古储油藏。白垩纪同生断层的活动沿断棱产生了断块潜山带，紧临生油凹陷极易形成油藏。在鸭儿峡大断层东盘形成的 114 井志留系潜山油藏为其代表。

509 同生断层是一个多台阶式的断裂带，初步证明由 3 条基底正断层组成，从东往西节节下掉，形成了 4 个断块台阶，每个断块的高差为 400～600m，几乎阶阶含油。第一个台阶最高，是 114 断块潜山，整体含油；第二个台阶钻入志留系的井均获高产油流，被称为 701 基岩断块油藏；第三个台阶只钻了 1 口井（594 井），其部位较低，未见油流，分析向北抬高处有含油的可能；第四个台阶最低，残留有石炭系，经钻探（527 井），在石炭系获得工业油流，形成石炭系断块油藏。

（二）平面上油气分布

目前，在酒西盆地已发现的油藏构成了 4 个油气聚集带。

（1）逆掩推覆体油气聚集带。

位于盆地南缘北部祁连褶皱带前缘的老君庙逆掩推覆体（图 6-40），可分为上盘老君庙背斜带，中盘庙北Ⅰ、Ⅱ号断层夹持的中间断块及下盘盆地的原地系统。上盘及中盘均是油气富集的有利地带。

庙北Ⅱ号断层的上盘即老君庙背斜带，第三系褶皱强烈，形成了不对称的紧密背斜群。背斜幅度大、高点多，计有石油沟、老君庙、鸭儿峡、青草湾、青北等高点。局部圈闭面积大、闭合度高，主要高点形成了石油沟、老君庙、鸭儿峡 3 个背斜油田。在背斜带上伴随有南北向次级断层，在其鞍部形成了鸭 4 井、小马莲泉等断层遮挡油藏和岩性油藏。

推覆体的中盘是由断层复杂化了的小断块组成。在老君庙油田以北的中间断块中已发现了 1 个小油藏。

老君庙推覆体构成了盆地最富集的油气聚集带，大、小油藏呈串状展布，长达 25km。油藏面积占盆地油田总面积的 80%以上，储量占盆地总储量的 90%以上。

（2）同生断层复式油气聚集带。

酒西盆地在中燕山期产生的一系列北东向同生正断层对油藏的形成和空间分布起着重要的控制作用，它既可以形成多种类型的圈闭和储集体，也可以提供多种油气运移通道和供油方式，成为油气复合聚集带。

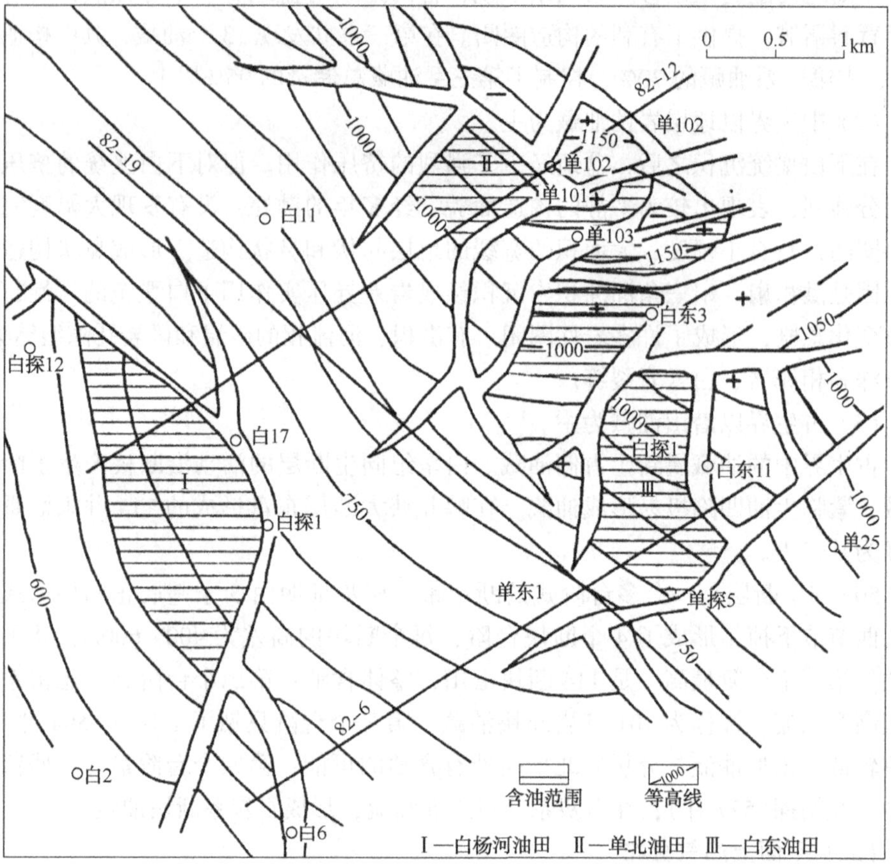

图 6-40　白杨河地区油气田分布(新近系底部构造图)

509 同生断层就是一个典型的复合油气聚集带的例证。该断层断距为 1500m，断层南北向延伸 11.5km，它是青南箕状凹陷的东边界断层，东盘上升成为基岩潜山。潜山由志留系浅变质砂岩、板岩、千枚岩组成。质硬性脆，在断层反复活动时容易破碎而产生裂缝，构成了油气储集体。西盘一侧稳定深陷，沉积了巨厚的生油岩。生油层系以断面对接方式向潜山直接提供源油，形成了鸭儿峡潜山油藏。同时，西盘沿断层沉积有水下扇群和良好的生、储、盖配置关系，形成有鸭西白垩系自生、自储、自盖油藏。

509 同生断层在第三系时反向运动，表现为逆断层，使第三系产生褶曲，形成有鸭儿峡构造油藏。

(3) 斜坡带的挠曲油气聚集带。

盆地北半部的基底向北上翘，第三系呈现区域性单斜的特点，仅发育有鼻状构造和挠曲，影响了地下水流的运动，形成了水动力油藏。

在该带发现了白杨河和单北 2 个小油田。油层主要是第三系火烧沟组的块状砂岩，其次为白杨河组的间泉子段砂岩。白杨河油田是由一条北掉正断层构成的断鼻底水油田，因受地下水的冲刷，油水界面向南倾斜；单北油田是在挠曲和地层尖灭的背景下，由自北向南流动的地下水对油气产生全遮挡作用而形成的水动力油藏。

油水界面倾斜方向与地下水流方向相同。油藏宽 0.2~0.9km，长 5.0km，呈带状展布。

(4) 生油凹陷内的向斜同生油气聚集区。

在早白垩世断陷古湖盆发育时，除沉积了富含有机质的黑色泥岩外，还沉积了众多的薄层泥晶白云岩和粉砂岩。在区域构造应力作用下，泥岩和白云岩产生了大大小小的裂缝，这一点已被钻井取心、电镜和显微镜观察所证实。此外，白云岩中也发育有溶蚀孔洞和晶间孔、穴，成为油气储集的重要空间。

黑色泥岩和灰白色白云岩交互成层出现，使生油凹陷成为既生又储的场所，油气生成之后，以短距离运移聚集成同生油藏。在青西凹陷内深湖区钻的 5 口井，均于主要生油层段的泥岩、白云岩和粉砂岩中见到了油气显示和工业油流。其中柳 1 井油气显示为 43 段，而白云岩的油气显示为 32 段。在钻该井的过程中，泥浆中的油气显示强烈，时而井涌。完井试油初产 7.9 立方米/d，1987 年 9 月酸化后初产上升至 50 立方米/d，继而，在柳 3 井白云岩段又获得日产百吨高产油流，证明其潜力较大。

八、准噶尔盆地油气分布规律

经过 50 多年的勘探实践发现，准噶尔盆地油气田分布主要被克拉通盆地的隆起带、斜坡带、断裂带和区域性不整合以及前陆盆地断褶带和斜坡带控制。

(一) 克拉通盆地

1. 古隆起带

(1) 西北缘隆起带：这个带实际上是一个由北东向逆冲断裂带构成的冲断隆起带，在这个带上 1955 年首先发现了克拉玛依大油田，后来又发现夏子街、乌尔禾、中拐、小拐子、车排子等油田，成为准噶尔盆地主要产油区，储油层位以石炭系、二叠系、三叠系、侏罗系等为主。

(2) 陆梁隆起带：目前已发现石南、石西、陆梁、三个泉、莫北等油气田，主要产层为石炭系、三叠系、侏罗系、白垩系。

(3) 中央隆起带：已发现中拐、莫索湾、莫西庄、彩南、五彩湾等油气田。

(4) 东部隆起：已发现火烧山、火南、北三台、河南三台、吉 15 等油气田。

2. 古斜坡带

已发现玛北、莫北、莫西庄等油气田，预计随着油气勘探不断深入古斜坡会发现更多油气田。特别是在中央坳陷内发现了莫西庄、沙窝地、征沙村及董 1 井油气田(藏)。

3. 断裂带

断裂带是控油的重要因素，准噶尔盆地已发现的 25 个油气田几乎每个油气田都与断裂有关，断裂控油作用主要表现在：一是沟通油源起油气运移作用；二是封堵油气作用，因此，断裂就成为绝大多数油气形成不可缺少的重要因素。

4. 区域不整合

准噶尔盆地主要区域性不整合有 4 个，各系内组间存在不同程度的假整合，这些不整合既是油气运移的通道，又是富集油气的场所。如石西油田在石炭系火山岩顶面风化壳形成油气藏等。

（二）前陆盆地

目前在准噶尔盆地的天山山前的前陆盆地，断褶带发现油气田，如从西向东有卡因、独山子、齐古、呼图壁、甘河等油气田，均分布在前陆盆地山前第一、二排断裂带内。预测这个前陆盆地勘探工作刚刚才开始，希望加强勘探工作力度以获得更大的发现。

（三）油气勘探方向

准噶尔盆地油气资源十分丰富，目前勘探程度较低，资源转化系数是16.5%，因此，随着勘探工作的深入进行还会有更多发现。其勘探方向简述如下。

1. 陆梁隆起

陆梁隆起是盆地北部一个大型隆起，走向西北，面积为$1.8\times10^4km^2$，由于晚海西期和印支期断裂活动，在隆起上产生了多个凸起和凹陷。区内上二叠统一古近系发育齐全，总厚度达5000m，主要生油岩有上二叠统—中下侏罗统，生油岩厚度为200~300m，油气资源量为$(10\sim12)\times10^8t$，区内断裂和局部构造发育，是油气运移的指向地区。目前已发现陆梁、石西、石南等大中型油气田，是该盆地油气前景最好的地区之一。

2. 中央坳陷

由玛湖凹陷、达巴松凸起、东道海子北凹陷等次级单元组成，总面积为$1.3\times10^4km^2$，总体上呈北西西走向。玛湖凹陷内各时代地层发育齐全，二叠系以上的沉积总厚6000m，达巴松凸起缺失下二叠统沉积，玛湖—三道海子北凹陷是盆地中自二叠纪以来持续性坳陷。主要生油层位为二叠系、三叠系及中下侏罗统，总厚度为800~1000m，油气资源量为12.05×10^8t，是盆地内主要油气源区。已发现玛北油气田，莫西庄、沙窝地、征沙村等岩性油气田，是油气前景较好的地区。

3. 中央隆起

为北西向横亘准噶尔盆地中央的一个低隆起带，可分为中拐、为桥（莫索湾）及白家海凸起等次级单元，总面积为$0.4\times10^4km^2$。莫索湾凸起顶部缺失二叠系，仅有上二叠统其上的沉积，总厚度为4000~8000m；中拐凸起为北西向的巨型鼻凸，向东南倾伏。区内主要生油岩有二叠系、三叠系及侏罗系，生油岩总厚度为800~1000m，油气资源量为8×10^8t，是盆地油气前景最好的地区之一。

4. 天山山前坳陷

分布于盆地南部，由昌吉凹陷和山前断褶带2个构造单元组成，面积达$4.1\times10^4km^2$，区内是二叠纪以来长期发育的坳陷，是石炭—二叠纪类克拉通盆地和中新生代前陆盆地叠加的典型地区。因此各时代地层发育齐全，且厚度大，二叠纪以来沉积总厚度达12000~13000m，亦是盆地基底埋藏最深的地区。区内生油岩有二叠系、三叠系、侏罗系、白垩系及古近系等，生油岩总厚度达1000~2000m，油气资源量为$(20\sim21)\times10^8t$，是盆地主要油源区。昌吉凹陷构造不发育，但山前断褶带内发育了3排雁列构造，共有20多个局部构造，主要形成于喜山期。该带内已发现了独山子、齐古及呼图壁油气田等，表明区内油气前景可观，是盆地油气前景最好的地区之一。

5. 东部隆起

为盆地东部，呈北西向的隆起区，由五彩湾凹陷、彩南凸起、帐—北断褶、大井凹陷、奇台凸起、吉木萨尔凹陷6个次级单元组成。印支、燕山期运动强烈，将海西晚期形成的北西向凸凹相间的构造格局，切割改造为北东向的棋盘格子式，面积 $2.8\times10^4km^2$。区内发育有二叠系—第四系，总厚度为3000~4500m。主要生油岩有二叠系、三叠系和侏罗系，其总厚度为200~300m，油气资源量为 2.3×10^8t，区内局部构造和断裂发育，是油气运移指向地区。目前已发现了五彩湾、火烧山、河南、北三台、三台等油气田，因此，该区是盆内油气前景较好的地区之一。

6. 乌伦古坳陷

该坳陷由物探资料所确定，北部为红岩断阶，南部为索索泉凹陷，总面积为 $1.6\times10^4km^2$。本区可能缺失二叠纪沉积，三叠系—古近系发育较齐全，总厚度为4000~5000m。区内主要生油岩有三叠系和中、下侏罗统，生油岩厚度为100~200m，计算油气资源量为 0.42×10^8t，是目前勘探程度很低的地区，总之有一定的油气前景，值得进一步勘探。

九、吐—哈盆地油气分布

吐—哈盆地是新疆三大盆地之一，面积为 $4.8\times10^4km^2$。吐—哈盆地是在石炭—二叠纪类克拉通盆地的基础上发育起来的，是一个山间前陆地盆地。新中国成立以来，地矿、石油等部门在该盆地做了大量工作。该盆地油气资源较丰富，油气资源量为 15.8×10^8t，目前已发现10多个油气田，探明油气储量为 3.1×10^8t，2001年产油气达 290×10^4t。

（一）吐—哈盆地油气分布特征

该盆地为山间前陆盆地类型，所以盆地演化和发育特征控制着油气分布。经过多年的勘探实践，油气主要分布在以下构造带中。

（1）盆地北缘的逆掩带。

博格达造山带向南推覆，使石炭系逆掩在中新生界之上，故在石炭系之下可寻找中新生界油气藏。

（2）断褶带。

由于博格达造山带向南强烈推覆挤压作用，使盆地北部形成1~3排构造带，并伴有逆冲断裂。

第一排构造由桃树园、塔尔朗、七泉湖、核桃沟、巴喀及鄯勒等组成。

第二排构造由温西3号、温西1号、米登、温吉桑、丘东、红胡、小草湖等组成。

第三排构造(中央隆起)由胜金口、张南、七克台、莲木芯等组成。

例如，丘陵油气聚集带是盆地内储量最大、油气最富集的一个区带，已探明3个油气田。丘陵构造带包括3个背斜构造，即鄯善、丘陵和巴喀，其七克台砂层顶圈闭面积分别为 $25.2km^2$、$49.3km^2$ 及 $9.5km^2$(图6-41)。

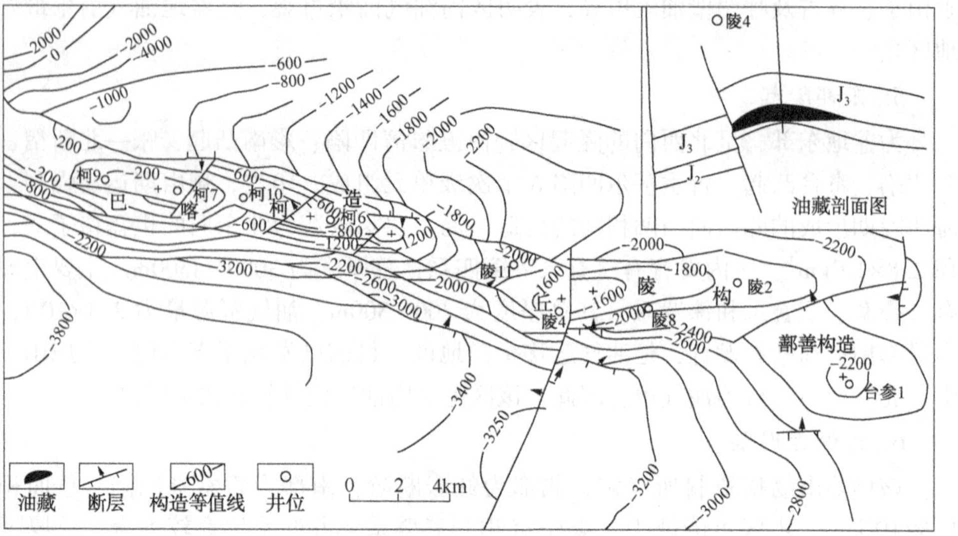

图 6-41 丘陵构造带七克台组砂层顶部构造(据吐—哈油田)

丘陵构造的中部发育一条左旋平移断层(陵 4 井断层)，把背斜分成东、西两块，同时也把丘陵油气聚集带分成东、西两段。以平移断层为界，东、西两段的构造样式有较大差异。东段构造简单，断裂发育较少，以宽缓背斜为主；西段断裂十分发育，构造样式以断块、陡背斜和正花状构造为特点。该带在燕山早期已具雏形，侏罗纪末期已有一定的幅度，白垩纪末期构造幅度进一步加大，并有少量的断裂产生，为现今构造面貌奠定了基础。至喜山期构造形变进一步加剧，构造幅度增大，并有新的断裂发育。

该带中侏罗统储层物性中等—差，以低孔、低渗为主。鄯善油田三间房组油层孔隙度一般以 13.2%~15.7%为主，渗透率为(3.5~27.8)×$10^{-3}\mu m^2$。丘陵油田三间房组平均孔隙度为 14.1%，平均渗透率为 18.5×$10^{-3}\mu m^2$；西山窑组平均孔隙度为 13.2%，平均渗透率为 6.2×$10^{-3}\mu m^2$。巴喀油田三间房组平均孔隙度多在 5%~10%，渗透率多低于 1×$10^{-3}\mu m^2$。

沉积体系相分析表明，该带物源来自南、北两个方向，鄯善油田的物源主要来自南部的河流三角洲沉积体系，砂层从南向北由厚变薄；而丘陵具有南北混源的特征，沉积体系以辫状河及三角洲为主；巴喀油田的储层为三角洲体系。总体来看，该带西山窑组砂层稳定，分布广泛，三间房组、七克台组砂层的分布不甚稳定，但三间房组储层物性相对较好。

丘陵油气聚集带的油气分布受构造、岩性双重控制。在丘陵油田中部的陵 4 井平移断层对油藏破坏较严重，地层压力系数偏高，地层水矿化度较低。一般地说，油藏有 2 套大的油水系统，即顶部的七克台—三间房组油水系统和底部的西山窑组油水系统。三间房组底部(100~250m)的存在是这 2 套油水系统存在的根本原因。西山窑组油藏均为构造底水油藏，各构造、各断块自成独立的油水系统，油水界面自西向东呈台阶状下降。七克台—三间房组油藏的特点在各构造有所不同，丘陵东块、鄯善油田均为构造边水油藏，丘陵西为底水块状油气藏，而巴喀油田则为受侵入水严重冲洗的残存岩性油藏。

台北凹陷中、下侏罗统水西沟群烃源岩在白垩纪末期大量成熟，此时的丘陵构造带已基本形成。油气沿断层运移到中侏罗统的砂层中并向高部位聚集。由于存在充足的油源、良好的储集砂体及完整的构造，在油气藏形成初期整个构造带可能具有统一的油水系统。进入喜山期，随着博格达山抬升并向南挤压，构造形变加剧，原有的油气藏受到了改造与破坏，油气重新分配。丘陵平移断层以东，由于构造幅度加大和油气的不断补充，仍保持了较高的油气充满程度；平移断层以西，构造变坳剧烈，断层的活动使部分油气沿断裂散失，地表水的渗入加剧了油藏的破坏，仅有少量油气得以保存。总之，构造变动与水动力的双重因素控制了该带油气的聚集。

又如，温吉桑油气聚集带构造类型以垒式背斜为主，已探明 6 个油田和 1 个气田，共包括了 16 个油藏和 8 个凝析气藏，其中构造油藏 11 个、岩性油气藏 2 个、复合油气藏 11 个，构成了多种油气藏类型共存。已探明温吉桑油田(包括温吉桑Ⅰ、Ⅱ号以及温西Ⅰ、Ⅱ、Ⅲ号含油气构造)及丘东气田、米登油田，位于温吉桑构造带西段。

该区的局部构造是具有成因联系和相同构造发育史的一个构造群(图 6-42)。构造形态简单，除丘东外，单个构造面积一般小于 $10km^2$，幅度小于 200m，构造类型以背斜、断背斜和断鼻为主，局部构造南北分带性十分明显。第二排温西Ⅰ号、温吉桑Ⅰ号构造为断背斜型；第三排温西Ⅱ、Ⅲ号及温吉桑Ⅱ号构造为断鼻型。白垩纪末期，丘东、温吉桑地区是一个受南界断层控制的较完整的大型背斜，其高点位于温 1 井附近，喜山期的构造变动才使整体构造得以分异，形成了现今的 7 个局部高点。

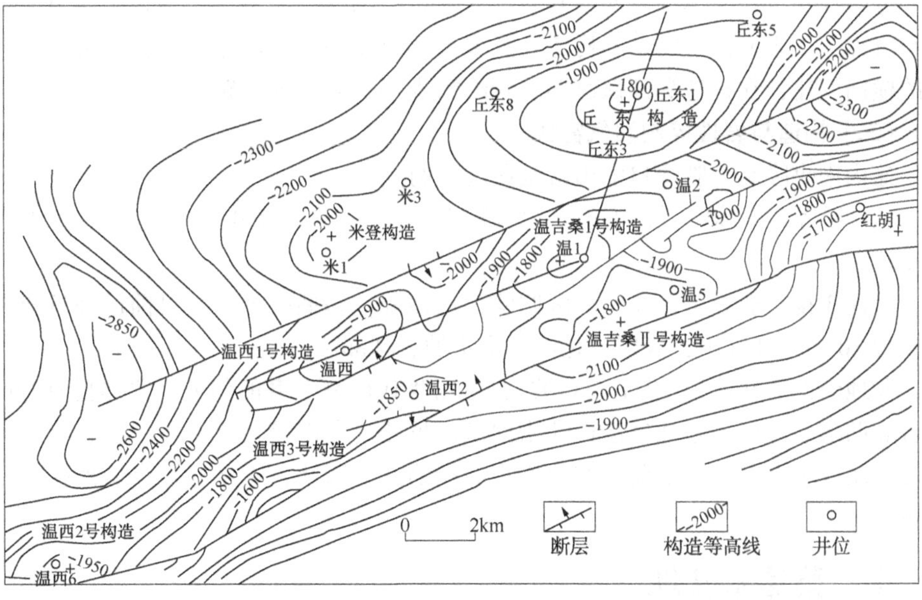

图 6-42 温吉桑构造带西段七克台组砂层顶部构造(据吐哈油田)

温吉桑地区的中侏罗统储集层物性以低孔、低渗为主要特征，平均孔隙度为 15.6%，平均渗透率为 $28.85\times10^{-3}\mu m^2$。纵向上，从七克台组至西山窑组砂层均有发育。七克台组、三间房组砂层较为发育，但分布不稳定。西山窑组砂层分布稳定，且厚度较大。该区的沉积主要受南部物源控制，储层沉积相类型以辫状河三角洲为主，宏观上发育2个砂体，即温西—米登砂体和温吉桑—丘东砂体，二者之间为砂层不发育区。由于沉积砂体南北向展布，决定了该区储层具有明显的东西分带性。

温吉桑地区的每个含油气构造，都是独立的油气田，它们既有底水块状油气藏，也有边水层状油气藏。7个构造高点共发育有24个油气藏，构成了空间上较复杂的油气水分布特征。

① 下气上油、东北气西南油。西山窑组全为凝析气藏，三间房组和七克台组除丘东构造为气藏外，其余构造以油为主，其中温吉桑Ⅱ号、温西Ⅱ号全为油。东北部丘东构造全为油气藏，中部米登、温吉桑Ⅰ号、温西Ⅰ号构造油气共存，其余3个构造都为油(温西Ⅲ号有少量气)。

② 自北向南三间房组和七克台组气藏的分布特点是从纯气藏(丘东)到带油环的凝析气藏(温吉桑Ⅰ号)，再到带气顶的油藏(温西Ⅲ号)。

③ 自北往南含油层位逐渐变少、变新，气水、油水界面逐渐抬升。

温吉桑油气聚集带的构造在燕山期已基本成型。当时，中、下侏罗统水西沟群煤系地层生成的油气沿南界断层纵向运移进入西山窑组、三间房组及七克台组砂层并向高部位富集，形成一个以丘东、温吉桑Ⅰ号构造为高点的整装大型背斜油气田。西山窑组为气藏；三间房组上、下油组高部位为气，低部位为油。喜山期由于完整背斜的解体，油气重新分配形成一系列新的油气藏。但在古构造含气的范围内，新构造亦含气；在古构造含油的范围内，新构造亦含油。这一过程中，由于局部构造南北分带性和沉积砂体的东西分割岩性，决定了油气二次分配，出现了十分复杂的分布特点。一方面油气向新的构造高点聚集形成新的油气藏系统；另一方面由于岩性的横向变化，在构造翼部保留形成新的构造——岩性油气藏。

(二) 构造与岩性控制油气富集

盆内中央隆起上胜金口油田就是典型实例。

吐—哈盆地的第三排构造(中央隆起)由胜金口、张南、七克台、莲木芯等组成。

上述3排构造处于台北生油区凹陷，近油源，易捕捉油气。目前已在这排构造带发现10多个油气田，表明这是油气聚集的有利部位。

盆地南部的斜坡带(艾丁湖斜坡)是中新生代以来发育的斜坡，北邻托克逊凹陷和台北凹陷油源区，是油气运移的指向区。虽然构造圈闭可能不很发育，但地层—岩性圈闭应丰富多彩，目前已发现鲁克的稠油区，因此，本区亦是今后勘探的重要领域。

十、柴达木盆地

柴达木盆地是我国大型中新生代含油气盆地之一(图6-43)，面积达$12\times10^4km^2$，经历了50多年的勘探历程，已发现23个油气田。油气产量已超过300×10^4t，预测全盆石油资源量20×10^8t，天然气资源量为2×10^{12}立方米，是油气资源潜力较大的盆地，其油气分布特征如下所述。

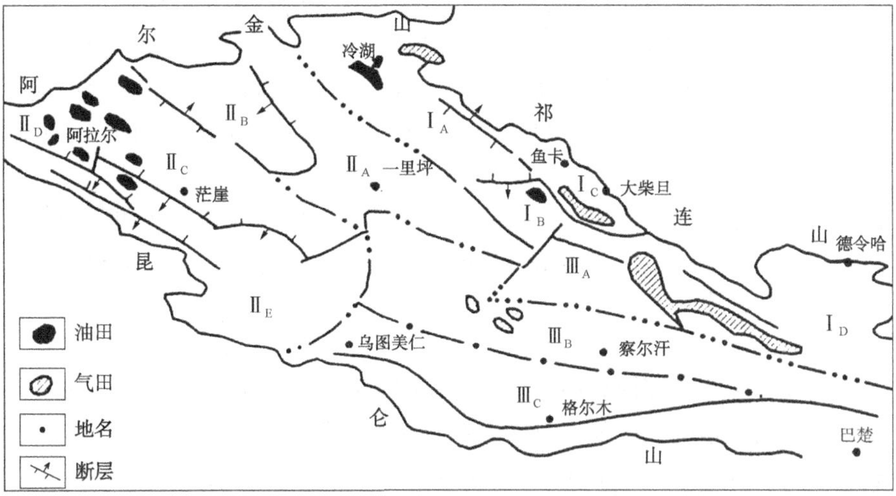

Ⅰ—北部块断带；$Ⅰ_A$—赛昆断陷；$Ⅰ_B$—大红沟隆起；$Ⅰ_C$—鱼卡断陷；$Ⅰ_D$—德令哈断陷；
Ⅱ—西部坳陷；$Ⅱ_A$—一里坪坳陷；$Ⅱ_B$—大风山隆起；$Ⅱ_C$—茫崖坳陷；$Ⅱ_D$—尕斯坳陷；
$Ⅱ_E$—昆北断陷；Ⅲ—东部坳陷；$Ⅲ_A$—盐湖斜坡；$Ⅲ_B$—三湖坳陷；$Ⅲ_C$—格尔木斜坡

图 6-43　柴达木盆地构造分区图(据青海石油管理局)

油气聚集区受生油气凹陷控制。盆地北缘块断带局部沉积了以湖沼相为主的中侏罗统生油岩；西部茫崖坳陷为巨厚的第三系生油岩；盆地东部的三湖坳陷，沉积厚度为1600m左右的第四系生气层，这为盆地3个油气区提供了资源依据。但由于生油岩与各类储集层的不同配置，多种圈闭和断裂形成的先后，以及区域背景和后期保存条件的差异，又直接影响了油气藏的形成、富集程度及规模。为此，针对盆地主要油气藏的基本地质特征和分布现状及其成油机制进行了研究，为预测油气藏可能富集区提供了依据。

(1) 盆地西部茫崖坳陷。

第三纪古新世、始新世末期，茫崖地区在阿尔金断裂和昆北断裂所夹持的复合作用下沉降，沉积了巨厚的渐新统至上新统底部的坳陷型湖相生油层。已发现10多个油气田地质储量分别占盆地总量的76%和90%以上。油气田一般均分布于生油坳陷内的北西向背斜构造高部位，特别以沉积了渐新统到中新统主力生油层的英雄岭生油凹陷周缘为最密集，明显反映了主要生油凹陷在总体上对油气藏分布的控制。但在该生油凹陷西端的阿尔金斜坡区，由于后期隆升过高，构造一般呈向东南倾没的鼻状圈闭，其西北端因抬起而将储油层暴露地表，致使油藏破坏，如干柴沟、咸水泉、石油沟高点和阿哈堤等构造。

英雄岭生油凹陷南缘渐新统下部(E31)和中新统上部到上新统下部(N12～N13)在本区隶属于昆仑水系的河流相沉积，发育着较好的砂质储集层，恰与渐新统上部(E32)和早、中期中新统的主力生油层配置，形成了以构造为主控因素、以砂质岩为储集层的深浅复合油气藏。其富集程度和规模又受圈闭大小、形成先后，生储层接触方式，运移和后期保存条件所制约，如本区尕斯库勒、油砂山和花土沟等油气田即为明显的实例，英雄岭生油凹陷北缘的广大地区位于盆地中心，沉积有巨厚的多套生油岩系。在喜山运动晚期，形成了成排成带的北西西向长轴背斜，但由于远离物源区，缺乏较好的砂质储集岩，为此本区所发现的油泉子、咸水泉华岩山高点及开特米里克和南翼山等油气田都是由背斜高点所控制，油气仅作近距离运移，属自生自储式的泥灰岩和钙质泥岩缝洞型油气藏。在靠近盆地北缘的尖顶山油田，生油层段由于存在相对较多的薄层细砂岩和粉砂岩，可形成背斜控制的缝、洞和砂条并重的油气藏。

由钻探和生油层研究表明，茫崖凹陷生油层存在由西向东变薄和质量变差的明显趋势，因而在英雄岭生油凹陷东缘目前仅于茫崖、土林沟、油墩子和大风山等构造见到油气显示或少量油气流。

（2）盆地北缘块断带。

北缘块断带指西起鄂博梁构造带，东至阿木尼克山，包括冷湖构造带、南八仙及北极星在内的祁连山以南狭长地带。在本区整个发展历史过程中，仅于早、中侏罗世相对较大的断陷内局部沉积了少量沼泽—浅湖相暗色泥岩。中侏罗统（J25 和 J27）为本区唯一的生油岩系，目前已探明在冷湖、鱼卡断陷均有分布，但分布面积分别仅为 $1200km^2$ 和 $400km^2$，生油岩厚度也仅为 350m 和 100m 左右，在鱼卡生油断陷以东库尔雷克山南侧的红山断陷区，近年多，在红山 2 号构造的红色白垩系中见到了较好的油砂，预测该区有局部存在中侏罗世生油断陷的可能。现已发现分布于冷湖生油断陷正向构造带上的冷湖 3 号、4 号和 5 号油田，由于喜山运动晚期对前期构造的改造，除冷湖 3 号形成由第三系不整合遮挡的侏罗系原生断块油藏外，冷湖 4 号和 5 号油田由于后期通过断裂的再次运移和富集，形成了第三系次生块断油藏；鱼卡侏罗系背斜油气藏分布于鱼卡断陷，这些都明显反映了生油断陷对油气藏的严格控制。

（3）盆地东部的三湖坳陷。

第三纪末期，随着盆地西部的逐步抬升，盆地东部逐渐转化为沉积中心。进入第四纪后，沉积速度尤其快，在短短的 200 多万年内，沉积了厚度达 3200 余米的中—下更新统，其上部近 1600m 的暗色泥质岩即为本区的生气岩系。生气岩分布于以达布逊湖、涩聂湖和台吉乃尔湖为中心的 $20000km^2$ 内。目前本区已发现 4 个第四系气田，自西向东为：涩北 1 号、涩北 2 号、驼峰山及盐湖。其中涩北 1、2 号位于生气凹陷中心，其充满程度可占 43%；而靠近生气凹陷边缘的盐湖气田，充满程度仅为 0.4%。反映出天然气田的分布和富集严格地受控于生气凹陷和生气岩的质量。

十一、东海盆地油气分布

在浙东坳陷内，已发现 4 个油气成藏类型，分布在不同的构造部位，形成含油气区。

（一）披覆背斜型

主要分布在浙东坳陷西部斜坡上，已经发现平北油气富集区、平南潜在油气区和台北潜在油气富集区。

（1）平北油气富集区。

分布在浙东坳陷西斜坡北部，南北长 150km，东西宽 20km，面积约为 $6000km^2$，其中，发育 4 条反向正断层和一系列正向正断层，切割白垩纪火山岩系，形成北东向的凹陷和凸起相间分布的结构。平湖组沉积从凹陷开始，厚度达 2000m，平均生烃强度为 $545\times10^4t/km^2$，逐渐向凸起上超覆，发育水进砂岩体，砂岩成岩演化较迟缓。在 4200m 深度时，砂岩孔隙度为 10%～20%，渗透率为 $(40\sim250)\times10^{-3}\mu m^2$，形成平湖组的生、储、盖组合。

在平北地区西部和南部，由于平湖组埋藏较浅，现在仍处在主要排油期，是形成油气藏最佳阶段。而在平北的东部和北部，由于渐新统和中新统地层增厚，平湖组埋深加大，因此在龙井运动前已结束主要排油期，进入气态烃排出阶段。早期和晚期排出的油气，沿着断层和不整合面运移到平湖组圈闭形成油气藏。

在平北已发现 49 个局部构造，以凸起上的披覆背斜为主要类型。它是一个复合型圈闭，在其顶部为披覆背斜圈闭的常压油气藏。在其东翼有不整合面上砂岩向背斜顶部超覆尖灭圈闭的高压油气藏和平湖组中段内砂岩透镜体圈闭的高压油气藏和在其西翼靠反向正断层封闭的断块油气藏。

在平北还可能发育一种特殊圈闭类型，在正向断层和反向正断层之间，是由于沉积体下滑产生的挤压背斜。它由 2 条断层夹持，上宽下窄，在平面上呈北宽南窄的三角形。

平北地区在宝云亭、武云亭和孔雀亭 3 个披覆背斜上有 6 口高产井。不同层位的油气层可能叠加连片，形成油气区，但是在 6 口高产井中只发现 1～2 层油气层，而且厚度不大。如果在武西北披覆背斜顶部发现多层油气，而且厚度较大，那么在平北南部就会形成更有开发价值的油气区。

（2）平南潜在油气区。

平南地质结构和平北相似，分布在浙东坳陷西斜坡向西弯曲的部位，面积约为 $2000km^2$，其中发育 3 条呈北北东向的反向正断层，构成凹陷、凸起相间。平湖组沉积从凹陷中开始逐渐向凸起上超覆，然后发育很厚的平湖组上段的水进三角洲砂体。它的顶部虽被侵蚀仍保留很厚地层，埋藏深度在 3700m 以内，处在油气成藏最佳阶段。只要砂体向西尖灭或遇断层和不整合面封堵，就能形成油气藏。

（3）台北潜在油气富集区。

位于基隆凹陷西斜坡的台儿构造带上，有流香、塔山和寿山等 33 个披覆背斜，它的基底可能是白垩纪碎屑岩，埋藏深度约为 3000m。潜山顶部为白垩纪碎屑岩，长期风化剥蚀，砂岩次生孔隙发育。上覆始新统黑色泥岩作盖层。东面是始新世生烃凹陷。因此，这类潜山构造的油气储量很有潜力，但目前还没有钻探。

台北构造带在始新世沉积期间是沉积和构造的枢纽带，既是岩相变化带，又是海平面升降变化带。有利于冲积扇、三角洲、生物滩和礁灰岩发育。在渐新世沉积时，地层向西的尖灭带是寻找地层油藏的有利地带。

（二）反转构造型

分布沿平湖主干断裂东侧，早期是平湖组中段和上段的断陷，其中平湖组沉积厚度大于 2000m，其生烃强度为 $960\times10^4t/km^2$。只有靠平湖主干断裂附近烃源岩顶界埋藏深度达 3000m，因此现在尚处在烃源岩主要排油期阶段。向东至三潭深凹，平湖组烃源岩埋深增加很多，可能在龙井运动前结束排油期，进入气态烃排出阶段。

构造中期受玉泉运动的影响，西边抬升，东面沉降，平湖组顶部被剥蚀，形成

T30 不整合面，成东倾的斜坡。渐新世至中新世沉积，沿着不整合面向西超覆，构造晚期发生龙井运动，由东向西挤压，沿着早期正断层，形成放鹤亭、八角亭、团结亭、回龙亭、双照亭、望湖亭、中山亭和初阳等反转构造。它们虽然面积小，但油气充满程度高，形成“小而肥”的油气田。平湖组油气层厚度超过百米，还有花港组河道砂体油层厚度约为 40m。在放鹤亭构造上，平湖组砂岩成岩演化较高，在深度 3500m 以下砂岩孔隙度小于 10%，渗透率小于 $4\times10^{-3}\mu m^2$，成为不含油气的致密砂岩。

在这些反转构造中，以放鹤亭和初阳构造含油气条件为最好，有可能发现大中型油气田。

（三）逆断层下盘圈闭类型

在西湖凹陷中央，由龙井运动形成渐新世至中新世的大型背斜，发育一系列北北东向的逆冲断层，将背斜带切割成 2 类构造：一是北段向西逆冲的推覆构造；二是背斜顶部“背冲式”的剪切构造。它们共同特点是逆断层下盘油气保存条件好。

在背斜带上，平湖组埋藏深，成岩演化程度高，砂岩都成为不含油气的致密层。因此，在背斜带上都以渐新统花港组作目的层，它的沉积相在西冷和苏堤构造带上沉积变细，特别在构造带东、西两翼泥岩厚度增加，逆断层下盘油气保存条件好。

由于在背斜顶部被“背冲式”逆断层抬高数百米，所以北西西向断层能够向下切割到花港组下段砂岩，向上通到 T30 不整合面甚至海底面，成为气逸散的通道。但在背斜两翼北西西向断层不发育，就是有也切割不深，油气保存条件好。

（四）始新世背斜型

分布在西湖凹陷东部斜坡，由玉泉运动形成挤压背斜。在背斜顶部始新统被剥蚀，形成 T30 不整合面，其上为上新统至第四纪水平层不整合覆盖。在背斜西翼发育渐新统至中新统地层的楔状体向东尖灭；在背斜带东翼，始新统地层被剥蚀很多，有大量火成岩侵入。

始新统地层埋藏在 1200～3500m 深度，由于地温梯度较大、生油门限深度浅，始新统烃源岩可能成熟，因此这类构造含油气前景好。

十二、北部湾盆地

北部湾指海南岛莺歌嘴至越南岘港以北海域，面积约为 $12\times10^4km^2$。北部湾盆地是指广东雷州半岛以西至东经 108°，北纬 19°45′～20°10′海域。有效勘探面积约为 $2.2\times10^4km^2$。

北部湾盆地以新生代沉积为主，在大地构造位置上属于中国东部中、新生代裂谷盆地。

综上所述，北部湾盆地油气藏的类型及分布具有如下特点。

① 大多数油气藏类型在盆地内都能找到，具有多油气藏类型的特点。

② 所发现的油田，除少数是单一油气藏类型外，大多数为复合油气藏。

③ 油气藏在平面上受断裂构造带控制：在纵向上，新近系、古近系有明显的差别。古近系主要形成与断裂有关的油气藏，规模较小，古近系主要形成披覆背斜构

造、后期挤压形成的背斜构造圈闭油气藏，圈闭规模较大。新近系、古近系构造复合程度差，给钻探部署带来了一定的困难。

北部湾盆地的勘探主要集中在涠西南凹陷。该区勘探程度较高，发现油气田较多，初步掌握了油气的聚集、分布规律。

（1）油气藏的分布受成熟烃源岩控制。

如前所述，涠西南凹陷古近系为陆相沉积，具有粗—细—粗沉积旋回。生油岩主要是始新统的流沙港组。其下长流组为棕红色粗碎屑沉积，其上涠洲组主要为杂色砂、泥岩沉积，均不具备生油条件。新近系由于埋藏浅，未进入生油门限深度，不能生成大量的油气，故流沙港组成为该区唯一的生油岩。

通过油源对比，目前各油田不同油层所产出的原油、凝析油及天然气，均来自古近系始新统流沙港组的烃源岩。其生物标志化合物五环三萜烷都具有相同的分布特征和很高的相关系数，证明流沙港组深灰色泥岩、页岩是这些油田的烃源岩。该区虽然油源单一，但流沙港组烃源岩分布广泛，厚度大，有机质丰度高。有机碳为1.84%~2.09%。生油潜量为9.34~12.31mg/g，稍好—极好烃源岩。干酪根类型为Ⅲ—Ⅰ型。上述资料说明，不仅烃源岩质量好，而且油气源充足。

从现有钻探资料来看，发现的油气藏均在流沙港组成熟烃源岩分布区及其周缘，远离成熟生油岩分布区都不理想，说明油气藏的分布受成熟生油岩控制。

（2）大断裂控制了油气的运移和聚集。

北部湾盆地为裂谷盆地，晚第三纪前断裂活动频繁，断裂不仅控制了盆地边界和凹陷的沉积，而且在凹陷内也发育有一系列大断裂。如涠西南凹陷发育了3条较大的断裂，它的形成和发展与油气密切相关。由于凹陷北部边界Ⅰ号断裂活动强烈、延伸长、落差大，下降盘沉积最厚，向南的Ⅱ号及Ⅲ号断裂依次减弱，形成一个完整的箕状凹陷；同时可以明显地划分出北部陡坡带、中央坳陷隆起带及南部斜坡带（图6-44），在不同的带内形成了不同类型的油气藏。凹陷内的Ⅱ、Ⅲ号断裂的生油岩成熟区切割成A、B、C三个生油洼陷。每个生油洼陷生成的油气都有各自的运移、聚集走向。

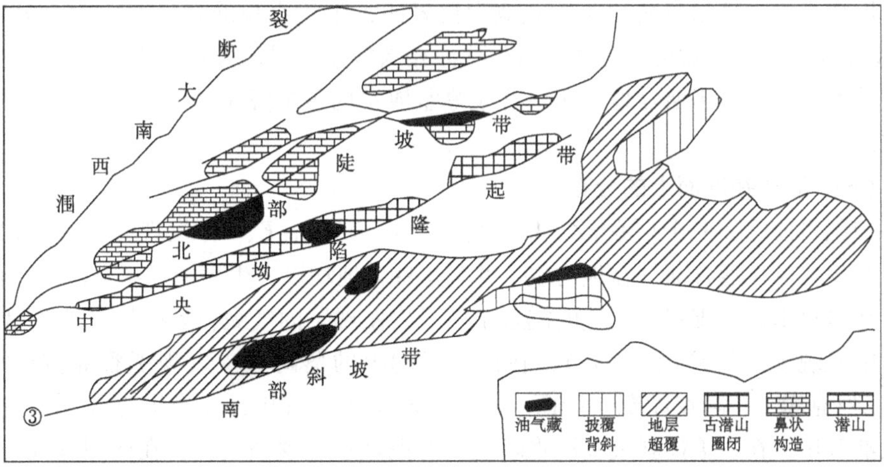

图6-44　北部湾盆地涠西南凹陷油气藏类型及构造关系平面展布图

由于断裂的活动，在断裂两盘形成了一系列与断裂有关的圈闭，计有断层鼻状构造、断背斜、潜山、断块等圈闭。每条断裂都成为油气运移的指向和聚集场所，因而形成了油气富集的构造带(图 6-45)。

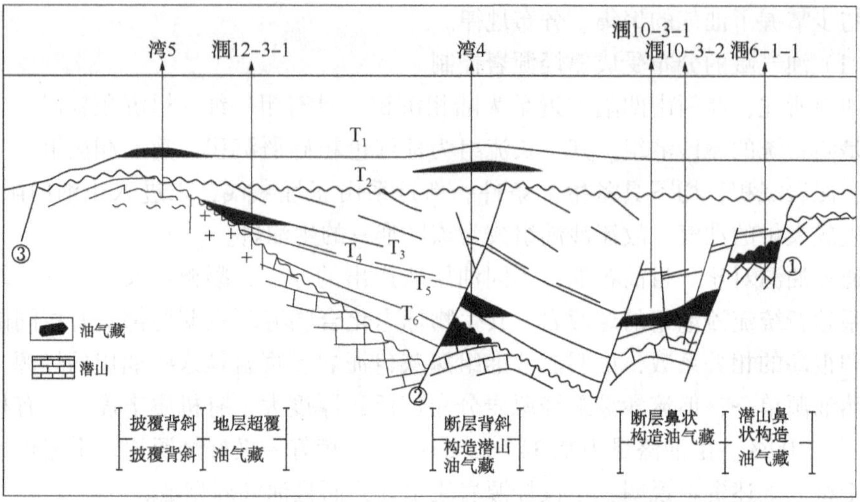

图 6-45　北部湾盆地涠西南凹陷油气富集构造剖面示意图

第十一节　中国三大类型盆地油气分布规律

一、古生代克拉通盆地

以塔里木、鄂尔多斯和四川盆地为代表的古生代克拉通盆地在中国十分发育，自 1984 年在塔里木盆地沙参 2 井古生代海相碳酸盐岩层获得高产油气后，又先后在塔里木盆地、鄂尔多斯盆地、四川盆地等盆地发现多个海相油气田，引起人们的广泛注意。

(一) 油气在剖面上的分布

中国目前已在 9 个层系(Z、Є、O、C、T、J、K、E、N)发现海相油气田，其中以古生代克拉通含油气盆地为主，并且这些盆地均以古生界为烃源岩(图 6-46)。

在塔里木盆地雅克拉构造的震旦系白云岩发现了油气藏(沙 4 井)，在寒武系白云岩中发现了油气藏(沙 7 井)，在沙雅隆起上的奥陶系中发现了雅克拉(沙参 2 井)、阿克库木、阿克库勒、沙西、塔河、轮南等油气田，在卡塔克隆起上发现塔中大油气田，在麦盖提斜坡及沙雅隆起上的泥盆系发现油气田；在四川盆地震旦系发现了威远气田，在许多井的寒武系获得工业气流；在鄂尔多斯盆地奥陶系获得工业气流；此外，在塔里木盆地中、新生界中发现了多个以古生界为烃源的油气田。

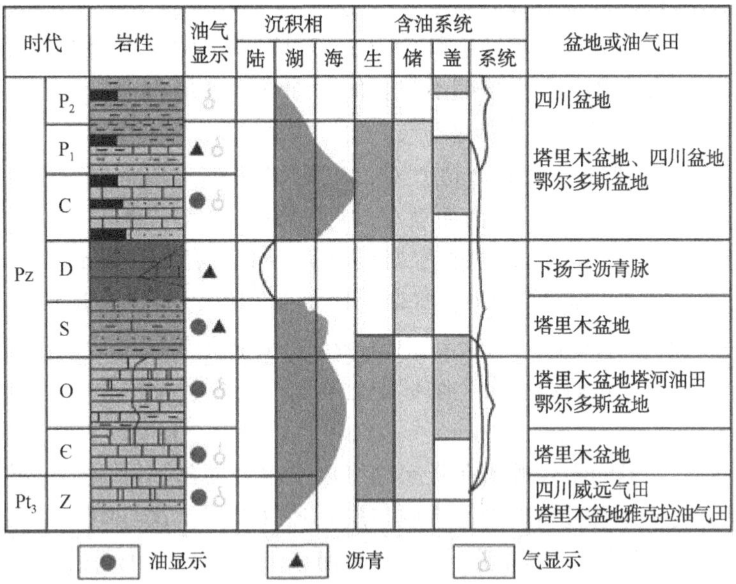

图 6-46　中国古生界含油气综合柱状剖面

（二）油气在空间上的分布

（1）大型古隆起、古斜坡控制油气区域性聚集。

古隆起、古斜坡上的大型凸起是油气富集区，塔里木盆地的沙雅隆起、塔中隆起就是典型实例。沙雅隆起从加里东运动期到燕山运动期一直处于构造隆起状态，东南侧的满加尔坳陷发育巨厚的寒武—奥陶系生烃岩；西北侧的乌什凹陷发育寒武系下部泥质岩、中上奥陶统灰岩和泥质岩生烃岩。塔中克拉通内浅水盆地还发育石炭系台地相生烃岩。寒武—奥陶系烃源岩于海西运动期成熟，油气被沙雅隆起捕获形成早期聚集。在印支—燕山运动早期，沙雅隆起横亘于北部库车坳陷与南部阿瓦提—满加尔坳陷之间，中、新生界单斜层超覆在其上。满加尔坳陷中的寒武—奥陶系烃源岩在喜马拉雅运动期生成的油气，被隆起捕获形成晚期油气聚集。介于阿瓦提—顺托果勒—满加尔坳陷和塔西南坳陷之间的塔中隆起形成于古生代中晚期，也是南北两侧寒武—奥陶系和石炭—二叠系烃源岩生成油气的聚集区。

沙雅隆起上的阿克库勒凸起为一由奥陶系组成的面积超过 3900km^2 的大型背斜—不整合圈闭，其中发育多个不同成因类型的局部构造。已在阿克库木—阿克库勒地区的奥陶系风化壳及内幕中发现了多个油气田，塔河大油田就是典型代表。位于卡塔克隆起上的古生界下部塔中 I 号巨型背斜由多个构造高点组成，圈闭面积达 8500km^2，并被断层切割复杂化，寒武—奥陶系粗结构白云岩发育，储集性能好，已发现了多个油气田。此外，在鄂尔多斯盆地伊陕斜坡和天环隆起、在四川盆地乐山—龙女寺隆起和开江隆起等构造发现的多个气田，也都具有类似的油气富集特征。

需要特别指出的是，古隆起、古斜坡上的叠合构造和构造带往往是油气最富集的地区，如塔里木盆地沙雅隆起上，发育一些叠合构造，古生界断块和背斜遭侵蚀后形成的断块、褶皱潜丘，其上还发育着中生界披覆背斜，二者垂向重叠成为油气最富集区。

(2) 不整合控制油气运移和聚集。

各盆地中均发育一些区域性不整合面，其中尤以奥陶系顶部不整合面、志留—泥盆系顶部不整合面和二叠系顶部不整合面对油气运聚最为重要。已在各盆地的这些不整合面上、下发现了一系列油气藏。

不整合面作为油气运移的通道，对油气藏(田)的形成起着至关重要的作用。塔里木盆地沙雅隆起上的不整合面就是典型例证。古生界不整合面之上为砂岩、砾岩，不整合面之下为奥陶系碳酸盐岩风化壳，都具有良好的储集性能。继承性的构造变动使不整合面由生油坳陷向隆起区上倾，促使油气向隆起区运移聚集成藏，在不整合面之下的古生界风化壳中形成古生古储油气藏或后生古储油气藏，其中见有中生代的孢粉化石组合及生物标记化合物，可作为油气沿不整合面运移最有力的佐证。

各盆地寒武—奥陶系烃源层在隆起内缘以不整合面与不同层位、不同岩性及不同类型的圈闭接触并通过断裂沟通造成多层系油气聚集，这是中国克拉通盆地油气成藏的又一特点。如塔里木盆地沙雅隆起东南坡奥陶系顶部不整合面与石炭系的圈闭沟通；在北部与三叠—侏罗系储集层及其圈闭(雅克拉、阿克库木、沙西北部等)沟通，并且在志留—泥盆系、石炭系两大楔形体中造成了次生聚集，这样就在寒武—奥陶系风化壳圈闭中以及在志留—石炭系和三叠—古近—新近系形成原生和次生多层系聚集(图 6-47)。

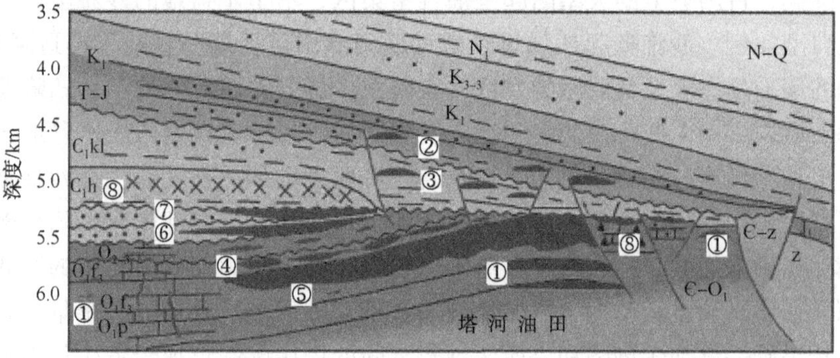

①—内幕背斜油气藏；②—三叠系次生油气藏；③—石炭系次生油气藏；
④——间房组层状孔隙型储集体油气藏；⑤—鹰山组岩溶；
⑥、⑦—东河砂岩、志留系砂岩尖灭型油气藏；⑧—石炭系盐体

图 6-47　塔河油田复合油气藏油藏剖面

鄂尔多斯盆地中奥陶统马家沟组顶部为长期风化剥蚀面，上覆的石炭系为良好的封盖层。这一不整合面使奥陶系形成良好风化壳储集体，为成藏提供了理想条件。近年来，在该盆地东部和西部均发现天然气藏。

在塔里木盆地海西运动所造成的长期抬升剥蚀和印支—燕山期运动的浅埋和短暂抬升，使一些古油藏暴露或接近地表，原油遭受氧化变为重质油(如英买 1 井奥陶系油藏)甚至是沥青(如沙 5 井)。

(3) 断裂体系控制油气运移和聚集。

断裂，特别是深大断裂，对盆地隆坳构造格局、局部构造的形成，对油气输导、改善储集层性能、封闭油气，均起到一定的控制作用。

逆冲断裂对油气遮挡成藏作用在各盆地均有实例，如塔里木盆地阿克库勒背冲断块褶皱构造带，逆冲断层封闭的奥陶系褶皱潜丘中油藏得到保存，仅派生的小断层使油气藏切割复杂化。断裂具有破坏与遮挡作用，但以遮挡作用为主导，尤其当含油气层与致密非渗透层相接时。

克拉通盆地在长期不同方向应力作用下，均发育着不同规模、不同类型的低序次扭动构造。在扭应力作用下，油气总是由应力较大的部位向应力较小的部位运移、聚集成藏。受扭动构造控制成藏的实例有塔里木盆地雅克拉帚状构造带油气藏群（图6-48）、塔里木盆地西南坳陷受叶城雁列构造控制的油藏群、受入字形构造控制的麦盖提斜坡巴什托—先巴扎油气田以及塔里木盆地北部受阿克库勒旋扭构造控制的油气田群。目前，已在该旋扭构造的外旋回层阿克库木构造带中，发现了轮南油气田；在第二旋回层的阿克库勒构造带中，发现了阿克库勒油气田及塔里木油气田等；在内旋涡区发现了塔河特大油田。上述油气田其油源岩均为寒武—奥陶系，经长期生排烃，油气沿区域性不整合面和旋扭断裂运移聚集成藏。油气分布在奥陶系、泥盆系、石炭系及三叠系储集层中。

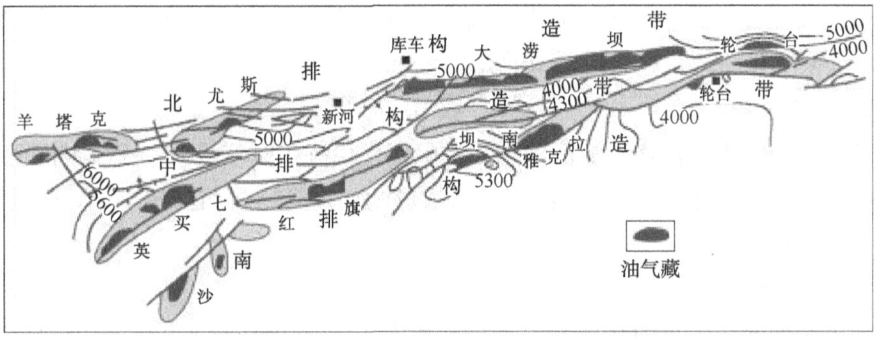

图 6-48　雅克拉帚状构造带控制油气田分布

二、中新生代前陆盆地

中新生代前陆盆地是造山带前缘与相邻克拉通之间的沉积盆地，与古老地台边缘相伴的逆冲带前缘是最大的沉降区，也是最大的油气聚集区。全球一些重要的含油气盆地均分布在这里，在这类含油气盆地中已发现了5万多个油气田，占全球已发现油气田的42%；由于造山带向古克拉通逆冲，使克拉通盆地边缘缩短，在新疆这种缩短距离为30~100km。

（一）前陆盆地类型及形变特征

我国西北地区主要前陆盆地有16个。按照其形成的地应力特征可分为：单向逆冲前陆盆地（准噶尔盆地南缘天山北侧前陆盆地、库车天山南侧前陆盆地、吐哈—博格达山前前陆盆地、叶城昆仑山前前陆盆地等）；双逆冲前陆盆地（喀什前陆盆地）；走滑前陆盆地（祁连山北缘前陆盆地）；逆冲+走滑前陆盆地（且末前陆盆地）；逆冲+超覆前陆盆地（准噶尔盆地西北缘前陆盆地、孔雀河前陆盆地）等。根据我国西部前陆盆地的演化、沉积及构造特征，将其大致划分为逆掩带、断褶带、凹陷带及斜坡带等（图6-49）。

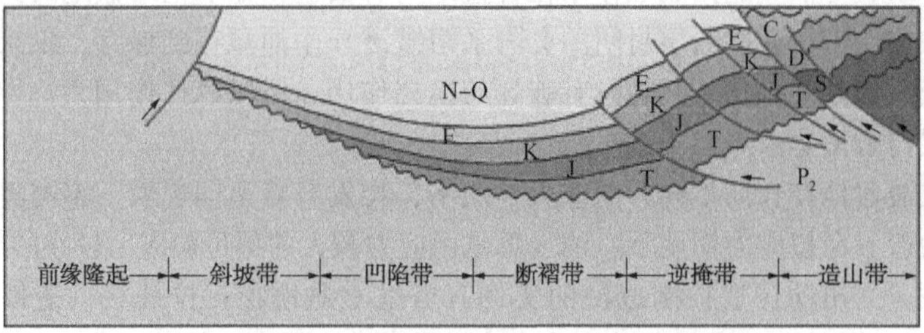

图 6-49 我国西部前陆盆地构造带划分

1. 逆掩带

逆掩带是造山带向盆内逆冲被掩盖的部分，新疆各前陆盆地逆冲的距离不等。乌鲁木齐前陆盆地逆冲距离为 40~60km，库车前陆盆地南天山造山带向南逆冲达 30~40km，叶城前陆盆地昆仑山造山带向北逆冲距离为 60~100km。

2. 断褶带

由于造山带的强烈挤压，靠近逆掩带形成一系列的断裂褶皱带(以下简称断褶带)，一般有 2~3 排，有的可形成 4 排。

3. 凹陷带

邻近断褶带内侧往往形成凹陷带，是中新生代沉积厚度最大、下拗最深的部位。如乌鲁木齐前陆盆地的昌吉凹陷、库车前陆盆地的拜城—阳霞凹陷、叶城前陆盆地的皮山凹陷带。

4. 斜坡带

斜坡带即凹陷带与前缘隆起之间的过渡带，在沉积构造上均显示为单斜超覆。如乌鲁木齐前陆盆地从芳草湖至莫索湾为斜坡带，库车前陆盆地斜坡带从秋里塔格至牙南断裂为斜坡带，叶城前陆盆地从皮山北至玛扎塔克断裂为麦盖提斜坡带等。根据物探、地质资料分析，可将前陆盆地构造划分为 8 种样式：挤压背斜、滑脱背斜、牵引背斜、断背斜、背冲构造、双重构造、叠瓦构造和含盐构造。在这些构造的形成演化中，喜马拉雅运动期形成的断裂起着主导作用，而且这些断裂均具有向盆地方向逆冲的性质。因此，断裂褶皱的程度由造山带向盆地方向变弱，常常由于发育滑脱层(上三叠统和中下侏罗统的煤层以及古近系、新近系的膏盐层)，使得逆冲构造更为复杂。

(二) 中新生代前陆盆地油气分布规律

现有资料表明，前陆盆地油气主要分布在前陆盆地的断褶带、斜坡带和逆掩带内。

1. 断褶带

在断褶带内的油气田主要分布在断褶带 2~3 排断裂构造带内，而且以背斜含油为主，特别是双重构造之间的逆冲断裂下盘背斜控油气。乌鲁木齐前陆盆地内有呼图壁气田，霍尔果斯、齐古、吐谷鲁、玛纳斯等油气田。

塔里木盆地库车前陆盆地内有依奇克里克、克拉 2、迪那 2、依南、大北 3、克深、吐孜洛克、大宛齐、大北等油气田；叶城前陆盆地内有柯克亚凝析油气田；喀什前陆盆地内有阿克油气田；吐鲁番前陆盆地内有丘陵、温吉桑、噶北、胜北2、鄯善、巴喀、丘东、小草沟等油气田；柴达木盆地北缘前陆盆地断褶带内有冷湖、鱼卡等油田。

2. 斜坡带

在斜坡带内发现的油气田有乌鲁木齐前陆盆地内的永进、董1等油气田；库车前陆盆地内的却勒、牙哈等油气田；叶城前陆盆地内的巴什托、和田河、乌山等油气田；吐鲁番前陆盆地内的鲁克沁稠油油气田。

3. 逆掩带

在逆掩带内由于地质条件十分复杂，受勘探技术所限，目前仅在酒西盆地南缘志留系逆掩推覆体下发现青西油田，另在塔里木盆地叶城前陆盆地胜和1井，在志留系变质岩之下的二叠系钻遇高压气层。随着勘探技术的进步，在这一领域将会发现更多油气田。

三、中新生代断陷盆地

中新生代断陷盆地主要发育在大兴安岭—吕梁山—武当山以东的广大陆域(包括松辽盆地、渤海湾盆地、沁水盆地、南华北盆地、江汉盆地、苏北盆地等)，以及海域(包括南营海盆地、东海盆地、冲绳海槽盆地、珠江口盆地、莺琼盆地、南海盆地等)。我国东部中新生代断陷盆地一般可划分为陡坡带、洼陷带、中央背斜带和缓坡带等4个构造单元，它们各自有着自身的构造、沉积和成藏特点。现以渤海湾盆地济阳坳陷为例(图6-50)，论述其油气分布规律。

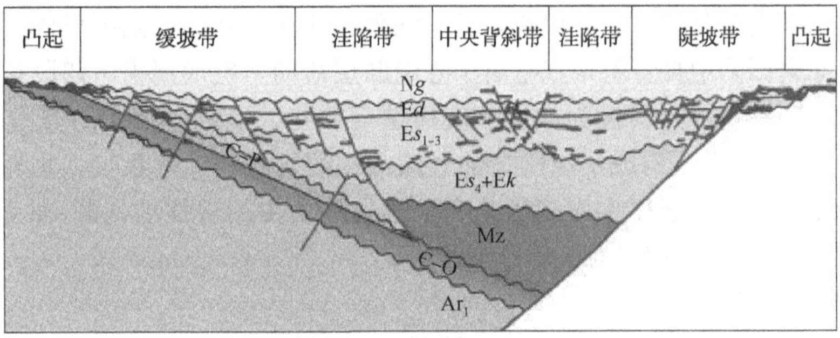

图6-50 断陷盆地油气田分布剖面(据胜利油田，1988)

(一)陡坡带

边界大断裂不但控制着断陷盆地的构造，而且控制着古近系的沉积。在陡坡带内由于受次级断裂持续活动的影响，发育了规模不等的断阶。在这种特殊的古地理环境中沉积了近源、多源、厚度巨大(3000~5000m)、相变剧烈的碎屑岩体系(冲积扇、冲—洪积扇和三角洲等)。在不同的部位形成了辫状河三角洲、扇三角洲、冲积扇、近岸水下扇、陡坡深水浊积扇、近岸砂体前缘滑塌浊积扇等岩体。这些扇体的演化特征有明显的规律性：从早期的古近系孔店组至东营组沿陡坡带从边缘向盆地内部演化，从洪积扇、近岸水下扇演变为扇三角洲沉积体系。陡坡带断阶外侧斜坡发育冲积扇、扇三角洲砂砾岩扇体；断阶上则发育扇三角洲、近岸水下扇砂砾岩扇体，局部地区发育浊积扇或辫状河三角洲砂砾岩扇体；断阶内侧向湖盆倾没部位则发育近岸水下扇及浊积扇砂砾岩扇体。

现已查明，在东营凹陷北部陡坡带共发育有10沟11梁，与此相对应，形成了10大扇体群。在湖盆深部，主要发育与扇体有关的岩性油气藏(如坨71、坨719等油气藏)；在湖盆断阶上主要发育与扇体有关的构造—岩性油气藏(如坨121、盐16、盐18、利371油藏)；湖盆边缘主要发育与扇体有关的地层超覆不整合油气藏(如单家寺、王庄砂砾岩扇体地层油藏)；在凸起部位则易形成潜山油气藏和新近系构造油气藏。勘探实践证实，沙河街组四段上亚段、沙河街组三段下、中亚段发育的近岸水下扇、近岸砂体前缘滑塌浊积扇和深水浊积扇以及由差异压实作用或重力作用形成的具有背斜形态的砂砾岩扇体成藏条件最为有利；位于断层附近的扇体，由于断裂的输导作用，有利于油气成藏；扇根或基岩面物性较差可起到很好的封堵作用，使扇中及扇缘也具有很好的含油性(如永921、坨145等油气藏)。此外，主断裂还可成为深部岩浆侵入或喷发的通道，从而为中小型火成岩油气藏的形成提供条件(如滨674油藏)。

(二)洼陷带

该带一般是盆地的沉积中心，发育深水湖相烃源岩，为中央隆起带、缓坡带和陡坡带中的各种砂体与其他圈闭提供丰富的烃源，形成原生砂岩油气藏(如牛庄、大芦湖及丰11油藏等)。此外，洼陷带与正向构造带的过渡地带中，还可形成不同规模的泥岩裂缝油藏(如河54、永54、利983等油藏)。据此推断，在洼陷带的深部，还可能发育着更为隐蔽的油气藏。

(三)中央背斜带

我国东部断陷盆地在新生代断陷活动强烈，往往在开阔凹陷中形成大型的中央构造带。东营凹陷中央背斜带就是由于陈南断层活动引发沙河街组四段盐岩塑性拱张而形成，背斜顶部断层极为发育，使构造复杂化，形成多种圈闭类型(如背斜、鼻状构造、断块等)，构成了以构造油气藏为主的复式油气聚集带。此外，近几年在沙河街组三段以下地层中发现了众多以透镜体为主的岩性油气藏(如营931、河89、辛158等)，它们都具有高压高产的特点。

(四)缓坡带

缓坡带外接凸起，内临洼陷，地层倾角小，一般为0°~30°，构造变动弱且持续缓慢，不整合面、大型的鼻状构造和盆倾断层发育是其基本的构造特征。地层超覆尖灭明显，冲积扇、扇三角洲、生物碎屑灰岩发育，因此成藏条件极为有利。

紧临凸起的缓坡边缘带(外带)，发育着一些大型冲积扇，它们与不整合面和地层尖灭带相配合，往往是形成大中型地层、岩性油气藏的主要地区。由于边缘地区易受表生作用影响，油藏多为稠油油藏(如乐安、金家、八面河等油田)。缓坡带中部(中带)是河流相最发育地区，断层与河流相砂体配合，多形成中小型岩性—断块油藏(如王家岗油田)，河道砂体油藏(如纯47油藏)；在紧临洼陷带的缓坡带地区(内带)，盆倾断层较发育，该地区扇三角洲、低位扇等发育，是寻找中等规模构造—岩性油气藏的有利场所(如梁家楼群、乔庄等油田)。

显然，断陷盆地的不同部位具有不同的构造特征和沉积特征：陡坡带的断阶控制了陡坡带砂砾岩体的发育，缓坡带的断阶控制了缓坡带低位扇体的发育，盆内坡折带控制了三角洲及滑塌浊积岩体的发育，凸起缘坡折带控制了冲积扇及河流体系的发育。断坡带往往是砂岩厚度和砂层数的加大带，又是不整合面开始发育的部位，对于寻找非构造油气藏具有重要意义。需要特别强调的是，断陷湖盆内的各种断坡带对非构造油气藏的形成起着重要作用。在断裂坡折带发育着岩性油气藏和断层—复合油气藏；在挠曲断坡带发育着地层和岩性油气藏；在沉积坡折带发育着岩性透镜体油气藏；在侵蚀坡折带上常形成深切谷油气藏和地层油气藏。

第十二节　中国泥页岩与致密岩油气地质特征及前景展望

中国目前非常规油气包括：致密岩油气、泥页岩油气、煤层气、油砂、油页岩及天然气水合物等，笔者仅就非常规致密岩油气和泥页岩油气地质特征及前景浅谈如下。

自美国于1827年第一口页岩气井出气后，经过多年的勘探工作，非常规油气勘探开发工作进展很快，特别是近十年进展很大。美国2010年页岩气年产达1000×10^8平方米。页岩油产量也较大。世界各个国家已把非常规油气作为经济的增长点。自2010年以来中国国土资源部现为自然资源部率先组织各油气公司、大专院校一起开展了非常规油气地质评价和选区研究，各油气公司等单位也相继开展了非常规油气的研究和勘探，并很快取得了一定进展。在一些盆地和地区打出了非常规油气流。

一、关于泥页岩油气、致密岩油气的概念

(1) 什么叫泥页岩油气？“暗色泥页岩层系所含的油气叫泥页岩油气。”什么叫泥页岩层系呢？“暗色泥页岩及其所夹的薄层其他岩石的组合为泥页岩层段。”如四川盆地下志留统龙马溪组(S_1)、准噶尔芦草沟组(P_2)、松辽盆地青山口组(K_1)、渤海湾盆地沙河街组(E_3)、苏北阜宁组(E_3)、江汉潜江组(E_3)、鄂尔多斯平凉组(O_2)(图6-51、图6-52)。

(2) 致密岩油气：什么叫致密岩？孔隙度<10%(一般在3%~6%)、渗透率<$0.1\times10^{-3}\mu m^2$的岩石为致密岩。包括致密砂岩、泥灰岩、泥页岩等。如鄂尔多斯的苏里格气田、大牛地气田石炭—二叠系，准噶尔盆地三工河组(J3)(图6-53、图6-54)。

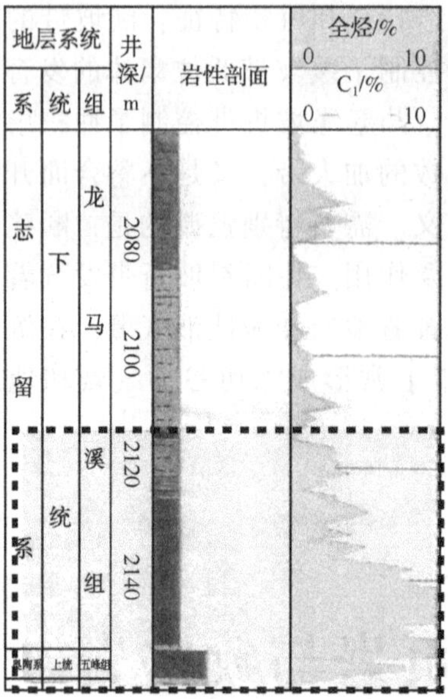

图 6-51　四川彭水彭页 1 井（S_1）全烃最高达 22.56%

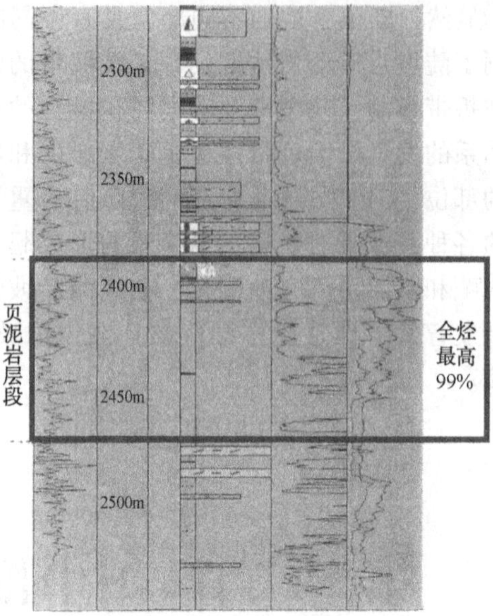

图 6-52　南华北泌阳坳陷泌页 HF1 井泥页岩层段全烃值最高达 99%

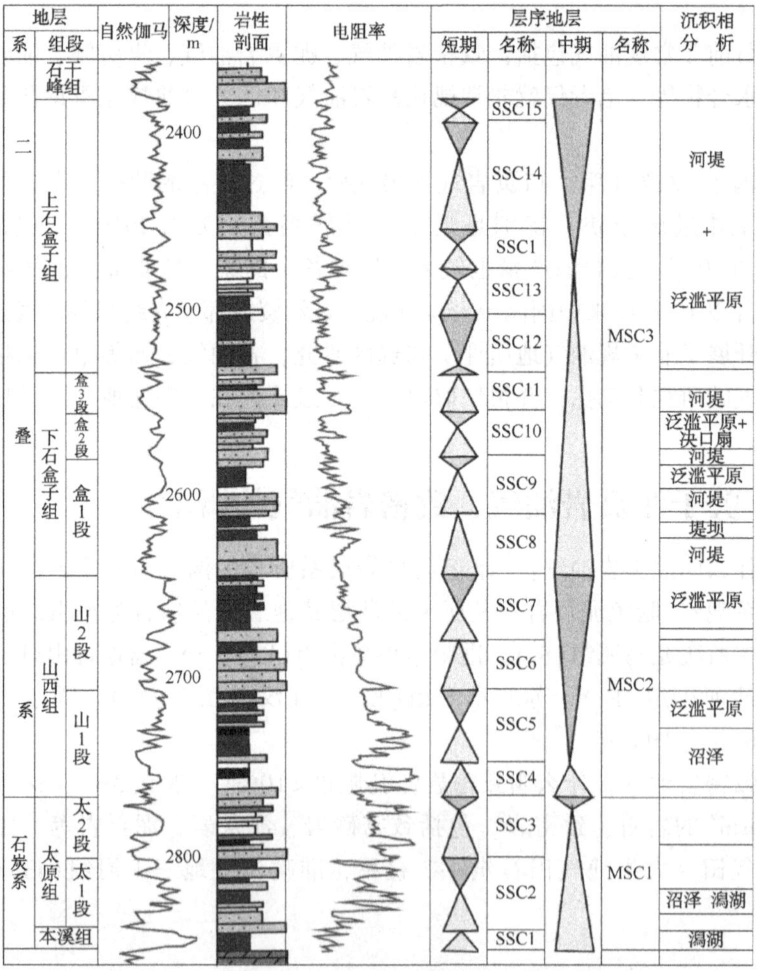

图 6-53　鄂尔多斯上古生界致密岩层段综合柱状图

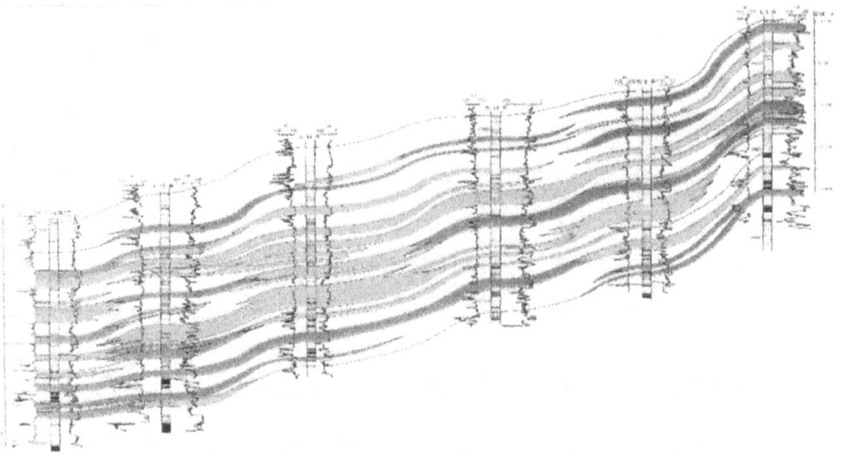

图 6-54　鄂尔多斯盆地大牛地致密岩层段沉积综合剖面

二、泥页岩油气与致密岩油气地质条件对比

泥页岩油气与致密岩油气地质条件主要有以下不同。

(1) 岩石组合：泥页岩组合为暗色泥页岩夹薄层其他岩石。而致密岩组合一般为暗色泥页岩与其他岩石为互层状分布。

(2) 泥页岩与致密岩在纵向和平面上具有互相转换或交替的特点。

(3) 储集岩：泥页岩层段，生油岩就是储集岩，生、储油气岩难分；致密岩、储集岩一般为砂岩、泥灰岩、灰岩等，生、储易分。

(4) 油气运移：泥页岩油气，原地保存或近距离运移富集；致密岩油气，则为近距离运移或较远距离运移成藏。

(5) 生、储、盖组合：泥页岩油气生、储、盖一体化，生油层既是储油层也是盖油层；致密岩油气，生储盖分得清楚。

(6) 勘探开发层段：致密岩油气目的层主要针对砂岩、灰岩等；泥页岩主要以泥页岩层段为目的层进行勘探开发。

(7) 含油气方式：泥页岩以吸附和游离油气为主，致密岩则以游离油气为主。

(8) 勘探开发技术难度：致密岩油气勘探开发技术难度较泥页岩油气勘探开发技术难度小(表 6-12)。

表 6-12　泥页岩油气与致密岩油气地质条件对比

项　目	暗色泥页岩油气	致密岩油气
岩石组合	泥页岩夹薄层其他岩石	泥页岩、砂岩、灰岩互层
泥页岩层系	泥页岩层厚>30m	各岩性厚度不等
烃源岩	泥页岩	泥页岩、泥灰岩等
运移	近距离运移或原地	近距离或较远距离运移
储层	溶蚀孔、有机孔、裂缝、层面、夹层	以砂岩-灰岩储层为主
生、储、盖	一体化	生、储、盖有别
圈闭	不明显	有圈闭

续表

项　目	暗色泥页岩油气	致密岩油气
含油气量	以吸附为主+游离	以游离为主
开采	水平井多段压裂(难度大)	水平井多段压裂(较难)
开采层位	泥页岩及夹层砂岩、灰岩	砂岩、灰岩等
勘探难度	很大	较大
勘探开发难度	刚刚起步	已有勘探开发基础

三、中国泥页岩油气与致密岩油气资源潜力巨大

近年来，通过调查研究和勘探实践发现，中国致密岩油气和泥页岩油气分布十分广泛，既有古生代海相，又发育中新生代陆相，既含油又含天然气，它们往往是在一个剖面上和盆地内共存。

(1) 多时代、多层系含油气。有震旦系、寒武系、奥陶系、志留系、石炭系、二叠系、三叠系—侏罗系、白垩系—古近系等。

(2) 横向分布广泛，中国陆地上几个大中型盆地，如松辽、渤海湾、鄂尔多斯、四川、准噶尔、塔里木、柴达木、吐—哈、三塘湖、伊宁、河西走廊等盆地，苏北、江汉、青藏地区的盆地，海域各主要盆地等。而这两类非常规岩系沉积厚度较大。

(3) 通过近几年勘探实践，笔者估算暗色泥页岩气资源量有60万亿~80万亿立方米，可采资源量有10万亿~12万亿立方米；致密油气资源量远大于泥页岩油气资源，而且往往大面积成藏。

(4) 经过这几年研究，并且已在松辽盆地、渤海湾盆地、鄂尔多斯盆地、四川盆地、鄂西渝东地区打出了泥页岩油气流。致密油气的勘探早已形成规模，如在鄂尔多斯盆地(C-T)、四川盆地(T_3)已发现多个大油气田，进一步证明中国这两类非常规油气资源潜力巨大。

四、中国泥页岩油气与致密岩油气勘探开发面临挑战

(1) 古生界海相一般埋藏较深(4000~6000m)。

(2) 中新生代陆相沉积横向变化较大，在湖盆中心地区为泥页岩油气到湖盆外围可能就变化成致密岩油气。

(3) 构造条件较复杂，多期构造运动，多期多方向断裂活动，对沉积层展布、形态、油气破坏影响较大。

(4) 地表条件，特别是西部地区(丘陵、山地、沙漠等)较复杂，增加了勘探开发施工难度。

(5) 我国非常规油气勘探，特别是泥页岩油气勘探开发刚刚起步，处于准备阶段，因此，对油气资源评价、选区、勘探、开发技术等尚需一段时间探索。

五、几点建议

根据中国非常规油气地质条件和当前勘探开发工作现状，提出建议如下。

（1）先易后难，致密岩油气的勘探必须加大力度，快速增储上产。

（2）泥页岩油气勘探开发，本着积极稳妥的原则进行准备，严防一哄而上造成浪费。

建议 2011—2015 年做好如下准备：①油气资源评价；②有利地区优选；③勘探技术；④勘探开发政策和管理。另外，当前地方、各油气公司、地调部门等积极性很高，都在开展。如何处理好各部门、多单位的统一协调有序进行勘探开发工作，力争早日实现宏伟目标。

（3）泥页岩油气、致密岩油气及煤层气，可以统一规范、统一部署、统一勘探开发，可大大降低成本。

总之，中国这两类非常规油气资源潜力巨大，但油气地质条件较复杂，特别是泥页岩油气在地质理论和勘探技术上具有较强的挑战性。建议先积极稳妥地做好各方面的准备，早日形成大规模开发的局面，实现中国油气勘探的第三次跨越。

第十三节　中国非常规油气地质特征

所谓非常规油气，即非常规条件下形成的油气。包括致密岩油气(含泥页岩油气)、煤层气、油砂、油页岩、天然气水合物。

（1）致密岩油气，包括致密砂岩、致密泥页岩、致密碳酸岩等油气。

（2）泥页岩油气“暗色泥页岩层系所含的油气叫泥页岩油气”。泥页岩层系是“暗色泥页岩及其所夹的薄层其他岩石的组合”。

（3）煤层气是煤层中所含的天然气。中国煤层气主要分布在石炭系—二叠系、侏罗系—三叠系。平面上各大中盆地均有，十分丰富，资源量为 36 万亿立方米，自 20 世纪 80 年代以来在多个盆地煤层气开采，2014 年产气 35 亿立方米。

（4）油砂(沥青砂)，目前资源量为 60 亿~80 亿吨。中国油砂分布十分广泛，从下古生界到白垩系均有分布，平面上各中型盆地均已发现。如准噶尔盆地、塔里木盆地、松辽盆地等。

（5）油页岩是含油的页岩，中国从 1927 年就在东北抚顺开采油页岩，资源量 7200 亿吨，含油资源 120 亿吨。

一、泥页岩油气

1. 暗色泥页岩的类型

常见的泥页岩类型有泥质泥页岩、碳质泥页岩、硅质泥页岩、钙质泥页岩等。当泥页岩中混入一定的砂质成分时，便会形成砂质泥页岩。根据含砂颗粒的大小，可分为粉砂质页岩和砂质页岩两类。富有机质泥页岩是形成泥页岩油气的主要岩石类型，暗色泥页岩中含有大量的有机质与细粒、分散状黄铁矿、菱铁矿等，有机质含量通常介于 3%~15%或更高，常具极薄层理。碳质泥页岩中含有大量细粒、分散状的碳化有机质，有机碳含量一般介于10%～20%，该页岩的特征为黑色、染手、含植物化石。

中国的暗色泥页岩主要包括海相、海陆交互相以及陆(湖)相泥页岩和泥岩，重点指含油气盆地中的优质泥质烃源岩。图6-55和表6-13～表6-17显示了中国富有机质泥页岩的类型、层系和分布特点。中国南方扬子地块海相泥页岩分布广泛并夹硅质页岩(如扬子地区牛蹄塘组底部页岩)、暗色泥页岩、钙质泥页岩和砂质泥页岩；海陆交互相泥页岩多为砂质泥页岩和碳质泥页岩；陆(湖)相泥页岩页理发育，其中渤海湾盆地、柴达木盆地新生界湖相泥页岩钙质含量较高，鄂尔多斯盆地中生界湖相泥页岩石英含量较高。

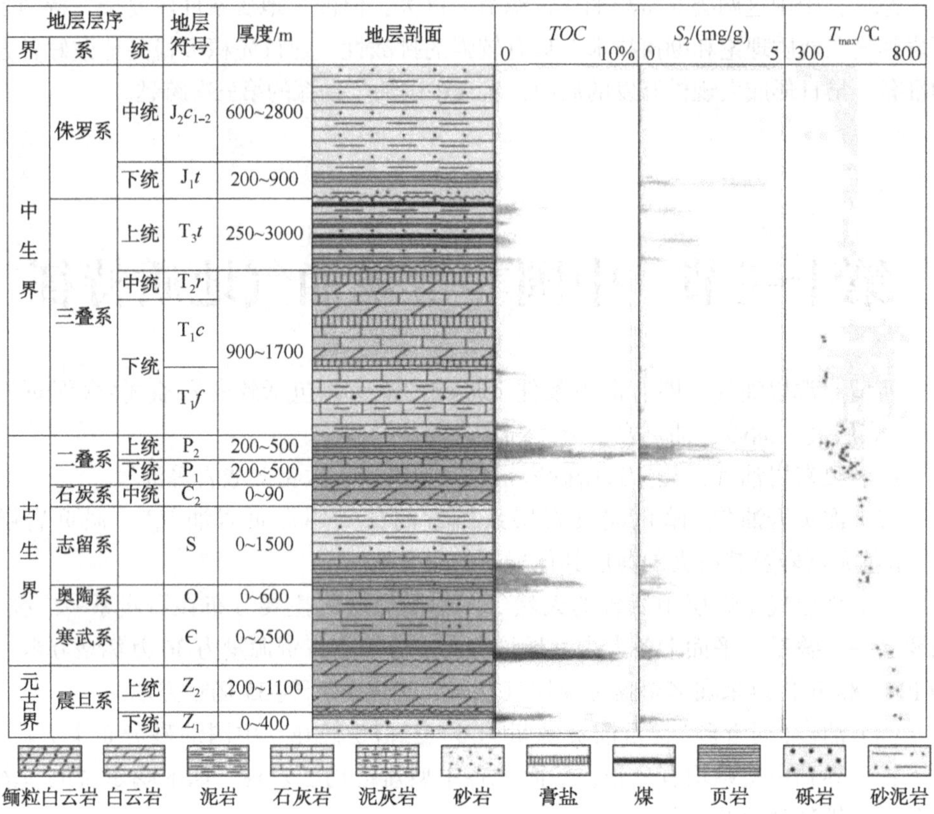

图6-55　四川盆地地综合柱状图

2. 暗色泥页岩的沉积环境

泥页岩可形成于陆相、海相及海陆交互相沉积环境中，暗色泥页岩主要形成于缺氧的闭塞海湾、潟湖、湖泊深水区、欠补偿盆地及深水陆棚等沉积环境中(姜在兴，2003；张爱云等，1987)。碳质泥页岩常与煤系伴生，一般出现在煤层的顶、底板或夹层中，以湖泊、沼泽环境沉积为主。中国主要有石炭纪—二叠纪、三叠纪—侏罗纪和古近纪—新近纪3次成煤期，发育多套与煤层相伴生的碳质泥页岩。如中国南方地区的二叠系龙潭组(P_2l)碳质泥页岩分布面积较广，厚度介于200～300m；南方扬子地块、华北地块及塔里木地块古生界海相泥页岩以深水陆棚相沉积为主，如四川盆地古生界发育多套黑色泥页岩。

表 6-13　中国暗色泥页岩有机地球化学参数

页岩类型	盆地或地区	地层及岩性	TOC/%		R_o/%	干酪根类型
			范围值	平均值		
海相	四川盆地	寒武系黑色页岩	1.00~5.50	3.50	2.30~4.20	腐泥—偏腐泥混合型
		志留系龙马溪组黑色笔石页岩	2.00~4.00	2.13	1.60~3.60	腐泥—偏腐泥混合型
	塔里木盆地	寒武系深灰色泥灰岩、黑色页岩	0.70~5.52	2.28	1.90~2.04	腐泥—偏腐泥混合型
		下奥陶统黑色泥岩	0.80~3.10	1.15	1.74	
	上扬子地区东南缘	五峰组—龙马溪组底部泥页岩	1.73~3.12	2.46	1.83~2.54	腐泥型
海、陆交互相	河西走廊	石炭系暗色泥岩	0.19~3.79	4.20	0.60~1.90	腐殖型
		碳质泥岩	0.27~5.05	5.44		腐殖型
	鄂尔多斯盆地	黑色、深灰色碳质页岩	2.68~2.93		1.10~2.50	
陆相	鄂尔多斯盆地	三叠系延长组长 7 段黑色页岩	0.70~4.10	3.50	0.90~1.16	偏腐泥混合—腐殖型
	松辽盆地	白垩系青山口组黑色页岩	0.50~4.50		0.60~1.20	偏腐泥混合—腐殖型
	渤海湾盆地	古近系泥页岩	0.50~3.00	2.80	0.50~1.50	偏腐泥混合—腐殖型
	南华北区	古近系—三叠系泥页岩	0.50~3.20	2.60	0.50~1.40	偏腐泥混合—腐殖型
	准噶尔盆地、吐哈盆地	侏罗系—二叠系泥页岩	0.50~5.20	3.10	0.50~2.00	偏腐泥混合—腐殖型

表 6-14　四川盆地海相页岩与北美页岩地质条件对比

地区	页岩名称	地质时代	深度/m	有效厚度/m	TOC/%	R_o/%	石英含量/%	总孔隙度/%	含气量/(m^3/t)	资源丰度/($10^8 m^3/km^2$)
北美	Barnett	$C_1 m$	1981~2926	30.00~183.00	2.00~7.00	1.10~2.00	35~50	4.00~5.00	8.50~9.91	7.15
	Haynesville	J_3	3048~4115	61.00~91.44	0.50~4.00	2.20~3.20		8.00~9.00	2.83~9.34	8.71
	Woodford	D_3	1829~3353	36.58~67.10	1.00~14.00	1.10~3.00	60~80	3.00~9.00	5.66~8.50	2.29
	Lewis	K_2	914~1829	61.00~91.00	0.45~25.00	1.60~1.90		3.00~55.00	0.40~1.30	1.74
	Montney	T	400~4400	30.00	1.20~1.60	1.75~3.75	50~70	5.00~9.50	0.44	
四川盆地	筇竹寺组	$\in q$	2600~4600	25.00~80.00	2.30~4.20	1.50~4.20	28~56	1.46~2.61	1.17~6.02	0.90~2.30
	龙马溪组	$S_1 l$	1600~4200	30.00~85.00	1.60~3.60	1.88~4.36	24~44	1.00~5.00	1.73~5.10	1.00~2.50

表 6-15　中国海相泥页岩分布情况

层系	组段	厚度/m		分布地区
		范围值	平均值	
石炭系	德坞组—大塘组(C_1)	50~150	100	滇黔桂
泥盆系	罗富组(D_2)	100~600	200	滇黔桂、湘西—湘南
志留系	五峰组—龙马溪组(O_3—S_1)	30~400	120	扬子区
奥陶系	大乘寺组(O_1)	25~100	40	上扬子西部
寒武系	筇竹寺组(ϵ_1)	50~300	100	扬子区
	玉尔吐斯组(ϵ_{1+2})	50~110	80	塔里木盆地
震旦系	陡山沱组(Z_2)	30~100	47	上扬子东部—中扬子西部

表 6-16　中国海、陆交互相泥页岩分布情况

地层	泥页岩层段	泥页岩厚度/m	分布地区
石炭系—二叠系	龙潭组(P_2l)	40~200	扬子地区
	山西组(P_1s)、太原组(P_1t)、本溪组(C_2b)	50~180	华北地区

表 6-17　中国湖相泥页岩分布情况

地质时代		厚度/m	分布盆地或地区
新生代	K	480~1900	渤海湾
	E-N	300~800	柴达木
中生代	T	200~300	鄂尔多斯、四川
	K	200~400	松辽
	J	200~300	吐哈、准噶尔、塔里木
晚古生代	P_2	600~1100	准噶尔、伊宁、吐哈、三塘湖等

3. 泥页岩的有关讨论

寒武系筇竹寺组、志留系龙马溪组泥页岩为大陆边缘坳陷的深水陆棚相沉积，厚度介于200~400m，含丰富的有机质、笔石等海洋浮游生物化石及自生黄铁矿等；中国陆相沉积盆地中，松辽盆地白垩系、渤海湾盆地古近系、四川盆地三叠系、鄂尔多斯盆地三叠系等发育多套湖相、湖沼相黑色泥页岩，含丰富的介形虫、孢粉、细菌、高等植物等化石及有机质，厚度介于200~1500m。

4. 暗色泥页岩有效性基本指标

在沉积盆地中只要发育有暗色泥页岩，就有可能形成泥页岩油气藏。目前据国外资料和国内初步勘探实践成果，具有经济开发效益的暗色泥页岩基本参数和特征包括：*TOC*>0.5%，R_o 介于 0.5%~4.0%，干酪根类型为腐泥—腐殖型均可，泥页岩孔隙度一般小于 10%，渗透率小于 $0.01\times10^{-3}\mu m^2$；泥页岩中脆性矿物含量超过40%，有效厚度大于30m，有效面积大于 $50m^2$，埋藏深度浅于4000m；泥页岩内各

类裂缝发育。

5. 泥页岩矿物特征

泥页岩中主要含有黏土矿物(高岭石、蒙脱石、伊利石等)，此外还含有碎屑矿物(石英、长石、方解石等)。其中脆性矿物含量越高，岩石脆性越强，在外力作用下越易形成天然裂缝和诱导裂缝，形成树状或网状结构缝，有利于泥页岩气开采。而高黏土矿物含量的泥页岩塑性强，吸收能量强，以形成平面裂缝为主，不利于泥页岩体积改造。

美国产气页岩中石英含量为28%~52%，碳酸盐岩含量为4%~16%，总脆性矿物含量为46%~50%。

中国海相页岩、海陆交互相碳质泥页岩、陆相泥页岩3种泥页岩类型，脆性矿物含量总体比较高，均超过40%，如上扬子区古生界海相泥页岩石英含量介于24.3%~52.0%，长石含量介于4.3%~32.3%，方解石含量介于8.5%~16.9%，总脆性矿物含量介于40%~80%；四川盆地上三叠统须家河组黏土矿物含量一般介于15%~78%，平均在50%左右；石英、长石等脆性矿物含量一般介于22%~86%，平均在50%左右。鄂尔多斯盆地上古生界含煤层系碳质泥页岩石英含量介于32%~54%；平均为48%，总脆性矿物含量介于40%~58%；鄂尔多斯盆地中生界湖相泥页岩石英含量介于27%~47%，平均为40%，总脆性矿物含量介于58%~70%。岩石矿物组成对泥页岩气后期开发至关重要，具备商业开发价值的泥页岩，一般其脆性矿物含量要高于40%，黏土矿物含量小于30%。

6. 暗色泥页岩含油气特征

暗色泥页岩具有极低的基质孔隙度和渗透率，油产自自身并以吸附、游离及水溶解等形式原地富集在泥页岩层系中，可称为原地滞留的油气。这类油气藏无明显的圈闭界限。集生、储、盖于一体，即生油气层也是储集层和盖层，当然，要成藏还离不开保存条件。泥页岩油气以游离态、吸附态及溶解态等形式存在，其中以游离态和吸附态为主。吸附态与煤层气相似，游离态与常规油气相似，据北美开发实践成果：吸附态含量一般为20%~85%，游离态含量一般为15%~80%；但游离与吸附油气当量因地质条件而异。泥页岩油气呈大面积连续分布，资源规模大。

北美地区已实现商业开发页岩气，含气量最低为1.1立方米/t，最高达9.9立方米/t。吸附量主要与有机质含量、黏土矿物含量有关；游离气含量主要与基质孔隙度大小、裂隙缝发育程度及砂质岩含量有关。

四川盆地寒武系筇竹寺组黑色泥页岩含气量为1.17~6.02立方米/t，平均为1.90立方米/t；下志留统龙马溪组黑色泥页岩含气量为1.73~5.10立方米/t；平均为2.80立方米/t(渝东地区渝页1井实测含量为1~3立方米/t)，具有开发价值。

据美国目前开采页岩气资料，页岩气(Barnett页岩)采收率早期为7%~8%，目前为13.5%，预计最高可达20%左右。

但是必须看到，中国泥页岩油气与北美页岩气相比有自己的特点：①海相古生界页岩热演化程度较高(R_o介于2.5%~5.0%)，陆相中新生界泥页岩热演化程度较低，R_o介于0.5%~2.0%，既有油又有气；②构造活动较强，保存条件复杂；③地面多山地、丘陵等复杂地表，埋藏较深(1000~6000m)；④构造活动较强、泥页岩裂缝发育，有利于泥页岩油气开采。因此，中国泥页岩油气勘探开发应注意复杂地表、埋藏深度、后期保存及环境保护等特殊地质条件。

7. 中国暗色泥页岩油气资源潜力大

(1) 暗色泥页岩分布广泛。

中国暗色泥页岩分布时代多、面积较广，就全国而言，从震旦系—新近系均有分布，区域上遍及全国。从沉积环境上讲，由海相—海、陆交互相—陆相均发育较厚的暗色泥页岩。暗色泥页岩有机质含量、热演化程度等指标与美国主要暗色泥页岩有不少相似之处。

(2) 暗色泥页岩油气资源前景广阔。

近年来，在四川盆地及鄂西地区古生界海相泥页岩层系——下寒武统筇竹寺组、下志留统龙马溪组等地层钻获天然气流，在陆相湖盆泥页岩层系——南华北安深1井(T)、泌阳坳陷泌页1井(E)、济阳坳陷古近系及下辽河盆地的暗色泥页岩中钻获工业油流，显示出中国泥页岩油气勘探的现实性，证明其油气资源前景广阔。泥页岩气可采资源11万亿~12万亿立方米。泥页岩油可采资源估算为20亿~30亿t。

二、致密岩油气

致密岩油气包括致密砂岩油气、致密灰岩油气及泥页岩油气。

致密砂岩孔隙度<10%(一般在3%~6%)、渗透率<0.1μm^2。如鄂尔多斯的石炭系—二叠系的苏里格及大牛地气田、三叠系延长组油田，准噶尔盆地三工河组油田。

勘探实践业已表明，中国致密岩油气藏分布领域广泛、类型多样，国内几乎所有含油气盆地的中深部(四川、鄂尔多斯、吐哈、松辽、准噶尔、塔里木等多个盆地)都具有形成致密砂岩气藏的地质条件。根据最新全国油气资源评价结果，四川盆地川西坳陷侏罗系与上三叠统天然气资源量介于1.8万亿~2.5万亿立方米，而且目前的探明储量为2200亿立方米，仅占资源量的10%左右。鄂尔多斯盆地苏里格气田是目前中国最大的气田，截至2010年年底，其累计探明、基本探明天然气储量达2.85万亿立方米，具有极其广阔的开发潜力。

1. 中国致密岩油气特征

致密岩油气属于非常规油气资源的一类，亦是潜力最大的一种非常规油气资源，那么，什么是致密岩油气呢？笔者认为，致密岩中所赋存的油气被称为致密岩油气。致密岩包括砂质岩、泥质岩及泥质灰岩等。致密岩以低孔隙度、低渗透率为特征，即一般孔隙度小于10%、渗透率小于$0.1\times10^{-3}\mu m^2$。

(1) 致密岩油气分布广泛。

依据目前的勘探成果，研究认为，中国致密岩油气具多层位富集的特点——志留系、泥盆系、石炭系、二叠系、三叠系、侏罗系—白垩系、古近系等均有分布。空间分布广泛，几乎在各主要含油气盆地均有分布，如松辽盆地、渤海湾盆地、南华北盆地、准噶尔盆地、塔里木盒地、柴达木盆地、鄂尔多斯盆地、四川盆地、江汉盆地、苏北盆地等，在海域各盆地亦有分布(图6-56、表6-18)。

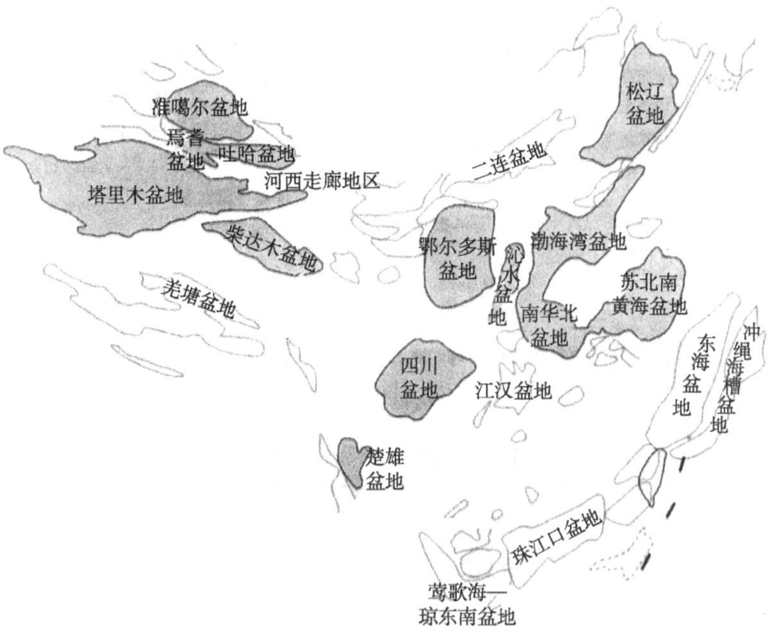

图 6-56　中国陆区致密岩油气的有利盆地分布图(据张金川 2007，修改)

表 6-18　中国陆地主要盆地(地区)致密岩油气分布

地层时代	分布盆地(地区)
E	渤海湾、南华北等
K	松辽、华北地区、苏北、塔里木等
J	准噶尔、塔里木、四川、柴达木、松辽、华北地区等
T	鄂尔多斯、南华北、准噶尔、塔里木、四川等
P	鄂尔多斯、准噶尔、塔里木、东北地区、南方地区、吐哈、华北地区等
C	鄂尔多斯、东北地区、河西走廊地区、柴达木、华北地区等
D	塔里木等
S	塔里木、四川、中下扬子构造等

(2) 发育多时代烃源岩，主要为暗色泥岩、泥页岩及石灰岩夹杂层。

发育的各类烃源岩分属多个时代且在多个层段均有分布；其单层厚度，从几十厘米到几十米不等；既生油又生气，深层主要生气。

(3) 作为主要储集层的砂质岩与相邻的烃源岩呈互层状分布。

储集层与烃源岩呈现出烃储相连、储盖一体的特点，有的为不等厚互层，且以砂质岩为主。地层和时代划分结果表明，储集层与烃源层呈旋回状分布。个别地区烃源岩就是储集岩，如渤海湾盐地沾化凹陷，古近系沙河街组沙三段发育上百米厚的暗色泥灰岩夹泥岩，该套暗色泥灰岩既是生油层又是储集层。目前已在罗 69 井经酸化压裂试获工业油流。

(4) 岩物性特征。

一般砂岩孔隙度介于3%~12%，平均值小于10%，渗透率小于$0.1\times10^{-3}\mu m^2$。孔隙类型常以次生孔隙为主，部分为粒间孔隙，孔隙连通性差，孔隙延伸相对较长，呈带状。储集层岩石矿物特征：碎屑矿物含量不稳定，石英含量介于60%~85%。常见岩石碎屑、黏土、长石和云母，时而含有少量碳酸盐岩颗粒，岩石密度一般介于2.68~2.719g/立方米。成岩作用演化史十分复杂。

(5) 油气藏组合类型多样，多为自生自储组合。

作为一个组段单元，烃源岩和储集岩多呈互层状，或烃源岩就是储集岩，如济阳坳陷沾化凹陷罗69井沙3段暗色泥灰岩夹泥岩，在厚度近200米的层段内试获工业油流；又如在鄂尔多斯盆地苏里格气田及大牛地气田，山西组或太原组暗色泥页岩与砂岩多互层形成气藏等(表6-19)。

表6-19　鄂尔多斯盆地延长相地层划分及主要标志层

系	统	组	段	油层组	厚度/m	岩性特征
侏罗系	下统	富县组			0~150	厚层块状砂砾岩夹紫红色泥岩或两者成相关系
三叠系	上统	延长组	第五段 T_3y_6	长1	20~90	瓦窑堡组煤系灰绿色泥岩夹粉细砂岩、碳质页岩及煤层
			第四段 T_3y_4	长2	20~170	灰绿色块状中、细砂岩夹灰色泥岩 浅灰色中、细砂岩夹灰色泥岩 灰、浅灰色中、细砂岩夹暗色泥岩
				长3	20~160	浅灰色、灰褐色细砂岩夹暗色泥岩
			第三段 T_3y_3	长4+5	45~110	暗色泥岩、碳质泥岩、煤线夹薄层粉-细砂岩 浅灰色粉、细砂岩与暗色泥岩互层
				长6	50~145	绿灰、灰绿色细砂岩夹暗色泥岩 浅灰绿色粉-细砂岩夹暗色泥岩 灰黑色泥岩、泥质粉砂岩、粉-细砂岩互层夹薄层凝灰岩
				长7	80~120	暗色泥岩、油页岩夹薄层粉-细砂岩
			第二段 T_3y_2	长8	45~120	暗色泥岩夹灰色粉-细砂岩
				长9	90~120	暗色泥岩、页岩夹灰色粉-细砂岩
			第一段 T_3y_1	长10	280	肉红色、灰绿色长石砂岩夹粉砂质泥岩，具有麻斑结构
	中统	纸坊组			300~350	上部为灰绿、棕紫色泥质岩夹砂岩，下部为灰绿色砂岩、砂砾岩

这类油气藏烃源岩往往就是良好盖层。当然，也存在非自生自储型，如烃源岩与储集层相距稳定甚至不同时期等，而且，致密岩油气与泥页岩油气和含煤层系常并存于一个盆地或坳陷内(表6-20)。

表 6-20 致密砂岩储层的基本地质特征及其与常规储层对比

地质特征	致密砂岩特征	常规砂岩储层
渗透率/μm^2	小于 0.1	大于 0.1
孔隙度/%	3~12，一般小于 10	12~25
孔隙类型	常见次生孔隙，部分粒间孔隙	以原生孔隙为主(粒间孔隙)，部分次生孔隙
孔隙连通性	差，孔隙延伸相对较长，呈丝带状	好或者极好，孔隙延伸短
含水饱和度/%	45~70	30~50
束缚水饱和度/%	高，变化范围一般在 45~70 之间	较低，一般在 25~50 之间
毛细管压力	较高	低
自生黏土矿物及杂基含量	较高—高	较低
储层岩石类型	碎屑不稳定成分含量高；石英含量 60%~90%；常见岩石碎屑、黏土、长石碎屑和云母；偶见碳酸盐岩颗粒	碎屑稳定成分含量高；富含石英，含少量长石和岩石碎屑
密度/(g/m^3)	2.65~2.74，平均 2.68~2.71	2.65
储层压力	异常欠压或超压	通常正常或欠压
测井评价结果	不准确，真孔隙度难以确定	在低黏土含量储层评价中通常准确
埋藏深度	深	浅—中等
成岩作用	成岩历史复杂	成岩历史相对简单

(6) 多层、多点、全方位排烃和充注。

在鄂尔多斯盆地石炭系—二叠系烃源层与砂岩储集层频繁互层时，多层烃岩呈全方位立体排烃状态。

(7) 油气藏油、气、水关系复杂多样。

据目前的研究成果，该类油气藏油气水关系存在无水层、上油或气下水、上水下气或油、油或气呈互层状出现。

(8) 多层状叠置、多“甜点”富集、大面积成藏，鄂尔多斯盆地石炭系—二叠系致密岩气藏成藏条件。

分析结果表明，烃源岩多呈层状分布，砂质岩也多呈层状且大面积分布，这表明该类气藏为大面积多层状成藏。多“甜点”形成的原因，沉积环境和沉积相不同，造就砂岩物性有别，在砂体物性相对较好部位且储层裂缝又十分发育的层段，就可形成天然气富集的场所(“甜点”)(图 6-57)。

2. 中国致密岩油气资源潜力巨大

近年的研究和勘探实践均证明，中国致密岩油气分布十分广泛，各大中型盆地均有分布，从地质时代上讲，从志留系—古近系均有不同程度的发育，具有多时代、多层段发育的特征。

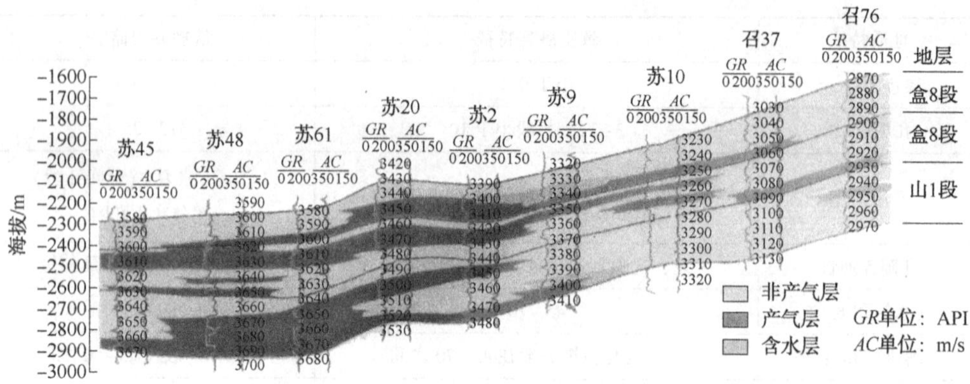

图 6-57　鄂尔多斯盆地苏里格气田苏 45 井至召 76 井天然气分布剖面

根据最新全国油气资源评价结果，川西坳陷侏罗系与上三叠统天然气资源量为 1.8 万亿~2.5 万亿立方米，目前的探明储量约为 2200 亿立方米，仅占资源量的 10%左右。在四川盆地已发现并开发了中坝、平落坝、九龙山、合兴场、新场、洛带、新都、邛西、马/蓬等气田，但仍有大量的资源有待发现。川中地区遂南、南充、八角场气田均在上三叠统须家河组致密砂岩气藏产出了工业气流。鄂尔多斯盆地北部已发现苏里格、榆林、长北、大牛地等致密砂岩气田，其中苏里格气田是近年来发现的目前全国最大的气田，具有极其广阔的开发潜力。

目前，有不少大中型盆地古生界致密岩油气未计算油气资源量，这些盆地的致密岩油气潜力很大。

在非常规油气类型中，笔者认为致密岩油气资源潜力最大，而且比暗色泥页岩油气和煤层气开采技术难度小，是我国当前和今后油气资源勘探的主要现实接替领域之一。

三、泥页岩油气与致密岩油气对比

通过几年来的调查研究和勘探实践，发现中国致密岩油气和泥页岩油气分布十分广泛，既有古生代海相，又发育中新生代陆相，既含油又含天然气。尤其他们往往是在一个剖面上和盆地内共存，多时代、多层系含油气，有震旦系、寒武系、奥陶系、志留系、石炭系、二叠系、三叠系—侏罗系、白垩系—古近系等；横向分布广泛，中国陆地各大中型盆地，如松辽、渤海湾、鄂尔多斯、四川、准噶尔、塔里木、柴达木、吐哈、三塘湖、伊宁、河西走廊各盆地，苏北、江汉、青藏地区主要盆地，海域各主要盆地，而这两类非常规油气差异同样较大(表 6-12)。

四、非常规油气勘探重大进展

通过近几年的勘探实践，笔者估算暗色泥页岩气资源量为 60 万亿~80 万亿立方米，可采资源量为 10 万亿~12 万亿立方米；致密砂岩气资源量大于泥页岩气资源，而且往往大面积成藏，全国致密油资源预测有 500 亿~600 亿 t，气资源量高于常规气资源量 2~3 倍。已在松辽盆地、渤海湾盆地、鄂尔多斯盆地、四川盆地、鄂西渝东地区等，打出了泥页岩油流。致密砂岩气勘探早已形成规模，如鄂尔多斯盆地(C~T)、四川盆地(T3)等发现多个大气田，进一步证明中国这两类非常规油气资源潜力巨大。

1907年，在鄂尔多斯延1井三叠系打出致密砂岩油。2012年，探明储量达20亿吨，年产油上千万吨。另外，在准噶尔盆地二叠系、塔里木盆地志留系、四川盆地侏罗系等，都打出工业油流。

早在20世纪60年代，致密砂岩气在四川盆地就已发现气流。1989年，鄂尔多斯盆地靖边大气田发现后，又发现多个大中型气田。2011年，探明储量3.5万亿立方米，占全国总探明储量的40%左右。2013年，产气达300亿立方米，占总全国总产气的1/4。

20世纪70年代，泥页岩油在渤海湾盆地济阳坳陷古近系沙河街组泥页岩中打出油流。近几年，济阳坳陷有35口井获工业油气流，在江汉盆地潜江组和新沟咀组泥页岩中已有45口井获工业油流，另外，在泌阳坳陷、苏北盆地阜宁组有9口井获油流，鄂尔多斯盆地三叠系长7段多井、松辽盆地等，均获工业油流，并具一定规模。

截至2012年，泥页岩气探井已有100多口，其中有30多口井见气流，在鄂尔多斯盆地长7段多井获气流。

2012年，中国石化在川东南涪陵焦石坝的焦页1井的下志留统龙马溪组泥页岩中喜获高产气流，日产气20万立方米。2013年，已有16口打出高产气流，平均日产气15万~30万立方米，有一口井长期稳日产气6万立方米，已经开始了开发试验区建设，第一期建设产能35亿立方米。2011年，中国石油在长宁—威远实施的威201井实现突破，现正在建设开发试验区。

五、非常规油气勘探开发面临挑战

古生界海相一般埋藏较深，深度在3500~6000m。中新生代陆相沉积横向变化较大，即在湖盆中心地区为泥页岩油气到湖中心外围地区就变化成致密岩油气。构造条件较复杂，多期构造运动，多期多方向断裂活动，对沉积层展布、形态、油气破坏影响较大。地表条件，特别是西部地区较复杂(丘陵、山地、河流等)，增加了勘探开发施工难度。我国非常规油气勘探，特别是泥页岩油气勘探开发刚刚起步，处于准备阶段，因此，对油气资源评价—选区—勘探开发技术及成本等，尚需一段时间探索。

非常规油气勘探开发现建议如下。

(1) 加强致密砂岩油气勘探力度，快速增储上产。

(2) 泥页岩油气勘探开发，要积极进行准备，建议2011—2015年做好以下准备：①油气资源评价；②有利地区优选；③勘探技术；④勘探开发政策和管理。另外，当前地方、各油气公司、地调部门等积极性很高，都在开展。如何处理好多部门、多单位统一协调有序进行，加快勘探开发工作，力争早日实现宏伟目标。

(3) 非常规油气(致密岩、泥页岩、煤层气)，要统一规划、统一部署、统一勘探开发，可大大降低成本。

总之，中国非常规油气资源潜力巨大，但油气地质条件也较复杂，在地质理论和勘探技术上具有较强的挑战性。因此，应加强致密砂岩油气的勘探开发力度，快速增储上产。积极做好泥页岩油气的各方面准备，早日形成规模开发的局面，实现中国油气勘探的第三次跨越。

第十四节　中国西北地区油气资源开发的战略及对策

本区"十五"末规划年产油 3000×10^4t，产气 200×10^8 立方米。2010 年规划年产油 $(5000\sim6000)\times10^4t$，产气 300×10^8 立方米，相当于一个半大庆油田的产量。

综上所述，西北地区油气资源开发工作在我国石油工业发展中占有极其重要的地位，并将成为我国油气资源交替区。

关于油气资源开发对策：①以油气勘探为重点，勘探与开发相结合，特别是塔里木盆地最近几年必须加强勘探，快速增加油气储量，为大规模开发打好基础。②积极筹集资金加快发展，必须对外开放引进外资，并建议国家、地方、企业、个人集资合股开发油气资源。另外，国家要出台相应的扶持政策，保证油气勘探开发所需资金。③优化配置稳妥地发展油气，上游与下游工程协调发展。

关键词：盆地；油气田；勘探；开发

一、油气资源勘探现状

中国西北地区系贺兰山以西，昆仑山—秦岭以北的广大地区，面积约 $200\times10^4km^2$，区内发育有 60 多个沉积盆地（表 6-21），面积为 $130\times10^4km^2$，约占该区总面积之 65%（图 6-58）。

表 6-21　西北地区主要沉积盆地

盆地编号	盆地名称	盆地面积/km^2	沉积岩时代	沉积岩厚度/m	烃源岩时代	油气情况
1	哈巴河	8960	E、N	400~700	J	油砂、沥青小油藏
2	三塘湖	23000	P_2-N	>3500	P_2、J_{1-2}	油田
3	和布克赛尔	3756	J、K、R	>1000	J	
4	塔城	8370	R	320	J(?)	
5	巴里坤	3070	R		J	
6	吐哈	54000	P-N	5000	P、J	油田、气田
7	准噶尔	130204	P-R	14500	P、J、T、C_2、E	油田、气田

续表

盆地编号	盆地名称	盆地面积/km^2	沉积岩时代	沉积岩厚度/m	烃源岩时代	油气情况
8	特克斯	3840	T、J、K、R		J	
9	伊宁	16800	C、P、T_{2-3}、J_{1-2}、E_{2-3}、N	<5000	P_2、J	油砂、沥青
10	尤勒都斯	7700	J、R，以R为主	2500	J	
11	焉耆	9600	J、E-N_2	4000	J_{1-2}	油田
12	库米什	5120	J、R	2528	J_{1-2}	沥青
13	红柳沟东	4480	J_{1-2}、K、N		J	
14	尖山	4160	J_{1-2}、K、P、Q	1081-1873		
15	敦煌	23520	J_{1-2}、K、P	1081~1873	J_{1-2}	
16	踏实	5760	J、K、N		J	
17	阿克赛	8160	J、K、N	3500	J	
18	索尔库里	4400	J、K、R		J	
19	塔里木	56000	Z-N	17000	主要：Є-O、C-PT_3、J_{1-2}、K_2-E 次要：Z_2、S、D、N_1	油田、气田
20	老西庙	6864	J_{1-2}、J_3-K_1、R	2000~3000	J_3-K_1	
21	乌兰套海	6840	J_3-K_1、R	3000	J_3-K_1	
22	苏红图	7760	J_3-K_1、K_2、R		J_3-K_1	
23	金塔	7360	J、K、N	5000	K_1	油砂
24	羊圈沟	12480	J_{1-2}、J_3-K_1、R	3000	J_3-K_1	
25	雅布赖	5120	J_{1-2}、J_3-K_1、R	2000	J_3-K_1	
26	潮水—民乐	10560	J、K、N	5000	J	油砂、油流、油田
27	巴音浩特	13440	J、K、R	4000~7500	J_3-K_1	油砂
28	酒泉	10700	J、K_1、E、N	>7000	C、J_3-K_1	油田
29	民乐	6240	T、J、K、R	7100	T_3-J、K_1、C	
30	武威	14700	C、P、T、J、K_1、N	2057~4124	T_2-J、K_1、C	沥青
31	西宁	4800	T_3、J、K、N	4928	J_2	
32	民和	10800	J_{1-2}	>7500	J_{1-2}	油田
33	定西—临夏	11520	K、R		K_1	
34	花海子	6912	J、K、N	1800~4839	J	油砂
35	青海湖	5120	E-Q		Q	

续表

盆地编号	盆地名称	盆地面积/km^2	沉积岩时代	沉积岩厚度/m	烃源岩时代	油气情况
36	共和	10436	J、K、N	1379	J	
37	柴达木	121000	C、J-N	16000	C、J_2、E_3-N、Q_{1-2}	油田、气田
38	库木库里	16000	P_1、J_{1-2}、N	6000	J_{1-2}、N_2	

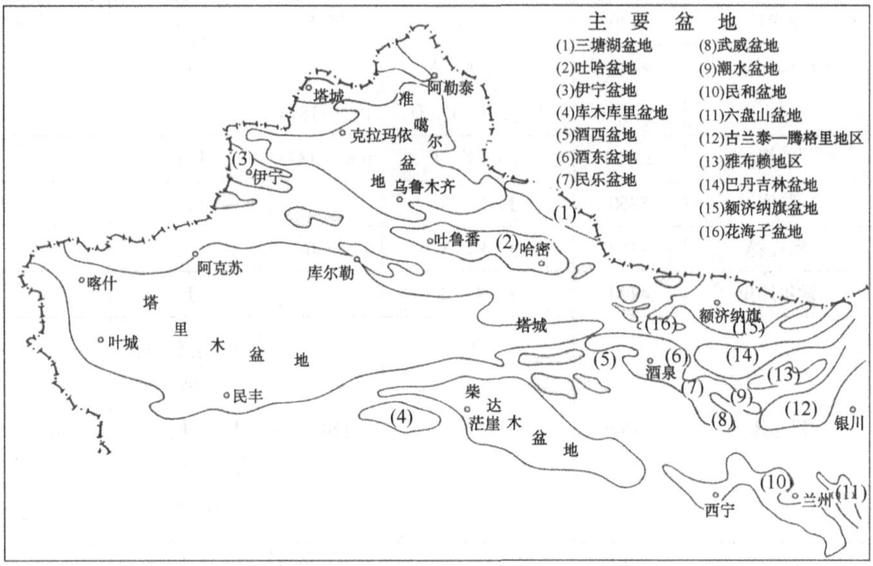

图 6-58　中国西北地区主要沉积盆地分布

该区石油地质研究和勘探工作起步较早，于 1937 年在准噶尔盆地发现了独山子油田。1938 年在酒西盆地发现了老君庙油田。

自 1950 年以来，石油部、地质矿产部等部门先后在准噶尔、塔里木、柴达木、酒泉、六盘山、吐哈、花海子、敦煌、潮水、伊宁、三塘湖、焉耆、巴丹吉林、民乐盆地进行了大规模的油气勘查工作，取得了大量的石油地质资料和成果。

1984 年，地质矿产部西北石油局在塔里木盆地北部设计的沙参 2 井于奥陶系白云岩中喜获高产油气流，日初产油 1000 立方米，产气 200×10^4 立方米，实现了中国古生代海相油气的首次重大突破，从而揭开了塔里木盆地寻找大油气田的序幕，成为中国油气勘探史上的重要里程碑，它也带动了新疆乃至大西北油气勘探开发工作。到目前为止，我国石油地质工作者已在塔里木盆地 10 个层系中发现了 25 个油气田；在准噶尔盆地东部、中部、西南部共发现 25 个油气田；在吐鲁番-哈密盆地(以下简称吐哈盆地)发现 12 个油气田；在柴达木盆地发现 8 个油气田；另外在酒西、酒东、柴窝堡、三塘湖、焉耆、民乐等盆地亦发现了油气田。本区共发现油气田 80 多个。油气储量和产量快速增长，全区累计探明石油储量 28.36×10^8t，天然气储量 $8144\times10^8m^3$。2002 年，新疆产原油 2010×10^4t，青海产油 213×10^4t，西北地区共产油 2253×10^4t(当量)、天然气 58×10^8 立方米，总之，近年来，该区的油气勘探开发工作呈现出前所未有的新局面。

笔者认为，中国陆地石油工业发展看西北，西北看新疆，新疆看塔里木。自1991年国家提出石油工业发展“稳定东部、发展西部”的战略方针后，地矿、石油、科研、教育等部门进一步加强了本区的勘探开发力度和研究工作，国外一些石油公司亦开始在区内进行风险勘探。

因此，西北地区是中国石油工业发展的希望和接替区。

二、油气资源的重要地位

1. 油气资源十分丰富

(1) 多时代、多层系生油岩发育良好。

① 区内各大型沉积盆地均具有多时代、多层系生油岩。其中以塔里木盆地发育最全，从震旦系到新近系(除泥盆系)均存在生油岩。其他大型沉积盆地生油层也具多时代性特征。中小型盆地生油层系少(表6-22)。

② 塔里木盆地以古生界生油岩发育最佳，生油量远大于中新生界，也是中国古生界生油条件最好的盆地之一。

③ 中小型盆地主要生油岩层系为侏罗系。甘肃西部的一些盆地主要生油岩层系为侏罗统—下白垩统。

④ 各时代生油岩均发育于沉积坳陷中心或斜坡部位。

表6-22　西北地区主要盆地油气资源量

盆地	油源岩时代	油气资源量/10^8t	备注
准噶尔	C、P_2、T、J、K、E	106	
伊宁	C、P_2	3~5	
三塘湖	P_2、J	3~5	
吐哈	P_2、T、J	15~17	
柴窝堡	P_2、J	4~6	
焉耆	J	5~8	
塔里木	Z_2、Є、O_1、S_1、C、P_1、T、J、K_2-E、N_1	229	
柴达木	J_2、E_3、N_1、N_2、Q_{1+2}	42	
酒西	J、K_1	2~5	
巴丹吉林	J-K	3~5	估算
花海子	J_3、K_1	1	估算
民乐	J、K_1	1~2	估算
民和	J_2	1~2	估算
潮水	J、K_1	1~2	估算
六盘山	K_1	15	估算
总计		394~435	

(2) 油气资源丰富。

西北地区各主要盆地，由于勘探程度较低，还有待进一步开发。目前油气资源总量为(431~449)$\times10^8$t(当量)，约占全国油气资源总量的1/3，说明西北地区油气资源非常丰富。

2. 多套含油气系统

就全区而言，共发育了四套含油气系统，即下古生界、上古生界、中生界和新生界，其中以塔里木盆地发育最全，其他大型盆地如准噶尔盆地、柴达木盆地、吐—哈盆地均发育3套含油气系统，中小型盆地只发育了1~2套含油气系统，因此，多含油气系统是造就大油气田的重要条件(图6-59)。

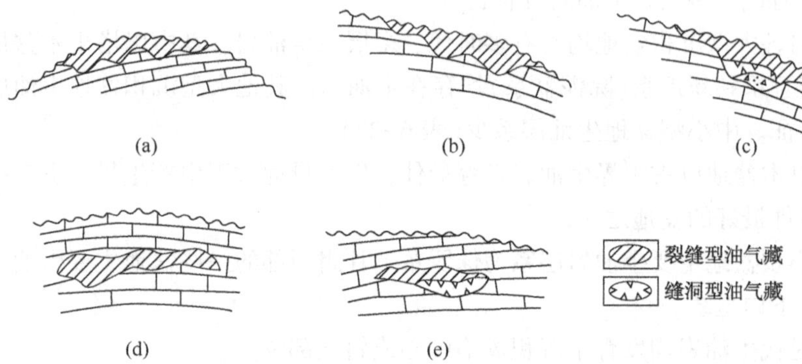

a—局部高地裂缝型油气藏；b—斜坡裂缝型油气藏；c—斜坡缝洞型油气藏；
d—潜山内部裂缝型油气藏；e—潜山内部缝洞型油气藏

图6-59　古岩溶油气藏类型

3. 多个大型含油气盆地

塔里木盆地是我国乃至全世界罕见的大型含油气盆地，面积达$56\times10^4km^2$。面积大于$10\times10^4km^2$的盆地有准噶尔、柴达木，另外面积大于$1\times10^4km^2$的盆地有13个(表6-22)，比我国东北、华北、西南、东南等地区大盆地数量都多。

国内外油气勘探现状和经验证明，大盆地发育大油气田。因此，西北地区找大油田潜力非常可观。

4. 现已发现11个大油气田

塔里木盆地：克拉2、迪那2、塔河、和田河等4个亿吨级油气田；准噶尔盆地；石西、陆梁、呼图壁、克拉玛依等大油气田；吐—哈盆地：乌克沁稠油田；柴达木盆地：三湖大气田。

上述大油气田是在盆地勘探程度很低的状况下发现的。我们相信，随着勘探程度的提高，一定会有更多更大型油气田的发现。

三、油气资源开发指导思想及战略目标

1. 指导思想

进一步贯彻落实石油天然气工业“稳定东部，发展西部”的战略方针，加大油气勘探开发的力度，适应社会主义市场经济发展的形势，向油公司迈进，走勘探、开

发、加工利用一体化的道路，依靠科学技术，利用新理论、新技术、新方法、新工艺提高经济效益。

2. 战略目标

西北地区将是我国今后油气资源的主要接替区。预计 2005 年探明储量累计达 38×10^8t 当量，产油量 3000×10^8t，产气量 200×10^8 立方米。

2010 年目标：

根据大型油气田发现规律、油气资源潜力和勘探投入产出周期关系以及目前体制与执行的政策等多因素综合分析，预测我国西北地区 21 世纪前十年可能发现并探明数个大型油气田。尤其是塔里木盆地，其次是在准噶尔、吐哈、柴达木等盆地。2010 年累计探明储量：$(60\sim70)\times10^8$t 当量。产油量：$(5000\sim6000)\times10^4$t、产气量 300×10^8 立方米。塔里木盆地年产油达到 2000×10^4t 当量，准噶尔盆地年产油达 $(2000\sim2500)\times10^4$t 当量，其他几十个盆地合计年产油气最大为 500×10^4t 当量。这一预测是依据构成产油量上升条件而做出的。

3. 油气资源开发战略对策

（1）加强勘探。

西北地区油气资源潜力巨大，要想实现“十五”及 2010 年规划目标，当务之急是加强油气勘探工作。其原则应以勘探为重点、勘探与开发相结合。塔里木盆地主要是加大勘探力度，快速增加油气储量为大规模的开发做准备。准噶尔、柴达木及吐—哈盆地应以边勘探边开发为原则；其他中小盆地则以油气勘探发现为主。

（2）积极筹集资金加快发展。

① 目前制约勘探的首要困难是资金不足。必须加强对外开放，积极地多方式地引进外资。在筹措和引进资金时，要重视互利原则。在开发区块和项目的确定或搭配中，在风险大和工作困难的地区要采取适当的优惠条件以吸引合作者，大量和长期地引进国外投资，这符合我们的根本利益。

② 建议成立国家控股的中央、地方石油股份有限公司，由国家、地方、企业、个人集资入股开发油气资源，补充勘探开发资金不足，国家要作出战略决策。

③ 国家要给予相应的扶持政策。西北地区油气资源勘探开发利用是一项耗资巨大、风险大、专业性强、建设周期长的系统工程，国家应给予勘探投资倾斜政策，加大勘探资金的投入，对西部地区提供长期低息贷款，鼓励吸收外资以独资、合资等方式开发西北油气资源，同时上下游效益要统筹考虑。这一系列国家倾斜政策及实施方案，应列出专题加以研究，并尽快付诸实施。

（3）稳妥地发展油气下游工程。

油气勘探开发与下游配套工程之间有明显的相互制约关系。没有足够资源，下游将是“无源之水”；而下游配套不及时，也会阻碍油气特别是天然气的开发，使勘探投资不能回收。建议除天然气输入外，油气须加强地方化工建设。

（4）开发和加工利用的优化配置。

从目前各大盆地油气资源结构分析，准噶尔盆地、吐—哈盆地以油为主；塔里木盆地则以气居多；柴达木盆地油气并存。因此，在油气开发利用、优化配置关系中，应该是：①新疆是北油南气。除去外输后应有大量天然气资源。气的开发利用原则主要是化工和发电。发电可以改善塔里木盆地煤资源相对较少的现状。②由于塔里木盆地面积大，相当于我国东部的几个省。因此，油气开发利用应该是“多点、小半径”，即就地开发、就地消化的原则，这样既经济又有利于贫困地区的工业发展。

（中国石化西部新区油气勘探指挥部专家讲座，2003）

第十五节　中国古生代海相油气勘探重大进展及建议

一、油气勘探重大进展

自 2001 年以来，我国古生代海相油气勘探取得了重大进展，在实现新领域、新地区、新深度和新层位的“四新”理论指导下，塔里木、鄂尔多斯、四川、准噶尔、渤海湾等盆地油气取得重大突破，古生界海相油气勘探呈现新局面。

（1）塔里木盆地。

① 自 2003 年以来，在沙雅隆起的阿克库勒凸起南斜坡下石炭统盐层之下的奥陶系中，多井实现新领域的重大突破，初步形成 3 亿~5 亿 t 油气地质储量规模。如沙 106 井于中奥陶统 5909~5911.55m 灰岩中试获高产油气流，日产油 270 立方米、日产气 2.3×10^4 立方米，沙 112 井于中上奥陶统 6358~6401m 灰岩中，试获高产油气流，日产油 239 立方米、日产气 3.5×10^4 立方米，另外，轮南地区亦有多井获高产油气流，探明储量快速增加。

② 在卡塔克隆起(塔中)一号断裂带上盘又有多井获高产油气流，使该断裂带初步形成亿吨规模的油气田；如塔中 45 井于中上奥陶统 6095~6297.5m 生屑灰岩中，试获高产油气流，日产油 361 立方米、日产气 28×10^4 立方米；塔中 82 井于中上奥陶统 5430~5487m 生屑灰岩中试获高产油气流，日产油 485 立方米、日产气 72×10^4 立方米；在卡塔克隆起北斜中 1 井于中下奥陶统 5349~5520m 白云岩中试获高产油气流，日产油 41.45 立方米、日产气 6.46×10^4 立方米，实现本区新层位首次重大突破。

③ 在沙雅隆起西部的沙西凸起上，实现了寒武系新层位的重大突破。如英买 33 井于上寒武统 5405.5~5413.5m 白云岩中试获高产油气流，日产油 336 立方米；英买 32 井于上寒武统 5403.5~5412m 的白云岩中试获高产油气流，日产油 118 立方米，产气量少；英买 34、35 井志留系获高产油气流，使沙西凸起形成亿吨级规模。

④ 在满加尔坳陷内的满东 1 井志留系 5591.8~5598.6m 砂岩中试获工业气流，日产气 7.1×10^4 立方米，实现坳陷区首次突破。

⑤ 古城墟隆起西南部的古隆 1 井于中下奥陶统 6253~6419.3m 白云岩测试中获

天然气流，这是一个很好苗头。

⑥ 在巴楚隆起上的和田 1 井 6810m 的寒武系盐层间发现良好油气显示，展望本区二层盐膏层之间含油气，又是一好的信息。

(2) 鄂尔多斯盆地。

自 1989 年长庆(静边)大气田发现之后，近年来又发现了苏里格、乌绵旗、大牛地、榆树等大型气田。

(3) 四川盆地。

① 川东北发现普光大气田，含气层位为下三叠统飞仙关组，埋深 5000~6000m，含气层厚度达 300m，已探明天然气储量 2500×10^8 立方米，是四川最大气田，如在川东断褶带，普光构造上设计普光 1 井，井深 5700m，日产气 42.7×10^4 立方米；普光 2 井，井深 5353m，日产气 171.11×10^4 立方米。

② 川东通满矾发现气田。

③ 近年来，在威远气田的寒武系老井复查测试 5 口井获工业气流，显示四川盆地深部寒武系有良好的勘探前景。

(4) 渤海湾盆地大港乌马营构造乌深 1 井于 5460~5496m 奥陶系试获天然气流。

(5) 准噶尔盆地。

① 以石炭系火山岩含油为主的石西油田储量不断扩大，已达亿吨级；

② 在陆梁隆起东部滴水泉地区又发现石炭天然气流，表明石炭系前景良好。

二、理论研究新进展

(1) 古生代海相烃源岩研究的新成果。

① 塔里木盆地：第一，对塔里木寒武系—奥陶系碳酸盐岩中的灰岩、泥灰岩、泥质白云岩有效烃源岩下限的认识，其一是 0.3%；其二是 0.5%；第二，寒武系烃源岩热演化程度经王铁冠院士研究，塔东 2 井 2.65%~2.95%、柯坪地区 2.63%~2.85%和 4 井 1.39%~2.06%、方 1 井 1.64%~1.85%、塔参 1 井 1.29%~2.25%；第三，中下奥陶统鹰山组及蓬莱坝组泥页岩、泥灰岩、灰岩、泥质白云岩等烃源岩仅分布在满加坳陷及其周边地区、草湖坳陷及阿瓦提断陷，其他地区主要为白云岩，生油性差；第四，盆内志留系沥青砂岩大面积分布，经模拟实验分析，认为可看作一个新的烃源岩。

② 渤海湾盆地冀中坳陷苏桥气田的气主要来源于石炭系—二叠系煤系地层，济阳坳陷孤北也发现石炭—二叠系的气田。

(2) 古生代海相碳酸盐岩岩溶储集层(体)研究的新进展。

① 岩溶储集体类型：地表岩溶孔、洞、缝型；深部热流溶蚀孔、缝型；生物礁(滩)溶蚀孔、缝型及鲕粒滩白云岩孔隙型。②岩溶期次：塔里木盆地塔河—轮南地区：

第一，加里东中期，岩溶发育，如 T904 井上奥陶统厚度达 358m，中奥陶统一间房组 5815~5939m 岩溶缝洞十分发育，钻井过程中放空 2.69m，表明加里东中期岩溶发育良好；在塔里木河南上奥陶统覆盖区已完井 53 口，其中有 31 口井在上中奥陶统良里塔格及一间房组，在钻井过程中，发生放空和泥浆漏失，表明加里东中期古岩溶发育。

第二，海西期，即石炭系沉积之前奥陶系经长期暴露风化剥蚀、淋滤作用形成非常发育的地表岩溶带，是本区主要岩溶发育期。

第三，燕山—喜山期，主要是深埋岩溶作用。

鄂尔多斯盆地：主要有两期，第一期是加里东中期—海西晚期，中奥陶统末期长时间暴露地表，经长期风化淋滤作用形成发育的岩溶孔、洞、缝；第二期是燕山期—喜山期深埋岩溶作用。

四川盆地：震旦系岩溶作用：第一期是加里东晚期—海西早期(陈学时等，2002)；第二期是印支期。石炭系岩溶作用：第一期是海西晚期—印支期；第二期是燕山期—喜山期。

(3) 油气运移机理研究：油气二次运移的动力主要有地应力、水动力、浮力及毛细管力。这四者之间的复合作用驱使油气向高部位储层富集。另外，地质因素对运移通道的形态、结构和运移的效率等产生影响以及与油气浮力对应的影响因素包括油气密度、黏度、通道界面的构造起伏，地层温度和压力的分布和变化等。但对此不少学者认识不一。近期，国内外学者对油气二次运移过程进行了大量模拟实验和数字模拟研究，结果表明，油气二次运移只是通过局限的优势通道进行，油气运移空间可能只占整个输导层的1%~10%。油气是通过有限的优势通道进行运移的，这是沉积盆地输导系统非均质性、能量场的非均一性和流体物质等多因素作用的结果。当然，油气的二次运移既可能沿着储集层或不整合面侧向运移，也可能沿着断裂穿层垂向运移。

通过“九五”攻关研究，认为压性盆地的构造应力场对盆地油气运移和聚集具有重要影响，油气从高应力区向盆地内低应力区运移，张扭应力环境最有利于油气运移和聚集。温度引起的局部应力相当于孔隙压力的作用，使得油气从高势区向周围低势区运移。

(4) 油气成藏期的研究：近年来，不少专家、学者对古生代海相油气成藏期做了大量研究工作，除了用传统的分析方法(如烃源岩生烃史、圈闭形成史等)外，还应用油藏地球化学方法、流体包裹体测定法(如均一化温度、同位素绝对年龄、成分分析等)，自生矿物测定年龄及油气水界面追溯方法等，使成藏期研究取得新进展。

(5) 油气藏主控因素分析。

通过近几年古生代海相碳酸盐岩成藏因素的研究和勘探实践，进一步明确了如下几个问题。

① 沉积相类型控制烃源岩及储集岩分布，如盆地斜坡相、台地斜坡相或局限台地相是古生界烃源岩主要分布区(带)。台地相区是海相碳酸盐岩的储集岩分布区(带)。

② 古隆起、古斜坡是油气运移的指向区，也是形成大型油气田的主要部位。

③ 区域性不整合和断裂是油气运移和聚集的重要条件之一。一般大油气田往往与区域性不整合和断裂有着密切关系。如塔河大油田、和田河大气田、苏里格大气田等。

④ 多期生烃、多期充注成藏，是形成大油气田的重要因素。古生界油气田一般经历了多次构造运动，而且大多数早期形成的油气藏易遭破坏或调整。所以，多期充注的油气，使晚期再成藏，或者是早期保留的油藏经晚期再充注，使油气藏增加

充满度，加大油气藏规模，如塔河大油田等。

⑤ 异常高压体周缘及异常高压封盖层之下，有利于形成大油气田。如塔河油田盐下油气田。

⑥ 中新生代以来构造运动相对稳定的地区，沉积较厚的区域盖层，亦是形成古生代大油气田的重要条件，如塔里木盆地的沙西凸起等。

三、古生代海相碳酸盐岩成藏存在的主要问题（四不清）

（1）有效烃源岩及资源不清。

① 碳酸盐岩有效烃源岩下限的确定；

② 二次或多次生烃量的计算；

③ 现今，烃源、古油藏、沥青、水溶气等，如何计算多旋回叠加盆地资源量问题不清。

（2）成藏机理不清。

多旋回构造的强烈改造，油气经历了早期成藏、后期调整、二次生烃、晚期再成藏等复杂过程，使油气藏具有多源混杂、多期充注、相态调整等过程，成藏和保存的机理不清。

（3）储集层（体）识别和预测不清。

碳酸盐岩缝洞型储层非均质性极强，多期的岩溶作用对缝洞形成、改造、充填，特别是深埋后现有技术系统识别、预测不清。

（4）油气分布规律不清等。

四、几点建议

1. 油气勘探方向

（1）加强有较厚覆盖层的古克拉通盆地的古隆起、古斜坡的勘探力度。如塔里木、华北、扬子、准噶尔等地块。

（2）重视北方（西北、华北、东北）石炭系—二叠系的勘探，如渤海湾盆地油气资源量$(3\sim4)\times10^{12}$立方米、鄂尔多斯盆地$(5\sim6)\times10^{12}$立方米，准噶尔盆地2×10^{12}立方米，塔里木盆地约30×10^{8}t，另外，吉林二叠系龙潭山组烃源岩发育，柴达木盆地东南及北缘石炭系发育较厚烃源岩，河西走廊地区地表也见到烃源岩等，都表明上述地区石炭系—二叠系勘探潜力较大，要给予关注。

2. 加强综合研究

（1）加强古生界碳酸盐岩烃源岩研究，客观地确定其有效烃源岩的下限，特别要加强对碳酸盐岩、有机质类型及转化率等问题的深入研究。

（2）进一步研究碳酸盐岩古岩溶储层（体）预测，如古岩溶的成因、类型、分布、充填等对储层（体）的影响，另外，还重视白云质化及成岩作用对储集性能的影响，从而预测储层发育的层位、部位，为寻找大油气田提供依据。

（3）深入研究成藏条件及成藏机理。

（4）加强古生界碳酸盐岩油气勘探技术研究。

（5）进一步提高古生界碳酸盐岩油气田采收率的研究，如塔河油田的油水关系，储层非均质性十分复杂，出水快、注水难、产量递减快等难题，极大影响采收率，因此，必须加强研究。

综上所述，中国古生代海相沉积分布十分广泛，以塔里木、华北、扬子及准噶尔等四大地块发育最佳，油气资源丰富，已发现多块大中型油气田，勘探领域广泛，是我国油气资源的重要接替区。

(《地质力学学报》第 12 卷第 1 期，2006 年 5 月)

第十六节　中国天然气资源潜力及勘探方向

开发利用天然气资源，大幅度提高天然气消费比重，把天然气作为主体能源成为中国能源可持续发展战略的必然选择。力争到 2030 年，天然气占中国一次能源消费比重达到 15%左右，成为继煤炭、石油之后的第三大主体能源。我国天然气成藏条件十分优越，具有多时代气源岩(震旦系—新第三系)。具有有四套成藏组合界(下古生界、上古生界、中生界及新生界)。初步计算天然气资源量为 90 万亿立方米。但随着勘探工作的深入，我国常规和非常规天然气总资源量预计为 120 万亿~130 万亿立方米。以下笔者将对我国天然气成藏条件、资源潜力及勘探方向进行探讨。(如有不妥之处敬请指正。)

一、中国天然气勘探重大进展

1. 我国中新生代陆相勘探重大进展

(1) 辽松盆地：徐家围子火山岩气田、松南火山岩气田及长岭油气田；

(2) 渤海湾盆地：渤中大气田；

(3) 准噶尔盆地：呼图壁气田、玛纳斯气田；

(4) 塔里木盆地：克拉 2、迪那 2、克深、大北等大气田。

2. 我国古生代海相勘探重大进展

自 1984 年古生代海相油气突破以来，全国在古生代海相共发现 50 个气田。其中，大型气田 25 个。

(1) 准噶尔盆地：克拉美丽气田；

(2) 塔里木盆地：和田河、顺北大油气田；

(3) 鄂尔多斯盆地：奥陶系气田；

(4) 四川盆地：普光、元坝、龙岗、新场、五百梯、成都、安岳等气田。

3. 我国海域勘探重大进展

在渤海、东海、南海等海域发现 6 个大油气田：绥中 36-1、蓬莱 19-1、流花 11-1、崖 13-1、荔湾 3-1、陵水等。

目前，已发现八个含气区：塔里木、准噶尔、鄂尔多斯、四川、松辽、渤海湾、柴达木、南海。

4. 非常规天然气勘探重大进展

（1）致密气。

① 鄂尔多斯盆地：苏里格、榆林、米脂、大牛地、乌审旗、延安等 8 个致密大气田。

② 准噶尔盆地：1989 年，新疆柴窝堡坳陷柴参 1 井首次于上二叠统芦草沟获致密油气流。2012 年，在准噶尔盆地南部发现上二叠统芦草沟获致密油气流。

③ 2016 年，在贵州遵义正安县安场镇安页 1 井于下志留统实现我国南方广大隆起区灰岩致密气首次重大突破(图 6-60)。

图 6-60　贵州省安页 1 井出气井段岩芯

④ 2017 年，湖北宜昌地区鄂阳页 2 井震旦系获致密灰岩气流。

⑤ 2018 年，渤海湾盆地多处，发现石炭系—二叠系获致密气流(海古 1 井、王古 1 井、牛东 1 井、营古 1 井)。

（2）页岩气。

① 2010 年，四川盆地长宁—威远区块发现下志留统页岩大气田，探明储量达 2300 多亿立方米。

② 2012 年，四川盆地发现涪陵页岩大气田，探明储量达 6000 多亿立方米。近两年又发现永川、丁山、彭水等页岩大气田。

③ 2011 年，鄂尔多斯盆地延长组七段打出泥页岩气，单井日产气 2000～3000 立方米。

（3）煤层气。

从 1980 年开始勘查开采工作，我国的侏罗系—三叠系和石炭系—二叠系均发现产煤层气。到 2019 年，全国产煤层气达 100 亿立方米。

（4）南海天然气水合物。

2017 年 5 月在南海北部深水海域，神孤天然气水合物试采成功，日初产 3.5×10^4 立方米，后日产 6000～8000 立方米。稳产 62 天，成为世界稳产时间最长的气田，南海天然气水合物资源约 100 亿 t 油当量。

二、我国天然气资源潜力巨大

1. 油气资源评价

2015年，全国115个盆地天然气地质资源总量为90万亿立方米，我国海域天然气资源总量为20万亿立方米，非常规天然气(致密气、泥页岩气、煤层气)资源总量为80万亿~100万亿立方米，南海天然气水合物资源总量为88万亿立方米，柴达木盆地第四纪微生物气为2400亿立方米。上述天然气资源量只是现阶段研究程度和勘探程度下计算的结果，对当前油气勘探工作起了重要的指导作用。但从战略上讲它不能代表我国实际的天然气资源状况。

2. 未计算天然气资源量的地区和层系；

(1) 东北、华北地区古生界；

(2) 准噶尔盆地石炭系及其以下古生界；

(3) 柴达木盆地及河西走廊地区下古生界；

(4) 青藏地区古生界；

(5) 中国南方广大隆起区的古生界；

(6) 我国海域的中—古生界等；

(7) 在柴达木盆地以外第四系微生物气，特别是沿海各沼泽和地区等；

(8) 我国六种非常规天然气，尚未全面计算。

3. 我国天然气资源量转化率较低

(1) 常规天然气资源量转化率较低，为15%~20%；

(2) 非常规天然气资源量转化率为12%~15%。

4. 天然气采收率低(据不完全统计)

(1) 常规天然气采收率为18%~20%。

(2) 非常规天然气采收率为10%~15%。

总之，我国常规天然气实际资源量可能是现今资源的1倍。非常规天然气资源量可能是常规天然气资源量2倍以上。

三、油气勘探领域广泛

1. 我国东部老油气区中新生代领域

(1) 我国东部老油气区现有油气资源的探明率大体为30%~40%，每年仍有新的发现。

(2) 老油田采收率有待进一步提高，特别是随着科技进步各油田采收率还可提高10%~20%。

(3) 我国东部的各生油凹陷基本上是满凹陷含油气，按“四新”(新地区、新领域、新类型、新深度)思路，还会发现新的油气田。如胜利油田近年来每年新增探明储量为0.8亿~1.0亿t，大庆油田深部及外围又探明10亿t油当量，其他油田也都有不同程度的增加。

2. 古生界海相领域

自1984年塔里木沙参2井实现古生界海相油气首次重大突破后，带动和引领了国内各大盆地古生界海相油气田大发现，仅在鄂尔多斯、四川等盆地，共发现 16 个大气田。但这还是勘探的初级阶段，据目前阶段性油气资源评价 385 亿 t 油当量，其资源转化率为 15%~18%，况且尚有广大地区还未开展勘探工作，特别是我国三北(西北、华北、东北)地区古生界、青藏古生界潜力巨大，由此设想，古生界油气勘探是今后我国主要的勘探领域之一，也是众多大油气田发现的主要领域。

3. 西部中新生代前陆盆地领域

我国西部天山、昆仑山、阿尔金山、阿勒泰山、祁连山、西秦岭、贺兰山、龙门山等造山带前缘发育的 16 个中新生代前陆盆地，油气资源丰富，成藏条件好。目前已发现多个油气田，但油气资源丰富，勘探程度低，因此油气前景广阔。

4. 我国海域领域

我国海域目前天然气资源为 20 万亿立方米，由于勘探程度低，油气资源转化率仅 10%左右。另外海域中—古生界资源十分丰富，是今后勘探开发的重要领域。

5. 火山岩领域

我国火山岩十分发育。有三期：海西期、燕山期和喜山期，尤其是海西期和燕山期火山岩分布广、厚度大。

这些火山岩呈缝洞、孔隙发育，是较好的储集层(体)，目前已在松辽盆地，准噶尔盆地、四川盆地等火山岩中发现大气田，显示这一领域有良好的勘探前景。

6. 非常规天然气潜力巨大、分布广泛、勘探空间广阔，国内所有盆地和地区均有分布(表 6-23)。

表 6-23 中国主要致密天然气分布

盆地(地区)	地层时代	致密气
鄂尔多斯	C-P	√
	T	√
准噶尔	C-P、T、J	√
塔里木	J(深层)、S	√
柴达木	J、C-P	√
走廊地区	K_1-J	√
	C-P	√
松辽	K_1-J、C-P	√
渤海湾及华北	E_{1-2}、M_2 C-P	√
四川	Z_2、E_1、S、P_2、T_3	√
江汉	C-P S_1-E_1	√

四、天然气勘探开发存在的主要问题

(1) 我国油气资源经过多次评价，但由于地质条件复杂和勘探程度不断提高，油气资源量不断变化，总体在增加；而且不少地区如华北、东北、河西走廊、青藏及广大南方地区古生界油气资源量一直未计算，海域中—古生界也未计算，而这些地区资源主要是天然气。所以导致天然气资源不清。

（2）由于我国油气地质条件十分复杂，多期构造运动形成的断裂、褶皱强烈，并且具有多层次多方向叠加复合使天然气保存条件复杂。随着天然气勘探开发程度的深入，天然气的保存条件预测难度增大，有利区及“甜点”区预测难。

（3）随着天然气勘探开发的深入，天然气埋藏深度也在不断增加。常规天然气埋藏深度从原来4000m增到7000m，非常规页岩气埋藏深度从3000m增加到4500m，致密气埋藏深度从3000m增到7000m。中国东部地区石炭系—二叠系致密气埋藏深度大多在4000m左右。

（4）天然气勘探开经济效益有待提高，特别是非常规的煤层气、页岩气、致密气等成本高、经济效益较差。

综上所述，天然气作为主体能源成为中国能源可持续发展战略的必然选择，成为继煤炭、石油之后的第三大主体能源。我国天然气成藏条件十分优越，资源潜力大、勘探领域广阔，应加快天然气勘探开发工作，力争到2030年，天然气占中国一次能源消费比重达到15%左右。

（《中国石化报》，2018年12月28日）

第十七节　中国油气资源开发的战略思考

中国油气勘探开发的历史，就是开拓创新取得辉煌成就的历史。在这一历史时期，实现了陆相和海相油气勘探两大跨越，自主创新了十大油气地质理论和八大技术系列，发现了500多个油气田。到2011年产油已达2.1×10^8t油当量，天然气产量达1000×10^8立方米，并提出了油气资源开发的战略。实践证明，中国油气资源十分丰富，勘探潜力巨大，勘探领域广阔。

一、成就

实现油气勘探开发的二大跨越。第一大跨越——甩掉中国贫油帽子。早在1922年美国某教授大讲中国贫油，随后中国有的学者也认为中国贫油……为了解决经济建设中能源紧缺问题，李四光于20世纪30年代和50年代初，运用自己创建的地质力学理论和方法，组织和指导石油地质勘探工作，在分析中国地质构造特点的基础上，指出新华夏构造体系三个沉降带具有广阔的找油远景和松辽平原的“摸底”工作值得进行。按李四光指示，1959年地质部和石油部首先在松辽盆地松基3井打出工业油气流，实现了松辽盆地首次重大突破，发现了大庆油田，随后在华北发现了胜利、大港等我国东部一系列油田，从而摘掉了中国贫油的帽子，实现了第一大跨越。第二大跨越——甩掉了中国古生界海相无油的帽子。1970 年，带着李四光教授的指示与期望，我们到塔里木盆地进行油气前景评价研究工作，认为塔里木盆地是多构造体系复合型盆地，是中国大型含油气盆地。1984 年初，笔者在塔北沙雅隆起克拉构造上主持部署了沙参 2 井，该井于 1984 年 9 月发生强烈井喷，喜获高产油气流，日产油 1000t、日产气 200×10^4 立方米，实现了中国古生代海相油气首次重大突破，成为中国油气勘探史上的重要里程碑，亦拉开了塔里木油气勘探大会战的序幕。之后，又发现多个古生界油气田，从而甩掉了中国古生代海相无油的帽子！实现了中国油气勘探的第二大跨越。

油气勘探成果辉煌。到目前为止，中国共发现油气田 500 多个，其中，特大型油气田 5 个、大型油气田 40 多个。进一步证明中国油气勘探潜力巨大，油气资源十分丰富。

自主创新八大理论体系和油气勘探开发八大技术系列。八大理论体系：地质力学理论、中国构造体系控油理论、中国陆相生油及隐蔽油气成藏理论、中国古生代海相成油理论、中国天然气成藏理论、中国叠加盆地成油理论、中国中新生代前陆盆地成油理论、中国火山岩成藏理论等。油气勘探开发八大技术系列：航磁、重、磁、电、震联合处理解释技术，复杂地表、地下、地震采集—处理—解释一体化技术，超深钻井、水平井、纵字井技术，超深井测试技术，超深井储存改造技术，复杂油气藏开发技术，海洋油气勘探开发技术系列以及油气勘探开发三维地震采集—处理—解释一体化技术，复杂储层预测技术等领先技术系列。

二、中国油气勘探开发战略思考

根据油气资源潜力分析和勘探实践及国内外油气工业发展形势，我曾在 2010 年 5 月能源战略规划会上提出我国油气发现战略：“三个海和三个一”发展战略。

（1）三个海：海相、海洋、海外。海相：古生代海相油气资源丰富，据前初步计算油气资源量为 380×10^8t 油当量。近 10 年来所发现的大油气田主要是古生界海相。因此，古生界海相是今后油气勘探重点领域。海洋：中国海洋油气勘探起步晚，但海域面积大，资源十分丰富。目前海洋油气资源量为石油 152×10^8t、天然气 15×10^{12}立方米，勘探潜力巨大。近年来已发现多个海洋大中型油气田。所以，海洋应是油气勘探重点领域。海外：海外油气资源非常丰富，很多地区勘探程度较低，油气勘探空间大，近年国内几大油气公司在国外多地区、多国家开展了油气勘探开发工作，并取得了显著成果。因此，海外依然是我国重要和长期勘探领域。

（2）三个一。第一是东部老区：虽然已有 60 多年的勘探历史，但是，这些地区油气资源潜力还较大，近年勘探证明，每年新增探明储量不断增加，如胜利油田每年新增探明石油储量为 $1\times10^8\sim1.2\times10^8$t，而且产量一直保持稳定。东部老区应向“四新”进军拿储量。第二是西部新区：总体勘探程度很低，目前油气资源量转化率仅为 10%~20%。况且，广大古生界油气资源尚未深入研究和计算，故油气资源和勘探潜力巨大。第三是非常规油气：这是个新领域，包括致密岩油气、泥页岩油气、煤层气油砂、油页岩及天然气水合物等，既有海相又有陆相。油气资源十分丰富。要加快研究评价、选区和突破，使之成为常规油气资源的重要补充和接替。

综上所述，我国油气资源丰富，勘探潜力巨大、领域广泛、前景光明。研究无止境，认识无止境，创新无止境，勘探无止境，发展无止境。中国油气勘探开发成就一定更辉煌。

（《科技导报》，2012 年 8 月）

第十八节 世界油气资源潜力及战略思考

一、世界油气工业发展形势

从 1859 年美国第一口井出油后，又走过 150 多年发展历史。经历了石油工业体系形成(1859—1920 年)，大型油气田发现(1921—1980 年)，从 1981 年开始进入油气工业快速发展高峰期。

(1) 从第二次世界大战到 1980 年，是世界石油工业飞速发展的时代。全球石油产量直线上升，1950 年为 5.38×10^8t，1970 年为 23.2×10^8t，1979 年达到 31.5×10^8t，29 年间增长近 5 倍。尤其是中东一系列大型和特大型油田的发现，如沙特阿拉伯的加瓦尔油田、萨法尼亚油田，科威特的大布尔甘油田、劳扎塔因油田，伊拉克的鲁迈拉油田等陆续投入开发，提供了丰富的油源。伊朗、科威特、伊拉克和沙特阿拉伯的石油产量飞速增长。中东的产量 1970 年已接近 7×10^8t，1980 年超过了 9×10^8t。与此同时，苏联先后在乌拉尔山脉以西开发的"第二巴库"，发现并开发了罗马什金油田等大油田；在西西伯利亚建成了新石油天然气基地，发现并开发了萨莫特洛尔油田等，完成了石油生产的战略接替，取代美国成为世界第一大石油生产国。1955 年苏联的石油产量才 0.7×10^8t，1970 年达到 3.5×10^8t，1980 年增加到 6.03×10^8t，此后，亚洲的中国、印度尼西亚和非洲的利比亚、阿尔及利亚、尼日利亚进入产油大国的行列。中国 1959 年发现大庆油田，1990 年发现古生界塔河大油田，2010 年石油产量超过 2 亿 t。1964 年利比亚开始产油，1970 年猛增至 1.598×10^8t。1956 年尼日利亚发现第一个油田，1973 年产油量为 1×10^8t。1956 年阿尔及利亚发现哈西迈斯欧德大油田，整个非洲 1970 年产油近 3×10^8t。墨西哥在 20 世纪五六十年代实现重大突破，相继发现新黄金带、海上黄金带等石油富集区，1981 年产量突破 1 亿 t，1985 年近 1.4×10^8t。对于欧洲发达国家，重要的是北海大油气区勘探的大丰收。埃科菲斯克、福蒂斯、布伦特、尼尼安、斯塔特福约尔得等大型油田陆续发现并投入开发，使挪威、英国成为年产量超亿吨的产油国。北海油田产量 1986 年达 1.83 亿 t，1996 年达到 3.06×10^8t。1980 年全球石油产量为 29.8×10^8t，2010 年全球产油量为 40×10^8t；产气量为 3.35×10^{12}立方米。世界四大油气区域如图 6-61所示。

(2) 世界油气生产稳步增长。

1980 年之后，世界石油生产稳步发展。1979 年到 2007 年的近 30 年中，全球石

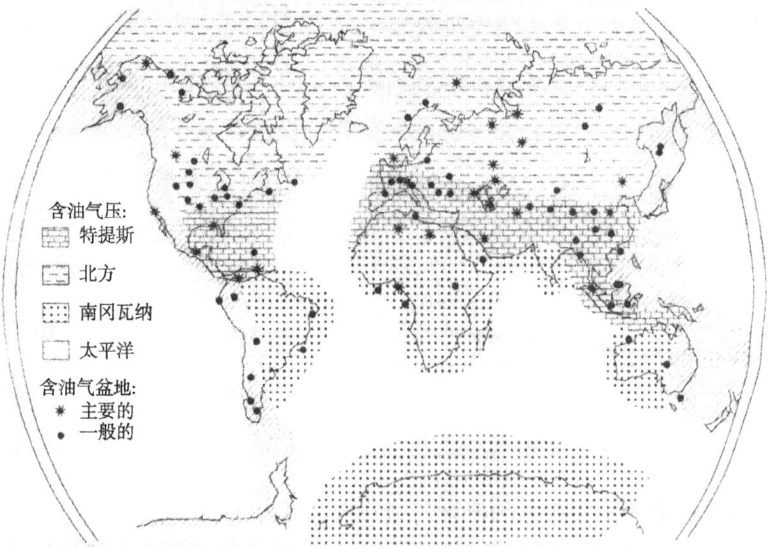

油气区范围和总区的百分比：
特提斯17%　太平洋17%
北方28%　南冈瓦纳38%

各区原始石油储量(BDF)分布：
特提斯68%　太平洋5%
北方23%　南冈瓦纳4%

图 6-61　全球性四大油气域

油总产量仅仅上升了 5×10^8t，达到 36.18×10^8t，其中 1997 年为 32.33×10^8t。石油勘探与生产遍及全球五大洲 100 多个国家。世界剩余可采储量稳步增长，2007 年底为 1824.24×10^8t。苏联石油产量于 1988 年达到顶峰，年生产石油 6.2×10^8t。欧洲北海 20 世纪 70 年代中期进入“高峰期”，英国、挪威成为重要生产国，20 世纪末越过高峰，开始递减。非洲石油产量持续上升，苏丹等多个国家加入产油国行列。中亚里海地区、西非几内亚湾、美国墨西哥湾及巴西坎波斯湾深水区成为新的找油热点地区，勘探、开发的水深已经突破 1500m。资源量巨大的加拿大油砂和委内瑞拉超重油由于开发技术基本成熟，成为世界石油产量增长的又一新热点。

近年来，在美国墨西哥湾深水区(>2100m)第三系发现大油田，储量约 10 亿桶；澳大利亚海上发现大气田；巴西深水桑托斯盆地发现大油气田；西非深水区(1148m)白垩系发现大油气田；中国南海发现荔湾 3-1 大气田等。

① 油气储量。

世界石油剩余可采储量在从 1952—2007 年的 55 年间呈线性增长，1952 年剩余可采储量为 157×10^8t，世界最大油田加尼尔油田，可采储量为 114.8×10^8t，2007 年达到 1824.24×10^8t。

2007 年世界石油剩余可采储量地区分布：中东地区剩余可采储量为 1025×10^8t，占世界的 56.2%；北美地区次之，占世界的 15.8%；亚太地区仅占 2.6%。

世界天然气剩余可采储量在 1961—2007 年的 46 年间呈线性增长，1961 年剩余可采储量为 19.75×10^{12}立方米，2011 年达 191×10^{12}立方米，世界最大气田诺勒气田，1961 年可采储量为 38×10^{12}立方米。

② 油气产量。

世界石油产量在 1950 年前不足 5×10^8t，之后迅猛增长，1979 年产量超过 30×10^8t，2007 年世界石油产量达到 36.18×10^8t(图 6-62)。2010 年产石油 40×10^8t。

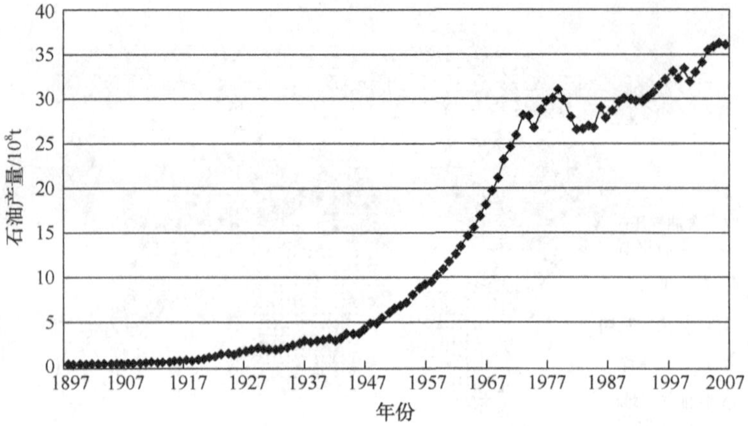

图 6-62　1897—2007 年世界石油产量

世界天然气产量在 1937 年为 79×10^{10} 立方米，2010 年产天然气 3.35×10^{12} 立方米，1970 年超过 0.98×10^{12} 立方米，2007 年天然气产量达到 2.86×10^{12} 立方米(图 6-63)。

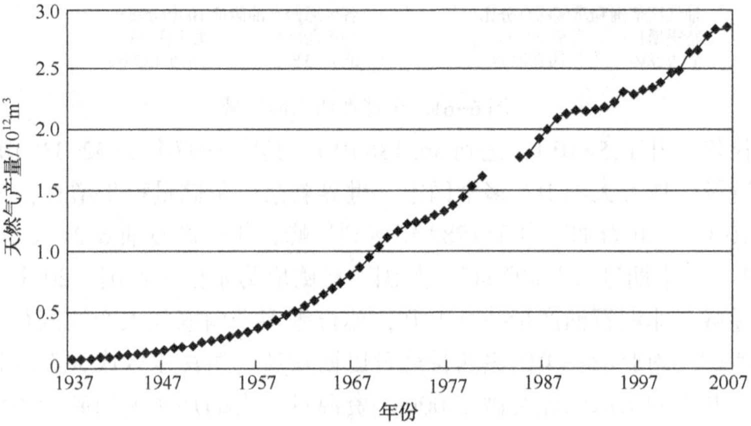

图 6-63　1937—2007 年世界天然气产量

2007 年，天然气产量居世界前十位的分别是：俄罗斯、美国、加拿大、阿尔及利亚、挪威、伊朗、荷兰、英国、中国和印度尼西亚。

总之，世界油气资源开发处于中期阶段，油气产量处于高峰期，这个高峰期至少可延到 2050 年。世界油气资源潜力巨大，已勘探开发的盆地油气资源不断增加；尚有一些地区(盆地)某些层位未作资源评价；特别是广泛分布的古生界油气资源十分丰富；另外，非常规油气更是常规油气的主要接替能源。所以我国参与世界油气资源开发是百年大计，是油气工业发展的战略需要，只能加强、再加强。

二、世界油气分布的基本特征

(1) 油气分布的时代：目前以中—新生代为主，其次为上古生界，下古生界相对较少，其油气埋藏深度多为 2000~4000m，最深达 7200m。

(2) 主要含油气层系，以海相碳酸盐岩为主，海相碎屑岩及陆相碎屑岩次之，海相碳酸盐岩石油储量占总储量的 80%左右，天然气占 90%左右。

(3) 油气主要分布在三大类盆地中，即古生代克拉通盆地、中—新生代前陆盆地及中—新生代断陷盆地。

① 古生代克拉通盆地：油气主要受古隆起、古斜坡、区域性不整合及有利地带控制，主要是以大型背斜、断背斜为主的油气田。

② 中—新生代前陆盆地：油气主要分布在前陆断褶带或前陆斜坡带上。

③ 中—新生代断陷（裂谷）盆地（如北非锡尔特盆地）：油气主要分布在中央背斜带、陡坡带、缓坡带及深洼内。

上述三类盆地目前所发现的大油气田以构造型油气田为主。

（4）已发现的油气资源主要分布在陆地和浅海地区。近年来，海域勘探发展较快，特别是深海域。

（5）近年来，世界天然气产量快速增长，储量增长大于石油。未来天然气将会占据重要地位。

（6）世界非常规油气（泥页岩、致密岩、煤层气、油砂、油页岩、天然气水合物等）资源潜力巨大，近十年美国泥页岩油气产量已形成规模，特别是在 2011 年天然气产量约 1800×10^8 立方米，但就世界而言处于刚刚起步阶段。非常规油气分布具有多时代、海相陆相共存，海域陆地并存、分布广、油气资源潜力巨大的特点，是世界油气资源开发的重要阶梯。

三、世界油气勘探领域战略思考

（1）油气勘探领域。

① 应加大古生界克拉通盆地勘探力度，全球古生界分布广泛，且分布发生区域性变质作用，并发育有多套烃源岩，油气资源十分丰富（如南美西部和北部，特别是非洲中南部），不少大型中盆地基本未开展油气勘探工作，有些地区只做了一些研究工作。因此古生界是今后重要勘探领域之一（图 6-64）。

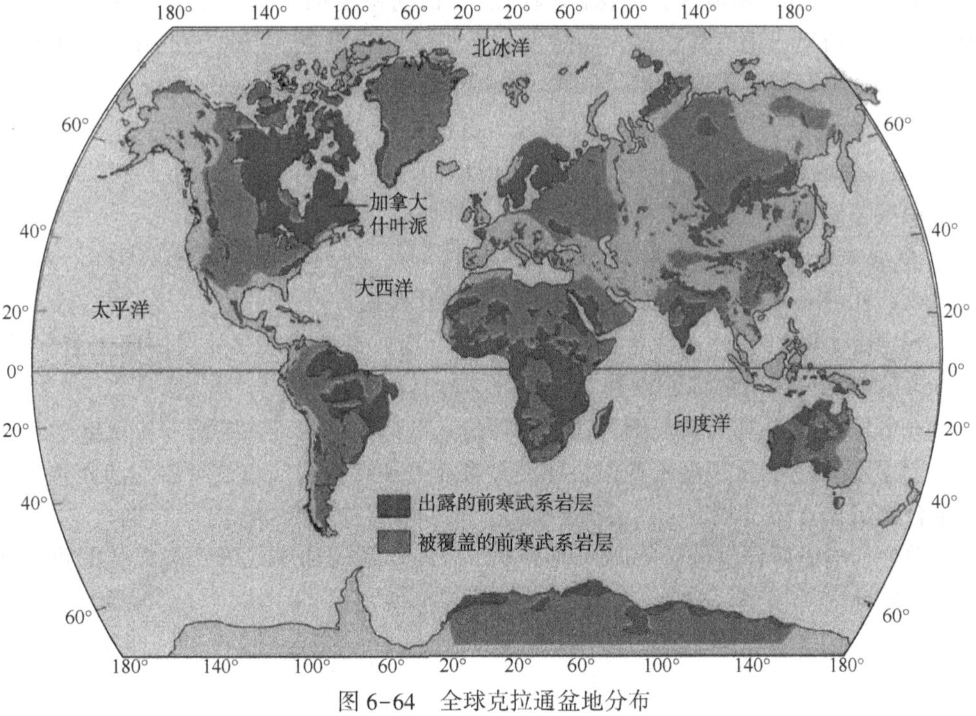

图 6-64　全球克拉通盆地分布

② 应加强盆地内中小型构造型油气藏勘探，据了解，2000年前世界上各油气田主要以大—特大型构造为主进行了勘探工作。而对中小型构造类关注不均，这也是今后勘探方向之一。

③ 应加强地层—岩性油气勘探。多年来，各油气公司主要以构造型油气田勘探为主。近几年才开始对非构造型油气藏，特别是地层岩性气进行勘探，这一领域勘探空间大，资源潜力也很大。据研究预测，这一类型油气资源潜力要大于构造型油气资源潜力。因此大有可为。

④ 海域勘探是近年来的热点之一，海域油气资源，尤其是深海油气资源十分丰富，仅近十年就发现多个油气田，而这只是油气勘探的初级阶段，前景十分广阔，有待进一步开发。

⑤ 应加强北极和南极地区油气评价和选区研究。特别是北极地区油气资源潜力大，应加强研究评价和选区研究，为进一步勘探做准备。

⑥ 勘探程度低或空白区如非洲地区油气资源丰富，56个国家(地区)，尚有28个国家(地区)基本未发现油气田，空白区面积大，油气发现空间也很大，加强研究评价选区，为更大投入做准备。

⑦ 非常规油气资源潜力巨大，加强油气资源评价和选区研究，寻找有利层位、靶区，加强勘探，使之尽快成为常规油气的接替。

(2) 油气勘探开发的战略区。

从世界油气勘探开发的现状和发展趋势及资源国的石油地质特征和油气资源、油气投资环境、油气项目竞争态势、资源可获得性等几个方面入手，结合资源引进战略通道建设，系统分布各重点资源国，综合研究合作大区，提出中国石油公司海外业务发展的战略。

① 中亚—俄罗斯地区：以保障国内油气长期稳定的供应为主要目标，以俄罗斯、哈萨克斯坦、土库曼斯坦、乌兹别克斯坦等国为重点，坚持油气并举，围绕油气通道，加强勘探，扩大规模。

② 中东地区：以保障国内油气供应为目标，重点关注伊朗和伊拉克等地区。

③ 非洲地区：以石油开发为主，目前以西非和北非为重点，不断扩大合作规模，积极拓展海上项目，择机发展天然气及非常规油气。

④ 亚太地区：以保障国内天然气供应为目标，积极在澳大利亚、印度尼西亚、巴布亚新几内亚等国拓展加强天然气上游勘探开发。

⑤ 美洲地区：重点关注重油项目，通过市场换资源，配套建设国内下游项目，为海上战略通道提供油源保障。

⑥ 北极地区：加强油气资源调查和评价选区研究，为进入本区准备依据。

⑦ 积极准备非常规油气勘探，如泥页岩油气和致密岩气、油页岩、油砂及天然气水合物等重要新领域。

总之，应做好评价选区等研究准备工作，使非常规油气成为常规油气的重要战略接替阵地。

第七章

科学技术专著

第一节　科学技术专著

1. 1983年12月，《新疆1∶200000地质图说明书》(石油地质部分)(主编)。

2. 1990年6月，《塔里木盆地石油地质论文集》(主编)，新疆科技卫生出版社。

3. 1992年12月，《塔里木盆地古生代海相油气田》(主编)，中国地质大学出版社。

4. 1994年10月，《塔里木盆地石油勘探文集》(主编)，新疆科技卫生出版社(K)。

5. 1995年，《中国古生代海相成油特征》(独编)，新疆科技卫生出版社(K)。

6. 1996年，《中国塔里木盆地石油地质特征及资源评价》(主编)，新疆科技卫生出版社(K)。

7. 1997年，《中国西北地区油气地质特征及资源评价》(主编)，新疆科技卫生出版社(K)。

8. 1997年10月，《中国含油气盆地原型分析》(编委)，南京大学出版社。

9. 1999年11月，《西北石油局志》(执行主编)，新疆人民出版社。

10. 2001年4月，《新疆塔里木盆地油气分布规律及勘探靶区评价研究》(主编)，新疆科技卫生出版社(K)。

11. 1999年11月，《中国主要构造体系与油气分布》(独编)，新疆科技卫生出版社(K)。

12. 2000年7月，《塔里木盆地石油勘探开发报刊选集》(副主编)，新疆科技卫生出版社(K)。

13. 2000年10月，《新疆矿产资源开发与产业发展战略研究》(副主编)，新疆科技卫生出版社(K)。

14. 2001年2月，《中国新疆地区油气地质特征及资源评价》(主编)，新疆科技卫生出版社(K)。

15. 2001年4月，《中国新疆地区油气分布规律及评价》(主编)，新疆科技卫生出版社(K)。

16. 2001年12月，《西北石油局图志》(副主编)，新疆人民出版社(K)。

17. 2002年10月，《发展新疆资源优势坚持高效持续发展科学论坛文集》(编委)，新疆科技卫生出版社(K)。

18. 2002年11月，《中国古生代海相油气田形成条件与分布》(主编)，新疆科技卫生出版社(K)。

19. 2004年，《中国主要盆地油气分布规律与勘探经验》(主编)，新疆科技卫生出版社(K)。

20. 2004年，《中国塔里木盆地塔河大油田——纪念沙参2井油气重大突破20

周年》(主编)，新疆科技卫生出版社(K)。

21. 2006年11月，《中国第二届石油地质年会》(指导委员会委员)，石油出版社。

22. 2008年5月，《新疆前陆盆地成油特征》(主编)，新疆科技卫生出版社(K)。

23. 2008年12月，《中国石油勘探开发百科全书》(编委)，石油出版社。

24. 2009年7月，《塔里木盆地构造体系控油作用研究》(主编)，中国大地出版社。

25. 2009年9月，《学习李四光的创新精神发展地质力学理论论文集》(主编)，中国大地出版社。

26. 2011年，《柴达木盆地构造体系控油作用研究》(主编)，地质出版社。

27. 2011年6月，《准噶尔—吐哈盆地构造体系控油作用研究》(主编)，地质出版社。

28. 2011年12月，《中国古生代海相油气地质学》(主编)，地质出版社。

29. 2012年8月，《油气地质力学》(主编)，地质出版社。

30. 2013年10月，《塔河大油田勘探实践与技术创新》(主编)，中国石化出版社。

31. 2013年11月，《中国西北地区构造体控油作用研究》(主编)，地质出版社。

32. 2013年12月，《松辽盆地构造体控油作用研究》(主编)，地质出版社。

33. 2014年11月，《鄂尔多斯盆地构造体系控油作用研究》(主编)，地质出版社。

34. 2014年12月，《四川盆地构造体系控油作用研究》(主编)，地质出版社。

35. 2015年2月，《中国非常规油气地质学》(主编)，地质出版社。

36. 2016年2月，《康玉柱院士论文集》(主编)，地质出版社。

37. 2016年2月，《康玉柱院士传》(陈伟立等)，地质出版社。

38. 2016年2月，《康玉柱院士画传》(龙长兴等)，地质出版社。

39. 2016年10月，《全球主要盆地油气分布规律及发展战略》(主编)，地质出版社。

40. 2017年5月，《华北盆地构造体系控油作用研究》(主编)，地质出版社。

41. 2018年5月，《全球构造体系概论》(主编)，地质出版社和中国石化出版社。

42. 2018年11月，《中国南方地区构造体系控制页岩气分布调查》(主编)，地质出版社。

43. 2019年3月，《中国油气重大基础研究丛书》(编委)，中国石化出版社。

44. 2020年10月，《全球地壳隆坳与海陆变迁论》(主编)，中国石化出版社。

45. 2020年12月，《中国海洋油气地质学》(主编)，中国石化出版社。

46. 2021年6月，《中国重点地区火山岩油气地质学》(主编)，中国石化出版社。

第二节　重要科技专著摘要及目录(共18部)

一、《塔里木盆地古生代海相油气田》

1. 1992年出版的《塔里木盆地古生代海相油气田》

这是一部我国首次关于古生代海相碳酸盐岩油气地质的科学专著。康玉柱于1970年到塔里木盆地进行油气远景评价研究。1980年组建了地质矿产部西北石油局。1984年，在塔北沙雅隆起主持部署的沙参2井实现了我国古生代海相油气田首次重大突破，揭开了塔里木油区寻找古生代油田的序幕，这也是我国石油地质界在第二轮油气勘查中具有里程碑意义的重大胜利。

作者运用地质力学理论，论述了塔里木盆地古生代海相油气田的发现，系统总结了几十年塔里木盆地的地层沉积特征、构造演化、生储盖发育及油气成藏因素和成藏特征以及油气分布规律并指出今后油气勘探方向。本专著问世后，不仅对进一步认识塔里木盆地油气资源远景和勘查油气工作具有指导意义，而且对我国其他地区寻找古生代海相油气田也有重要参考作用。

2. 主要内容

地层与沉积特征、盆地演化及构造特征、生储盖及组合、油气圈闭类型、大油气形成的地质条件、典型油气田、油气分布规律。

二、《中国主要构造体系与油气分布》

1996年出版的《中国主要构造体系与油气分布》专著是作者经过多年研究，科学系统地划分了主要构造体类型，论述了构造体系对油气分布的控制作用。

主要内容：巨型的纬向构造体系、新华夏构造体系、西域构造体系、反S形构造体系等，并讲述了各构造体系控油作用。

主要体现：巨型构造体系控制含油气区及含油气盆地，盆地内一级控制构造体系富集带，低序次构造体系控制油气田分布情况。

三、《中国古生代海相油气田形成条件与分布》

2002年出版的《中国古生代海相油气田形成条件与分布》是作者多年来在研究总结塔里木古生代海相油气田特征后，又对国内如华北地块、扬子地块及准噶尔地块等古生代油气田形成条件进行系统研究对比总结，论述了古生代盆地演化、含油气体系特征、油气成藏条件及分布规律，并指出当前和今后油气勘探方向。它进一步丰富和完善了古生代海相油气成藏理论，对古生代海相油气勘探开发有重要指导意义。

专著内容：①绪论：古生代海相油气勘探重大进展；②古生代地块基底；③古生代盆地演化；④含油气体系；⑤石油、天然气性质及成因分析；⑥油气藏类型及典型油气田；⑦油气前景评价；⑧油气分布规律；⑨油气勘探方向；⑩结语。

四、《中国主要盆地油气分布规律及勘探经验》

2004 年出版的《中国主要盆地油气分布规律及勘探经验》专著，科学系统地研究总结了中国 500 多个盆地共发现 500 多个油气田。主要内容：①论述当时油气勘探形势，多取得的重大进展。②对 40 多个油气田重点论述了油气分布规律。③指出今后油气勘探方向。④系统地总结了油气勘探经验。

专著内容：①中国主要盆地油气分布规律，从陆地到海洋共 13 个盆地(松辽、渤海湾、江汉、苏北、鄂尔多斯、四川、准噶尔、吐哈、塔里木、柴达木、东海、北部湾)。②油气勘探经验。③结论。

五、《新疆前陆盆地成油特征》

2008 年出版的《新疆前陆盆地成油特征》专著，系统研究了新疆地区八个前陆盆地的大地构造背景、前陆盆地概念及类型、前陆盆地演化、构造体系特征、含油气系统及油气分布规律前陆盆地勘探方向。对重要的前陆盆地进行了剖析，建立了新疆各前陆盆地成藏模式等。

主要内容：①绪论：区域构造背景、前陆盆地概念及类型、前陆盆地演化、构造体系特征、含油气体系特征、油气分布特征、油气前景及勘探方向。②新疆主要前陆盆地：克拉玛依、乌鲁木齐、吐鲁番、库车、孔雀河、喀什、叶城、且末等。论述了各前陆盆地的形成演化、构造特征等。

六、《中国古生代海相油气地质学》

2011 年出版的《中国古生代海相油气地质学》，系统总结了中国古生代海相油气地质学的理论体系，阐述了古生代海相层系的油气分布规律，提出了古生代海相层系油气勘探的战略部署建议。全书共分 9 章，从古生代海相地层分布和层序格架入手，论述了古生代海相沉积体系类型和特征，古生代海相层系经历的主要构造运动、构造体系特征和古生代原型盆地的类型及分布。在此基础上分别描述了构造体系对烃源岩、储集层、盖层等油气地质要素和古生代海相生储盖组合特征、油气运集成藏模式及对古生代海相油气保存条件等控制作用。通过对各类海相层系典型油气田(藏)的解剖分析，从纵向和横向上论述了古生代海相层系的油气分布规律，进而对中国古生代油气资源的前景进行了展望，指出了中国主要古生代海相含油气盆地的油气勘探方向。

《中国古生代海相油气地质学》可作为高等院校相关专业和培训的参考书，也可供从事石油天然气地质和勘探工作的科研、生产人员阅读参考。本书目录如下：

第 7 章　古生代海相油气分布规律
7.1　油气纵向分布
7.2　油气横向分布
7.3　控制油气田分布的主要因素
7.3.1　古隆起控制油气分布
7.3.2　古斜坡控制油气分布
7.3.3　盆边褶皱带
7.3.4　断裂控制油气分布
7.3.5　区域性不整合面控制油气分布
7.3.6　构造体系控制油气分布
7.3.7　区域性盖层控制油气分布
第 8 章　古生代海相油气资源前景展望
第 9 章　中国古生代海相油气勘探方向预测
9.1　古生界油气勘探方向综述
9.2　主要盆地油气勘探方向
9.2.1　塔里木盆地油气勘探方向
9.2.2　鄂尔多斯盆地勘探方向
9.2.3　华北地区油气勘探方向
9.2.4　四川盆地勘探方向
9.2.5　准噶尔盆地油气勘探方向
9.2.6　句容–海安和江汉盆地南部地区
9.3　古生代海相油气勘探战略部署建议
结论

七、《油气地质力学》

2012 年出版的《油气地质力学》将地质力学与油气地质学融为一体，是地质力学和油气地质学的创新发展，是一个创新理论学科，是康玉柱等在科学家的工作基础上，经 40 多年研究与实践的理论总结。主要内容：

(1) 深入研究了地壳运动的起源，指出了海陆变迁的动力和结果。

系统划分了中国主要构造体系：纬向构造体系、华夏构造体系、西域构造体系、新华夏构造体系、歹字形构造体系、新西域构造体系、经向构造体系、山字形构造体系及旋扭构造体系等，丰富和充实了各构造体系的内容。

(2) 首次指出了主要构造体系演化特征，即阶段性、继承性、差异性、迁移性及转换性等。

提出了构造体系的生成和发展时期，控制含油气盆地的形成与演化，其演化大体分为早—古生代裂陷—克拉通盆地，晚—古生代克拉通坳陷盆地，中生代前陆或断陷盆地等。

(3) 创新总结了构造体系控制油气分布：第一，控制盆地内烃源坳陷；第二，控制盆地内油气富集带(区)；第三，低序次扭动构造控制油气田。

（4）首次创立了五种扭动构造控油模式。

（5）首次论述了中国主要三大类型盆地的油气分布规律：①中国古生代克拉通盆地，油气主要分布在古隆起、古斜坡、区域性不整合和断裂带；②中国西部中新生代前陆盆地，油气主要分布在前陆断褶带、前陆斜坡带和前陆逆掩带；③中国东部断陷盆地，油气主要分布在陡坡带、缓坡带、中部构造带及深凹带。

本书所创新的理论和认识，填补和丰富了地质力学和油气地质学理论，对油气地质理论研究和油气勘探具有重要指导意义。本书既可作为石油地质专业、地质力学专业的本科教学用书，亦可供相关专业人员参考阅读。

八、《塔河大油田勘探实践与技术创新》

2013年出版的《塔河大油田勘探实践与技术创新》是继《塔里木盆地古生代海相油气田》、《中国古生代海相成油特征》、《中国古生代海相油气田形成条件与分布》及《中国塔里木盆地塔河大油田》之后第五部关于古生代海相成油的科学著作。系统论述了塔河大油田的勘探历程，深入剖析了塔河大油田的成藏条件及特征、沉积体系、构造体系、含油水性质及展布、地层压力及温度变化、油藏描述等；进一步展望了油气分布规律，勘探方向及油气前景等。另外，还全面总结了已形成的油气田勘探开发创新技术系列。本专著的问世将进一步丰富中国古代海相成油理论及勘探开发技术，对当前和今后油气勘探开发有重要的指导意义。

《塔河大油田勘探实践与技术创新》可供广大地质工作者、石油地质工作者及相关院校教学和科研工作者参考使用。本书目录如下：

一、天然气性质及分布
二、地面原油性质及分布
三、地层水性质及分布
四、油田流体的非均质性及控制因素
五、不同类型、性质流体分布状态的控制因素
第七章　塔河油田油(气)分布规律
一、油气纵向分布
二、油气平面分布
三、油气成藏的受控因素
第八章　塔河油田油气前景展望及勘探方向
一、油气前景展望
二、油气勘探方向
第九章　从塔河油田展望塔里木盆地
一、塔里木盆地奥陶系近期油气勘探的重大成果
二、具有形成大油气田的地质条件
三、油气分布规律及勘探方向
第十章　塔河油田勘探技术创新
第十一章　结论

九、《松辽地区构造体系控油作用研究》

2013 年出版的《松辽地区构造体系控油作用研究》以油气地质力学理论为指导，在前人研究工作的基础上，对松辽地区构造体系控制油气分布进行了全面系统研究。通过对松辽地块地质构造特征分析，首次系统划分了松辽地区构造体系类型，并论述了其演化特征；首次恢复了构造体系控制下的古生代以来的原型盆地类型，并提出了古生界未发生区域变质作用；首次揭示了构造体系控制油气分布的因素和规律；松辽地区非常规油气资源十分丰富，并全面评价了油气资源和优选有利区。

《松辽地区构造体系控油作用研究》可供从事油气地质勘探、地质构造的研究人员参考使用。本书目录如下：

前言
1　松辽地区地层与沉积特征
1. 1　前震旦系结晶变质基底
1. 2　布格重力异常特征
1. 3　航磁异常特征
1. 4　岩石圈结构
1. 5　沉积体系
2　松辽地区构造体系分析
2. 1　纬向系构造体系
2. 2　华夏系构造体系
2. 3　新华夏构造体系

十、《鄂尔多斯盆地构造体系控油作用研究》

2014年出版的《鄂尔多斯盆地构造体系控油作用研究》专著，以油气地质力学理论为指导，采用野外地质调研与室内研究相结合、油气地质与地球物理相结合、盆地与造山带相结合的方式，对鄂尔多斯盆地构造体系控油作用进行全面系统研究。通过鄂尔多斯盆地周缘地区构造体系类型及演化特征研究，划分出五个构造体系（纬向构造体系、华夏构造体系、经向构造体系、山字形构造体系及新华夏构造体系），编制了主要时代沉积相图，首次建立了古生代主要时代沉积模式，以及恢复了构造体系控制的盆地原型。鄂尔多斯盆地构造体系控油作用十分明显，表现盆地南部和北部主要受纬向构造体系控制，盆地西部主要受经向构造体系和山字形构造体系脊柱复合控制；盆地中部主要受华夏构造体系和新华夏构造体系及区域东西带复合控制；非常规油气资源潜力大，是今后油气勘探主要领域之一。本书可供从事油气地质勘探、地质构造的研究人员参考使用。

主要内容：①绪言：油气勘探概况。②沉积体系特征。③构造体系类型及特征。④盆地的形成演化。⑤构造体系控油作用。⑥典型油气田。⑦盆地油气资源潜力及勘探方向。结论。

十一、《四川盆地构造体系控油作用研究》

2014年出版的《四川盆地构造体系控油作用研究》以油气地质力学理论为指导，

采用野外地质调查与室内分析相结合，地质与地球物理相结合，几何学、运动学及动力学相结合，盆地与造山带相结合的技术路线，建立了盆地构造体系格局，开展了四川盆地及周缘地区主要构造体系特征及其复合关系研究，探讨主要构造体系控制含油气盆地生成和发展的机理，揭示构造体系控制油气分布的规律，并进行深层油气聚集的有利区(带)分析。本书可供从事油气地质勘探、地质构造的研究人员使用，也可供高等院校相关专业的师生参考使用。本书目录如下：

1　绪言

1.1　油气勘探概况

1.2　取得的主要成果及创新认识

2　沉积体系特征

3　构造体系类型及特征

3.1　构造体系类型

3.2　构造体系演化特征

4　四川盆地的形成演化

4.1　震旦纪—中奥陶世裂陷—克拉通盆地演化阶段

4.2　晚奥陶世—泥盆纪挤压克拉通盆地演化阶段

4.3　石炭纪—中三叠世为克拉通内坳陷盆地演化阶段

4.4　中新生代前陆盆地阶段

4.5　盆地萎缩阶段

5　构造体系控油作用

5.1　构造体系控制烃源岩分布

5.2　盆地储层特征

5.3　盖层

5.4　生储盖组合特征

5.5　油气藏保存与破坏

5.6　构造体系控油(气)作用

5.7　油气分布规律

6　典型油气田

6.1　普光气田

6.2　五百梯气田

6.3　非常规泥页岩气特征

7　四川盆地油气资源潜力及勘探方向

7.1　四川盆地油气资源潜力大

7.2　油气勘探方向

结论

十二、《中国非常规油气地质学》

2015年出版的《中国非常规油气地质学》从2004年开始了中国非常规油气资源评价和勘查工作。经过多年实际勘探，发现六类非常规油气：致密岩油气、泥页岩油气、煤层气、油页岩、油砂、天然气水合物等。阐述了非常规油气勘探开发形势，六类非常规油气田的基本概念及形成条件，油气分布规律，油气资源评价技术，勘探开发关键技术和方法，油气资源潜力及发展战略。

本书内容：非常规油气勘探开发形势，非常规油气资源评价方法，非常规油气勘探开发技术，以及非常规油气开发战略。《中国非常规油气地质学》注重理论体系、技术和方法体系的有机结合，以及普遍性、特殊性及典型性的结合，充分体现了科学性和实用性的结合。本书目录如下：

十三、《全球油气分布规律及发展战略》

2016年出版的《全球油气分布规律及发展战略》提出了全球运动起源及大陆变迁的主要因素；论述了全球主要构造体系类型特征；划分出全球沉积盆地三大类型，即古生代克拉通盆地、中新生代断陷盆地及中新生代前陆盆地；总结了各大区油气分布规律；分析了全球油气资源潜力及全球油气发展战略。本书可供从事油气地质勘探的研究人员参考使用。目录如下：

2.1　地壳运动的起源
2.1.1　地壳运动的主要原因
2.1.2　天体对地球的影响
2.1.3　来自地球自身内部的原因
2.1.4　地壳厚度、密度的差异造成的地应力
2.1.5　大陆(地块)在地质历史演化中是不会漂移的
2.2　全球主要构造运动
2.2.1　中元古代与新元古代之间的构造运动
2.2.2　志留纪与泥盆纪之间的构造运动(海西运动幕)
2.2.3　天山运动(海西运动幕)
2.2.4　中、晚三叠世之间的构造运动
2.2.5　侏罗纪与白垩纪之间的构造运动
2.2.6　古近纪与新近纪之间的构造运动
2.3　全球主要构造体系概述
2.3.1　纬向构造体系
2.3.2　经向构造体系
2.3.3　反S形构造体系
2.3.4　山字形构造体系
2.3.5　NNE向构造体系
2.3.6　NE向构造体系
2.3.7　NW向构造体系
2.3.8　旋扭构造体系
2.3.9　辐射状构造体系
2.4　全球地块形成的主要因素
2.4.1　碰撞作用
2.4.2　碰撞造山系
3　全球沉积体系概述
3.1　寒武系—中奥陶统
3.2　上奥陶统—泥盆系
3.3　石炭系
3.4　上石炭统(宾夕法尼亚亚系)—下二叠统
3.5　三叠系—下侏罗统
3.6　中侏罗统—下白垩统
3.7　白垩系
3.8　古近—新近系
4　全球含油气盆地主要类型
4.1　克拉通盆地
4.1.1　克拉通盆地概念
4.1.2　克拉通盆地形成与演化

8.2 全球主要地区油气勘探方向
8.2.1 中国油气勘探方向
8.2.2 西西伯利亚盆地勘探方向
8.2.3 东西伯利亚盆地勘探方向
8.2.4 中亚地区勘探方向
8.2.5 中东地区勘探方向
8.2.6 亚太地区油气勘探方向
8.2.7 非洲油气勘探方向
8.2.8 美国油气勘探方向
8.2.9 南美洲油气勘探方向
9 结论和建议
9.1 全球油气资源潜力巨大
9.2 提出了地球动力起源的因素
9.3 划分了全球主要构造体系类型
9.4 首次提出全球自寒武系以来未发生过区域性质作用
9.5 当前油气勘探开发的特点
9.6 揭示了全球油气分布规律
9.7 提出了全球油气资源发展战略
9.7.1 “两个海”和“两个非”战略
9.7.2 全球油气发展战略地区
9.7.3 油气勘探发展趋势
9.7.4 油气勘探总方向设想

十四、《南方地区构造体系与页岩气分布调查》

2018年《南方地区构造体系与页岩气分布调查》以油气地质力学理论为指导，采用野外地质调查与室内分析相结合，地质与地球物理相结合，几何学、运动学及动力学相结合，盆地与造山带相结合的技术路线，建立了盆地构造体系格局，开展了南方地区主要构造体系特征及其复合关系研究，探讨了主要构造体系控制页岩气盆地生成和发展的机理，揭示了构造体系控制页岩气分布的规律，并进行了页岩气聚集的有利区(带)分析。本书可供从事页岩气地质勘探、地质构造的研究人员参考使用。目录如下：

前言
1 地层沉积
2 构造体系特征
3 泥页岩气形成地质条件
4 构造体系控制油气分布
5 油气勘探方向

十五、《全球构造体系概论》

2018年出版的《全球构造体系概论》专著系统建立了八大构造体系类型：东西向构造体系，南北向构造体系，北东向构造体系，北北东向构造体系，北西向构造体系，山字形构造体系，S形或反S形构造体系，旋扭构造体系，其中主体构造体系为东西向和南北向构造体系。提出了各构造体系的5种演化特征：阶段性、继承性、差异性、迁移性及转换性，显现出各构造体系的复杂性。指出构造体系控制各大小地块的生成演化，而各地块又控制和影响构造体系形成和演化，它们相互作用造就了现今优选构造格局及海陆变迁和演化。构造体系形成演化控制各时代沉积及原型盆地形成，亦控制优选能源矿产和金属矿产的形成、改造和定型，且构造体系控制矿产分布是很有规律性的。

5.4　南美东海岸北北东向构造体系
6　北西向构造体系
6.1　中国境内北西向构造体系
6.2　中亚北西向构造体系
6.3　北高加索北西向构造体系
6.4　中东扎格罗斯北西向构造体系
6.5　北美洲西海岸北西向构造体系
6.6　苏伊士湾北西向构造体系
7　山字形构造体系
7.1　中国境内山字形构造体系
7.2　欧亚山字形构造体系
7.3　俄罗斯西伯利亚南部伊尔库次克山字形构造体系
7.4　土耳其脱利山字形构造体系
7.5　法国加多姆山字形构造体系
7.6　英格兰山字形构造体系
7.7　北美洲山字形构造体系
7.8　北美洲南部辛辛那提山字形构造体系
7.9　南美洲巴西山字形构造体系
8　S 形或反 S 形构造体系
8.1　青藏川滇反 S 形构造体系
8.2　中国境内反 S 形构造体系
8.3　北美洲西海岸反 S 形构造体系
8.4　南美洲西部 S 形构造体系
8.5　非洲西部 S 形构造体系
9　旋扭构造体系
9.1　中国境内旋扭构造体系
9.2　俄罗斯东北部北萨哈林雁列构造体系
9.3　西印度洋帚状构造体系
9.4　西南太平洋帚状构造体系
9.5　南极双环复合式旋转构造体系
9.6　北极同心圆辐射状旋转构造体系
10　构造体系演化特征及复合联合关系
10.1　构造体系演化特征
10.2　构造体系的复合与联合
11　结论

十六、《中国海洋油气地质学》

2020 年出版的，中国渤海、黄海、东海及南海等所处的大地构造部位差别较大但各有特色，各海的地层沉积及构造特征及演化差别较大，油气地质条件各有特色。海域油气勘探开始于1965年，在渤海、东海及南海发现多个油气田及大油气田。特别是南海海域目前已发现400多个油气田，而且是世界上天然气水合物成藏条件较优越的地区，资源潜力大。本专著从我国各个海洋地质构造、油气地质、油气资源潜力及油气分布规律及有利区等方面进行全面系统的论述。目录如下：

(一)渤海盆地
(二)黄海盆地
(三)东海盆地
(四)南海盆地
六、油气资源评价及有利区
(一)渤海盆地
(二)黄海盆地
(三)东海盆地
(四)南海盆地
七、典型油田——蓬莱 9-1 油田
第五章　南海天然气水合物成藏及分布
一、天然气水合物概况
二、南海天然气水合物勘探历程
三、天然气水合物成藏条件
(一)地质构造特征
(二)地层沉积
(三)热流特征
(四)天然气水合物资源潜力及有利区
四、南海北部东沙海域天然气水合物成矿条件
(一)构造条件
(二)沉积条件
(三)气源条件
五、南海北部神狐海域天然气水合物成矿条件
(一)构造条件
(二)沉积条件
(三)气源条件
六、南海北部琼东南海域天然气水合物成矿条件
(一)构造条件
(二)沉积条件
(三)气源条件
七、南海北部天然气水合物资源潜力及有利区
(一)资源前景
(二)分布规律
八、南海南部海域天然气水合物成藏特征
(一)南海南部海域天然气水合物勘查现状
(二)北康海域天然气水合物成藏特征
(三)北康盆地天然气水合物成藏特征
九、东海海域天然气水合物成矿条件预测
第六章　结论

十七、《全球地壳隆坳演化与海陆变迁论》

2020年出版的《全球地壳隆坳演化与海陆变迁论》研究大陆形成演化的工作，如早期的大陆漂移学说、海底扩张学说、板块构造学说等。经过多年研究，本书作者认为全球六个大陆不会漂移，而且也无充分依据将地球划分成几个板块。所以，本书通过大量地壳隆坳演化与海陆变迁案例进行论证与阐述，认为全球各大陆整体是不分的，各个陆块地质时期的变化，是海陆变迁的结果。目录如下：

三、北东向构造样式
四、北北东向构造样式
五、北西向构造样式
六、山字形构造样式
七、S 形或反 S 形构造样式
八、旋扭构造样式
九、构造样式演化特征
第六章　全球地壳隆坳演化特征
第七章　海陆变迁的证据
一、局部海陆变迁
二、全球性海陆变迁
第八章　结论

十八、《中国重点地区火山岩油气地质学》

《中国重点地区火山岩油气地质学》于 2021 年出版。

全国矿产资源潜力评价工作过程中，在以往 1∶50000、1∶200000 和 1∶250000 等各种不同比例尺区域地质调查及相关专题研究的基础上，本书充分利用已有的地物化遥等资料，通过火山岩区岩性岩相构造图的编制，系统分析了全国火山岩区火山构造、火山岩相和火山岩地层的特征及其控矿意义，总结了火山岩区成矿地质背景，为全国陆相火山岩区矿产资源潜力评价提供了翔实的火山地质基础资料。目录如下：

前言
第一章　国内外火山岩油气勘探重大进展
一、中国火山岩油气田
二、国外火山岩油气田
第二章　中国重点地区火山岩的分布
一、松辽盆地火山岩
二、华北地区火山岩
三、下辽河盆地火山岩
四、中国西部火山岩
第三章　中国重点地区火山岩特征
一、火山岩旋回
二、火山岩类型
三、火山岩相
第四章　火山岩成藏特征
一、火山活动与烃源岩
二、烃源岩
三、火山岩储层
四、火山岩储层的裂缝

五、火山岩油气成藏组合
六、火山岩油气成藏的控制因素
第五章　中国重点地区火山岩油气藏
一、准噶尔盆地
二、塔里木盆地
三、柴达木盆地
四、走廊地区
五、松辽盆地
六、四川盆地
第六章　中国典型火山岩油气田
一、四川盆地
二、准噶尔盆地
三、塔里木盆地
四、松辽盆地
第七章　中国火山岩油气资源潜力及勘探方向
一、中国火山岩油气资源潜力
二、中国火山岩油气勘探方向

第三节　油气地质理论体系(共10个)

(1) 油气地质力学理论。
(2) 中新生代陆相成油理论。
(3) 中国古生代海相成油理论。
(4) 中国前陆盆地成油理论。
(5) 中国火山岩成藏理论。
(6) 中国海洋油气成藏理论。
(7) 中国非常规油气地质理论。
(8) 全球地壳隆坳演化与海陆变迁理论。
(9) 全球油气分布规律及发展战略。
(10) 全球构造体系概论。

第八章

国内、国外科学技术交流

第一节 重要科技讲座

仅记录了2001年以来的重要科技讲座，共62次。

1. 2001年6月，给中国石化西部新区勘探部讲《中国西北地区油气地质特征、进展及勘探方向》；

2. 2001年7月10日，给中国石化西部新区勘探部讲《准噶尔盆地石油地质特征及油气前景》；

3. 2002年3月10日，给中国石化西部新区勘探指挥部及下属各油田技术人员讲《塔里木盆地地层和划分对比》；

4. 2004年6月17日，给中国石化西部新区勘探指挥部及中石化各油田参加西部勘探的广大技术人员讲《中国西北地区石油地质特征及勘探方向》；

5. 2007年5月，给中国石化石油勘探开发研究院讲《塔里木盆地新进展及勘探方向》；

6. 2007年6月29日，给山东科技大学作了《中国古生代海相油气田发现》报告；

7. 2007年8月，给山东中国石油大学作了《中国古生代海相油气田发现前景展望》报告；

8. 2007年11月8日，给地质力学与地震灾害技术交流会讲《地应力在石油地质方面应用》；

9. 2007年11月15日，给中国石化技术培训班讲《中国古生代海相油气田发现的回顾与启示》；

10. 2007年12月16日，给中国石化干部管理学院讲《21世纪油气勘探开发面临的科技问题》；

11. 2007年12月22日，在中国石油勘探开发研究院技术对接交流会上讲《古生代海相油气田勘探应注意的几个问题》；

12. 2008年1月23—24日，在中国石化东部老区稳产资源基础及关键技术项目论证会上讲《东部老区油气地质研究应注意的几个问题》；

13. 2008年6月，给中国地质大学（武汉）讲《中国古生代海相油气田发现及启示》；

14. 2008年6月30日，在中国石油学会石油地质专业委员会上讲《中国古生代油气地质理论新进展》；

15. 2008年7月5日，给中国石化党校的培训班讲《自主创新与古生代海相油气田发现》；

16. 2008年8月28日，给中国石化党校的拔尖人才培训班讲《中国油气地质特征与发展趋势》；

17. 2008年10月6日，给中国地质大学（武汉）讲《中国古生代海相油气田的发现》；

18. 2008 年 10 月 13 日，给长江大学讲《中国古生代海相油气田发现及成油理论》；

19. 2008 年 10 月 16 日，在西南石油大学讲《中国古生代海相油气田发现及特征》；

20. 2008 年 11 月 18 日，在中国首届能源论坛会上讲《中国古生代油气田前景展望》；

21. 2009 年 1 月 25 日，给中国地质大学讲《中国古生代海相油气田发现及启示》；

22. 2009 年 2 月 24 日，给中国地质大学（北京）讲《中国古生代海相油气田发现及成油理论》；

23. 2009 年 9 月，给胜利油田石油勘探开发院作了《中国古生代海相油气田发现及特征》的学术报告；

24. 2010 年 7 月 8 日，给中化集团公司讲《中国油气资源前景展望》；

25. 2010 年 10 月，在胜利油田召开的中国西部勘探会上作了《中国西北地区油气潜力巨大》报告；

26. 2011 年 1 月 20 日，在中国地质调查局油气成果交流会上作了《中国十一五油气勘探重大进展和十二五油气发展战略》报告；

27. 2011 年 2 月 25 日，在石油大学（北京）人才问题高端讲座会上作了《自主创新与古生代海相大油气田的发现》报告；

28. 2011 年 5 月 4 日，给胜利油田物探公司（东营）讲《中国西北地区油气地质特征及前景展望》；

29. 2012 年 5 月 28 日，在广东科协论坛第 47 次报告会上作了《中国油气资源前景分析与战略思考》报告；

30. 2012 年 10 月 6 日，给吉林大学地球科学院师生讲《中国油气资源前景及战略思考》；

31. 2012 年 12 月 3 日，给中南大学师生讲《中国泥页岩及致密岩油气特征及前景展望》；

32. 2012 年 12 月 28 日，给中国中化集团公司讲《中国古生代海相油气田前景及战略思考》；

33. 2013 年 4 月 20 日，给中南科技大学讲《中国泥页岩油气新进展及前景展望》；

34. 2013 年 9 月，给新疆科协讲《中国古生代海相油气田发现及前景》；

35. 2013 年 11 月 17 日，给成都理工大学讲《自主创新与海相大油田发现》；

36. 2014 年 4 月，给中国石化石油勘探开发研究院讲《中国古生代海相油气田勘探实践》；

37. 2014 年 5 月，给地质力学研究所讲《中国泥页岩及致密岩油气特征及新进展》；

38. 2014 年 8 月 28 日，给浙江省煤田地质局讲《中国泥页岩及致密岩油气特征及前景》；

39. 2014 年 12 月 26 日，给中国华电集团讲《新疆油气资源评价及选区》；

40. 2015 年 5 月 16 日，给江西省页岩气研究院讲《中国泥页岩油气勘查新进展及建议》及《开天辟地的油气重大突破》；

41. 2015 年 10 月 5 日，给山东大学讲《自主创新与塔河大油田发现》；

42. 2016 年 2 月 13 日，给中国地质科学院讲《中国非常规油气勘查新进展与潜力》；

43. 2016 年 2 月 27 日，给国土资源部油气中心讲《中国非常规油气勘查新进展及发现战略》；

44. 2017 年 5 月 16 日，给华北电力大学讲《自主创新与海相大油田发现》；

45. 2017 年 10 月 23 日，给中国石化各油田、院、所，技术骨干培训班讲《自主创新与塔河大油田发现》；

46. 2018 年 1 月 14 日，给吉林大学讲《自主创新与塔河大油田发现》；

47. 2018 年 3 月 10 日，在国家能源局学术研讨会上讲《自主创新与塔河大油田发现》；

48. 2018 年 7 月 5 日，给西北石油局技术拔尖人才培训班讲《自主创新与塔河大油田发现》；

49. 2018 年 9 月 17 日，给宁夏回族自治区地矿局讲《中国非常规油气地质特征及前景》；

50. 2018 年 11 月 10 日，给重庆市泛嘉公司讲《中国非常规油气勘查新进展及潜力和勘探方向》；

51. 2019 年 2 月 2 日，给地质力学研究所讲《中国非常规油气勘查新进展及战略》；

52. 2019 年 7 月 9 日，给中国石化无锡石油实验地质研究院讲《自主创新与塔河大油田发现》及《中国非常规油气勘查新进展及战略》；

53. 2019 年 7 月 17 日，给中国石化石油勘探开发研究院讲《全国沉积盆地类型及油气分布规律》；

54. 2019 年 9 月 26 日，在河南濮阳给中国石化中原油田讲《中国油气勘探七十年的辉煌》；

55. 2019 年 11 月 9 日，给重庆市泛嘉公司讲《中国油气勘探七十年的辉煌》；

56. 2019 年 12 月 8 日，给吉林大学讲《自主创新与塔河大油田发现》；

57. 2020 年 1 月 16 日，给中国地质调查局油气中心讲《以李四光创新精神为指导发现大油田》；

58. 2020 年 5 月 4 日，给中国石化石油勘探开发研究院年轻人讲《塔河大油田发现的故事》；

59. 2020 年 6 月 5 日，在川渝经济论坛会上讲《川渝地区油气资源潜力及战略》；

60. 2021 年 9 月 13 日，给北京石油化工学院讲《奋斗创新路、找油建辉煌，〈自主创新与塔河大油田发现的故事〉》；

61. 2021 年 9 月 27 日，在全国第四次液化天然气大会上讲《中国天然气资源潜力与发展战略》；

62. 2021 年 10 月 20 日，给地质力学培训班讲《地质力学理论创新与实践》。

第二节　国内科学技术研讨会及成果鉴定会及大会报告

国内科学技术研讨会及成果鉴定会及大会报告。

1. 1970 年 9 月 10 日，在新疆库车召开的塔里木盆地油气勘探部署会作了《塔里木盆地油气前景及部署》报告。

2. 1979 年 11 月，在第一次塔里木盆地油气资源座谈会（乌鲁木齐）上作了《塔里木盆地石油地质特征》报告。

3. 1980 年 9 月，在第二次塔里木盆地油气资源座谈会（乌鲁木齐）上作了《塔里木盆地石油地质特征及找油方向》报告。

4. 1981 年 7 月，在中国中新生代构造研讨会（北京）上作了《塔里木盆地中新生代构造特征》报告。

5. 1982 年 6 月，在中国地质学会成立 60 周年及学术讨论会（北戴河）上提交了《塔里木盆地中新生代岩相古地理与油气关系探讨》报告。

6. 1983 年 9 月，在石油部召开的中国西北地区勘探部署研讨会（克拉玛依）上作了《中国西北地区石油地质特征及油气前景》报告。

7. 1984 年 9 月，在第三次塔里木盆地油气资源座谈会（乌鲁木齐）上作了《新疆石油地质特征》大会报告。

8. 1990 年 1 月 9 日，在全国地质矿产局长会上作了《塔里木盆地油气前景展望》报告。

9. 1990 年 5 月，在李四光教授 100 周年诞辰座谈会上作了《塔里木盆地构造体系控油特征》报告。

10. 1992 年 6 月，在中国地质学会成立 70 周年学术座谈会（北京）上作了《试论塔里木盆地油气分布规律及找油方向》报告。

11. 1995 年 9 月 12 日，在新疆第三届天山地质矿产学术研讨会（乌鲁木齐）上作了《塔里木盆地古生代海相成油田特征》报告。

12. 1996 年 9 月 15 日，在中国西北地区经济发展战略研讨会（兰州）上提交了《新疆优势矿产勘查开发战略探讨》论文。

13. 1998 年 10 月，在中国西部能源开发及优化配置学术研讨会（成都）上提交了《中国西北地区油气资源开发战略与对策》论文。

14. 1999 年 10 月，在中国科协首届学术年会（杭州）上作了《中国古生代海相成油田特征》报告。

15. 2000 年 6 月，在第四届天山地质矿产资源学术研讨会上作了《塔里木盆地塔河大油田特征》报告。

16. 2001 年 1 月 7 日，在新疆维吾尔自治区科协召开的西部大开发会上作了《新疆地区油气资源潜力分析》报告。

17. 2001 年 2 月 8 日，在发挥新疆油气资源优势与持续发展对策论坛会上作了《新疆油气资源开发与持续发展对策》报告。

18. 2001 年 4 月 23 日，在全国碳酸盐岩油气勘探研讨会上作了《中国海相碳酸盐岩油气资源潜力》报告。

19. 2001 年 8 月 10 日，在中国石化西部新区勘探指挥部成立大会上作了《中国西北地区油气地质特征及前景》报告。

20. 2001 年 8 月 20 日，在由中国科协、中国工程院、新疆维吾尔自治区主办的中国西部经济与社会发展论坛会(乌鲁木齐)上作了《新疆油气资源开发与持续发展对策》报告。

21. 2001 年 9 月，在中国科协 2001 年学术年会(长春)上作了《新疆油气资源开发战略》报告。

22. 2002 年 3 月 10 日，在塔河油田勘探部署会议上建议加强外围、深层及断裂体系勘探。

23. 2002 年 5 月 10 日，在中国石化召开的古潜山学术座谈会(大连)上提交了《塔里木盆地古潜山油气田》论文。

24. 2003 年 9 月 10 日，在中国油气运移聚集研讨会上围绕其创新理论及勘探实践作专题报告。

25. 2004 年 9 月 15 日，在中国石油地质首届年会上作了《中国古生代海相成油田特征》报告。

26. 2004 年 9 月 20 日，在中国石化西部新区指挥部会议上作了《中国西北地区石油地质特征及前景展望》报告。

27. 2004 年 11 月 29 日，在学习讨论《新疆维吾尔自治区政府工作报告》会上发言，建议加大四个力度：油气勘探力度、石油化工发展力度、地区油气资源开发力度及政府科学管理力度等。

28. 2004 年 12 月 1 日，在新疆阿克苏地区经济社会发展论坛会上作了《阿克苏地区油资源开发与利用策议》发言。

29. 2005 年 1 月 20 日，在国家“十五”科技攻关项目课题验收会上发言。

30. 2005 年 3 月 11 日，在中国石化咨询中心会议上作了《中国西北地区油气勘探领域》报告。

31. 2005 年 8 月 15 日，在中国科协年会上作《中国新疆油气前景展望》报告。

32. 2005 年 9 月 12 日，在中国油气六大领域研讨会上作了《中国新疆前陆盆地成油特征》报告。

33. 2005 年 10 月 14 日，在新疆维吾尔自治区专家顾问团会议上研究讨论自治区“十一五”科技发展规划。会上发言并补充自治区油气勘探开发建议。

34. 2006 年 5 月 14—15 日，在中国西部复杂油气藏勘探开发研讨会上作了《中国新疆前陆盆地构造与油气分布》报告。

35. 2006年9月4—8日，在扬子地区与南黄海中—古生界油气地质学术研讨会上作了《塔里木盆地古生代海相成油特征》报告。

36. 2006年9月11—14日，在第二届石油地质年会上作了《中国新疆油气前景分析》报告。

37. 2006年10月27—29日，在大陆构造与资源环境暨第七届全国地质力学学术研讨会上作了《中国主要构造体系的控油作用研究及地质力学在塔里木盆地的实践》报告。

38. 2007年5月14—15日，在由中国石化组织召开的石油勘探成败与发现规律学术研讨会上作了《中国古生代海相油气发现的回顾与启示》报告。

39. 2007年9月22—23日，在中国油气论坛——2007油气勘探新领域与新技术专题研讨会上作了《塔里木盆地塔河大油田的发现及技术进步》报告。

40. 2007年9月22日，在中国石油学会召开的中国油气论坛会上作了《塔河大油田的发现与技术进步》报告。

41. 2007年10月16日，在环太平洋地区油气代能源国际研讨会上作了《中国古生界油气地质研究》报告。

42. 2017年11月5—7日，在南黄海前第三系油气前景研讨会上作了《中国古生界油气地质特征》报告。

43. 2007年11月8日，在岩石圈应力暨纪念李四光开展地应力监测预报40周年座谈会上作了《地应力在地质构造及成矿中的作用及地震预报的建议》报告。

44. 2007年11月22日，在国家"973"天然气项目：低丰度天然气藏大面积成藏机理与有效开发基础研究会上发言。

45. 2007年11月23日，参加碳酸盐缝洞油藏开发基础研究评审会。

46. 2007年12月14日，参与青岛海洋科学与技术国家实验室建设任务讨论。

47. 2007年12月19日，参加中国地质调查局油气中心：松潘-阿巴地区油气战略调查与评价的评审会。

48. 2007年12月21日，在中国石油勘探开发研究院科学技术交流会上作了《中国油气发展战略》报告。

49. 2007年12月24日，参加科技部召开的国家重大专项大油田与煤层气论证会。

50. 2008年1月2日，参加中国石化石油勘探开发研究院，塔里木盆地于奇奥陶系储集条件研究六个项目立项讨论会。

51. 2008年1月22日，在中国地质调查局高级咨询专家联谊会上作了《中国油气资源潜力及建议》报告。

52. 2008年1月27日，参加中国石化东部老区稳产资源基础及关键技术讨论会。

53. 2008年2月2日，在中国石化总部春节专家座谈会上作了《东部老区找大油田方向》报告。

54. 2008年3月7日，参加国家重大专项(973)——碳酸盐缝洞油藏开发基础研究设计讨论会。

55. 2008 年 3 月 23 日，在北极地区油气地质评价及有利区优选设计审查会上提出建议：建立地层沉积体系、抓好生储盖、初算油气资源潜力、指出有利区。

56. 2008 年 4 月 21 日，参加国土资源部油气中心全球油气资源评价选区研究审查会。

57. 2008 年 5 月 9 日，在第 33 届地质大会上展览了《塔河大油田发现及特征》。

58. 2008 年 5 月 15 日，在由中国地质调查局资源评价部主办的东北地区油气地质与矿产资源学术讨论会上作了《东北地区油气地质的几个关键问题》报告。

59. 2008 年 5 月 27—28 日，在由国家能源局主办的中国能源中长期发展战略上作了《中国油气发展战略思考》报告。

60. 2008 年 5 月 31 日，参加全球油气资源战略选区调查与评价成果验收会。

61. 2008 年 6 月 6 日，参加 6000 米以下超深层有效储层形成机制与油气运移立项讨论会。

62. 2008 年 6 月 17 日，在我国油气中长期(2030—2050)发展启动会上发言，做好三个预测：国内非常规油气资源预测、能源结构变化预测、环保预测。

63. 2008 年 7 月 1—2 日，在中国石油学会石油地质专业委员会召开的中国含油气系统的油气藏学术会上作了《中国古生代海相成油理论新进展》。

64. 2008 年 7 月 17 日，在由中国石化石油勘探开发研究院主办的 2009 年科研立项会上提出建议：考虑当前、考虑战略、与国土资源部项目配合好、关注地质理论和技术创新。

65. 2008 年 8 月 22 日，在由国土资源部油气中心和中国石化油田部联合召开的秦岭—大别造山带油气资源战略选区学术研讨会上作了《中国古生代油气地质勘探及研究新进展》报告。

66. 2008 年 10 月 22 日，在由国土资源部油气中心召开的秦岭—大别造山带油气资源战略选区学术讨论会上作了《中国古生代油气地质勘探及研究新进展》报告。

67. 2008 年 10 月 23 日，参加由中信国安公司主办的滨海长拉达区块、伊斯克姆克油气资源勘探开发项目评审会。

68. 2008 年 10 月 24 日，在中国石油勘探开发研究院建院 50 周年院士论坛会上作了《中国古生代海相油气地质特征》报告。

69. 2008 年 11 月 1 日，在由西南石油大学召开的西南石油大学 50 周年校庆暨中国能源发展与安全高峰论坛会上作了《中国古生代海相油气勘探新进展》报告。

70. 2008 年 11 月 14 日，参加碳酸盐岩缝洞型油藏开发基础研究评审会。

71. 2008 年 11 月 18 日，在我国能源对外依存度研讨会上作了《我国能源对外依存度形势》报告。

72. 2008 年 12 月 3 日，在由中国地质调查局成都矿产综合利用研究所主办的青藏地区油气资源战略调查与评价报告审查会上发言，表示要加强对古生代油气资源、全区地层对比、断裂系统研究。

73. 2008 年 12 月 4—5 日，参加由中国石油承担的国家 973 天然气资源评价验收会。

74. 2008 年 12 月 6 日，参加由中国地质调查局召开的油气调查项目验收会。

75. 2008 年 12 月 9 日，参加由中国工程院召开的中长期油气发展战略研究成果交流会(西部)。

76. 2018 年 12 月 10 日，参加松辽及外围古生界油气资源战略选区项目讨论会。

77. 2018 年 12 月 11 日，参加大庆探区外围中、新生代断陷盆地演化与油气前景报告初审会。

78. 2018 年 12 月 11 日，参加中国油页岩、油砂矿潜力评价和目标优选设计审查。

79. 2008 年 12 月 14—15 日，在由中国工程院主办的中国能源中长期(2030—2050)发展研究咨询会上作了《中国气资源发展战略》发言。

80. 2008 年 12 月 19 日，在由中国地质调查局发展研究中心主办的全国地质工作规划纲要编制研究成果报告(2004—2007)审查会上提出五条建议。

81. 2008 年 12 月 20 日，参加由中国地质调查局发展研究中心主办的全球油气资源评价选区项目验收会。

82. 2008 年 12 月 22—23 日，在青藏高原油气战略选区调查及评价报告(2004—2008)验收会上提出建议：1. 加强古生代油气资源评价。2. 加强构造征研究。

83. 2008 年 12 月 24 日，在由青海地质调查局及地质调查局油气中心主办的柴达木盆地油气资源战略调研与评价验收会上提出建议：加强古生代油气资源研究。

84. 2008 年 12 月 29 日，在由海洋地质研究所发起的地震采集技术会议上发言：1. 搞清古生界重要层界面。2. 搞清崂山隆起地层层序格架。3. 搞清断裂系统及浆岩分布。

85. 2008 年 12 月 29 日，在由中国地质调查局承担的中国地质工作规划纲要编制研究成果报告验收会上提出建议：1. 加快开展青藏地区油气勘探及评价研究。2. 加强深层超深层油气资源评价。3. 加强海域油气资源评价。

86. 2009 年 1 月 6 日，在由中国石化油田部主持的中国石化油气勘探务虚会上作《新疆和东部老区油气勘探工作建议》讲话。

87. 2009 年 1 月 6 日，在由国土资源部召开的加强地质找矿工作院士座谈会上作《我国油气资源发展战略思考》报告。

88. 2009 年 1 月 7 日，在由中国地质调查局油气中心召开的塔里木盆地新领域油气资源战略选区工作设想会上提出建议：关注二叠系火山岩、深层及空区工作。

89. 2009 年 1 月 10 日，在由国土资源部油气中心召开的塔里木盆地新领域油气资源战略选区研究项目立项讨论会上提出建议，关注寒武系盐下，二叠系火山岩、深层及空区工作。

90. 2009 年 1 月 13 日，在由国家科技部举行的国家深海技术发展专项规划座谈会上发言：1. 加快南海天然气水合物资源勘查。2. 加强海洋中-古生界油气资源研究评价。3. 加快非常规油气勘查评价。4. 加快海洋新仪器新装备研发。

91. 2009 年 1 月 14 日，在由中国工程院主办的能源与矿产对应国际金融危机挑战座谈会上作《加大能源与矿产勘探开发力度》报告。

92. 2009 年 1 月 15 日，在中国石化领军专家新春座谈会上发言：1. 理论创新。

2. 技术创新。3. 加强非常规油气勘探。

93. 2009 年 1 月 16 日，在由中国地质调查局油气中心主办的油气勘查项目总目标及研究思路讨论会上发言。

94. 2009 年 2 月 2 日，参加由中国工程院主办的氢能研讨会(制、储、用)。

95. 2009 年 2 月 23 日，在由中国工程院主办的 2050 年我国石油替代前景展望研讨会上发言：风能、太阳能、生物质、煤炭、气体等。

96. 2009 年 2 月 24 日，在全国地质调查工作会议上发言：1. 中国油气勘探形势。2. 油气勘探重点。3. 产学研紧密结合。

97. 2009 年 3 月 1 日，在数字盆地项目可行性研究咨询会上提出建议：1. 盆地演化。2. 二次、多生排烃。3. 油气运移与圈闭配套。4. 碳酸岩盐油藏开发建模数模。

98. 2009 年 3 月 3 日，在由国土资源部召开的科学技术工作思路与安排会议上提出建议：1. 我国油气资源潜力巨大。2. 油气勘探领域十分广泛。

99. 2009 年 3 月 3 日，在由国土资源部召开的科技工作总体思路讨论会上提出建议：加强新地区、新领域、新深度、新类型油气勘探工作。如东北古生界、南方下古生界、非常规油气等。

100. 2009 年 3 月，在中国工程院《院士通讯》发表了《难忘的创业历程》。

101. 2009 年 3 月 19 日，参加由国家能源局召开的大油田及煤层气开发项目任务审查会。

102. 2009 年 3 月 31 日，参加由国土资源部召开的我国地质找矿改革发展大讨论会。

103. 2009 年 4 月 4 日，参加由国土资源部召开的全球油气资源评价年度方案审查会。

104. 2009 年 4 月 8 日，参加海洋地质保障工程实施方案研讨会。

105. 2009 年 4 月 11 日，参加中下扬子地区中-古生界油气资源战略选区项目审查会。

106. 2009 年 4 月 26 日，在西北石油局进疆 30 周年成果汇报会上作了《西北石油 30 周年的辉煌》报告。

107. 2009 年 5 月 14 日，在由中国工程院召开的中国能源战略会上作《中国油气中长期(2030—2050)发展战略》报告。

108. 2009 年 5 月 20 日，参加中国石化立项论证会。

109. 2009 年 5 月 29 日，参加中国石化重大专项碳酸盐岩油藏开发专项设计审查会。

110. 2009 年 6 月 5 日，在由中国地质调查局召开的我国钾盐勘查战略研讨会上作了《塔里木盆地膏盐发育特征》报告。

111. 2009 年 6 月 17 日，在由国土资源部召开的油气资源公益性基础性战略性座谈会上作《中国油气 60 年成就及发展战略》报告。

112. 2009 年 7 月 6 日，参加由国土资源部召开的深部探测技术与实验研究专项方案咨询会。

113. 2009年7月7日，在由中国地质调查局油气中心召开的油气资源研究项目设计审查会上发言：1. 阿拉善地块归属。2. 新疆石炭—二叠系积图界限。3. 天山兴蒙海槽依据不够。

114. 2009年7月13日，在由中国地质调查局油气中心召开的东海南部中生界油气前景及选区中期检查会上作《东海地区构造征》报告。

115. 2009年7月19日，参加由中国石油大学召开的缝洞型储层形成机理与评价预测枝术报告验收。

116. 2009年7月25日，参加由中国石油大学召开的高应力强水敏深层钻井围岩稳定技术与应用验收。

117. 2009年8月4日，在郯芦断裂带对两侧含油气盆地制约及远景成果审查会议上提出建议：1. 一步完善断裂控盆作用。2. 分析南端与大别山断裂的关系。

118. 2009年8月19日，在由中国石化石油勘探开发院召开的科技委员会讨论科技开发项目申请会上提出建议：1. 加强中国古生代海相油气资源评价。2. 加强中国南方下古生界油气资源评价及选区。3. 加强中国非常规油气资源评价。4. 加强准噶盆地东北部油气资源前景评价。

119. 2009年8月23日，参加由中国石化召开的2009年度油气勘探例会。

120. 2009年8月29日，参加由国土资源部召开的全国油气战略选区项目设计审查会(外协)。

121. 2009年9月18日，在由中国地质调查局召开的我国能源与重要矿产资源潜力分析报告审查会上发言：1. 提出补充及修改建议。2. 作《建国60周年油气资源勘探重大进展及发展战略》讲话。

122. 2009年9月30日，在由中国地质调查局油气中心召开的塔里木盆地油气资源评价及选区项目进展及下一步安排会上对五个项目都提出建议。

123. 2009年10月，在中国地质学会石油地质年会上作《中国古生代海相油气勘探重大进展及潜力》报告。

124. 2009年10月12—15日，在胜利油田青年科技周大会上作《中国古生代海相油气田发现及启示》报告。

125. 2009年10月16日，参加复杂山前逆冲带油气成藏规律及目标成果验收。

126. 2009年10月26—18日，在李四光星命名仪式暨纪念李四光诞辰120周年、李四光地质科学奖设立20周年学术研讨会上作了《中国西北地区构造体系特征与油气》报告。

127. 2009年11月4日，在青岛海洋地质研究所，提出南黄海北部太阳盆地井位建议(第二批)。

128. 2009年11月9日，参与讨论新星石油公司大事记。

129. 2009年11月19日，参与国家973项目碳酸盐岩基础研究。

130. 2009年11月28日，在中国盆地动力学及油气资源战略研讨会上作《中国古生代油气前景展望》报告。

131. 2009年12月9日，参加中国海相前瞻性项目验收会。

132. 2009年12月14日，在由地质力学研究所召开的滇黔桂地区海相油气战略调查研讨会上发言。

133. 2010 年 6 月 1—2 日，在中国页岩气资源基础勘探开发技术讨论会(香山)上发言。

134. 2010 年 7 月 20 日，在海峡两岸石油天然气资源学术研讨会上发言。

135. 2010 年 8 月 11 日，在中国西部叠合盆地油气地质理论与技术研讨会上作《中国西北地区油气资源潜力巨大》及《中国海域油气前景展望》报告。

136. 2010 年 10 月 19 日，在中国工程院与能源局召开的中国首届能源会议中作了《中国古生代海相油气前景展望》报告。

137. 2011 年 4 月 26 日，在中国石油石化联合会召开的(成都)大会上作了《中国油气前景展望》报告。

138. 2013 年 10 月 26 日，在由中国工程院与中国地质科学院召开的中国矿产资源形势与对策研讨会(中国工程院第 175 场学术论坛)上作了《塔里木盆地油气资源潜力与战略》发言。

139. 2014 年 11 月 14—15 日，在第四届全国矿田构造研讨会(昆明)上作了《油气地质力学理论与实践》报告。

140. 2014 年 11 月 26 日，在海峡两岸石油天然气资源研讨会上作了《中国主要盆地油气分布规律》报告。

141. 2015 年 1 月 27 日，在由中国地质调查局召开的全国油气勘查部署会上提出《三个海、三个一》战略部署。

142. 2015 年 3 月 9 日，在由中国地球物理学会和中国地质学会召开的塔里木盆地深部构造与油气远景讨论会上作了《塔里木盆地油气资源潜力与勘探方向》报告。

143. 2015 年 3 月 19—21 日，在中国工程院院士行——涪陵页岩大气田考察座谈会上发言：希望多层系发现页岩气田。如寒武系、奥陶系、志留系、石炭—二叠系等。

144. 2015 年 4 月 20 日，参加中国石油“十三五“油气发展规划讨论会并提出：加强深层超深层及海外油气勘探工作。

145. 2015 年 5 月 9 日，在国土资源部召开的全球盆地类型及油气分布规律设计审查会上提出建议：重点抓住四大盆地：克拉通盆地、断陷盆地、前陆盆地及坳陷盆地。

146. 2015 年 5 月 14—15 日，在第三届能源论坛(核能与安全)会上发言。

147. 2015 年 5 月 15 日，在中国工程院第三次能源大会上发言。

148. 2015 年 5 月 16 日，在李四光纪念馆开馆仪式大会上作《向李四光先生学习创新发展地质力学理论》报告。

149. 2015 年 6 月 6 日，在第六届石油地质年会上发言。

150. 2015 年 6 月 18 日，在江西卫视(《顶级决策》)科普现场作《油气资源前景认识》发言。

151. 2015 年 6 月 27—28 日，在第二届非常规油气藏与勘探评价研讨会(由中国地质学会与中国石油学会召开)上作《中国非常规油气几点思考》报告。

152. 2017 年 6 月 23—24 日，在中国科协第十九届年会(长春)——吉林省党政领导与院士专家座谈会上作了《吉林省油页岩油资源开发利用建议》报告(中央电视台播放)、《中国油气资源潜力及发展战略》报告以及《中国非常规油气资源潜力及方向》报告。

153. 2017 年 6 月 27—28 日，在第三届非常规油气成藏研讨会上作了《中国非常规油气几点思考》报告。

154. 2017 年 10 月 16 日，在由青岛海洋地质研究所与石油大学召开的泰山科技论坛大会上作了《自主创新与塔河大油田的发现》报告。

155. 2018 年 1 月 21 日，在由中国能源学会、北京能源与环境学会召开的 2018 油气资源勘探开发技术论坛会上作《自主创新与塔河大油田的发现》报告。

156. 2018 年 11 月 8 日，在全国活动构造与地壳稳定性研讨会上作《构造体系与活动构造特征》报告。

157. 2018 年 11 月 19—20 日，在第五届全国矿田构造深部找矿预测大会上作《地质力学理论创新与实践》报告。

158. 2019 年 2 月 27 日，在弘扬李四光精神推动地质力学创新发展研讨会上作《我国非常规油气重大进展及战略》报告。

159. 2019 年 5 月 6 日，参加由中国石油大学召开的中国西部陆相致密油成藏富集机理及应用成效鉴定会。

160. 2019 年 5 月 9 日，参加由中国石油召开的四川盆地深层地球物理优选评价技术成果鉴定会。

161. 2019 年 5 月 22 日，参加由新疆油田召开的砾岩油藏勘探技术与应用成果鉴定会。

162. 2019 年 5 月 24 日，参加由重庆地质调查院召开的重庆地区页岩气选区关键技术及实用成效成果鉴定会。

163. 2019 年 5 月 26 日，参加由中国科技大学召开的深层复杂凝析气藏开发理论与高效开发技术及应用成果鉴定会。

164. 2019 年 5 月 27 日，参加由长庆油田召开的鄂尔多斯盆地神木-米脂地区致密砂岩气勘探关键技术与应用成果鉴定会。

165. 2019 年 5 月 27 日，参加由中国能源局召开的国家页岩气和页岩油示范区建设设计论证会。

166. 2019 年 5 月 27 日，参加由中国能源局召开的新疆油田，国家级吉木萨尔页岩油示范区可行性研究报告评审会。

167. 2019 年 5 月 28 日，参加由石油石化协会召开的复杂火山岩气藏滚动开发建产关键技术与应用成果鉴定会。

168. 2019 年 5 月 28 日，参加由石油石化协会召开的砾岩油藏多级转向压裂理论技术创新及工业应用成果鉴定会。

169. 2019 年 5 月 29 日，参加由石油石化协会召开的四川盆地深层页岩气富集机理及勘探关键技术成果鉴定会。

170. 2019 年 7 月 14 日，参加由重庆页岩气公司召开的页岩气储层压裂微地震地面监测技术与应用成果鉴定会。

171. 2019 年 7 月 18 日，在中国能源化工行业(clo)创新论坛会上作《中国油气勘探七十年的辉煌》报告。

172. 2019 年 7 月 19 日，参加由中国工程院召开的山西省煤层气开采痛点凝练及解决对策研究启动会(2018—2020)。在会上提出五条建议。

173. 2019 年 9 月 17 日，在第九届能源科学家论坛(银川)大会上作《中国油气资源潜力及发展战略》报告。

174. 2019 年 10 月 25 日，在纪念李四光诞辰 130 周年学术研讨会上作《地质力学理论指导塔河大油田的发现》报告。

175. 2019 年 10 月 26 日，参加河南省招才引智创新大会，后去中国石化中原油田作《中国油气勘探七十年的辉煌》报告。

176. 2019 年 11 月 13 日，在由中国能源局召开的中国能源科学家论坛大会上作《中国油气资源前景及发现战略》报告。

177. 2019 年 11 月 20 日，在中国石化石油勘探开发研究院西部中心建立七周年技术研讨会上作《塔里木盆地和准噶尔盆地油气勘探辉煌历程及重大成果及今后勘探方向》报告。

178. 2019 年 12 月 18 日，在中国石油石化科技与装备创新发展技术交流会上作《中国非常规油气勘探重大进展及战略》报告。

179. 2019 年 12 月 27 日，在第九届页岩气中国发展大会(成都)上作《中国非常规油气勘探重大进展及战略》报告。

180. 2020 年 8 月 9 日，在中国能源及北京能源与环境学会公众号大讲堂上作《全球地壳隆坳演化与海陆变迁论》报告。

181. 2020 年 8 月 18 日，参加由中国石油和中联煤召开的非常规储层含气性和非均质性测试技术及应用成果鉴定会。

182. 2020 年 9 月 11 日，在纪念朱夏诞辰 100 周年暨盆地分析与油气战略选区研讨会上作《全球地壳隆坳演化与盆地》报告。

183. 2020 年 9 月 15—16 日，在中国石化科技委员会会议上作《全球地壳隆坳演化与海陆变迁论》报告并提出建议：中国石化应加快西藏地区油气勘查工作，早日发现大油气田。

184. 2021 年 5 月 20 日，在中国能源及北京能源与环境学会公众号大讲堂上作《我的人生与油气勘探》报告。

185. 2021 年 6 月 5 日，在川渝双城经济论坛大会上作《川渝地区油气资源潜力与发展战略》报告。

186. 2021 年 7 月 19 日，参加由北京师范大学召开的地下储气库地质构型精表征和高效运行技术和应用成果鉴定会。

187. 2021 年 7 月 19 日，参加由中国石油工程协会召开的石油大学低渗致密油藏压采一体化技术及规模应用成果鉴定会。

188. 2021 年 8 月 19 日，参加由中国石油大学召开的智能油气田关键技术与应用预审会。

189. 2021 年 9 月 16 日，参加由成都理工大学召开的常压页岩气储层精细评价与开发关键技术和应用成果鉴定会。

190. 2021 年 9 月 17 日，参加由重庆地质科学院召开的多源大数据融合油气资源成果鉴定会。

191. 2021 年 9 月 27 日，在全国第四次液化天然气大会中作了《中国天然气资源潜力与发展战略》报告。

192. 2021 年 10 月 20 日，给地质力学培训班(贵阳)讲《地质力学创新与实践》。

第三节　国内科学技术咨询会

国内科学技术咨询会，仅记录了 1999 年以来的会议。

1. 1999 年 5 月 10 日，参加国家重点科技攻关项目(96—111)报告评审会。

2. 1999 年 6 月 24 日，在新疆维吾尔自治区专家顾问团地、洲、市联络会议上作了《面向跨世纪的战略问题和思考决策》的发言。

3. 1999 年 7 月 15 日，在中国石化西部新区勘探指挥部调度会上提出海相碳酸盐岩勘探布井原则：占高点、靠断裂、抓潜流带。

4. 1999 年 7 月 18 日，在中国石化西部新区勘探指挥部召开采油会议上发言：油气勘探要处理好几个关系：1. 当前与中长期的关系。2. 勘探与开发的关系。3. 高产与稳产的关系。4. 综合研究与生产的关系。5. 科技进步与勘探开发的关系。6. 三级管理的关系。7. 勘查登记与持续发展的关系。

5. 1999 年 7 月 19 日，在中国石化西部新区勘探指挥部与高级咨询组召开座谈会上作《认清形势团结拼搏再创辉煌》的报告。

6. 2000 年 1 月 11 日，在由中国石化总部召开的科技创新规划纲要编制会上发言。

7. 2000 年 3 月 7 日，参加由中国石化召开的“十五”油气攻关立项研究会。

8. 2000 年 5 月 16 日，在四川省科技代表团来新疆访问会上作《新疆油气发展形势及十五发展规划》报告。

9. 2000 年 5 月 29 日，在由新疆维吾尔自治区计划委员会召开的中国西部大开发——新疆大开发规划会议上作《新疆油气大开发战略设想》发言。

10. 2000 年 7 月 31—8 月 5 日，到中天山进行野外考察。路线为乌鲁木齐—博乐—精河—巩留—巴音布鲁克—巩乃斯。观察了大尤都斯盆地及小尤都斯盆地。

11. 2000 年 10 月 14 日，在新疆维吾尔自治区科学技术厅与中国工程院合作立项会上提出四条建议。

12. 2001 年 7 月 27 日，在由国家科技部农业与社会发展司(2001—2003)召开的塔北地区碳酸盐岩大中型油气田勘探开发关键技术论证会上提出建议。

13. 2001 年 8 月 10 日，参加第三届专家顾问团成立大会。

14. 2002 年 3 月 16 日，参加由新疆维吾尔自治区科学技术厅召开的新疆科技发展计划讨论会。

15. 2006 年 4 月 5 日，给地质力学所作《自主创新为发展李四光地质力学理论而奋斗》报告。

16. 2007 年 1 月 23 日，参加塔里木盆地有利区带预测讨论会。

17. 2007 年 5 月 14—15 日，参加由中国石化西部新区勘探指挥部召开的油气勘探成败与发现规律研讨会并在会上作《中国古生代海相油气田发现的回顾与启示》报告。

18. 2007 年 5 月 17—18 日，参加由中国石化召开的地质类项目中期检查会。

19. 2007 年 6 月 1 日，参加由北京油源恒业公司召开的沙特 B 区块构造演化与油气关系成果审查。

20. 2007 年 6 月 12 日，参加国土资源部重点实验室学术委员会议并作会议发言。

21. 2007 年 6 月 17 日，参加中国西北地区构造体系控油作用研究设计审查会。

22. 2007 年 8 月 3 日，参加国土资源部项目——东秦岭—大别山两侧构造演化与选区评价设计审查会。

23. 2007 年 8 月 15 日，参加中国石化 2006 年度储量评价及数据库建设验收会。

24. 2007 年 8 月 15 日，参加由中国地质大学召开的松南地区断陷层烃源岩评价研究设计审查会。

25. 2007 年 9 月 22 日，在由科技部社会发展司召开的中国油气论坛——油气勘探新领域与技术大会上作《塔河大油田的发现与技术进步》报告。

26. 2007 年 10 月 16—18 日，参加由中国地质调查局召开的环太平洋地区油气及替代能源研讨会并作会议发言。

27. 2007 年 10 月 22 日，参加由国土资源部召开的全国战略选区项目验收会。

28. 2007 年 10 月 24 日，参加由国土资源部召开的全国油气储量套改工作总结会。

29. 2007 年 11 月 5—7 日，参加由中国地质调查局召开的海洋第三系油气前景研讨会并作会议发言。

30. 2007 年 11 月 8 日，参加由地质力学和地壳应力所召开的岩石圈应力研讨会暨李四光开展地应力监测网预报地震 40 周年座谈会并在会上发言且提出四点建议。

31. 2007 年 11 月 19 日，参加由中国石化油田部召开的矿产登记区块变更及注销审查会。

32. 2007 年 11 月 22 日，参加由国土资源部召开的油气资源战略评价选区项目(2004—2007)验收会。

33. 2007 年 11 月 23 日，参加国家 973 专项——中低丰度天然气藏大面积成藏机理与有效开发的基础研究。

34. 2007 年 11 月 29 日，参加国家 973 专项——碳酸盐岩缝洞油藏开发基础研究(中评估会)并作会议发言。

35. 2007 年 12 月 2 日，参加由国土资源部召开的外协项目开题审查会。

36. 2007 年 12 月 13 日，中国地质调查局局长钟自然到地质力学所调研，落实康玉柱院士关于发展地质力学的建议。

37. 2007 年 12 月 14 日，参加大型油气田与煤层气开发专项论证会并(任项目专家)作会议发言。

38. 2007 年 12 月 14 日，参加由中国地质调查局青岛海洋实验室召开的海底资源地质与探测技术研究会。

39. 2007 年 12 月 19 日，参加青藏高原油气战略选区调查与评价年度审查会。

40. 2007 年 12 月 22 日，参加由中国石油研究院召开的科学研讨会。

41. 2007 年 12 月 24 日，参加由国家发改委召开的国家重大专项——大型油气田及煤层气开发专项论坛会，万刚部长在会上讲话。

42. 2008 年 1 月 11 日，参加第四期地质力学培训开学典礼并在会上讲话。

43. 2008 年 1 月 12 日，在中国地质调查局高级咨询专家联谊会上作《西北石油局近 10 年油气勘探重大进展及油气发展战略思考》的发言。

44. 2008 年 1 月 16—17 日，审查塔里本盆地构造体系图。

45. 2008 年 1 月 22 日，参加由中国地质科学院召开的 2007 年科研成果汇报及十大科技进展评选会。

46. 2008 年 1 月 23 日，参加由中国石化召开的东部老区稳产资源基础及关键技术项目论证会。并在会上发言：东部老区油气地质研究应注意几个问题——东部老区还有大油气田：1. 5 套烃源岩；2. 5 大勘探领域；3. 多类型圈闭；4. 断裂控油；5. 油气分布规律。

47. 2008 年 2 月 1 日，参加由中国地质调查局油气中心召开的全国油气资源项目成果交流会。

48. 2008 年 2 月 2 日，参加由中国石化召开的新春专家座谈会。并在会上发言：东部老区还能找到大油气田。

49. 2008 年 2 月 10 日，参加由中国工程院召开的中国能源中长期(2030—2050)发展战略研究并作大会报告：《塔里木盆地构造体系控油作用研究》。

50. 2008 年 2 月 23—25 日，参加中国地质调查局工作会议并建议：尽早成立战略研究队伍。

51. 2008 年 3 月 7 日，参加国家专项 973——碳酸盐岩缝洞油藏开发基础研究工作会并在会上发言。

52. 2008 年 3 月 24 日，参加由国土资源部油气中心召开的全球油气资源评价选区项目专家组会议并作会议发言。还参加由国土资源部油气中心召开的中国西北地区构造体系控油作用研究设计审查会。

53. 2008 年 3 月 26 日，参加由国土资源部油气中心召开的全国油气资源评价 2008 年项目审查会。

54. 2008 年 3 月 27 日，参加中国石化科技工作会及科技委员会。

55. 2008 年 4 月 7—8 日，参加由中国石化研究院召开的高级专家竞聘答辩会。

56. 2008 年 4 月 9 日，参加由国土资源部召开的新构造运动与地质灾害重点实验室学术委员会。提出如下建议：1. 地壳变形应力与地质力学关系。2. 地表与深部结合。3. 新构造运动与地质灾害结合。4. 新构造运动与构造体系形成结合。

57. 2008 年 4 月 10 日，参加由中国石化召开的俄罗斯北极主要盆地油气潜力研究验收会。

58. 2008 年 4 月 16 日，参加全球油气地质综合研究与区域优选项目设计审查会(从 80 项优出 29 项)。

59. 2008 年 4 月 21 日，参加由国土资源部油气中心召开的全球油气地质研究及选区研究审查会。

60. 2008 年 5 月 4 日，参加由中国石化召开的东秦岭—大别造山带两侧油气资源战略选区研究 2008 年工作方案审查。

61. 2008 年 5 月 5 日，参加全国油气资源选区评价年度设计审查会。(共 8 个)

62. 2008 年 5 月 9 日，参加由国土资源部召开的第 33 届国际地质大会展览内容审查会。

63. 2008 年 5 月 13 日，参加由中国地质调查局召开的项目规划研讨会，全国油气资源战略调查研讨会。

64. 2008 年 5 月 15—19 日，参加由国土资源部召开的东北亚地区油气地质与矿产资源学术研讨会，并在会上作《东北亚地区几个关键地质资源问题》报告。

65. 2008 年 5 月 23—24 日，参加由中国石化石油勘探开发研究院召开的科研项目中期检查(共九个项目)。

66. 2008 年 5 月 27—28 日，参加由中国工程院召开的中国能源中长期发展战略研究项目研究会：节能、煤炭、电力、氢能、油气、核能、可再生能源(风、太阳、生物、地热、水、海洋)。

67. 2008 年 5 月 29—30 日，参加由国土资源部油气中心召开的全球油气资源评价设计审查(共十五个)。

68. 2008 年 5 月 31 日，参加由国土资源部油气中心召开的全球油气资源战略选区调查与评价项目年度验收。

69. 2008 年 6 月 6 日，参加由中国石油研究院召开的深层油气与形成条件及潜力评价立项会并作会议发言。

70. 2008 年 6 月 15 日，参加由地质力学所召开的松辽及外围地区上古生界油气资源地质调查研讨会并在会上作《油气资源前景认识及建议》发言。

71. 2008 年 6 月 17 日，参加由中国工程院召开的我国油气中长期(2030—2050)发展战略研究启动会并在会上发言建议：1. 作好五个预测。2. 作好三个方案。3. 搞好三结合。

72. 2008 年 6 月 28 日，参加由国土资源部油气中心召开的全国油气资源战略选区研究项目课题(共 8 个)2007 年度报告评审会。

73. 2008 年 6 月 29 日，参加由国土资源部油气中心召开的国家油气资源战略调查工作纲要讨论会。

74. 2008 年 6 月 30 日，给国土资源部部长徐绍史呈关于加强地震预防工作建设的信。徐绍史部长于 7 月 8 日批示：康老的建议颇有道理，请汪民、瑞生同志阅。8 月 7 日，徐绍史部长回信，说明在办理中。

75. 2008 年 7 月 6 日，参加由国土资源部油气中心召开的国家油气资源战略调查工作纲要评审会。

76. 2008 年 7 月 14—17 日，参加由国土资源部油气中心召开的第二批油气资源战略选区项目优选，从 102 项中优选 55 项。

77. 2008 年 7 月 31 日，参加由国土资源部油气资源战略研究中心等召开的“东秦岭—大别造山带及两侧油气地质学术研讨会”，并作《东秦岭—大别造山带北侧构造变形与控油作用》报告。

78. 2008 年 8 月 29 日，参加国家重大专项——大型油气田与煤层气开发课题(共十六个)论证会。

79. 2008 年 9 月 17 日，参加由中国石化召开的大型油气田与煤层气开发课题(共六个)论证会。

80. 2008 年 10 月 10 日，参加由中国地质调查局油气中心召开的黔南桂中海相地层油气资源前景评价(中检)。

81. 2008 年 10 月 24 日，在中国石油研究院建院 50 周年院士论坛会上作《中国古生代油气地质特征》报告。

82. 2008 年 10 月 25 日，参加中信国安公司收购项目会(国外四个区块)。

83. 2008 年 11 月 18 日，在由中国石油研究院召开的我国石油对外依存度研讨会上作《关于我国石油对外依存度的几点认识》发言。

84. 2008 年 11 月 19 日，在中国石化中长期发展目标规划纲要讨论会上发言并提出三条建议。

85. 2008 年 11 月 20 日，参加由吉林大学召开的全球西伯利亚及远东和沿海区油气选区项目中检会。

86. 2008 年 11 月 21 日，参加中国石化科研项目验收会(共五个项目)。

87. 2008 年 11 月 28 日，参加中国地质调查局“十二五”能源地质调查工作部署讨论会。

88. 2008 年 12 月 3 日，参加由中国地质调查局召开的青藏油气资源战略选区调查与评价项目评审会并提出建议：青藏地区以古生界油气资源评价为重点。

89. 2008 年 12 月 4 日，参加由中国石油召开的国家 973 天然气项目中期评估会(共六个项目)。

90. 2008 年 12 月 10 日，参加由中国地质调查局召开的松辽盆地及外国古生界油气资源战略选区项目审查会并作会议发言。

91. 2008 年 12 月 13—15 日，参加由中国工程院召开的中国能源中长期(2030—2050)发展战略咨询会并作会议发言。

92. 2008 年 12 月 19 日，参加由中国地质调查局召开的全国地质工作规划纲要编制讨论会并作会议发言。

93. 2008 年 12 月 24 日，参加由青海地质调查局、中国地质调查局召开的柴达木盆地油气资源发展战略与评价成果验收会并作会议发言。

94. 2009 年 2 月 2 日，参加由中国工程院召开的氢能研讨会并在会上发言：制氢、储氢、氢应用；低碳环保、市场为本。

95. 2009 年 2 月 16 日，参加地质力学所项目质量检查会。

96. 2009 年 2 月 23 日，参加由中国工程院召开的 2050 年我国石油替代前景展望讨论会，并在会上发言：节能、生物质、电驱动。

97. 2009 年 2 月 24 日，参加全国地质调查工作会议并在会上发言。

98. 2009 年 4 月 8 日，参加由中国地质调查局召开的海洋地质保障工程实施方案审查会并在会上发言，加强南海地质调查工作。

99. 2009 年 5 月 2—3 日，参加由中国石化召开的碳酸盐岩油藏开发国家重大专项设计审查会并在会上发言。

100. 2009 年 5 月 25 日，参加由地质力学所召开的找矿改革发展大讨论及专家座谈会。

101. 2009 年 7 月 6 日，参加由国土资源部召开的深部探测技术与实验研究专项方案咨询会并在会上作《中国深部油气资源潜力大》发言。

102. 2009 年 11 月 4 日，参加由中朝联合勘探召开的南黄海北部太阳盆地探井井位讨论会并在会上发言。

103. 2010 年 1 月 3 日，参加由中国地质调查局召开的南黄海前第三系油气前景报告咨询会并在会上发言。

104. 2010 年 1 月 7 日，参加由中国石化石油勘探开发研究院召开的工作年会及职工代表会议分会并作发言。

105. 2010 年 1 月 9 日，参加由中国石化科技部召开的审查三个报奖材料并提出："断陷湖盆油气成藏理论与勘探技术、三维地震勘探技术在塔河奥陶系碳酸盐岩缝洞型油藏中的应用。"

106. 2010 年 2 月 22 日，参加中国地质学会科技发展史讨论会并在会上发言。

107. 2010 年 2 月 26 日，参加中国海油公司深水半潜式平台出港仪式并作会议发言。

108. 2010 年 5 月 7 日，参加由国家能源委员会召开的全国能源战略研讨会并作《中国能源发展战略："三个海、三个一"战略》(三个海：海相、海洋、海外；三个一：东部老区、西部新区、非常规)报告。

109. 2010 年 6 月 10 日，作《新疆维吾尔自治区"十三五"基础研究发展规划建议》(主笔)报告。

110. 2010 年 6 月 30 日，院士们提出《切实加强矿产资源勘查的建议》。

111. 2010 年 8 月 21 日，参加由地质力学所召开的油气地质重大问题战略研讨会并在会上作《中国油气资源勘探开发战略思考》报告。

112. 2010 年 9 月 26 日，院士们提出《关于加快羌塘盆地油气资源勘探步伐的建议》。

113. 2010 年 11 月 6 日，参加由地质力学所召开的中国西北地区构造体系控油项目成果交流会。

114. 2010 年 11 月 18—19 日，参加由中国工程院、中国能源局召开的首届中国能源论坛会并作《中国能源发展战略》报告。

115. 2010 年 12 月 14 日，参加由中国工程院召开的关于加强我国非常规天然气资源勘探开发的建议，在会上发言并提出四条建议。

116. 2010 年 12 月 16 日，参加由中国石化石油勘探开发研究院召开的“十二五”科技发展规划建议并在会上发言。

117. 2011 年 2 月 12 日，参加由中国工程院召开的天山南北院士行，考察了富蕴铜镍矿、可可托海稀有金属矿等，参会专家经讨论提出：关注构造体系控制矿产分布。

118. 2011 年 2 月 13 日，参加由中国地质调查局召开的天然气水合物勘查与试采总体方案审查并在会上发言。

119. 2011 年 2 月 19 日，参加由中国石油召开的非常规过续型油气聚集理论与技术研讨会并在会上提出建议：非常规油气有的概念不准确、连续性特征须补充依据。

120. 2011 年 2 月 28 日，院士们给国务院提出《加强我国页岩气和致密气勘探开发》的建议。

121. 2011 年 3 月 16—18 日，参加由能源局组织的第二次考察川气东送工程会议。在会上发言：川气东送工程意义重大、技术创新性很强。

122. 2011 年 4 月 29 日，参加由地质力学所召开的中国中东部构造体系控油作用研究设计审查会。

123. 2011 年 7 月 7 日，参加由地质力学所召开的中国西北地区构造体系控油作用研究项目成果验收会。

124. 2011 年 11 月 4 日，参加由地质力学所召开的中长期科技发展规划讨论会并在会上提出建议。

125. 2011 年 8 月 16 日，参加中国石化“十一五”总结及“十二五”部署讨论会，在会上发言。

126. 2012 年 2 月 11—12 日，参加全国地质工作会并在会上发言。

127. 2012 年 3 月 27 日，参加由国家能源局召开的全国油气资源动态评价会并在会上发言。

128. 2012 年 3 月 29 日，参加由中国地质调查局召开的找矿突破战略行动院士专家座谈会并作《我国油气资源战略思考》发言。

129. 2012 年 3 月 30 日，参加由国土资源部召开的全国页岩气资源调查评价与勘查示范区总体方案、会上作《对每个盆地及地区提出建议方案》发言。

130. 2012 年 9 月 12 日，参加由国土资源部科技司召开的青藏高原地学研究部署会并提出三条建议：1. 进一步搞清古生界沉积特征。2. 搞清古生代的盆地类型及演化。3. 加强油气资源评价尤其是古生资源评价。

131. 2012 年 10 月 23 日，参加由国土资源部、中国工程院召开的地壳探测工程立项建议讨论会并在会上发言。

132. 2013 年 6 月 2 日，参加由国土资源部油气中心召开的全国油气资源战略选区评价调查项目 2013 设计审查会并在会上发言。

133. 2013 年 6 月 6 日，参加由中国地质调查局召开的中国海域 1∶100 万地质调查项目评审会，并在会上发言：关注海域中古生界沉积特征及加强油气资源评价。

134. 2013 年 9 月 2 日，参加由中国工程院召开的“我国矿产资源发展战略研究”

重大咨询项目研讨会，并作《关于推进找矿突破，发展矿业保证国家安全建议》报告。

135. 2014 年 4 月 23 日，参加由中国地质调查局召开的项目设计审查会并在会上发言。

136. 2014 年 7. 3 日，参加由中国华电公司召开的广西页岩气勘查立项审查会并在会上发言。

137. 2014 年 9 月 17 日，参加由国土资源部油气中心召开的中亚地区及俄罗斯油气资源潜力研讨会并在会上发言。

138. 2014 年 10. 10 日，参加由中国地质调查局召开的羌塘盆地油气资源战略调查部署会并在会上提出建议：1. 进一步搞清古生界沉积特征；2. 分析研究古生代的盆地类型及演化；3. 应加强油气资源评价尤其是古生界资源评价。

139. 2014 年 11 月 24 日，参加由国土资源部油气中心召开的北极俄罗斯项目设计审查会并在会上发言。

140. 2016 年 1 月 15 日，参加中国工程院建议第四期(总 356 期)，邱中建等院士提出落实绿色理念尽快做大天然气行业的建议。

141. 2016 年 6 月 3 日，参加由国家科技部召开的“十二五”资源技术开发战略研究报告讨论会并在会上发言。

142. 2016 年 6 月 10 日，周守为等院士提出《关于加强海域油气工程方面的建议》。

143. 2017 年 2 月 10 日，庞道泽、马华东、康玉柱提出《给新疆自治优化生态红线界定推进新疆找矿新突破的建议》。

144. 2017 年 9 月 15 日，参加由国土资源部油气中心召开的全国油气资源经济可采性评价设计审查会并在会上发言。

145. 2018 年 3 月 30 日，参加由国土资源部油气中心召开的“十三五”全国油气资源评价项目设计审查会并在会上发言。

146. 2018 年 6 月 20 日，参加由国土资源部油气中心召开的全国各盆地(地区)油气资源评价项目设计审查会并在会上发言。

147. 2018 年 10 月 18 日，参加油气开发重大专项——大型油气田及煤层气开发研究初步成果审查会并在会上发言。

148. 2018 年 10 月 23 日，在由中国石油研究院召开的中国陆相页岩油技术交流会上发言：讲六条认识。

149. 2018 年 11 月 2 日，在由科技部召开的油气开发重大专项——海洋油气发展战略座谈会上发言并提出四条建议。

150. 2018 年 11 月 5 日，参加由科技部召开的致密油气及煤层气战略研究会并在会上发言。

151. 2018 年 11 月 5 日，在油气开发重大专项——页岩油气领域接续战略研究成果审查会上发言。

152. 2018 年 11 月 6 日，在油气开发重大专项——陆上油气勘探领域研究成果审查会上发言。

153. 2018 年 12 月 27 日，在国家重大专项(05 项目)——海相碳酸盐岩大中型油气田分布规律及评价成果审查会上发言。

154. 2019 年 1 月 7 日，在由自然资源部油气中心召开的油气矿业与技术发展方向研讨会上发言。

155. 2019 年 1 月 8 日，在由自然资源部油气中心召开的 2021—2035 油气产业与技术发展方向研讨会上做以下油气产业与技术发言：1. 难点。2. 油气资源潜力巨大。3. 勘探领域广泛。4. 油气产业与技术发展战略。5. 作好五个结合。

156. 2019 年 1 月 10 日，在由自然资源部油气中心召开的地方企业发展调研会上发言并提出五点建议。

157. 2019 年 1 月 12 日，参加由自然资源部油气中心召开的海外项目进展汇报会。

158. 2019 年 6 月 13 日，参加由自然资源部油气中心召开的中国四大盆地油气资源评价设计审查会并在会上发言。

159. 2019 年 10 月 15 日，参加由自然资源部油气中心召开的“十三五”天然气水合物资源潜力评价成果审查会并在会上发言。

160. 2019 年 11 月 2 日，在自然资源部油气中心调研会上发言并提出七条建议。

161. 2019 年 12 月 9 日，提出《关于国家推进油气资源开发与环境保护协调发展的建议》讨论意见。

162. 2019 年 12 月 11 日，参加由国家能源局召开的能源技术创新“十四五”规划油气专业工作方案讨论会并在会上提出六条建议。

163. 2020 年 1 月 5 日，参加由自然资源部油气中心召开的“十三五”全国油气资源评价项目成果验收会并在会上发言。

164. 2020 年 1 月 13 日，参加由自然资源部油气中心召开的全国油气资源评价成果会，并在会上提出建议：1. 非常规油气概念有的不准确。2. 常规与非常规油气统一勘探开发。3. 应加强海外油气勘探。

165. 2020 年 1 月 15 日，参加由河北省煤炭局召开的河北省煤层气资源潜力咨询会。

166. 2020 年 4 月 5 日，参加由中国石化召开的油气资源项目验收会。

167. 2020 年 5 月 26—28 日，参加由中国石化勘探开发研究院召开的科研项目成果初审会。

168. 2020 年 5 月 27 日，参加由中国石化召开的“十三五”成果鉴定会。

169. 2020 年 6 月 9 日，参加由西北石油局召开的成果鉴定会。

170. 2020 年 6 月 23 日，参加由中国海洋石油公司召开的 2035 战略规划研讨会。

171. 2020 年 7 月 3 日，参加塔中断控缝洞型油藏开发技术研讨会。

172. 2020 年 7 月 6 日，参加油气资源评价前沿技术应用鉴定会。

173. 2020 年 7 月 10 日，参加国家重点实验室“超深水天然气水合物成藏机理与开发技术”战略研讨会。

174. 2021 年 1 月 20 日，参加由中国石化召开的“十三五”国家重大专项验收会(共五项)。

175. 2021 年 1 月 27 日，参加由中国石化召开的海相碳酸盐大中型油气田分布规律成果验收会并在会上发言。

176. 2021 年 2 月 25 日，参加中国石化科技部项目开题会议(优选立项会，共 30 个项目)并在会上发言。

177. 2021 年 3 月 4 日，在由自然资源部油气中心、国家科技部召开的国家科技重大专项验收会上发言。

178. 2021 年 3 月 5 日，在由中国石化科技部召开的立项开题会上发言。

179. 2021 年 3 月 9 日，在由中国石化科技部召开的海外项目开题会上发言。

180. 2021 年 3 月 24—26 日，在由中国石化科技部召开的国家科技重大专项自评审会上发言。

181. 2021 年 3 月 28 日，在由马永生工作室召开的海相深层油气富集机理与关键工程技术基础研究会上发言。

182. 2021 年 4 月 16 日，参加中国地质调查局召开的新苏地 2 井井位论证会。

183. 2021 年 4 月 19 日，参加由中国地质调查局油气中心召开的中国油气找矿行动目标与造区会。

184. 2021 年 5 月 10 日，参加全国氦气战略评价会。

185. 2021 年 5 月 17 日，参加由中国石化召开的油气资源发展战略研讨会。

186. 2021 年 5 月 17 日，在由中国石化面向 2035 国家油气重大科技领域技术需求研讨会上发言并提出六条建议。

187. 2021 年 5 月 18 日，在由中国科学院召开的复杂大型储气库注采调峰关键技术研究与实践会上发言并提出三条建议。

188. 2021 年 5 月 20 日，在北京能源学会公众号作《我的人生与油气勘探》报告。

189. 2021 年 5 月 23 日，在中国石油大学(北京)讲座上作《自主创新与塔河大油田发现》报告。

190. 2021 年 6 月 5 日，在由重庆泛嘉公司召开的学术研讨会上作《川渝地区气资源潜力与战略》报告。

191. 2021 年 6 月 6 日，参加由成都理工大学召开的致密岩裂缝及中东伊拉克资源潜力鉴定会。

192. 2021 年 6 月 7—8 日，参加由中国工程院召开的国家重大专项验收评审会。

193. 2021 年 6 月 8—11 日，参加由国家科技部召开的“十三五”陆上科技项目验收评审会并在会上发言。

194. 2021 年 6 月 15 日，参加由地质力学所召开的构造体系控油作用研究与选区规划设想讨论会。

195. 2021 年 6 月 22—26 日，参加国家科技部召开的“十三五”页岩气组验收评审会。

196. 2021 年 6 月 25 日，参加吉林油页岩油开采计划讨论会。

197. 2021 年 6 月 26 日，给中国工程院发去了《自主创新与塔河大油田发现》，用于建党 100 周年展览会上多媒体展示。

198. 2021 年 6 月 30 日，参加由中国工程院召开的国家重大专项归口评估会。

199. 2021 年 7 月 7—8 日，参加由中国工程院召开的国家重大专项验收会。

200. 2021 年 7 月 15 日，参加由中国工程院召开的中国石油勘探开发研究院的成果鉴定会。

201. 2021 年 7 月 21 日，在中国工程院给中小学生讲话：“自力自强品学兼优。”

202. 2021 年 8 月 10 日，在地质力学所研究讨论柴达木盆地新德参 1 井石炭系试油方案。

203. 2021 年 8 月 14 日，参加由中国地质调查局油气中心召开的广西桂林区块油气资源评价会。

204. 2021 年 8 月 15 日，参加由广州海洋局召开的卢海龙天然气水合物抽吸技术评价会。

205. 2021 年 8 月 18 日，参加由中国科协召开的西北石油局顺北超深断溶型大油田勘探开发技术及应用成果鉴定会。

206. 2021 年 8 月 19 日，参加由中国科协、石油大学召开的智能油气田关键技术及应用成果鉴定会。

207. 2021 年 9 月 8 日，参加吉林省众诚公司油页岩油开发进展及今后安排会议。

208. 2021 年 9 月 16 日，参加由成都理工大学召开的常压页岩气储层评价开发技术与应用。

209. 2021 年 9 月 17 日，参加由地质力学所召开的柴达木盆地讨论会。

210. 2021 年 9 月 17 日，参加由重庆地质研究院召开的重庆地区页岩气资源评价项目成果鉴定会。

211. 2021 年 9 月 22 日，赠给福建地质研究院《世界级塔河大油田发现及藏特征》媒体。

212. 2021 年 9 月 24 日，参加由中国海洋石油公司召开的南海天然气水合物项目验收会。

213. 2021 年 9 月 25 日，参加由上海联合会非常规能源研究中心召开的 2021 论文评选打分。

214. 2021 年 10 月 9 日，向国家图书馆、中国工程院院士著作馆赠送科技专著 40 部。

215. 2021 年 10 月 13 日，在中国工程院，作国际高端会议论文《中国深层超深层油气资源潜力及战略》。

216. 2021 年 10 月 15 日，为纪念地质学报 100 周年发表论文《全球地壳隆坳演化与海陆变迁论》。

217. 2021 年 10 月 19 日，给地质力学培训班讲《地质力学理论创新与实践》。

218. 2021 年 10 月 20 日，在国际页岩气论坛会 2021 第十一届亚太页岩油气资源峰会开幕式上致辞(视频)。

219. 2021 年 11 月 2 日，参加黔西地区石炭系页岩气调查成果鉴定会。

220. 2021 年 11 月 27 日，参加由中国工程院召开的学习十九届六中全会精神体会会议，并发表论文。

221. 2022 年 1 月 7 日，参加由重庆泛嘉公司召开的重庆地区煤田发展战略思考立项讨论会。

222. 2022 年 1 月 14 日，参加由地质力学所召开的第四届李四光科技研讨会。

223. 2022 年 2 月 16 日，参加由地质力学所召开的柴达木盆地油气前景讨论会。

224. 2022 年 3 月 12 日，参加由中国科学院召开的新疆呼图壁储气库成果鉴定会。

第四节　国际科学技术交流会及会上报告

国际科学技术交流会及会上报告(发言)共 72 次。

1984 年 9 月 22 日，塔里木盆地沙参 2 井实现了油气重大突破，自 1985 年起，名振海外，打开了新疆塔里木盆地油气勘探的国际大门。从此，美国、英国、法国、意大利、日本、荷兰、挪威等多家外国油气公司聚焦塔里木盆地，纷纷来调研—投资勘探。

1. 1980 年 3 月 15 日，参加国际石油地质学术讨论会(北京)。

2. 1985 年 5 月 12 日，美国民间石油地质考察团，有 20 个油气公司、一行共 48 人，到乌鲁木齐考察塔里木盆地及沙参 2 井喷油气情况。康玉柱受新疆科协委托向考察团介绍了塔里木盆地石油地质特征及沙参 2 井获高产油气流情况。

康玉柱给美国石油考察团介绍塔里木盆地
石油地质特征和沙参 2 井获高产油气流情况。

美国专家们听后备受鼓舞。有的说，沙参 2 井高产油气流的发现表明塔里木油气资源十分丰富；有的说，沙参 2 井的突破说明塔里木古生代油气前景很大……

3. 1985年8月，美国标准公司一行5人来访，了解塔里木盆地油气情况。康玉柱向他们介绍了塔里木盆地石油地质概况。

4. 1985年9月，日本石油公司考察团副总裁一亘里先生一行人考察沙参2井喷油气情况，受地质矿产部委托，康玉柱向他们介绍沙参2井喷油气情况并带他们到现场参观。

5. 1986年9月，美国Exxoh（埃克森公司）公司相关专家一行考察塔里木盆地，康玉柱向他们介绍了塔里木盆地石油地质概况。

6. 1987年9月，美国斯坦福大学格莱姆、张之梦教授了解塔里木盆地石油地质情况，康玉柱向他们介绍了塔里木盆地石油地质概况。

7. 1989年8月，英国BP公司相关专家一行考察塔里木盆地，康玉柱向他们介绍了塔里木盆地石油地质概况。

8. 1991年6月，俄罗斯石油地质专家团到塔里木盆地进行考察。康玉柱向考察团介绍了塔里木盆地石油地质概况及沙参2井突破简况，并带他们观察岩芯。

9. 1992年9月5日，美国斯坦福大学格莱姆、张之梦教授再次了解塔里木盆地石油地质情况。康玉柱向他们介绍了塔里木盆地石油地质概况。

10. 1992年12月8日，美国埃克森公司与石油局杨长诚、岳振恒、康玉柱商谈雅克拉油田利用。

11. 1992年12月9日，锡兰石油公司总裁米晓与石油局副局长刘泽英、岳振恒、康玉柱商谈雅克拉油田利用。

12. 1993年2月26日，西方石油公司美国地质顾问王福泰、总工牟敦坚来访问、了解塔里木盆地石油地质情况。康玉柱向他们介绍了塔里木盆地石油地质概况。

13. 1993年3月8日，阿联酋贸易团石油部部长来西北石油局访问，西北石油局康玉柱、陆青、张文献等向他们介绍了塔里木盆地石油地质概况。

14. 1993年3月11日，美国阿莫科东方石油公司陈锦华先生一行5人前来了解西北石油局工作情况，寻求合作。康玉柱向他们介绍了西北石油局工作情况。

15. 1993年3月11日，俄罗斯全俄石油研究所所长萨温金与西北石油局康玉柱等人谈假盖层找油理论，并商谈合作。

16. 1993年4月，美国某石油公司驻中国总裁POBNRTO、严克风等考察塔里木盆地。西北石油局局长郭仁炳，康玉柱、张文献等向他们介绍了塔里木盆地石油地质概况。

17. 1993年5月8日，美国埃克森公司来访。西北石油局康玉柱等向他们介绍了雅克拉油气田开发状况。

18. 1993年10月20日，美国岩芯公司经理与西北石油局康玉柱、蒋炳南等人商谈合作。

19. 1993年11月23日，新西兰雄狮公司石油集团副总裁龙森来访，与西北石油局康玉柱等商谈雅克拉油气田利用。

20. 1993年12月16—18日，德斯古公司副总裁沈义谋等42人来访。西北石油局康玉柱、蒋炳南、张文献、周永昌、黄有元等向他们介绍了塔里木盆地石油地质概况。他们还购买一些塔里木盆地石油地质资料。

21. 1994年3月20日，美国《时代周刊》北京分社社长吉米和中国新华通信白志军来访，考察塔里木盆地石油地质工作情况及前景等。康玉柱向他们介绍了塔里木盆地石油地质特征及前景。

22. 1994年5月30日，澳大利亚国际石油董事长克莱夫先生来访，了解沙参2井喷油气施工情况。西北石油局井下作业队给他们介绍了沙参2井喷油气施工情况等。康玉柱给他们讲了沙参2井获高产油气流的重大历史意义。

23. 1994年6月13日，英国壳牌公司多莱尼、林听石先生来访，石油局外事处蒋瑞良参加。西北石油局康玉柱带领他们观看了乌鲁木齐山前地质剖面，之后商谈合作事宜。

24. 1994年6月29日，美国阿莫科东方石油公司北京分公司经理何达宁来访。西北石油局康玉柱、王开荣参加商谈油田开发。

25. 1994年8月31日，美国斯坦福大学教授张之孟来访。西北石油局康玉柱、蒋炳南等人参加商谈生油岩及油气资源评价研究。

26. 1994年9月19日，美国阿莫科公司副总裁李珍莲来访；西北石油局康玉柱、蒋炳南等人参加商谈合作事宜。

27. 1994年10月19日，西北石油局康玉柱、蒋炳南等与英国BP公司商谈合作事宜。

28. 1994年10月20日，西北石油局康玉柱、蒋炳南等与美国某石油公司商谈合作事宜。

29. 1995年1月17日，西北石油局康玉柱等人会见中国国际广播电台日语部来访人员。有日本记者马小郕、松山忠夫、张晓黎先生等。康玉柱向他们介绍了塔里木盆地油气勘探历程及进展(录像)。当天晚上在新疆电视台新闻时间播放了录像。

30. 1995年3月20日，美国阿莫科公司副总裁李珍莲及蔡先生、李达宁、代威力、钱曾琏等来访，谈雅克拉油气开发方案初步设想。西北石油局康玉柱、蒋炳南、王开荣等参加会谈。

31. 1995年4月17日，美国BP公司勘探经理马丁、黄新华、王克宁、田小平等人来访。西北石油局康玉柱、周永昌、黄有元参加接待，并给他们介绍了塔里木盆地石油地质前景。

32. 1995年6月1日，美国创源远东发展公司总裁丹尼尔、罗斯康等6人来访，寻求油田勘探开发项目。西北石油局康玉柱、蒋炳南、王开荣等人参加。

33. 1995年7月12日，美国埃森勘探公司利厄、史密斯女士、郝文元来访。西北石油局康玉柱、蒋炳南、张文献、王开荣、周永昌等人参加接待。康玉柱给他们介绍了塔里木盆地石油地质前景。

34. 1995年7月14日，美国埃森勘探公司开罗、大卫、林肯、枚如四位代表观看沙参2井岩心、薄片。西北石油局康玉柱、张文献、翟晓先等人参加。

35. 1995年8月10日，哈萨克斯坦共和国总统、战略研究所所长卡西洛夫及国家经济研究所刘记才、科委副主任顾家渝等来访，西北石油局康玉柱向他们介绍了新疆油气地质勘探进展。

36. 1995年9月7日，阿基普德斯古公司勘探经理顾乐思、成向阳、李文泊等来访。西北石油局郭仁炳、康玉柱，周永昌、黄有元向他们介绍了新疆油气地质概况。

37. 1995 年 9 月 13 日，石油局杨长城，西北石油局康玉柱、周永昌、叶留生、郑显华等商谈雅克拉油田开发。

38. 1995 年 10 月 4 日，受地质矿产部副部长陈洲琪和石油局杨长城指令，向美国阿莫科公司咨询雅克拉油气田开发。美国阿莫科公司参加人员有何达宁、钱曾琏、陈锦华、代威力等。康玉柱介绍了雅克拉油田勘探概况、段士剑介绍了雅克拉油田地质情况。

39. 1995 年 10 月 20 日，美国美孚公司副总裁傅搏德、赵中岩来访。西北石油局康玉柱、蒋炳南、周永昌、雷春山等参加商谈科研合作事宜。

40. 1995 年 11 月 3 日，西北石油局康玉柱、郑显华等参加美国美孚公司副总裁傅搏德、赵中岩来访商谈科研合作事宜。

41. 1995 年 11 月 23 日，西北石油局康玉柱、张文献、郑显华等参加与美国美孚公司商谈区域勘探、油田开发、技术转让等。

42. 1996 年 3 月 11 日，美国美孚公司考察雅克拉油气田。西北石油局康玉柱、张文献、郑显华等人参加接待。康玉柱给他们介绍了雅克拉油气田概况。

43. 1998 年 4 月 27 日，法国埃尔夫石油中国分公司魏希楠、张岳桥来西北石油局考察。西北石油局郭仁炳、康玉柱、蒋炳南、张文献、郑显华等参加接见。康玉柱向他们介绍了塔里木盆地石油地质及勘探概况。

44. 2011 年 4 月 16 日，参加由中国工程院召开的页岩气国际研讨会。

45. 2011 年 5 月 14—15 日，参加中国工程科技论坛第 118 场——2011 国际煤矿瓦斯治理及安全会议。

46. 2012 年 4 月 16—17 日，参加无锡院组织的页岩油资源与勘探开发技术国际研讨会。

47. 2012 年 11 月 14 日，参加由上海页岩气研究中心召开的中国国际页岩气大会并作《中国非常规泥页岩与致密岩油气地质特征与前景展望》报告。

48. 2013 年 9 月 26 日，参加第六届油气成藏机理与资源评价国际学术研讨会。

49. 2013 年 10 月 18 日，参加由世界石油大会中国国家委员会召开的中国油气论坛 2013 塔里木勘探开发技术研讨会并作了《塔里木北部海相大油气田发现及地质规律》报告。

50. 2013 年 11 月 5 日，参加中国石化 2013 年国际物探技术交流会。

51. 2014 年 6 月 2—3 日，参加 2014 年国际工程科技大会并作《中国非常规天然气资源开发利用前景》报告。

52. 2014 年 7 月 26 日，在页岩油气勘探开发国际学术研讨会上作《中国泥页岩油气发展形势及几点思考》报告。

53. 2015 年 11 月 14 日，参加由国务院发展中心主办的 2015 年中国气体资源发展与能源大转型高级国际论坛会。

54. 2016 年 2 月 18—19 日，参加由中国石油研究院主办的中俄古老碳酸盐岩油气地质学术交流会。

55. 2016 年 5 月 14 日，参加由中国工程院主办的页岩油原位改质技术国际研讨会。

56. 2016 年 6 月 27 日，参加第七届环境与工程地球物理国际会议。

57. 2016 年 7 月 16 日，参加油气藏地质与开发工程国家实验室第八次国际学术研讨会并作《中国致密油气藏特征及前景展望》报告。

58. 2016 年 11 月 10 日，参加第 240 场中国工程技术论坛。

59. 2016 年 12 月 10 日，参加中国地热国际论坛。

60. 2017 年 10 月 16 日，参加第五届数字油田国际学术会并作《中国油气资源潜力及发展战略》大会主旨报告。

61. 2017 年 10 月 22 日，参加油气成藏机理与资源评价国际学术研讨会。

62. 2018 年 6 月 23 日，参加 2018 纳米地球科学国际学术研讨会暨第三届中国纳米地球科学研讨会并致开幕词。

63. 2018 年 10 月 16 日，参加天然气水合物开发国际研讨会(成都)并作《中国南海天然气水合物前景》报告。

64. 2019 年 3 月 19 日，参加中国国际管道大会。

65. 2019 年 3 月 28 日，参加由中国工程院召开的第 287 场海洋强国发展战略论坛会。

66. 2019 年 4 月 15 日，参加由中国工程院召开的欧洲应用科学技术循证科技政策咨询论坛会，并作《中国古生代海相油气勘探重大进展与潜力》报告。

67. 2019 年 4 月 28 日，参加第二届页岩油资源与勘探开发国际研讨会。

68. 2019 年 9 月 25 日，参加第九届亚太页岩油气峰会并作《中国陆相泥页岩油成藏特征及潜力分析》报告。

69. 2020 年 12 月 18 日，参加首届东北亚 LPG 产业峰会并在大会致开幕词。

70. 2020 年 12 月 19 日，参加地质资源第五届国际学术会议并作《中国“十三五”油气勘探重大进展及资源潜力》报告。

71. 2021 年 8 月 9 日，参加由中国工程院召开的 2021 年国际工程科技战略高端论坛会并作《全球地壳隆坳演化与海陆变迁论》报告。

72. 2021 年 10 月 20 日，参加国际页岩气学术论坛会(ecf)并致开幕词。

第五节　国际科学技术考察

国际科学技术考察，一共 7 次。

1. 1988 年 1 月 23—27 日，新疆科协石油地质专家代表团副团长康玉柱考察了纽约、华盛顿、俄克拉何马、得克萨斯、大峡谷、圣路易斯芝加哥、匹兹堡、休斯顿、洛杉矶、旧金山。野外观察了俄克拉何马盆地、西得克萨斯盆地等。

2. 1992 年 10 月 19 日—11 月 16 日，地质部西北石油局专家代表团团长康玉柱考察了莫斯科、圣彼得堡，以及滨里海盆地、哈萨克斯坦盆地。

3. 1996 年 7 月 21 日—9 月 4 日，地质部西北石油局专家代表团副团长康玉柱去美国美孚石油公司考察。

4. 2001 年 4 月，地质部西北石油局专家代表团团长康玉柱到缅甸考察。

5. 2005 年 11 月 4—11 日，地质部西北石油局专家代表团团长康玉柱到新加坡、马来西亚、泰国考察。考察了仰光、曼谷、万象、吉隆坡、新加坡。

6. 2007 年 7 月 15—22 日，地质部西北石油局专家代表团团长康玉柱去日本考察。考察了东京、名古屋、大阪等。

7. 2017 年 12—26 日，地质部西北石油局专家代表团团长康玉柱去美国考察，考察了美国的东部、中部、南部和西部。

第九章

国内外国际领先及具里程碑意义成果

第一节　参与国内领先成果

参与国内领先成果共13项。

1. 1961年，参加发现中国新生界胜利大油田。

2. 1970年，首次提出塔里木盆地是中国重要大型含油气区。

3. 1984年，主持实现中国古生代海相油气首次具有里程碑意义的重大突破。

4. 1990年，在塔里木盆地主持发现世界级塔河大油田。

5. 1985—1997年，在塔里木盆地北部沙雅隆起，主持发现20个油气田，创建了中国第一个古生界海相大油气区。

6. 1992—1994年，在塔里木盆地巴楚隆起和麦盖斜坡首次主持发现2个油气田，为国家找到了两个大型油气勘探开发新地区。

7. 1985—2007年，在新疆主持发现30多个油气田。

8. 2004—2010年，开拓中国页岩气，在四川盆地首次发现涪陵页岩气田。

9. 2014年，参加吉林众城公司油页岩油在地下300米原位开采并成功取得，得到时任总书记和总理的好评。

10. 2016年，贵州北部安场构造，安页1井下志留统泥质云岩及云质泥岩夹云质粉砂岩致密气及页岩气流发现(日产气42万立方米)。

11. 2019年，南海天然气水合物试采取成功，日产气3000立方米，稳产60天。

12. 1992—2021年，创立了十大油气地质理论体系。

第二节　参与国际领先成果

参与国际领先成果共11项。

1. 1961年，参加发现中国新生界陆相胜利大油田。

2. 1970年，首次提出塔里木盆地是中国重要大型含油气区。

3. 1985—2007年，在新疆主持发现30多个油气田。

4. 1990年，在塔里木盆地主持发现世界级塔河大油田。

5. 2014年，参加吉林众城公司油页岩油在地下300米原位开采并取得成功，得到时任总书记和总理的好评。

6. 2019年，南海天然气水合物试采取成功，日产气3000立方米，稳产60天。

7. 2018年，创立了《全球构造体系概论》。

8. 2020年，首创了《全球地壳隆坳演化与海陆变迁论》。

9. 2019 年，首次提出“南海地块”的存在

10. 2020 年，首次提出青藏盆地是中国超大型含油气盆地。

11. 1992—2021 年，创立了十大油气地质理论体系。

第三节　具有里程碑意义的重大成果

1. 1984 年，塔里木盆地沙参 2 井中国古生代海相油气田首次重大突破。

2. 1990 年，世界级塔河大油田被发现。

3. 2007 年，创建了塔北古生代海大油气区（发现 20 个油气田、探明储量 15 亿吨）。

4. 2007 年 5 月，在新疆主持发现 30 多个油气田。

5. 2022 年，参加指导全国发现 47 个油气田（藏）。

6. 2020 年，主持创建了十大理论体系。

7. 2014 年，首次在吉林省松源坳陷地下 300 米原位开采油页岩油成功。

8. 2017 年，首次在中国南海北部神狐地区深水天然气水合物试采成功。

9. 2020 年，创立了《全球地壳隆坳演化与海陆变迁论》。

10. 2021 年，提出全球油气分布规律与发展战略。

第十章

不怕艰险、奋力拼博
——勘查小故事

1958年康玉柱参加长春地质学院山西生产实习大队。从1960年到2022年，已经62个年头了，其中30年康玉柱在新疆工作，32年康玉柱在全国进行野外地质调查。

第一节　在山西省太行山上——深夜下悬崖

1958年8月，康玉柱参加了长春地质学院山西生产实习大队。有一天，在山西省太行山上进行野外地质观察，老师带领他们观察下古生界地质剖面，沿既定路线边走边观察。下午，他们一行人爬上了震旦系石英岩的高山，观察一段时间后，天渐渐黑下来，找不到下山的路了。老师着急了，因为震旦系石英岩容易按节理形成陡崖。向北走是悬崖，向南走还是悬崖，到处都找不到下山的路！当时，天已经完全黑下来了，山上的萤火虫到处乱飞，在深夜中画出一道道灿烂的银光。

在无奈时，康玉柱突然发现一束一动不动的光芒。咦？萤火虫发出的光应该是动的，为什么这束光芒不动呢？是不是老乡的灯光呀？康玉柱连忙叫大家看："那束光芒不动，可能是老乡的灯光！大家都来看！"大伙儿转头看去，果然！同学们奔向灯光方向大喊，没喊几声，山下的老乡回应了。

经过对话，知道了他们是长春地质学院的学生后，老乡回答说："我去接你们！"同学们纷纷高兴得跳起来！老乡很快提着马灯上来了，他们和老乡说了情况，老乡说："好吧，我领着你们下山。"老乡告诉大家天黑路陡，千万要注意。后面的人必须要踩着前面人的脚印走。说完，老乡提着马灯在前带路，大家开始下山了。向下走了10多分钟，"哗啦"一声——老师滑下去了。大家的心猛地悬了起来，幸好，没滑多远老师被一棵树卡住了。这时，同学们用几条裤腰带连在一起，很快便把老师拉了上来。大家继续下山。

经过一个多小时，才走下高陡的悬崖，大家都松了一口气。后来才知道带领他们下山的是当地的生产队长，这位队长非常客气，给他们找人做饭和安排住宿。当他们吃完饭时，已经是次日凌晨2点了。大家非常感谢这位生产队长。如果没有队长领着他们下山，他们这一夜就要在山上度过了！第二天早上，一瞧昨夜下山的路，才发现那是震旦系石英岩的垂直节理形成的陡崖，高达100多米。

第二节　找到铁矿受当地县委表扬

1958年9—10月，以康玉柱为组长的野外实习小组到山西省北部左云、右玉县，为当地轰轰烈烈大炼钢铁找铁矿石。他们经过 20 多天的跋山涉水进行地质调查，发现了几处矿点，但矿层很薄、品位很低、毫无价值。

县委领导和人民为了早日炼出钢铁、完成上级下达的任务和他们一样十分着急。因此，康玉柱根据已发现的矿点情况，对地质条件进行了分析，确定了新目标。他们起早贪黑地工作，一座山又一座山地找，又经过半个月的辛勤工作，终于发现两处厚达 1 米左右铁矿。为右玉县找到了铁矿产地，大家都高兴得跳了起来。当钢厂炼出铁时，县委领导和人民万分高兴。

临行前，县委组织了机关干部、学生及部分居民共数百人召开欢送康玉柱野外实习小组大会。会议十分隆重，锣鼓喧天、鞭炮齐鸣。右玉县委书记致欢送辞说："长春地质学院实习的同学们，今天就要离开我们了，他们在短短一个半月大炼钢铁运动中，表现得非常积极热情，为我们寻找到铁矿产地，为我县钢铁任务的完成发挥了关键作用。在工作中他们和人民打成一片，不怕苦，共同奋战，这种高度共产主义精神很值得我们学习，我县人民不会忘记他们，让我代表县委和全县人民，用最热烈的掌声、锣鼓声欢送他们返回地质学院，并赠他们一面旗帜——《钢铁先锋》，以表达感谢之情……"

康玉柱代表实习小组致答谢辞。

"尊敬的县委领导同志们：我们就要回学校了。首先我代表实习小组衷心感谢县领导和同志们开大会隆重欢送。两个月来，我们在县委的正确领导下、乡亲们的热情关怀和大力支持下，圆满地完成了我们的实习任务，为县里找到了铁矿，这是我们应该做的分内事，也算是我们为大炼钢铁运动作的一点小贡献。"

回校后，向校领导和系领导作了汇报，得到了领导好评。康玉柱他们把山西省右玉县领导激动人心的讲话，作为他们学习的动力，鞭策大家努力学习好本领，将来为党和人民找到更多的矿床，报效祖国和人民。

1958 年 10 月，长春地质学院山西生产实习大队［组长康玉柱（右二）］，在山西省左云、右玉县为大炼钢铁找到铁矿，受到当地县委表彰。

第三节　原始森林填图

1959 年 5 月初，长春地质学院的野外实习，在“比学赶帮”的号角中隆重开始了，康玉柱被任命为吉林生产实习大队 12 分队队长。承担的地质填图地区是最艰难的吉林市摩天岭原始森林地区。

一、深夜大黑熊爬门

1959 年 7 月初，康玉柱他们住在原始森林里伐木工人住的木札房子里，有一天深夜，大约夜里 12 点，黑熊来爬门把他们惊醒了，大家不作声，惊奇地看着 3 只黑熊(两大一小)爬门，爬了一阵后，爬不开门，黑熊也就离开了。但同学们一夜也未睡好，第二天继续工作。经过 20 多天的艰苦奋斗，摩天岭地区的地质填图任务终于胜利完成了。

二、山峰战毒蛇

1960 年 7 月初，延续 1959 年的地质填图工作。原始森林区毒蛇多，在爬山走路时，经常见到毒蛇穿梭。一天中午，康玉柱带领同学们在早饭后开始爬吉林省原始森林中的高山——摩天岭山峰，他们沿着山脊往山上爬，每爬一公里，定一个地质点，进行地质素描和采样。中午 11 点多时，终于爬上了顶峰。顶峰是燕山期花岗岩，看到一大块较平花岗岩，康玉柱和 5 位同学全跳了上去。这时，可能是震动了大石头下的毒蛇窝，瞬时从这块石头下爬出几条毒蛇。一个同学吓得大叫，但大家很快冷静下来。用铁锤子或取样的铁镐与毒蛇展开紧张而惊险的战斗。有的喊：“我打死一条!”那个又喊：“我也打死一条”……经过十几分钟的惊险战斗，共打死五条毒蛇，取得了战斗的胜利，守住了这块花岗岩阵地。大家都松了一口气，坐下来开始吃中午饭。从地质工作包里取出冷馒头和咸菜，大口大口地咬，真香!饭后，有的同学说好好看看风景吧，在山顶上观赏祖国的大好河山，是多么雄伟壮观！有的大喊几声，有的唱着地质队员之歌……难得的机会，难得的风景，难得的享受呀！休息了约一个小时，大家又开始了下午的填图工作。

康玉柱领导的 12 分队，在两年野外实习中成绩优秀，被长春地质学院吉林生产大队评为“红旗分队”，康玉柱他们班也被地质学院评为“红旗班”，他个人被评为“社会主义建设积极分子”。

第四节　奋不顾身救小孩

1964年7月中旬，康玉柱一行人在山东省诸城进行野外地质调查。晚上住在诸城招待所。盛夏的一天黎明，天降暴雨，康玉柱等人在熟睡时，忽听隔壁房子“轰隆”一声巨响，他们被惊醒了，并听到妇女的叫声——救人呐！救人呐！……康玉柱他们马上从床上爬起来，连外衣也来不及穿，顶着暴雨跑向倒塌的房子救人。当时3个妇女同志或被埋在泥土里，或被压在房梁下，经过紧张的抢救，把她们都救出来了。有一个妇女清醒后大叫——我的孩子！我的孩子！康玉柱听到后，不顾房子还在倒塌的危险，又冲进倒塌的房子里找孩子，经过反复寻找，终于把被房土埋了大半的2岁多的小男孩救出来了。康玉柱抱着沾满泥土已陷入昏迷的小男孩，把他交给了孩子的母亲，过了一会儿孩子悠悠转醒大叫：“妈妈！……”孩子没事了！这位母亲激动得眼含热泪一再说：“谢谢救命恩人……”康玉柱表示：“这是我们应该做的。”这一消息传到县里，在县广播站进行了广播，康玉柱等人受到表扬。

第五节　凶恶的沙尘暴

1970年5月中旬，正是新疆沙尘暴易发季节。一天下午，康玉柱他们从塔里木北缘天山里出来，快到库-喀公路时，看到黑尘滚滚的沙尘暴，从西北方向黑沉沉地压过来。同志们分别寻找背风的沙包、沟坎，用衣服把头盖住，把地质工作包压在身下，趴在地上。

沙尘暴到来时，飞沙走石，天昏地暗，沙土被飓风刮得唰唰响。约半个小时，等沙尘暴风头过后，同志们忙站起来把身上的沙尘抖抖，互相一看，满脸、全身都是泥土，同志们笑着说：“咱们大家都变成土人了！”当他们走到公路边时，一位修路工人大叫，一个年轻人被风刮跑了！大家找了很久也未找到。第二天下午，一个维吾尔族老乡赶着毛驴车把那个丢失的青年人送了回来。老乡说：我是昨天打柴发现他的。估计是修路工人把他拉了回来。大家很受感动，万分高兴，非常感谢维吾尔族老乡关怀。

第六节　在羊圈里过夜

1970 年 5 月中旬，是喀什地区的大风季节。因大风搭不起帐篷，康玉柱地质调查小组一行人只好到农村找维吾尔族老乡借住。当地村队长十分热情，费很大力气才找到一个较大的羊圈，他说晚上羊不回来可以住。经过打扫，又洒了去味的药水，还铺上了麦草。当时，用喷灯做了面条，同志们就这样吃了晚饭。饭后，天也黑下来了，同志们打开行李卷，睡下了。但把羊圈门一关，那种羊腥臭味可想而知。但是，同志们白天太累了，哪管这些，很快便入睡了，一共住了 2 宿，才离开这难忘的美味家园。

第七节　生死一线，车祸救人

1970 年 7 月 27 日，康玉柱一行人要去观察昆仑山前中新生界和什拉甫组地质剖面，当天天气格外晴朗，万里无云。

早饭过后，康玉柱带领分队同志们装好车，便从莎车县(带了一位维吾尔族翻译)乘上 L-63 卡车，驶向昆仑山北缘的和什拉甫煤矿，前行了有几十千米，大车突然驶偏，落入冲沟，使车呈 45 度角向前倾斜，坐在车上的同志自然向前滑动，车子不动了，同志们下车才发现路面平整，但下面被洪水掏空了。

当时，康玉柱带上维吾尔族翻译，走了几公里去找维族老乡来帮忙挖车。在老乡们的大力帮助下，经过 4 个多小时才把车弄出冲沟。但车前保险杠已经变形、右车灯上抬。当时，用汽车喷灯做了面条，吃了饭后又开始赶路了。

傍晚，快到和什拉甫河时，遇到一辆陷在沼泽地的车。那是一辆从和什拉甫煤矿拉煤的车，车上的司机一看到康玉柱他们开车来了十分高兴，请求他们帮忙将陷在泥塘里的车拉出来。同志们下了车，开始组织拖车。但经过几次拖拉，不但没把拉煤车拉出来，反而使康玉柱他们的车也陷入泥塘。

这时，天已经黑下来，大家耐心地等待去和什拉甫公社叫拖拉机的消息。大约凌晨 2 点钟，拖拉机终于来了，很快把两辆车拖了上来。那个拉煤车司机一听去莎车县的路被冲坏了，也只能回和什拉甫河。拉煤车司机和康玉柱说："白天来过河时，我们的车差点儿翻车。这次我要乘你们的车回去，你们的司机技术好、有经验。"

康玉柱他们的卡车上装有行李、帐篷、行李床、粮食、炊具、资料箱、标本箱及两大桶汽油，满满一大车。车上还坐着 5 个人，算上搭车的共 6 人。

拉煤车在前面走，康玉柱的车在后面跟着走，不一会儿就到和什拉甫河边了。这河宽 80 多米。当康玉柱他们的车刚刚经过急转弯过河时，因天黑路不熟，车后右轮驶空，“轰隆”一声，车向右翻入河边，来了一个底朝天。

一刹那，搭车老板跳入河中，坐在车上的蒋、杨两人也被甩入河中，康玉柱等 3 位同志被扣在车下。据康玉柱回忆：只听见轰的一声后便什么也不知道了，待清醒后，费了很大力气才从车里爬出来，已经被砸得头破血流。随后，康玉柱发现战友裘松余被压在前大气油桶下，手已经冰凉了，康玉柱忘记了头上的伤、大腿被砸的疼痛和安危，不顾卡车还在沙滩上随时有下沉之危险，又钻入车内，挪动车厢里的东西抢救小裘。又将刚从驾驶室爬出来的司机张师傅叫进车内，两人割断捆在汽油桶上的粗绳子后奋力托起大汽油桶，又叫老刘往外拉小裘，这样才把已经奄奄一息的战友从大汽油桶下救出来了。拉出车后，只听见小裘大叫一声，再也不动了。

他们把小裘抬上车送到和什拉甫公社医院。在灯光下发现小裘满脸是血(只是耳朵未出血)。经过医生抢救和护理，医生说：“多亏你的及时抢救，如果再过几分钟这个人就去见马克思了。”

直到第二天凌晨小裘才开始苏醒过来。为了尽快检查小裘的内伤情况，康玉柱决定将他送往莎车县解放军医院。为了减少小裘的震动，几个人只好在汽车上面换班抬着担架。下午 6 点多钟，终于住进了军队医院，使战友的生命有了保证。经过几个月的治疗，裘松余恢复了健康。小裘多次感谢康玉柱救命之恩。康玉柱表示这是一位共产党员应尽的责任，要讲感激的话，应该感谢党。

第八节　暴风雨中的落汤鸡

1972 年夏季的一天下午，康玉柱带领分队同志在湖南衡阳盆地进行野外地质调研，在山上观察地质剖面。天不作美，突然飘来一片黑云，下起暴雨，同志们没有任何准备，只有防日晒的一顶草帽子，雨像瓢泼一般，大家靠在一起。康玉柱让大家把笔记本放进地质包里，防止淋湿。同志们在暴雨中挺立，还不由自主地唱起了地调队之歌：“是那山谷的风，吹动了我们的红旗，是那狂暴的雨，洗刷了我们的帐篷。我们有火热般热情，战胜了一切疲劳和寒冷……”

大约半个小时，大雨过了，天也晴了，但他们的衣服全被淋透了，变成了落汤鸡。互相看着被淋湿的样子，大家不禁大笑起来，有的说，这就是我们地质郎的享受！同志们没有为被暴雨淋透而烦恼，反而将此当成一种享受和乐趣……

第九节　明知山有虎　偏向虎山行

1976年9月，康玉柱分队在完成广东省几个主要盆地野外工作后，住在广东地矿局735队招待所，进行内业整理。康玉柱突然接到大队电报，让他回荆州大队部开会。在会议期间，副分队长袁杰在广州给大队领导发电说："近日广州有地震，人心惶惶，请康玉柱暂时不要回广州了。"

大队领导接到电报后，对康玉柱说："开完会后先不要回去，等几天再说，广州近日要发生地震……"这个消息在大队也传开了，有些同志也劝康玉柱先不要回去了。康玉柱夫人刘海琴和孩子们更是挽留，但康玉柱想的是工作需要。他说："我是分队领导，同志们还在地震区工作，我应该与他们一起应对。"

他说服了家里人，并得到大队领导支持，大队党委书记邵杰说："老康啊，你真是明知山有虎，偏向虎山行。"开完会后，他立即前往广州。当见到战友们时，大家非常惊讶："给你发的电报收到了吗？"

康玉柱说："收到了，感谢同志们的关心。"

"那为什么这么快就来广州呢？"

康玉柱回答："同志们不怕地震，坚持工作，向大家学习，我也不怕！"当时，分队同志们很受鼓舞和感动。按原计划圆满地完成了任务。这一年康玉柱被评为五好职工，参加了湖北省工业大学大庆先进集体和先进个人表彰群英大会。

第十一章

成果获奖情况及著名科学家的高度评价

第一节　成果获奖情况

康玉柱院士历年成果获奖情况如表 11-1、表 11-2 和图 11-1~图 11-3 所示。

表 11-1　历年来获荣誉奖励

序号	时间	授奖单位	获奖名称
1	1958. 10	长春地质学院山西实习大队	先进工作者
2	1959. 5	长春地质学院	优秀团员
3	1959. 9	长春地质学院吉林实习大队	优秀团员
4	1959. 12	长春地质学院	体育积极分子
5	1959. 12	长春地质学院	“三丰收”积极分子
6	1960. 3	长春地质学院	社会主义建设积极分子
7	1960. 7	长春地质学院吉林实习大队	优秀团干部
8	1961. 6	地质部第一普查勘探大队	先进工作者
9	1961. 7	地质部第一普查勘探大队	五好青年
10	1962. 1	山东省地质系统	先进工作者
11	1962. 9	一普综合研究队	五好团员
12	1965. 5	长春市	先进工作者
13	1966. 3	地质部石油地质综合研究大队	五好职工
14	1976	湖北省(参加省群英大会)	先进工作者
15	1979. 6	地质部石油地质综合大队	先进分队
16	1991	西北石油地质局	优秀党员
17	1995	西北石油地质局	优秀党员
18	2001	西北石油地质局	优秀党员

表 11-2　获科技奖项

序号	时间	获奖项目(内容)	授奖单位	等级及排名
1	1983	塔里木盆地石油地质特征及找油方向	地质矿产部	三等奖(1)
2	1985	塔里木盆地北部获油气重大突破、地矿系统劳动模范	地质矿产部	个人特等奖、记一等功
3	1985	有突出贡献	新疆维吾尔自治区政府	个人
4	1987	塔里木盆地跃参 1 井地质成果	地质矿产部	三等奖(1)
5	1987	麦参 1 井地质成果	地质矿产部	三等奖(1)
6	1988	有突出贡献	新疆维吾尔自治区政府	有突出贡献专家

续表

序号	时间	获奖项目(内容)	授奖单位	等级及排名
7	1988	优秀专家	新疆维吾尔自治区政府	优秀专家
8	1989	塔里木盆地古生代海相油气田的发现	新疆维吾尔自治区科协	二等奖(1)
9	1989	沙参2井重大突破及塔北连获突破	地质矿产部、新疆维吾尔自治区联合庆功大会	突出贡献奖
10	1990	塔北油气连获突破	地质矿产部	嘉奖令、奖杯
11	1991	塔里木盆地北部油气勘查重大突破	地质矿产部	集体特等奖
12	1991	塔里木盆地北部油气勘查勘探及主要油气评价	地质矿产部	一等奖(1)
13	1991	塔北沙参2井油气重大突破	地质矿产部、新疆维吾尔自治区政府	立碑纪念
14	1992	政府特殊津贴	国家	—
15	1992	塔里木盆地北部油气勘查的重大突破	国家科技部	国家科技进步奖二等奖(1)
16	1993	油气重大突破	“李四光地质科学奖”委员会	李四光地质科学奖(个人)
17	1997	“八五”科技工作	地质矿产部	先进工作奖(个人)
18	1997	塔里木盆地油气资源评价	地质矿产部	二等奖(1)
19	1999	新疆优势矿产勘探开发战略探讨	新疆维吾尔族自治区科协	自治区科协优秀论文二等奖(2)
20	2001	塔里木盆地塔河大油田发现	中国石化	集体特等奖
21	2001	塔河油田“九五”油气勘探重大成果	中国石化	集体一等奖
22	2001	塔里木盆地油气勘探重大进展	全国总工会	五一劳动奖状
23	2003	中国新疆地区油气地质特征及资源评价(专著)	新疆维吾尔自治区专家顾问团	三等奖(个人)
24	2004	塔里木盆地塔中地层划分对比研究	中国石化西指	二等奖(个人)
25	2004	关于发展石油天然气化工下游产品的对策	新疆维吾尔自治区专家顾问团	三等奖(个人)
26	2006	西部地区油气勘探潜力及战略选区评价工作	中国石化	一等奖(7)
27	2006	石油天然气开发与新疆社会经济发展	新疆维吾尔自治区政府	一等奖(3)
28	2006	塔里木盆地和准噶尔盆地油气田发现	新疆维吾尔自治区政府	感动新疆十大人物
29	2008	塔里木盆地塔河油田发现与技术进步	新疆地质学会	一等奖(个人)
30	2008	新疆油气勘探获重大成果	新疆维吾尔自治区自党委和政府	第九批突出贡献优秀专家
31	2009	中国古生代大型油气田形成条件及勘探方向	天然气工业期刊	优秀论文奖(个人)
32	2010	新疆油气勘探取得重大创新成果	何梁何利	区域创新奖(个人)
33	2011	塔河奥陶系碳酸盐岩特大型油气田勘探与开发(支持发现塔河大油田、主动让位)	国家科技部	国家科技进步奖一等奖

续表

序号	时间	获奖项目(内容)	授奖单位	等级及排名
34	2012	中国西部大油气田形成条件、优秀论文奖	新疆石油地质期刊	二等奖(个人)
35	2012	《中国油气资源开发的战略思考》 中国特色社会主义理论研究丛书编委会	中国区域战略发展研究院中国区域经济杂志社	特等奖
36	2012	中国非常规泥页岩油气藏特征及勘探前景展望	四川西部文献编译研究中心	一等奖
37	2013	—	科技奖励杂志社	科技中国人物奖
38	2013	中国松辽-渤海湾盆地油气勘探老区评价资源潜力分析	天然气工业	优秀论文
39	2015	中国西北地区构造体系控油作用研究	国土资源部	二等奖

图 11-1　康玉柱获得地矿部一等功证书及特等奖成果证书

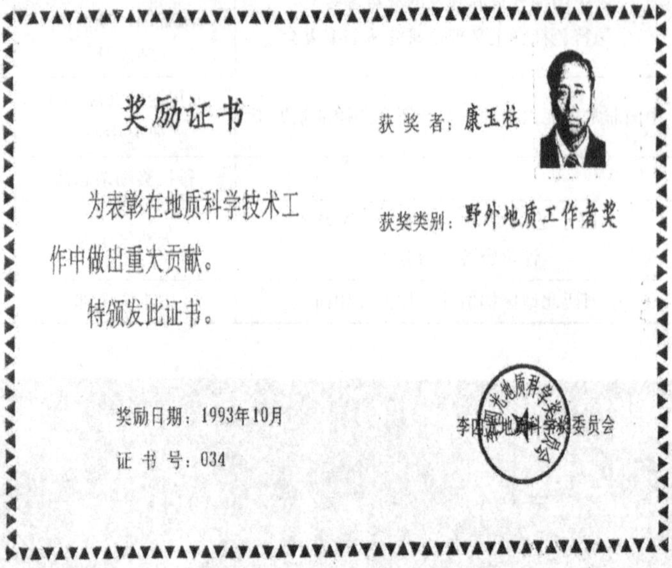

李四光地质科学奖

图 11-2　康玉柱李四光地质科学奖奖励证书

图 11-3　康玉柱感动新疆十大人物获奖证书

康玉柱在塔河油田发现10周年庆祝大会的照片。

第二节 著名科学家的高度评价

1. 孙殿卿先生

玉柱同志：

《塔里木盆地构造体系与油气关系》论文，内容丰富，也有见解，我读了以后，受到启发，十分高兴。我想这是你多年实践所获取的认识。再坚持下去，定能更上一层楼，看到辽阔的景象，将更令人振奋。

我们冒昧地把文章序言的语句稍微调整一下，其他内容均未动。

想必已收到通知，拟于6月15—18日在北京讲，不知你能否抽出时间？不论如何，把文章以讲稿形式整理出来，用大概三十分钟的时间讲完，并译成英文，如无时间可以找人译一下。这篇文章要在大会上讲，最好多用一些图表，效果会更好。衷心祝工作顺利。

孙殿卿　1986年2月

2. 黄汲清先生

(1) 康玉柱副总工程师：

赐书及《塔北是个找大油气田的有利地区》大著已拜读，趁此机会特向您和西北石油地质局表示热烈的祝贺。您们已经打开塔里木盆地这个油气宝库的大门，功劳很大，希望继续前进，取得更多更大的成就！

能否把您们这几年的地质勘探报告以及科研成果，择其不是机密部分，便中赐寄一份，以供参考。

1984年我在乌鲁木齐会上的发言不知您见到否？实际上我在1957年就建议在塔里木展开石油普查，虽然已耽误了二十多年，但当时还不晚，再者，沙参2井的油气空间是不是来自奥陶系，希望有文章论之。

此致

敬礼

黄汲清　1988 年 10 月 27 日

（2）康总您好：

1991 年 12 月 18 日赐示已手读，欣悉一切塔里木盆地地下古生界海相油气田之突破，确实是石油勘探史上的一个转折点，您们是立了大功的，我一定要为您们做宣传员。但重要工作还在后头，也应戒骄戒躁，谨慎从事。

从目前勘探实况来看，塔北隆起的储积层是多旋回的，而且“海陆均丰”，但构造略显分散，每个油田面积小是缺点。我对此并不表示悲观。中央隆起带，特别是南部斜坡情况可能不同，应从早加以研究(地震及钻井)，而喀什坳陷条件可能好，至少其中新生代含油情况是如此。

简而言之，我还是要继续主张建立以塔里木盆地油气为重点的新疆经济特区，今随信寄去我的书面建议一份，请详细阅读，并请客气地批评指教，特别在①地质储量上；②重点勘探地带上；③其他问题，如水源问题、电力问题等。您队如能提出更为详细的规划当然更好。

关于引进外国资金与技术问题，您的看法如何？据说石油部王涛部长也赞成外国投资，其理由何在？地质矿产部负责人方面对此有何看法？

还有一个重要问题，就是野外工作员工的待遇问题，据说，石油地质两部人员的工资相差很多，但如果成立经济特区，则外省进入新疆的工作人员，不论是地矿、石油、水利、交通、煤炭人员都是同等待遇，同工同酬，那就没有问题了。

希望早日得到您的回信，顺祝

新年快乐，身体健康，万事如意！

黄汲清　1991 年 12 月 27 日

3. 杨起先生

康总：您好

大作《中国西北地区油气地质特征及资源评价》收到。这是一本适应中国石油工业发展需要的专著，必将对我国西部油气勘查工作起到重要的指导作用，特此祝贺。

并祝

春节快乐！

杨起　1998 年 1 月 2 日

4. 任纪舜先生

康先生：您好

大作《中国塔里木盆地塔河大油田》收到，谢谢！

您为塔里木盆地的油气突破做出了重大贡献，近年来又不断有新著出版，可喜可贺，我将认真阅读您的著作，以学习、研究中国，特别是中国西部的油气资源状况。

随信奉上拙作《与时俱进，发展中国大地构造学》，请指正。

祝万事如意，身体健康！

任纪舜　2004 年 11 月 18 日

第十二章

重要新闻报道

第一节　报道的国内新闻单位

《人民日报》、《光明日报》、《科技日报》、《工人日报》、《文汇报》、《北京晚报》、《新疆日报》、《中国地质报》、《乌鲁木齐晚报》、《文学杂志》、《中国西部开发报》、《新疆科技报》、《新疆石油报》、《中国国土资源报》、《中国石化报》、《新疆地质》、《新疆石油地质》、《石油知识》、《华夏学术》、中国工程院《院士通讯》、《中国访谈》、中国广州市创新创业成果交易会展、《中国科学报》、《科技成果管理与研究》、中国高新科技院士专访、北京资源与环境学会(公众号)、科技成果管理与研究、中国石化网、人民周刊网、中国网、中央电视台、新疆电视台、乌鲁木齐电视台，共33个单位对康玉柱的成就贡献进行了报道，累计报道50次。

第二节　电视台

中央电视台、人民网、新疆电视台、新疆广播电台、中国国际电视台、广东电视台、中国之声、中国网络电视经济台等，报道康玉柱成就业绩共51次。

1. 1984年12月10日，《中国地质报(特条)》，万里副总理视察新疆地质陈列馆，连声称赞：沙参2井出油很了不起，是一个大贡献……

2. 1985年1月30日，《人民日报(特条)》，全国地矿系统第2次评功授奖大会在京举行。“最早对塔里木盆地远景给予很高评价、并主动要求到新疆工作、对荣获特等奖的沙参2井井位选择起了主要作用的西北石油地质局副总工程师康玉柱……”

3. 1985年1月30日，《光明日报(头条)》，发扬献身地质精神。件数更多，找矿丰碑。工程师骆正常、崔春池、唐仁理、康玉柱各获万元奖金……

4. 1985年1月30日，《工人日报》，圆梦塔里木。

5. 1985年1月30日，《科技日报》、《文汇报》和《北京晚报》，转载了全国系统第二次评功授奖大会情况。

6. 1985年1月30日，《新疆日报(特条)》，4位贡献大的地质工作者受颁重奖。

7. 1985年2月8日，《中国地质报》和《新疆日报》，英雄图《利与功》的平衡，第1部分介绍康玉柱的功绩。

8. 1985年3月4日，《中国地质报(头条)》，新疆维吾尔自治区党委书记铁木尔·达瓦买提慰问对塔里木盆地找油作出重大贡献的康玉柱同志。

9. 1985年3月28日，《乌鲁木齐晚报(第一版)》；《戈壁深处闻惊雷——记西北地质局副总工程师康玉柱》。

10. 1985 年 4 月 1 日，文学杂志《瞭望》第 13 期第 16 页，《尊重、信任、友谊——铁木尔·达瓦买提关心汉族知识分子二、三事》，内容有康玉柱功绩。

11. 1985 年 4 月 27 日，《新疆日报》头版头条：《他心中的旋律》。

12. 1985 年 6 月 10 日，《中国地质报(第 2 版)》，《冰封沙海建奇功》，《献身塔里木的玉柱——记西北石油地质局康玉柱》。

13. 1989 年 3 月 13 日，《中国地质报(头条)》，新疆人民政府、地质矿产部联合表彰，塔北油气勘探有功单位：地质矿产部塔北联指和西北石油地质局为被授锦旗单位。

14. 1989 年 3 月 22 日，《中国西部开发报(头条)》，地质之光——记西北石油地质专家康玉柱，首次实现我国古生代海相油气田重大突破。

15. 1989 年 9 月 29 日，《新疆科技报(第 3 版)》：《他对事业一往情深——记石油地质专家康玉柱》。

16. 1991 年 9 月 3 日，《中国地质报》，《沙参 2 井纪念碑落成揭幕》。

17. 1991 年 9 月 3 日，《新疆日报(头条)》，《沙参 2 井纪念碑落成揭幕》。

18. 1992 年 2 月 19 日，《新疆日报》，《30 载追求还夙愿》。

19. 1993 年 12 月 23 日，《人民日报》、《光明日报》、《文汇报》和《中国地质报》等头条，第 3 届李四光地质科学奖……康玉柱等 18 人获奖。

20. 1994 年 2 月 15 日，《工人日报》，《康玉柱瀚海圆梦》。

21. 1999 年 10 月 5 日，《新疆石油报(第 2 版)》，《石油勘探史上的丰碑——记中国古生代海相成油理论的建立》。

22. 1999 年 10 月 26 日，《中国国土资源报(第 3 版)》，《大地的怀念——纪念李四光诞辰 110 周年》。20 多年来，康玉柱、康志江等，运用地质力学理论与方法研究塔里木盆地的成油发展历史，划分构造体系，探索构造体系与控油问题等。在塔里木实现我国古生代海相油气田首次重大突破，并提出了我国古生代海相成油理论。记者田雪莲。

23. 1999 年 11 月 11 日，新星公司辉煌的 45 周年光盘：西北石油局辉煌历史及沙参 2 井重大突破的重大意义。专访录像 5 分钟。

24. 2002 年，《中国石化报(第 2 版)》，《戈壁深处有巨龙——访西部新区勘探指挥部专家组副组长康玉柱》。

25. 2002 年 12 月 29 日，新疆电视台：自治区领导到康玉柱专家家中慰问。

26. 2002 年，《海相油气地质》第 3 期，《油气勘探专家康玉柱》。

27. 2002 年，《新疆地质》，第 20 卷第 3 期，《石油地质专家康玉柱》。

28. 2003 年，《新疆石油地质》，第 24 卷第 2 期，《石油地质专家康玉柱》。

29. 2003 年，《石油知识》第 6 期，《受惠于李四光的著名石油地质学家康玉柱》。

30. 2003 年 3 月 10 日，《中国国土资源报》，《石油地质专家康玉柱认为塔河油田有望成为特大型油田》。

31. 2005 年，《华夏学术》第 3 期(总第 21 期)，《华夏风云人物康玉柱》。

32. 2015 年 6 月 18 日，全国科普日在南昌市电视排演。

33. 2016 年 3 月 18 日，《科技文摘报》(全国两会特别版)，《开拓者的石油梦——记中国工程院院士著名石油地质学家康玉柱》，编辑：杨兰(一版)。

34. 2016 年 4 月 12 日，《中国国土资源报(5 版)》，《传承和发展地质力学——中国工程院院士、石油地质学家康玉柱畅谈我国地质力学理论与实践》一版。

35. 2016 年 7 月 8 日，《科技日报》、《光明日报》、《人民日报》和《中国国土资源报》，报道了安页 1 井致密气重大突破事宜，有康玉柱讲话。

36. 2018 年 10 月 25 日，人民网播放 40 分钟采访视频，展现油气勘探艰苦历程。

37. 2018 年 11 月 10 日，《人民日报(海外版)》，《大漠戈壁响惊雷，西北边陲油龙飞》专访施麟、康玉柱 2 人。

38. 2019 年 1 月，中国高新科技院士专访，《敢于创新敢于挑战，争取世界能源领域话语权》，2019 年第 9 期。

39. 2019 年 1 月，《我为祖国找石油》，“砥砺奋斗，光辉 40 年”，特别报道“中国改革开放 40 周年特刊(1978 年至 2018 年)”。

40. 2019 年 4 月 22 日，中国网《中国访谈》，“向着伟大的梦想前进”，专访康玉柱和刘宝增。

41. 2019 年 5 月 25 日，中国工程院《院士通讯》，中国工程院成立 25 周年专刊，《中国油气勘探 70 年的辉煌》。

42. 2019 年 9 月，《中国石化报》第 9 期，第一篇，《70 年我国石油工业实现三大跨越》。

43. 2019 年 9 月，《中国石化报》，访中国工程院院士康玉柱，《中国石化壮阔 70 年：一个石化大国的崛起》，记者陈强。

44. 2019 年 6 月 21 日，中国广州“创新创业成果交易会展”，康玉柱院士成果简介(文图 35 张)。

45. 2020 年 7 月 5 日，中国科学报记者崔雪琴采访：《中国油气勘探重大问题及实践》，时长 50 分钟。

46. 2020 年 7 月 21 日，北京资源与环境学会(公众号)：《全球地壳隆坳演化与海陆变迁论》。

47. 2020 年 7 月 21 日，北京资源与环境学会(公众号)：《康玉柱院士 60 周年的辉煌》。

48. 2020 年 8 月，《科技成果管理与研究》第 7 期(总第 165 期)，《开拓古生代海相油气勘探，建立中国古生代海相成油理论》。

49. 2020 年 8 月 26 日，中国石化网报道了《全球地壳隆坳演化与海陆变迁论》。

50. 2021 年 1 月 10 日，人民周刊网《康玉柱——古生代海相石油的开拓者》。记者，夏天。

51. 2021 年 5 月 17 日上午，中央电视台采访，《燕山构造带滦平盆地 K1 获油气流。滦 1 页井重大意义及建议。

第三节 小说刊载(报告文学)

小说刊载(报告文学)11次。

1. 1989年1月,《献给戈壁死海英魂》, 第294~302页。

2. 1992年5月,《塔里木的曙光》。

3. 1992年8月,《希望在沙漠》, 第80~98页。

4. 1993年11月,《死亡之海》。

5. 1994年11月,《中国作家》, 第221~223页,《无尽追求——记地质学家康玉柱》。

6. 1994年10月,《托起西部太阳的人们》, 第74~95页,《无尽追求》。

7. 1996年11月,《辉煌》。

8. 1997年12月,《地质之光》,《石油地质学家康玉柱》, 第56~70页。

9. 1996年,《痴情音符》, 第244~264页。

10. 2002年,《人物》第2期,《圆梦塔里木——康玉柱》, 第39~51页。

11. 2006年,《大陆桥》第61期,《塔里木精魂——记新当选的中国工程院院士康玉柱》。

第四节 中央、新疆、中国石化等电视台报道27次

一、中央电视台报道10次

1. 1982年4月12日,《中国地质报》,《含油气的塔里木盆地》。

2. 1984年12月10日,《中国地质报(头条)》,《向万里副总理汇报沙参2井出油》。

3. 1985年1月29日, 全国地矿系统第二次评功授奖大会, 康玉柱获全国地质系统特等奖、记一等功、劳动模范, 中央电视台一套报道。

4. 1988年9月15日, 中央电视台专访:《塔河油气勘探新进展》。

5. 1989年10月12日, 中央电视台康玉柱专访,《东方之子》。

6. 1993年12月23日, 中央电视台专访:《李四光地质科学奖领奖大会感想》。

7. 2000 年 8 月 15 日，中央电视台专访：《塔河大油气田发现》。

8. 2016 年 5 月 20 日，中央电视台梁祝专访：《走进塔里木盆地第二集》，中央电视台《通城中心神州》栏目。

9. 2016 年 7 月 7 日上午，中央电视台专访：贵州北部安页 1 井实现广大南方地区天然气首次重大突破意义。

10. 2016 年 7 月 8 日早 6：30，广播康玉柱院士现场讲话。

二、人民网访谈 5 次

1. 2018 年 9 月 26 日上午，人民网就“中国海相油气勘探突破与能源安全战略”专题专访了康玉柱院士，围绕塔河大油田的发现历程，海相碳酸盐岩油气成藏理论创新，以及我国油气资源发展形势等进行了深度对话。

2. 2019 年 4 月 22 日，中国网《中国访谈》：《向伟大的梦想前进》。主持人：张凯，专访：康玉柱，刘宝增。

3. 2019 年 8 月 1 日，李四光基金会，央广记者采访：《李四光地质学理论指导塔河特大海相大油田的发现》。主持人曹女士，45 分钟。

讲了 5 个问题：海相新领域油气首次重大突破、创立了中国第 1 个海相大庆式油气区、塔河特大油田的发现、开辟巴楚—麦盖提新的油气富集区、中国海相创新 5 个世界之最。

4. 2020 年 1 月 5 日下午，在中国工程院召开音乐会期间，中国青年电台记者采访：《对青少年的期望》，于 2020 年 1 月 12 日播放。

5. 2021 年 1 月 13 日，人民周刊网，夏天记者采访：《康玉柱——中国古生代海相石油的开拓者》，于 2021 年 1 月 20 日播放。

三、新疆电台(电视)报道 8 次

1. 1985 年 1 月，康玉柱获得地质矿产部特等奖，记一等功，劳动模范。

2. 1985 年 3 月 4 日，自治区主席铁木尔 · 达瓦买提到康玉柱家里慰问。

3. 1986 年 10 月 5 日，塔北勘探获新成果。

4. 1988 年 10 月 16 日，塔北油气连获突破。

5. 1989 年 8 月 25 日，讲油气勘探新进展。

6. 1989 年 9 月 22 日，沙参 2 井油气重大突破。

7. 1990 年 10 月 26 日，塔河大油气田发现。

8. 2018 年 9 月 22 日，新疆电视台采访康玉柱：《西北石油局 40 年的辉煌》。

四、中国石化电台(电视)报道 4 次

1. 2016 年 4 月 5 日，中国石化记者程强到办公室专访，……页岩气勘探形式。

2. 2018 年 1 月 10 日，程强在中石化电视台专访，塔河大油田年产达到 1 亿吨(当量)，累计创收近 4 亿元。先进人物专访，西北油田主要发现者康玉柱。

3. 2018 年 1 月 20 日，分上下集两部播放。上集：塔河大油田发现；下集：油气前景的建议等。

4. 2019 年 8 月 30 日，中石化记者程强采访 10 个问题，长达两个小时。

综上所述：自 1984 年沙参 2 井实现古生代海相油气田首次重大突破及创立的中国古生代海相成油理论，有效地引领了全国古生代海相油气田发现，实现了中国油气勘探的第二大跨越，使中国油气储产量快速增长。

我国古生代海相油气田勘探处于初级阶段，油气资源潜力巨大，是当前和今后重要的油气勘探开发领域。

第五节 重要报道文章

一、圆梦塔里木(1985 年 1 月)

——触摸石油动脉

“谁知这黑油如此这般地流淌多少年……”

跃参 1 井、沙参 1 井一个接着一个打完了，但是依旧没有嗅到沙雅隆起油气的气息，之前关于“沙雅隆起没有生油岩”的理论又开始蠢蠢欲动，越来越多的人开始对沙雅隆起乃至塔里木盆地的油气前景产生了动摇和怀疑。

1984 年 8 月 23 日，沙参 2 井钻到 5363. 5 米，见到了白云岩古风化面并取到了少量的白云岩岩芯，这点岩芯如同小火花，虽然给了他们些许希望，但是却怎么都点燃不了他们心中的熊熊烈火。没有任何的油气显示迹象，井内开始漏失泥浆。于是，工程方面的领导提出停钻完井。

听到这一消息，康玉柱心急如焚，立马召开会议，找来了书记、局长、地质处领导和第一普查大队的领导。在讨论会上，康玉柱斩钉截铁地说：“坚决不能停钻，最少得再打 100 米!”第一普查大队钻井队领导十分直接地问：“如果还没有油，怎么办？出了问题谁负责？”“在技术上我负责!”康玉柱毫不犹豫地说，“这个钻不能停！第一，见到一点白云岩，还确定不了地质时代。第二，该井在 3800 米发现有良好的油浸沙岩，这油很可能是从深部上来的。第三，根据我国东部古潜山油藏的经验，油气不一定在风化面上，而往往富集在距离风化面一定深度的风化淋滤带内。”康玉柱这番有理、有据、有力的话打动了到会的一些地质骨干，并表示了“继续加深”的意见。领导说准备加深，如果出什么问题大家一起负责，这些话像一汪清泉滋润了康玉柱焦灼的内心。统一加深认识后，康玉柱赶紧用电话向石油局作出汇报。

在电话里，康玉柱向石油局副局长详细汇报了沙参 2 井的情况，副局长听完后，当机立断：“同意你们接着打!”并强调说，“现在才打到 5363 米，离原设计的深度 5800 米还差 500 米左右，接着打，100 米不行的话，打 200 米!”有了这颗定心丸，康玉柱便全身心地投入了沙参 2 井加深的勘测中。

转眼 20 多天过去了，“天将降大任于斯人也，必先苦其心志，劳其筋骨……”康玉柱的勘探之路再一次遭遇了考验。1984 年 9 月 6 日至 12 日，在塔里木正好召开第三次塔里木油气资源座谈会，参加会议的有石油部和地质矿产部领导，新疆维吾尔自治区领导，地质、石油、物探三大理事会的理事长，还有院校的教授学者，大概有 200 人，讨论塔里木的油气勘查形势。康玉柱至今仍能回想起当时的画面：多数人认为，塔里木盆地构造复杂，目的层埋藏深，上面被子厚……勘探难度大。当时有一位教授甚至直言不讳地说："我经常带学生来塔里木盆地实习和研究，我认为塔里木盆地太复杂，油气前景不怎么样！"整个会场被低调、悲观的氛围笼罩。只有著名地质学家黄汲清和关士聪等为数不多的人认为库车坳陷和喀什地区的油气前景还是可以的。

康玉柱对这些犀利的言辞和悲观的气氛给予了反击，他相信塔里木盆地发育了 4 套烃源岩，多时代成藏组合，依旧坚持塔北油气的潜力大。在与挫折较量的过程中，他又一次战胜了权威。

激烈讨论后的十天，钻井队攻坚克难，巧思妙想，把捣碎的核桃皮和棉花搅在一起，压井、堵漏、下技术管，一米一米地向下钻去，一点一点地试探着石油血液跳动的脉搏。1984 年 9 月 22 日凌晨 3 点，沙参 2 井发生强烈井喷。

1984 年 9 月 22 日下午 4 点多，康玉柱正在乌鲁木齐的会议室里开会，突然一份急报被送到了会议室，整个电报只有四个字"井喷着火"，乍闻此讯，康玉柱五味杂陈，又惊又喜又怕。揣着忐忑的心情，康玉柱和书记、副总坐上吉普车，沿着颠簸不平的石子路连夜往井场赶。

离井场 60 公里，只见一股一股的火光在黑幕的映衬下，气势汹汹，一明一灭，揪紧着他们跳动的心。

还有 10 公里，212 型号的吉普车在静谧的夜晚发出一连串"突突"的噪声，即使这样，也遮挡不了远方传来的一阵阵"隆——隆——"的油喷声，这两个声音交织在一起，不停地撞击着他们竖起的耳朵。

近了，离井场只有 300 米，油老虎露出了锋利的爪牙，两人虽然挨得很近，但怎么喊都听不到彼此的声音。钻井工人们说，井喷时，现场一片混乱，工人们呐喊：油老虎来了！为了逃生，鞋子、衣服、工具丢了一地。

面对这么壮观的场面，康玉柱热泪盈眶。他兴奋得几宿都睡不好觉，一幅幅画面在他的眼里不断地放映，一幕幕场景在他的脑里不停地回放。

不到 100 米，只打了 28 米，即到 5391 米的奥陶系白云岩，沙参 2 井就再也按捺不住亿年的寂寥喷涌而出，尽情地滋润着这片饥渴的大地。从 1970 年到 1984 年，从 5363 米到 5391 米，康玉柱走得很艰难但很扎实，走得义无反顾、辉煌灿烂。"感动新疆十大人物"推选委员会这样评价康玉柱："28 米虽然很短，正是因为康玉柱院士对这 28 米的坚定和执着，才打破了塔里木盆地的油气沉寂，揭开了塔里木盆地油气大开发崭新的一页。他找到的不仅是动力能源，还有更加可贵的精神能源。这就是中华民族不屈不挠、敢于探索拼搏的奋斗精神，严谨的科学精神和无私无畏的奉献精神。"

沙参 2 井日产油 1000 吨、天然气 200 万立方米，是塔里木盆地油气勘探的转折点，开辟了中国古生代海相油气勘探新纪元，从而甩掉了中国古生代无油的帽子，拉开了中国油气勘探第二大跨越的序幕，为国家石油工业"稳定东部、发展西部"战略方针确定，提供了重要科学依据。著名地质学家黄汲清院士题词："喷油奥陶系，伴有天然气，康工主战场，开天又辟地。"

情系塔里木——拉开油田序幕

自发流淌的黑油啊，
你终于流向了长城，
流向了黄河，
流向了长江，
流向了世界。

"会不会只有一个沙参 2 井？"

沙参 2 井的发现，引发了一系列的连锁反应。鉴于先前"只发现了一个柯克亚"，有人提出古生界成藏条件复杂，难以形成大油气田，开始担心：会不会只有一个沙参 2 井？

1984 年 10 月 15 日，康玉柱向地质矿产部领导汇报了沙参 2 井获得高产油气流的情况，再次强调沙雅隆起是一个前景可观的油气富集带，提出进行三维地震勘探，算清奥陶系风化壳高点，建议地质矿产部迅速调整部署，组织找油大会战，寻找大油田。

是年，为迅速巩固沙参 2 井的这一重大成果，地质部成立了塔北油气联合勘探指挥部，康玉柱为指挥、兼任专家组组长。调集了 6 个地区约 6000 人，聚集塔北，开展了规模空前的联合勘探大会战。

自 1985 年以来，沙参 18 井、沙 22 井打出了日产超过千吨、最高达日产油气 5000 吨的油当量，这在很大程度上印证了康玉柱塔里木古生代油气资源潜力巨大的论断。之后的 5 年里，他们先后在 8 个层系发现了雅克拉、阿克库木、阿克库勒、轮台、艾协克和达里亚等 8 个油气田。

1996 年初，康玉柱在沙 23 井(塔河油田发现的第一口井)附近主持井位部署会，会上确定了沙 46 井、沙 47 井、沙 48 井的探井井位和 2 口评价井。这 3 口探井于 1997 年在奥陶系均打出了高产油气流。特别是沙 48 井日产油 570 吨，三年来一直稳产高产，成了一口"王牌井"，从此塔河大油田定型了，它是中国古生界特大型油气田，也是世界古生代奥陶系第一个特大油田。

"第二个沙雅隆起在哪儿？"

截至 1990 年，塔北沙雅隆起已发现 10 多个油气田，确实证明了该隆起是一条油气富集带。地质矿产部领导又发出指示，那么塔里木盆地第二个油气富集带在哪里呢？

康玉柱经过反复思考、不断验证，首先，提出巴楚—麦盖提地区可以作为塔里木盆地第二个油气富集带。但当时有不同的声音，巴楚隆起由于长期隆起，油气保存条件差，能否成藏，风险较大。而且前人已打 9 口勘探井，都未成功……康玉柱力排诸多认识上的分歧，从 1990 年下半年在巴楚—麦盖提地区随即开始了地质勘探，之后的 1992 年和 1995 年，亦即"八五""九五"期间分别在麦盖提斜坡的麦 3 井和巴楚隆起的巴参 1 井石炭系试获高产油气流，实现了两个构造单元的导向性首次重大突破，为我国又找到并建立了两块油气勘探开发基地。成功没有捷径，28 米的距离可以很远，它就瑟缩在你面对困难一步步的退缩中，它就定格在你向困顿低头的一瞬间；28 米的距离也可以很近，它就跳跃在你挑灯夜读的字里行间，它就环绕在你据理力争的言辞中。

15 年的努力、1960 年的守护和 1984 年的坚持……慢慢地将康玉柱和石油的距离拉近到 28 米。也许，15 年、1960 年、1984 年 9 月 22 日、28 米……这些形形色色的数字并不能概括康玉柱辉煌的一生，但是这些跳跃的数字却足以撰写他不平凡的一生。

二、他心中的旋律(1985 年 4 月)

——记西北石油地质局副总工程师康玉柱

1. 1984 年 9 月 23 日午夜，一辆北京吉普在通向塔里木的公路上疾驰，刺眼的灯光划破了夜幕。车内坐着三位中年人，其中一位看上去不到五十岁，却已霜挂两鬓。车已行驶了八九个小时，但他毫无倦意，方正的脸上，一双大眼炯炯有神，充满者热忱和希望，此刻，他心底那高亢激越的旋律正在回荡，这旋律，从他踏上这片土地开始，已在心底响了整整十五年了。

昨天喷油的沙参 2 井就要到了，强大的井喷，如同夏日的闷雷，远远就听见隆隆的响声，塔里木，这沉睡的巨人似乎聚集了太多的力量，方圆几十公里的地面都在颤动，冲天的火光映红了天边。

每个人都有自己的理想和事业，在不懈地追求中，当你看见理想的殿堂已经筑起牢固的地基、事业花圃中的嫩芽已破土而出时，你往往更加体味那追求的艰辛。康玉柱此时正是这样的心情。

2. 1970 年 4 月，北京城淡绿轻抹，在一座四合院里，地质矿产部石油综合研究大队西北分队队长康玉柱和他的同伴，轻轻走进了老部长李四光的办公室，老部长由于病魔缠身，生命的航程已接近终点，但仍在尽最后的气力写地质力学，考虑建立全国地震预报系统，部署开发地热能源和沿海石油勘探，等等。他始终没有忘记中国西北角一块广袤的地区——塔克拉玛干。他强打精神对康玉柱说，塔里木盆地是一个有着石油远景的地区，只要能找到含油区，那儿很可能就是大油田。

作为一个石油地质工作者，梦寐以求的，不就是为国家找到大油田吗？

十五年过去了，老部长的嘱托早已深深镌刻在康玉柱的心里，化作了他生命的主旋律。今天，奏出的正是序曲，他和同伴们勘探的塔里木盆地的第一口高产油气井开始喷油了！

3. 湖北江陵，南靠长江，风景秀丽，古时称作荆州，三国时，刘备借荆州，借而不还，以图天下，荆州确实是个好地方。1971 年，在天南海北野外奔波十多年的康玉柱，总算在这里安下了家。可是，刚过了六七年安生日子，他的心却又飞到了大西北，飞向了塔里木。1979 年底他向上级写信：“我要调到新疆去工作！”“什么？”亲戚朋友以为听错了。

康玉柱是辽宁省北镇一个农民的儿子，靠助学金念完了中学、大学。1960 年从长春地质学院毕业后，四处奔波，一年难得回几次家。妻子刘海琴在家乡一个人拉扯着五个孩子，为公公婆婆养老送终。好不容易从老家来到江陵，夫妻刚刚团圆，现在又要把家丢给她一个人，她能同意吗？康玉柱几次话到嘴边，却又难以启齿。

1970年7月的一个夜晚，他带着塔里木分队从莎车县向昆仑山进发。汽车在一条河边不慎翻车，他和另外五个队员被扣在车里，仪器、油桶、粮食通通砸在他们身上。他被砸得不醒人事，被人从车厢底拖出，浑身是血。苏醒后，他和两个战友又冒着生命危险爬进车厢，从150公斤重的油桶下救出了另一名队员。

1978年3月，分队在喀什西面考察时，碰到两座较高的石山，山上怪石嶙峋，一个悬崖套着一个悬崖，陡如刀削。地质队员此时都成了杂技演员，一次次叠罗汉，爬上悬崖作业。几个月下来，分队的五十几个人几乎都挂了彩。他的两条腿挂了几处血口子，左脚扭伤，疼痛钻心，他咬着牙拄着棍子又上山了。

更使他难忘的是，经过几年的野外地质调查和综合研究，最终证实了塔里木是一个大型含油气地区。1978年5月，在国家地质总局召开的石油地质工作会议上，他兴奋地汇报了塔里木地区石油地质概况，对盆地的含油气前景作了极高的评价。他多次向部领导孙大光等提出在塔里木开展普查勘探的意义。此刻在他眼里，塔里木就像一个已经摸到了边的黄金盆，他要为摸清这块宝地竭尽全力！

贤惠的妻子理解他，也理解他的事业。

4. 找油，如同打仗；胜利，来自正确的指挥和果敢的决策。1977年5月11日，塔里木盆地西南坳陷柯克亚构造出油后，震动全国，一时间，石油部、地质部纷纷调兵遣将，拉开了战场，可是，几年过去了，出油的地方依旧只有柯克亚。塔里木就像一个性情古怪的老人，始终不肯向人敞开心扉。1980年，西北石油地质局从塔里木盆地西南转到东北部后，连打3口井，滴油未见。一些人灰心了，主张把大部分力量调到塔里木河下游一带，康玉柱据理力争，始终对塔里木北缘的沙雅隆起满怀信心。他认为，东起库尔勒，西到阿克苏，北至南疆公路，南抵塔里木河，面积达三万平方公里的沙雅隆起，除了东面，三面都是生油坳陷区，中间是一个隆起地带，这儿应该是有油的。在他的建议下，这个局的大部分队伍坚持在沙雅隆起地带战斗，后来的事实证明，这是十分正确的战略决策。

从库车到轮台，人们很少注意公路以南大片凄凉、冷清的戈壁，这里布满了盐碱、沙包和泡土，一脚下去，浮土能没及膝盖。起风时则天昏地暗。然而，康玉柱注视的恰恰是这片地区，不知已经思考、分析过多少遍了。1980年底的一天，他下定了决心，用手中的铅笔迅速在石油地质图上沙雅隆起中北部这一片地区画了一个圈，同时写上了四个字：沙参2井。标明深度是5800米。打一口井，国家要投资几百万元乃至上千万元，一个井队的工人要付出一年多的劳动。更重要的是，这口井关系到塔里木东北区能否尽快见油。作为一个副总工程师，他深感自己的责任重大。经过紧张的准备工作，1983年8月12日，沙参2井正式开钻。

人们常说，失败和成功往往只差一步。如果用这句话来描述沙参2井，那是再恰当不过了。

1984年8月，当沙参2井已经打到5363米的时候，局里负责钻井的部门却认为，沙参2井已经见到奥陶系白云岩的风化壳还没有见油，建议停钻。这样，几千米的尾管就不用下了，可为国家节省几十万元。

“停钻?”康玉柱的心倏地收紧了。绝不能停，这时停钻就会前功尽弃。

局里专门召开了会议。康玉柱陈述了三条意见：第一，白云岩不能确定时代，原定的地质任务还没有完成；第二，这口井在3800多米处曾有油气显示，这很可能是从下面运移上来的；第三，白云岩风化壳如果有油，不一定在表面，根据以往的经验，往往在风化壳下面。局领导及一些专家赞同他的分析，钻头继续向着地球深处掘进。

37天以后，也就是1984年9月22日凌晨4点，当钻到5391米时，强大的井喷发生了。成千吨的原油、上百万立方米的天然气，如虎啸般冲出管线闸门。

请记住：5363米和5391米，仅仅相差28米！这28米，是量的积累，更是质的变化！世界上很多事情往往出于偶然，但谁能说，这28米是偶然钻井的呢?!

5. 1985年2月29日下午，全国40万地质大军精英汇聚北京，怀仁堂颔首致意，拥抱了这些英雄。全国地矿系统评功授奖大会正在这里举行。当大会宣布，向康玉柱等4名有重大贡献的科技人员实行重奖、分别奖给一万元时，全场轰动了。

沙参2井是值得骄傲的，西欧、北美及世界其他地区的报纸纷纷报道，中国依靠自己的力量，在塔克拉玛干大沙漠的东北缘，钻出了高产优质油气流。这是中国在下古生界海相碳酸盐岩钻出的第一口油气井，也是迄今为止中国最深的高产油气井。

我国地质界对此的评价是：沙参2井喷出高产油气流是塔里木盆地找油的重大突破，它开拓了我国地质找油的新地区、新领域、新类型、新深度，在我国油气普查勘探方面具有战略意义。

在世界上，人们公认沙特阿拉伯的石油质量最好，称其为“标准油”。沙参2井的油样化验后，大伙全乐了：这口井原油的含蜡含硫量不仅在全国最低，甚至比沙特阿拉伯的更要低!

到达北京的当晚，康玉柱久久不能入睡，面对这样高的荣誉和奖励，他感到自己做得太少了。他想得很多：十几年来，西北石油局几千名干部工人的艰苦奋战的情景，在他脑海中一一闪现。而想得更多的却是：要加快速度，尽快搞清沙雅隆起的地质构造，争取打出第二口“沙参2井”、第三口“沙参2井”！他几乎能听见自己的心在“咚、咚”地跳着。

“早日拿下大油田!”这旋律，这构成他生命的交响乐，愈加激昂、奋进，节拍更急促了。

(1985年4月27日《新疆日报》)李延林

三、地质之光(1989年3月)

为找到古生代海相油气田在塔里木的主要成因，康玉柱经常在办公室加班加点，一干就是几个小时；在资料堆里，他一看就是数十万字的文献，只是为了从前人的研究中得到启迪。1979年，经过无数个日日夜夜的奋斗，他从古生代海相生成原理出发，首次提出塔里木盆地下古生界寒武—奥陶系重要的生、储油岩系，应予以重视。并确认塔里木盆地北部沙雅隆起是寻找古生代海相油气的有利富集区，具备大型油气田的地质条件。

康玉柱的这一确认，能否告诉同行专家，能否告诉自己的领导、同志，他经历过了冷静的思索。他没有忘记，在此之前的1974年初，就有人认为这一地区缺少中生代，新生界直接盖在老地层上，故不是一个找油的有利地区。

康玉柱清醒地意识到，在一个前人否定过的地方竖井开钻，一旦失败意味着什么！

竖一口井。按最佳经济方案，至少要投入1000万元。开钻如打不出油，就等于白扔这1000万元，如果放弃这一地区，谁也不会有怨言，自己的名声也不会受到任何影响。

“抛弃个人名利欲望，一心只为塔里木的新崛起！”康玉柱向领导汇报了《塔里木盆地石油地质特征及找油方向》和布井意见，局领导一听心里乐了，“老康，我们想到一起啦！干吧，为寻找新的大庆！”

亘古荒漠，人际罕至，连骆驼也无法涉足，就在这里，康玉柱确定了沙参2井的位置。

盼望油气显示的心情，随着钻机的隆隆声一蹦一跳，老康的心，从钻机开钻那天起，就忐忑不安。

康玉柱是幸运的，期待的那一天早就来到了。井只打到3800米，在中新流砂岩中已发现含油砂岩，这个新信号，表明康玉柱的预测将在短期内变为现实。

可是万万没想到，盼望已久的5363米古生风化面白云岩岩芯取出后，居然未见油气显示。

老康这下可坐不住了，他睡不着，吃不下，按照地质理论推断，按照康玉柱原来的计划，按照钻机所钻的深度，油气均应喷涌而出，但此时此刻，未见一丝油气显示。康玉柱经过研究和运用过去的经验，找到了古生代油气常在风化壳下面一定深度的风化淋滤带中。尽管老康找到了充分的理由要继续往下打，但有的人干脆建议停钻。

康玉柱在局里召开的沙参2井下步工作分析会上，陈述了自己的观点，得到了与会领导的支持。

不出康玉柱所料，钻机从5363.5米继续进尺28.3米时，突然间，海相优质油气喷涌而出。

古生代海相油气田突破的战略意义

20世纪50年代大庆油田的发现，结束了我国用洋油的时代；20世纪六七十年代，胜利、任丘、大港、中原等油田储量的探明开发，使中国迅速由一个石油进口国变成原油出口国。但从1986年到1988年的“七五”头三年，石油产量增长开始减缓，1986年增长579万吨，1987年只增长345万吨，1988年才增长290万吨。而油田采出弥补递减工作量却在增加，年注水量由3.75亿立方米增加到5.36亿立方米，也就是说，同样采1吨油，工作量要增加几倍，这表明，我国六七十年代投产的一批主力油田，在为国家提供了大量油气资源后，已开始“退役”和进入后期阶段。

在这种情况下，古生代海相油气田获得重大突破，这对新疆，对中国来说具有划时代的战略意义。1988年塔北又连获重大突破，使该地显示出大型油气田的轮廓，成为我国石油产量每年稳定增长300万吨目标的后备资源基地；从而在未来一二十年内使我国原油开采有了真正的接替新区，为我国石油工业的巨大跃进奠定了可靠基础。据测算，塔里木油气资源量达120亿吨。

国内外一些能源专家由此得出结论，中国石油工业重新崛起的时代已经到来。

为此，地质矿产部进一步增加勘探力量和投资，中国石油天然气总公司于最近宣布决定，开展一场集中力量、采用新工艺、新管理体制的高水平、高效益的石油开采大会战，在1992年建成一个具有相当大规模的大型油气田。

（1989年3月22日《中国西部开发报》）

四、魂系塔里木［电视专题片（1993年7月）］

——记国家级有突出贡献的石油地质学家康玉柱

孙兆平

这里是我国最大的沉积盆地——塔里木盆地，多少年来，无数有志之士向往着这里、歌唱着这里，它像一块巨大的磁石，吸引着成千上万的石油勘探者，地质矿产部西北石油地质局副总工程师，新疆维吾尔自治区优秀专家、国家级有突出贡献的专家康玉柱，就是为干大事业来到这里的，早在20世纪70年代第一个春暖花开的季节，在北京，地质部老部长李四光，拖着病体，满怀期望地对康玉柱等人说，我们现在的油田都是中新生代的，难道我们国家古生代就没有油田吗？你们去塔里木找，要注意找到利比亚式古生代油田。从那时起，康玉柱带领小分队扎进塔里木，一干就是十年，接着又是一个十年，拿下大油田是他的梦，也是他的病，一个心病。在56万平方公里的塔里木，从东到西，从南到北，他不知翻了多少条沟，爬了多少座沙山，研究了多少条剖面、观察了多少块岩石，几次的意外事故，摔得他头破血流，险些把命交给了塔里木，可他咬紧牙关继续干，第一个十年，康玉柱和他的战友经过艰苦的野外地质调查和综合研究，几乎把塔里木野外露头翻了个遍，预测了塔里木是一个大型含油气盆地，具有形成大油田的地质条件，同时，他们发现盆地西南坳陷含油目的层埋藏过深，钻机无法钻到，康玉柱建议移兵北上，在沙雅隆起带摆开战场，他认为，面积达三十多万平方公里的沙雅隆起，三面被生油坳陷包围，是油气运移聚集最有利的地区，找油，如同打仗，胜利来自正确的指挥和果敢的决策。第二个十年刚开始，他亲自到塔里木河南的沙漠勘定了跃参1井，首次在塔里木腹地中生界发现了325米的生油岩，并揭示到古生界，看到了曙光，康玉柱更加坚信自己的判断，注意在入字形锐角部位找构造！康玉柱用地质力学观点解释道，入字形锐角部位地应力小，就像拧毛巾，地应力大的地区油被挤到地应力小的圈闭里，面对茫茫的荒漠，康玉柱在想什么？他是想看到深埋地下的油龙吗？失败与成功往往只差一步，而成功永远属于执着的强者。1984年8月，当沙参2井钻至5363.5米古风化面时，还不见油气显示，这时候停钻，可以为国家节约几十万元的资金，有的同志建议停钻。“停钻？”决不能停钻！康玉柱拿出了三条足以说明不能停钻的理由，得到领导和一些专家的支持，继续钻井37天后，1984年9月22日凌晨4点，当钻机钻至5391.18米时，塔克拉玛干大沙漠沸腾了，成千吨的原油、上百万立方米的天然气，虎啸地冲出管线闸门，塔里木盆地首次实现我国海相古生界油气田的重大突破，这是塔克拉玛干大沙漠打出的第一口油井，作为技术总负责的康玉柱高兴地像孩子过年似的，兴奋得几夜睡不着觉，时常半夜爬起来，对着部署图思索一阵子。他构思着中国能源的未来，构思着塔里木这块不毛之地的明天。数十年的苦熬奋战，终于有了报偿，中央、新疆维吾尔自治区、地质矿产部高度赞扬了这一成就，并隆重表彰了参战的有功人员，康玉柱获大奖，新疆维吾尔自治区党委书记宋汉良风趣地说，康总是我们新疆科技界第一个万元户。

早日拿下大油田，已成为他全部生命的交响曲，在雅克拉、阿克库勒、达里亚、阿克库木等构造上，一口井、一口井地钻，一口井、一口井地出油、突破，1992 年 9 月 28 日，又一个特大喜讯传来，在塔里木新地区的巴什托构造上，由康玉柱参与部署的 3 井实现了具有相当意义的战略突破。一次次的告捷，凝聚着他的心血，更展现着他的大智大勇和豪气，他只想打穿地球，把塔里木捅破个天，让塔里木这个昔日的不毛之地成为中国的又一个大庆，全国人大副委员长、新疆维吾尔自治区主席铁木尔·达瓦买提去他家看望他时说："你给新疆立了大功、作了大贡献、扎根新疆、我们非常欢迎和感谢。"塔里木啊，塔里木，尽管你黄沙莽莽、一片荒凉，可是一个为祖国寻找石油的野外赤子，却对你梦中萦怀、心驰神往。他把自己的半生献给了你，奉献得甘心情愿。可是，他又不甘心。康玉柱面对沙漠立下誓言："不拿下塔里木大油田，不抱个大金娃娃，我死也不甘心。"

（1993 年 7 月 28 日新疆电视台播出）

五、石油勘探史上的丰碑(1999 年 10 月)

——记中国古生代海相成油理论的建立

新中国成立以来，中国古生代海相成油一直是国内外专家、学者十分关注的重大问题。从 20 世纪 50 年代开始，我国对南方古生代海相碳酸盐岩开展了石油勘查工作。几十年来，投入了巨大的工作量，但除在四川发现一些气田外，一直无重大突破，这就极大影响了我国石油工业的发展。可见我国古生代海相地层到底有没有石油、古生代海相石油又在哪里，是长期以来摆在石油地质学家和广大石油地质工作者面前的两大难题。

如今，这两个问题都有了肯定的结论，中国古生代海相地层中不仅有石油，而且在塔里木盆地古生代海相沉积中生成了丰富的石油和天然气，它们蕴藏于古生代、新生代地层中。

塔里木古生代海相生油问题的提出

1969 年 2 月 11 日，世界著名地质学家李四光教授，在听了石油部介绍地质工作情况后说："现在，有一个问题，我想提出来与同志们研究一下，我们现在找出来的石油都是中、新生代的，难道我们的古生代就没有油吗？美国有大半的大油田在古生代，苏联的第二巴库也是在泥盆系，非洲的阿尔及利亚、利比亚也是古生代的。他们的特点都是褶皱构造比较平缓，我们要在古生代盖层平缓、褶皱缓和的地区集中力量试验一下。譬如黔南、四川，特别是塔里木……从战略上讲，我们要选一个地方，早一点去打开一个缺口。"

1970 年，康玉柱遵照李四光教授指示，在塔里木盆地开展油气地质调研和远景评价工作。确认古生代的石炭系，下二叠统海相碳酸盐岩及泥岩是该盆地重要的生油岩，并指出塔里木盆地是我国重要的大型含油气盆地之一。

1978 年在进行塔里木盆地油气前景评价和选区的研究中，他们首次提出寒武—奥陶系碳酸盐岩是该盆地的重要生储油岩系，而且指出要注意在古隆起上寻找古生界潜山型油气藏(田)。

古生大海相油气田的首次重大突破

国家地质总局根据我国石油天然气工业发展的战略需要，于 1978 年 5 月组建了“新疆石油普查勘探指挥部”(后改称西北石油地质局)。

1979 年 9 月，地质局新疆石油普查勘探指挥部在阿克苏召开了地质工作会议。会上康玉柱在《塔里木盆地石油地质特征及找油方向》的发言中讲到：塔里木盆地沉积了广泛的古生代地层，自震旦纪至古生代有多次海侵，具多时代生储油岩，多成油组合，特别是寒武—奥陶系生储油问题应予以重视。所以塔里木具备形成大型油气田的雄厚物质基础，盆地有多种圈闭类型，找油气领域广阔。随着石油地质工作进展，将进一步证实它是我国重要的含油气区，是寻找大型油气田的基地。在总体部署上建议：“着眼全盆地，分区规划，加强普查，择优突破。”对下一步工作安排上提出向塔里木盆地北部沙雅斜坡(后称沙雅隆起)转移意见。

但是，当时对沙雅隆起油气前景的认识分歧很大。1974 年初，有的人根据地震、钻井等资料认为：“该隆起可能缺失中生界和古生界，第三系直接盖在老地层上，故不是一个找油的有利地区。”将其否定了。

我们利用地质力学理论分析认为，古生代时，沙雅隆起东与库鲁克塔格隆起、西与柯坪隆起共同组成一个东西构造带。海西末期由于西域构造体系的改造，使沙雅隆起与东、西两个隆起分开而下沉，并堆积了较厚的中、新生界。库鲁克塔格和柯坪隆起均发育有较齐全、厚度较大的古生界，从而推断沙雅隆起也应存在古生界，更应有中生界，并提出在该隆起上注意寻找古生界和潜山油气藏(田)，另据重力和航磁资料，预测古生界埋藏较浅，同时还建议加强地震工作和打参数井，首先在已知重力高上布井……

1980 年 1 月，经地质部石油地质海洋地质局批准，西北石油地质局将油气普查工作战略重点从塔里木盆地西部转移到塔北沙雅隆起地区。首先开展了地震概查、普查工作，先后打了跃参 1 井、阿参 1 井和沙参 1 井，均发现了中生界，并见到了上古生界，还在中生界内首次发现有 320m 厚的生油岩。初步验证了沙雅隆起中生界和古生界的存在，由此更加坚定了在该区找油工作的信心和决心。

1980 年底，根据笔者低级扭动构造控油理论，在雅克拉构造上部署了沙参 2 井，于 1983 年 8 月 12 日正式开钻，1984 年 8 月钻至井深 5363. 5 米，打穿了中、新生界并见到古生界白云岩，但未见到油气显示。

1984 年 9 月上旬由中国地质学会、中国石油学会和中国地球物理学会联合召开的第三次塔里木盆地油气资源座谈会在乌鲁木齐举行，会议的论文和发言反映了两种不同的意见。当时黄汲清老先生对在塔里木寻找上古生界海相油气田给予了鼓励和支持。当时的油气勘探处于低潮期，但我们一直对塔里木油气前景十分乐观，在该盆地寻找大油气田满怀信心。

沙参2井还要不要再往下钻进？当时康玉柱根据：一是在解决地质问题上讲，一点点白云岩还不能确定是哪个地质时代；二是根据古潜山油气特征，油气聚集往往不是在古风化壳表面，而是赋存于距古风化面一定深度的风化淋滤带内；三是该井在3800多米砂岩中发现良好油气显示，认为是从深部运移上来的……所以，沙参2井仍有出油的希望，故决定继续钻进100米，并得到地质矿产部石油地质海洋地质局领导的支持。

1984年9月22日凌晨，当钻至井深5391.18米的奥陶系白云岩时喜获高产油气流，日畅喷原油约1000吨、天然气200万立方米，从而实现了我国古生代海相碳酸盐岩油气勘探的首次重大突破，拉开了塔里木寻找大型油气田的序幕，成为我国石油天然气工业史上的重要里程碑。正如万里委员长所说："中国人民自己搞出来的，很了不起，是一个大贡献。"

国务委员康世恩、地质矿产部部长朱训、地质矿产部副部长夏国治、新疆维吾尔自治区副主席宋汉良等领导都给予了极高的评价。

"七五"期间，党和国家领导人江泽民总书记、李鹏总理、王振副主席、邹家华副总理等十分关心塔里木的油气勘探和开发工作，先后到塔里木视察油气勘查情况，并作了重要指示，给广大干部、职工以极大鼓舞。

1984年12月康玉柱根据化验资料认为沙参2井原油属于成熟度较高的海相腐泥型原油，并根据地质资料分析其油源岩为寒武—奥陶系碳酸盐岩，提出该井油气是二次生油的结果。经"七五"国家科技攻关项目研究，进一步证实了寒武—奥陶系海相碳酸盐岩是塔北地区乃至全盆地的重要油源岩。

1985年，地质矿产部为迅速扩大战果，从华北、华东、中南、西南等石油地质局和南海地质调查指挥部等单位调集近6000人的精干队伍到塔北进行空前规模的联合普查工作，并取得了在新地区、新构造、新层位、新类型上的连续重大突破，在8个层系发现10多个油气田。

中国古生代海相成油理论的建立

1984年9月塔北沙参2井实现了古生代海相油气重大突破后，于塔北、塔中、塔西南地区又在古生界的震旦系、寒武系、奥陶系及石炭系发现油气田。康玉柱认真研究总结了塔里木盆地古生代海相油气田资料成果，并研究分析了国内几个古生代海相油气田的资料，首次建立了中国古生代海相成油理论，并于1992年编写了《塔里木盆地古生代海相油气田》之后，为不断完善这个理论，1995年又编写《中国古生代海相成油特征》。

古生代海相成油的主要内容：多时代生油岩（震旦—寒武、志留—泥盆、石炭—二叠系）；多期生油、长期成藏（海西、印支—燕山、喜山）；多时代成油组合（震旦—寒武、志留—泥盆、石炭—二叠系）；多成藏模式（古生古储、后生古储、后生中储、后生新储）；油气分布规律：古隆起—古斜坡、区域性不整合顶面、断裂带、各种扭动构造带。

1999年以来，在该理论的指导下，又发现几个大油气田，特别在塔北发现了超亿吨级大油田——塔河油田。

当然，这个理论仅是初步的，需要在广阔的实践中检验、补充和进一步完善。

（1999 年 10 月 5 日《新疆石油报》、2006 年 2 月 12 日都市新闻头版）

六、希望在沙漠——林战青

伴随人类社会活动和生产活动的每一次重大变革，总要产生一批发起变革的先驱人物。

经过两年多轰轰烈烈的石油大会战，在塔里木先后发现了阿克库勒、轮南、塔中、英买力、桑塔木、东河塘、达里亚等多块油田，1991 年外运原油 50 万吨，1992 年将达到 80 万吨以上。石油权威们预言，如此发展下去，到“八五”后期，可望拿到 500 万吨的年产量，到 20 世纪末，塔里木很可能成为举世瞩目的大油田。事到如今，别说石油专家，就连外行人也可以这样说，塔里木不但有油，而且储量肯定不会小。于是有人提问：最先提出塔里木石油前景理论的是谁？

这问题有如前两次世界战争是谁开了第一枪而导致全球大动干戈一样具体，一样难以回答。熟知内幕的人们可以列举出与此密切相关的一批人和大量理由。

塔里木有一副好骨架

接受采访的这位先生，是地质矿产部塔北油气勘查联合指挥部指挥、兼地质矿产部西北石油地质局第一副总工程师康玉柱。初次见面，看他那满头冰霜，谁会认为他是 50 岁出头的中年人！他把地质图在会议桌上展开，用他那洪亮而清晰的东北口音，开门见山地讲起昔日地质勘探的艰苦历程。

早在 20 世纪 70 年代第一春，康玉柱还在湖北石油地质综合研究队工作时，就曾奉地质矿产部之命，率小分队到塔里木普查过几个月野外调研。从那时开始，他就一直认为塔里木构造骨架好，生油岩发育。后来经过地质勘探证明，这里从寒武系到石炭系包括下二叠，乃至中生界、侏罗三叠，加上新生代白垩到第三中心层，都是重要的生油岩，这样多的地质时代，这样厚这样大的生油岩面积在我国少见，而且有 3 个隆起带，有发育的局部构造，成油条件相当有利。

康玉柱自大学毕业后从事地质工作 30 余年，先后跑过 21 个省份，50 多个盆地，除西藏、云贵高原和台湾没去，剩下的省区均已涉足其边缘，足迹遍布东北、华北、华东、华中、中南、西南、西北各地。先后撰写出 80 多万字的论文、报告、规划设计，在中国地质界小有名气。

自从他接触到塔里木的地质构造，便认定这里将会作出一篇惊天动地的石油大文章。然而，塔里木的厚厚新生代沉积层，加上构造本身的复杂，致使油气埋藏深，涉及面积广，勘探任务相当艰巨。从塔里木归来，他迅速写出长篇学术报告，原原本本、方方面面论述了塔里木的石油前景。

由于历史的、现实的以及综合国力等多种原因，地质矿产部对于塔里木的石油地质勘探问题，整整酝酿了 8 个年头，才下定上人的决心。

1978 年元月，地质矿产部召开局长会议，特发急电叫康玉柱前去汇报塔里木石油地质勘探设计方案。

康玉柱闻讯激动得坐立不宁，买了张站票从武汉上车一直站到徐州，站了十多个小时。赶到会场，风尘未洗，作了半天时间的专题汇报。地质矿产部部长孙大光、副部长张玉国以及地质矿产部石油局局长塞风等领导和石油地质专家们共同拍板定案，原则上同意康玉柱提出的塔里木勘探设计方案，请江陵队组织人马会后尽快上队伍，并指名由康玉柱担任队长。

元月开的会，三月初队伍就从湖北江陵出发了。一行5辆嘎斯车，逶迤经河南，奔陕西，走甘肃，晓行夜宿12天，到达新疆首府乌鲁木齐。5月份，正当这支40多人的塔里木地质勘探小分队在喀什、麦盖提一带展开工作时，地质矿产部又发来红头文件，决定从华北、华东、青海、新疆调兵遣将支援塔里木，成立新疆石油普查勘查指挥部，由康玉柱负责技术工作。

指挥部的成立，加速了勘查工作的步伐，1979年作了物探工作并打成了麦参1井。但发现含油目的层埋藏深，构造复杂，及设备能力不及等，上级指示队伍向油藏前景好，目的层埋藏浅的地域转移。

往哪儿转移，这可是个大问题！

康玉柱根据已经掌握的地质资料，运用李四光的地质学说，认为塔北沙雅斜坡，是个东西走向的古隆起带，重力和航图资料均反映出这一带较浅的等值线显示出中生界与古生界埋藏较浅。而且这个隆起带西接柯坪隆起，东连库鲁塔格克隆起，是中生代后期开始下沉的。应有古生界，也可能有中生界。

康氏论点，否定了有人关于新生界直接盖在老地层之上，不是有利含油远景区的看法。

康玉柱正式向领导汇报，大胆地预言，沙雅斜坡不但有古生代沉积，而且可能有中生界发育，这里有可能存在着古生界潜山油气藏，建议把队伍转移到沙雅隆起带。

"科学的预见就是事实"，然而科学工作者的预见有时却大相径庭。为什么要向沙雅方向转移？上上下下的石油地质工作者，有人赞同，有人疑惑，也有人反对。反对的人也并非没有理由。在此之前，有的部门的勘探队伍已在这里作过大量工作，还打过三口浅井，未见什么东西他们不想重蹈覆辙。

1979年指挥部在阿克苏召开地质工作会议，经过分析、研究，康玉柱再次提出了向沙雅斜坡转移的建议，经地质部批准于1980年队伍转移到塔北沙雅地区，在塔里木河南岸，打了跃参1井，打到600m，发现侏罗三叠黑色泥页岩，并且见到了二叠系，这口井证明该地区有古生界，还证明中生界生油岩也不错，从而大大提高了人们对这一地区含油气远景的评价认识，打开了认识这一地区石油前景的大门，有人高兴地说："我们见到了曙光！"

跃参1井见到了好的生油岩，初步证实了原来的预测，后来又接连打出阿参1井，沙参1井，情况也仅仅是如此而已。于是队伍内部有人唱出了反调："塔里木的石油前景究竟如何还难说。"个别人还说"来塔里木是上当受骗"。

个别领导认为塔里木的前景吉凶难测，但石油地质局的多数领导却持乐观支持态度。苏云山副局长就是其中的一位。

康玉柱感到压力很大，当初来塔里木时有争论有压力，向沙雅转移时争论更大，压力更大。地质工作本来就是个预测性很强的工作，塔里木的石油远景怎能马上下结论！当打了跃参1井见到生油岩，康玉柱才松了口气。到1983年打了三口井都没见到要找的东西，对于作为技术负责的康玉柱来讲，不可能没有压力。怎么回事呢，为什么没见到东西呢？

康玉柱和他的同事们，反复分析已取得的地质资料，多方面验证塔里木的石油勘探前景。坚信继续搞下去必出成果。因为跃参1井已经发现含油岩，而后来打的两口井又证实了两个问题。这两口井不但打穿了二叠系，而且打到了石炭系灰岩，证实沙雅隆起系古生代是没问题的。也打到了一套中生界侏罗三叠生油岩，这样就更踏实了，原来预测可能找到古生界油气藏，现在不但有古生界，还有中生界。

塔里木的信号

经过大量而详细的地质工作，进一步弄清了沙雅隆起带的地质构造，于1981年总体设计中就建议在雅克拉构造上打沙参2井。

1983年8月12日，沙参2井终于开钻了。1984年8月就打到了5363米奥陶系，见到了白云岩，并取到5公分白云岩芯。未见任何油气显示。当时有人要停钻。康玉柱斩钉截铁地回答：不能停钻。不能停钻理由有三点：第一，这一点点的白云岩证明不了地质时代。奥陶系有白云岩，石炭系有白云岩，震旦系也有白云岩，所以说地质问题还没有解决。第二，根据华北古潜山油田的经验，石油不一定在古生界风化面的表面，一般是在距离风化面几十米的风化淋滤带上，有的30米，有的50米等。第三，这口井在3800米中新统发现含油沙岩，认为这油可能来源于下面地层。基于这三点看法，在指挥部召开的专题会议上，康玉柱提出最少还得再往下打100米。会议上地质骨干都同意这个意见。领导也支持这个意见。会后下令让井队继续往下打。又打下28米，井深5391.18米时井喷了。

井喷有预兆，本来可以防止。

还有1000多米的钻具没提出来就喷了、泥浆冲向天空，响声震天动，离井场200米范围说话听不见，十公里外就能听到井喷的响声。

当时康玉柱正在乌鲁木齐开会，接到井喷的消息，第二天就赶到了井场。车到轮台县境内，离井场尚有60多公里的距离，就见到了井喷的冲天火光。康总激动地说：“看，那可能就是沙参2井的火！”

这口井的发现意义重大。它是我国古生代海相找油重大突破。它首次证实了我国有海相油田，而且塔里木的海相油气资源十分可观。沙参2井出油就相当于1958年大庆发现了松山井，松山井是王进喜队打的，沙参2井的队长是全国特等劳模王守忠。

原新疆维吾尔自治区党委书记宋汉良，当时是自治区副主席，闻讯赶到现场指挥抢险保井。他到达井场，神情显得紧张而兴奋，一个劲地说：“这口井给新疆立了一大功，是一个重大的突破！”

沙参2井出油后，世界上有30多家杂志竞相发表了这一消息。一些著名的外国石油专家说：世界上尚未开垦的石油处女地塔里木出油了！这口井的意义不在于油的产量高低，重要的是它是我们国家在新领域的突破。特别是塔里木经过几上几下，正当人们在认识上存在着怀疑、模糊、低调的时候，它出现了，喷出了高产油气流，发出了向塔里木石油勘探大进军的信号。

就在出油的前十天，中国地理学会、中国石油学会、中国地球物理学会，在乌鲁木齐联合召开塔里木油气资源座谈会时，还有人认为塔里木石油远景“不怎么样”。在会上，有人说库车凹陷好，西南凹陷好，很少有人提沙雅斜坡，也就是说塔北不怎么样。尽管康玉柱在会上坚持勘探前途在沙雅斜坡的主张，但并没有多少人听得进去他的话。十天之后的沙参2井一声怒吼，才雄辩地为人们作出了答案。

地质矿产部为了尽快扩大战果，迅速调动华北、华东、中南、西南、西北还有广州海洋调查局6大局级石油单位，将近6000人的联合大军，组成14个地质队，2个重力队，9个钻井队，4个测试队，以及二线的配套队伍和研究队伍，浩浩荡荡开进塔里木沙雅斜坡。

1986年地质矿产部和国家科委，把塔北油气勘探列入国家重点科研攻关项目。1987年中国天然气总公司也集中力量到沙雅隆起勘探，两个部门，先后发现阿克库勒、轮南、东河、塔中、英买力、达里亚等10个油气田。进一步证明了塔北油气的美好前景。

1985年元月，地质矿产部召开第二次授奖大会，授予康玉柱特等奖，记一等功，康玉柱的60多位同事分别获得一等奖、二等奖、三等奖。同年5月，新疆维吾尔自治区又把康玉柱评为自治区有突出贡献的科技工作者。1988年10月又获自治区重大突破奖，这一年自治区党委把他评为优秀专家，自治区人民政府把他评为有突出贡献的专家。

康玉柱在每次授奖仪式上总是那句话，工作是大家做的，自己只是尽了应尽的责任。

沙参2井出油以后的故事

自从康玉柱接触到塔里木的石油地质，他就认为这里的石油前景可观，早在1977年搞设计方案时，他就认为这里可以找到两三个“大庆”式的油气田。

沙参2井出油后，他的胃口更大了。他接连发表论文，大声疾呼：“塔里木是我国油气资源的后备接替区”，“塔里木油气勘探已经进入了拿面积，拿储量，拿大油气田的新阶段。”

有人却不以为然说什么1975年“柯克亚”出油之后搞了个大会战，结果“柯克亚”还是个“柯克亚”，大油田今在何方？言外之意你沙参2井不也就是个沙参2井嘛。

康玉柱在有关会议和论文上以及平时谈话中，反复宣传他的观点。

这个沙参2井跟柯克亚不一样。沙参2井位于大面积沙雅古隆起带，是油气运移的指向部位。沙参2井绝不是一个沙参2井，更不是柯克亚，这个隆起带部是油气富聚带，南边是生油凹陷，北面是生油凹陷，西面也是生油凹陷，正好中间是隆起带，油气往中间运移。沙雅隆起带这个场面不会小，是找大油气田的地区。接着他又以《沙参2井出油之后及其找油方向》为题，再次从理论上阐明塔里木石油前景。

1990年在纪念地质学家李四光诞生100周年之际，中国地质力学研究所特约康玉柱写出《地质力学理论在塔里木的实践》。

从1970年进入塔里木，到1984年沙参2井出油，十多年间，康玉柱对李四光提出的找油七大步骤，反复学习，反复运用，受益匪浅。他在学习运用李氏学说的基础上，归纳出找油三个程序。一是确定含油区，二是选择油气富聚带，三是寻找油气田。1970 年他按李氏地质力学理论，对塔里木给出较高评价，认为塔里木是个大的含油气区，56 万平方公里的含油气区。油气在哪儿？通过大量地质工作，他认为沙雅隆起就是油气富聚带，即生油凹陷里的隆起，是油气运移的指向地区，故而提出勘查队伍向沙雅转移。而沙雅隆起也不可能整个都是油田，它有个富聚部位，所谓的油气富聚部位即油气田。

按照李氏扭动构造学说，塔北油气勘查联合指挥部找到的油气富聚带是个入字形，从已经发现的油气正好又都在入字形的锐角部位。因为锐角部位地应力小。这就像拧毛巾，地应力大的地方的油，被排到了地应力松弛的圈闭里。他们已找到的雅克拉、阿克库勒、达里雅、桑塔木等 8 个油气田(藏)，都在扭动构造里。所谓扭动构造，就是由地质两面挤压不对称造成的扭动旋转构造。康玉柱认为，塔里木这么大的扭动构造，绝非仅有 8 个油气田，还会有很多，但都是单个的，总起来是大油气田。塔里木的地质条件复杂，不像大庆那么单纯，在一个层次，这里是多时代多层系类型的油气田群。因此需要做相当多的工作才能摸清它的规律，预计 20 世纪末可能会见到分晓。康玉柱和他的同事们已经在“七五”末期写好了一份长达 60 万字的大型报告，这份报告详尽总结了前 5 年塔里木石油勘查工作，安排了“八五”具体项目，这是一个准备打大仗硬仗的宣言书。塔里木的石油大会战牵动着亿万中国人民的心，许多石油健儿正在这里奉献着自己的青春。康玉柱，这位身经百战的石油老将，面对大漠立下誓言：“我就在新疆扎根了，为开垦新疆的石油处女地塔里木，做出点贡献。”

七、感动新疆，感动石油(2007 年 2 月)

——记沙参 2 井总地质负责人康玉柱院士

巨大的油流一喷冲天，比井架还高，井场上火光冲天，还伴着隆隆的巨响，天摇地动。这是沙参 2 井发生井喷的景象，井喷烧了两个月，人们手心里都捏着一把汗，可焦急和忧虑之外，人们努力按捺住心底的喜悦之情。

井喷终于被控制住了，人们终于可以尽情地欢呼雀跃了。这口几乎被人们放弃的井居然成了一口高产井！

沙参 2 井的高产油流有着非同寻常的意义。它是我国古生代海相油气田的重大突破，是继大庆和海上油气突破之后的第三个里程碑。如果说大庆的突破摘掉了中国贫油的帽子，沙参 2 井就甩掉了中国古生代没有油的帽子，这口高产井直接拉开了塔里木盆地油气大会战的序幕，新疆被作为石油战略接替区。

执着的坚持成就感动

这口高产井的诞生是个惊险的过程，几乎与人失之交臂，因一个人的坚持，沙参 2 井得以面世。这个人就是被评为感动新疆十大人物的康玉柱。

这口井生不逢时，钻井时正是人们对塔里木最不看好的时候。就在十天前，中国石油、中国地质、中国物探三大学会召开的塔里木油气资源座谈会上，对塔里木的调子是低的，认为塔里木覆盖层厚，虽然资源不能说小，但问题很大，勘探难度大。勘探大队伍都被撤走了。一开始，这口井就不被看好。

当沙参2井打到5363米深时，到达古生界白云岩时仍见不到油气显示，井往地下漏泥浆了，这意味着井筒压力低，会有钻井坍塌、埋钻的可能。莫非这是错误的选择，莫非又要无可奈何地接受一眼干井的现实？很多人开始迟疑动摇，康玉柱坚持继续往下打，他的理由是：

1. 只见到了白云岩，还确定不了地质时代，没有达到地质资料收集研究的目的；

2. 在井深3800米的时候见到了良好油砂，肯定是来自井的深部；

3. 中国东部5000多米深处的油气特点是油往往聚集在风化淋滤带，而不是在风化表面。

有了这样的理论认识打底，他坚持“再打100米”。可这样的坚持要承担巨大的压力：井钻的最大极限是六千米，再打下去就有埋钻的可能，那意味着巨大的经济和人力投资付之东流，造成重大事故。而且继续打还要下套管，这意味着要增加几百万元的投资。

埋了钻，出了事故，谁负责？

堵漏，下套管，钱白花了，谁负责？

巨大的投资，巨大的风险，巨大的压力，巨大的责任，作为地质负责人的康玉柱咬牙坚持，他向部里请示，石油局长苏云山很干脆，5800米的设计深度还没打到，继续往下打！钻头继续推进28米时，油流喷泻而出！

康玉柱被评为“感动新疆十大人物”的颁奖词说：“28米的坚定执着才打破了塔里木盆地的油气沉寂，翻开了塔里木盆地油气开发崭新的一页。”这短短的28米却蕴含着沉重的压力，非凡的毅力，卓越的见识。

我就是要搞技术

康玉柱出生于农村，父亲是乡村的私塾先生，让这个农民家庭染上了文化气息，从这个农村之家走出了四个大学生。

在那个艰难岁月，供养一个学生谈何容易，上完初中，父母就不让上学了。当时的一个老师说：你必须上学，我给你父亲写封信。就这样，康玉柱坚持读到考大学，报考学校时，地质专业优先录取，当时大家都不知道地质专业是怎么回事，康玉柱上大学时一直优秀，当班干部、党委书记，毕业时，老师想让他留校，可毕业生都要求到最艰苦的地方。1962年底，地质部成立石油地质综合研究大队，开始了四大盆地评价。“文革”中挨了100天批斗，戴黑帽、罚跪都受过，后来组织上就让他搞政工，可他坚持要搞技术，20世纪70年代，上面下任务到新疆勘探，预备勘探后备基地，1970年5月到北京被李四光接见，探讨到塔里木怎么开展工作，向他汇报了设计方案。李四光交代他们要搞清楚有多少生油岩，油气远景如何，分区评价如何等问题，带着这些嘱托和踌躇满怀，他们踏上了去新疆的征程。

在车祸遇险地获得了重大油气发现

就在去新疆的路上，车上装满了锅碗瓢盆、行军床，还有两桶汽油，他们五个人都坐在敞篷里，路过一个下面被洪水冲空了的路时，车一下子掉进沟里，车身倾斜成45度角。全体人垫土，用千斤顶，用了三个多小时车终于开出来了。遇见了一个拉煤车陷入沼泽地里，向他们请求帮助，他们的车用钢丝绳拴住拉煤车将其往外拉，结果他们自己也误到里面了。往和什拉普求援找拖拉机，半夜三四点钟才把两辆车拖出来。刚从沼泽地里解脱出来，却不料又遇到了更大的危险，由于路不熟，车过一个急转弯时，一下子掉到了河滩上，车上有两个人掉到了河里，康玉柱被扣到车里，车上的刘光兴把康玉柱拽出来，刚刚清醒过来的康玉柱看到同车的裘松余被压到汽油桶下，顾不上自己，大喊“快救松余”，他们再次钻进车里，拉出了满身满脸是血的裘松余，裘松余的一声“啊”让人们暂时松了一口气，他还活着！赶紧将他送到医院，医院里的医生那句“再晚来几分钟，人就没命了”让同车的人又心惊胆战又感欣慰。发生车祸的河滩上是沙子，如果是石头，那后果将不堪设想。

这个死里逃生的凶险之地，却以另外一种方式给了他们补偿，等再回去看剖面时，他们在这里发现了古生界生油藏，这是古生代海相油气田的重大发现。

老伴让我感动一辈子

正如那首歌里唱的，“军功章里有你的一半，也有我的一半”，康院士取得这些成果也浸透着他的妻子刘海琴的默默奉献。康院士的老伴是他小学毕业的时候家里为他娶的，说是给儿子娶老婆，其实是给家里娶了个儿媳妇更合适，因为媳妇娶到家，夫妻就一直分居，新娘子更多的是担任家里的儿媳妇的角色，担起了赡养老人、照顾孩子的责任。

康玉柱常年不在家，他的父母离世都没能守在身边，全是妻子一手料理的。父亲离世时，没有人打灵幡，因为当地风俗是儿子来打的，康院士的妻子站出来说“我替玉柱打”。在康院士的眼里，妻子是个女强人，她不仅要照顾家里，照顾全家的吃喝、做针线活，还当上了生产队长，晚上还要去夜校学习初中的课程。康玉柱常年不在家，有人逗她，“你就不怕康玉柱不要你了?”要强倔犟的老伴充满自信地说：“我不怕，不要拉倒。”老伴当然自信，相濡以沫几十年，他们夫妻之间有了深厚的默契，夫妻恩爱，是恩情和爱情的凝聚，老伴几十年无私的奉献让康玉柱感动了一辈子。“我上学穿的鞋，全是她做的”，康院士提起老伴，脸上是感激温暖的表情。

在分居了二十年之后的1970年，他们终于把家安在了湖北的江陵，从农村来到了城市。可当时一家七口人全指着康院士每月七十元的工资，日子过得非常艰苦。同事说“老康啊，你到城里怎么过日子啊”，他们买最便宜的菜，买便宜的碎米不买整米，单位工会给他家发了补助，可老伴并不领情，又照样给送回去，她说：“我们靠自己，不拿公家钱。”

安生的日子刚过了七年，康玉柱又要调到新疆工作，到边境工作在当时看来还是个挺可怕的事，康玉柱给老伴做了做思想工作，最后老伴说：“你走哪，我跟哪。”1982年，他们把家搬到了边疆大漠的新疆，一直到现在。

我不给外国干

康玉柱和沙参2井的事情惊动了中外的石油界，1996年，他去美国美孚公司考察的时候，美孚公司副总裁请他吃饭，席间邀请他做美孚公司北京办事处的高级顾问，开出几万元的月薪，当时月薪只有1000元的康玉柱借口英语不行委婉拒绝了，对方还是不肯放弃，派了个美籍华人去说服他，并给他配备专业翻译，可康玉柱丝毫不为所动，有人说他傻，错过了这么好的机会，可康玉柱有自己的准主意：是党和人民培养了我，我要把我的知识还给党和人民。

还有其他外国公司聘请他做高级顾问，可他的回答是“我国的石油资源丰富，我还干不过来呢，不想给外国干。”

康院士和他的家人居住在新疆边陲，他给这个偏远的地区找到了石油宝藏，但他不只感动了新疆，他对老伴朴实的感情，对石油无言的坚持，对祖国无价的忠诚，感动着每一个知道他的人。

（原载2007年2月3日《石油经理人》记者王浩）

八、触摸石油动脉

——专访石油地质学家、勘探家、中国工程院院士康玉柱

至少，200万年，才能初步孕育出石油的生命。

最深，12000多米，才能清晰地触摸到石油的脉动。

沧海又桑田，

桑田又沧海，

又一个世纪过去了。

中国，在甩掉“贫油”帽子的道路上，做了很多努力；在找寻石油大动脉的道路上，下了很深的功夫……

民国之初，我国聘用的美孚石油公司技术人员，在陕北及其周围地区进行石油地质勘察失败后，便被冠上了“中国贫油”的帽子。但是中国的地质学家们不相信，他们凭借科学的精神、专业的知识，试图绘制一张精确的石油分布图。这张已被老一辈地质学家涂抹得密密麻麻的石油分布图，为后来人照亮了前方的路。

康玉柱接过这张异常珍贵的手绘图，沿着这条明灭闪烁的道路蹒跚前行，茫茫戈壁、烟波浩渺的沙海，陡峭崎岖的大山都留下了他的足迹。他认真执着，寻找每一个可能产出石油的地方。

时光荏苒，岁月无声，在康玉柱辉煌的石油人生中，鲜花无数，掌声无数。然而，随着时间的流逝，这些渐渐在他的脑海里变得模糊和遥远了。但是，有几个数字却在他的记忆里越发清晰和深刻。它们不仅悄无声息地改变着他的生活，还力挽狂澜地帮助中国甩掉了中国古生界海相没有油的“帽子”，拉开了塔里木油气勘探会战的序幕，同时催生出一个个新的找油领域。

15岁——携手一生的相随

《吉林通志》载：“（满人）唯结婚多在十岁内，过期则以为晚。”1936年3月，康玉柱就出生在这样一个满族家庭中。小学毕业时，上门给只有15岁的他保媒的人很多，父母经过一番考量，最终看中了一位勤劳善良的女孩——刘海琴。这是一位继承了中国传统女性含蓄、隐忍、聪慧、贤德品行的女子，为康玉柱找寻石油的道路免去了后顾之忧。

康玉柱小学毕业后，凭着自己对学习的热爱和能吃苦的劲头儿，于1960年在长春地质学院普查系以优异的成绩完成了学业。在这十年的求学期间，只有在学校放假的时候，他才会回家看看。

刘海琴小学毕业后就结婚了。结婚后的她放弃了工作，放弃了考学，全身心扑到了家里，慢慢成长为一把操持里外家务的好手。由于在村里的人缘很好，她被选为妇女主任，后来又被推举为生产队队长。孩子身上一件件粗布衣服、一双双布鞋熬红了她的双眼，磨厚了她的双手。

一晃，21年过去了。1972年，康玉柱在湖北荆州工作，他全部的精力都被石油给吸引住了，心无旁骛，要不是领导了解到他家里的情况，提出"老康啊，你得把家整过来啊，你们这都分开多少年了"，他们还过着"牛郎织女"的生活。

从1951年结婚到1972年，时隔21年，刘海琴终于过上了城里人的日子，终于能和康玉柱像正常夫妻那样生活在一起了。

1980年，康玉柱主动要求从鱼米之乡的湖北荆州石油地质综合大队调往人迹罕至的新疆石油普查勘探指挥部担任主持人，这让妻子刘海琴很不理解："新疆的生活条件和自然条件都不如这里，把家搬过去，让咱们的孩子以后怎么办？"康玉柱坚定地说："咱们现在的日子都是党给咱们的，现在正是回报党的恩情的时候。"刘海琴被丈夫的一腔热情所感动："反正我嫁给了你，你去哪儿我去哪儿。"于是，除了已经在湖北当地结婚的老大，他们举家搬迁到了新疆。

在新疆的这些年，日子很苦，康玉柱一年中的大半年的时间都在野外，刘海琴揽下所有的家务，全力支持爱人的工作。她说她很情愿："他也是为了工作，为了自己的一份事业。要干什么事情就把事情办好，所以我也支持他。孩子也不怨他，支持他。"

康玉柱和刘海琴有5个孩子，只要在上大学、找工作这些大事上询问康玉柱的意见时，他从来都是一本经念到底："最有发展前途的嘛，一个现代化国家需要油；最热门的专业嘛，石油地质永远不会过时的；最有希望的职业嘛，石油地质最能锻炼人啦。"刘海琴无奈地说："老康啊，魂都叫找油勾跑了。俺这一辈子，也跟着他活在油砂、标本里边了。大儿子在中国地质大学任教授，是一位博士后，二儿子是中国石化勘探开发研究院的高级专家，5个子女都在石油战线工作，两个外孙女从中国地质大学石油工程系毕业，正在读博士，还是石油专业。"

"那真是'石油世家'了。我认为为石油事业奉献一生，是值得的。"时任国务院总理温家宝2007年看望康玉柱时赞赏地说。康玉柱就是这样一位执着、热情的科学家，他的一生只有一个奋斗目标，就是为中国勘探石油。他至今仍在中国石油勘探的岗位上兢兢业业地工作着，也以这样的行动告诉孩子们："只有理想坚定，脚踏实地，才能不断地创造生活。"

1960年——信仰的力量

信仰，是一种无坚不摧的力量，是共产党人走向胜利、走向辉煌的精神保障。康玉柱出生在一个农民家庭，一家人的平常生活都捉襟见肘，更承担不起他读书的费用。学校考虑到他家境贫寒，给他申请了助学金。这一笔笔的助学金一直维持到他大学毕业。所以，和他人不一样，康玉柱更珍惜党和国家给予的来之不易的上学机会，更有好好学习的决心和毅力。

“为国家找矿”成了康玉柱在大学期间的一个奋斗目标。为了学好本领，为祖国做贡献，他整天来回于教室和图书馆之间，除了吃饭、睡觉、学习和一些必要的体育活动，他很少逛街、看电影，几年下来，他的成绩一直保持在全校的前列。由于成绩优秀，品质高尚，在全校1600多名学生中，他被发展为只有三个预备党员中的一员。在他野外实习期间，有一位政治干事跟着他考察了一年，1960年，最终他经受住了党的考验，以优秀的成绩加入了中国共产党。

从入党的那一刻起，康玉柱就一直固守着一个共产党人的坚定信仰，即使在曲折坎坷面前，他也始终未曾放弃过，改变过。大学毕业分配工作时，由于他品学兼优，第一、第二套方案都让康玉柱留校，但是他主动要求到祖国最艰苦、最需要的地方去。恰在此时，地质部下了一份文件，要求在山东渤海湾盆地成立地质部第一普查勘探大队，需要从长春地质学院抽出10个人，要求党员带队，康玉柱作为一名党员义不容辞地加入了这样的一支队伍中。

因为他是党员，所以一到那里就担当起了地质组副组长的重任。但是他去了之后才发现，这支队伍主要是勘探石油的，和他在学校里主修的矿产普查课程还不一样。于是，在组建队伍嘈杂的环境中，他自己挤时间，节假日、礼拜天，不分早晚，在三个月里，自学了在学校里需要半年才能学完的石油物探、石油地质、石油测井三门课。学通了这三门课，康玉柱心里更有底儿了。这为他之后的石油勘探奠定了坚实的专业和理论基础。

康玉柱被称为“又红又专”，在被问到他为什么放弃了在鱼米之乡荆州的丰裕生活，主动要求带着全家去了荒凉偏僻的新疆大漠时，他毫不犹豫地说：“因为我是党员，因为我有着这样的责任，新疆油气前景好，可以找到大油田报效党和人民。”铿锵有力的誓言，质朴无华的字句，诠释了共产党员钢铁铸就的意志、坚如磐石的信仰。

在他的不懈努力下，塔里木的油田一个接着一个被开发了出来，很快，康玉柱和新疆塔里木大油田一起在国内外出名了。这时为中国盖上“贫油论”的美国美孚公司的一位副总裁对他说：“我们公司将在中国北京设立办事处，有意聘请您来担任高级顾问。”面对优厚的待遇，康玉柱婉言拒绝了。有记者问：“你为什么不去呢?”康玉柱明确地说：“我是党和人民培养出来的，我要把知识和经验报效给党和人民。”正是有着崇高的信仰，不带任何功利色彩，不以追逐私利为目的，而是一种基于内心强烈认同的行为准则，所以他才能以一种更高的标准约束自己，以一种更加坦荡的胸怀燃烧自己，照亮别人。

面对自己奋斗一生取得的荣誉，康玉柱写下了这样一段质朴的文字：应该说我获得院士这一荣誉称号是很高兴的。这都归功于党的培养和教育，因为我从中学起就享受党给的一等助学金，所以我有今天都是党多年培养教育的结果。我也感到很惭愧，离党和人民的要求还有很大差距，离石油工业发展的要求也相差很远，我做得还很不够。我将把获得院士的称号作为新起点、新动力，为祖国石油工业的发展尽自己的微薄之力。

无论是昨天、今天，抑或未来，康玉柱将共产党员的信仰，永远扎根在自己的心中，镌刻在中国共产党的旗帜上。

2005 年——我这一辈子

2005 年 12 月，康玉柱当选为中国工程院院士。在他的获奖证书上有这样的评价：“最早对塔里木盆地远景给予很高评价，并主动要求到新疆工作，对荣获特等奖的沙参 2 井井位选择起了主要作用的西北石油地质局副总工程师康玉柱。”

“我这一辈子，就干了这么一件事——找石油。”

回首康玉柱 50 多年石油天然气勘查生涯，他走过了全国 23 个省的 50 多个盆地，进行着艰苦卓绝的石油地质勘查工作，为国家的油气发展战略提供了重要的科学依据。他主持实现了海相油气的首次重大突破，实现了我国石油史的第二次跨越。在新疆的 30 多年间，他在塔里木盆地主持勘查发现了 20 个油气田和 1 个塔河特大油田，参与了胜利油田的发现，为新疆和中国的石油工业发展做出了开拓性的突出贡献。

谈到以后的工作，康玉柱将主要集中在理论发展研究、咨询指导工作、培养人才工作三个方面。他说：“科学是无止境的，只有新起点、新动力，勘探理念、勘探技术的创新，是油气勘探发现和突破的关键和前提。这需要知识更多，经验更丰富，更有活力的人才队伍来支撑，也需要我们所有科技工作者做出更大的努力。”

（《中国科技奖励》记者周伟绢、蔡萌）

九、28 米的距离有多远

——石油地质学家、勘探家、中国工程院院士康玉柱的石油之路

1984 年 9 月 22 日凌晨 3 点 15 分，这是一个历史性的时刻，沉睡亿万年的地下油层，以震撼山岳的怒吼，疯狂地喷射而出，直向高空呼啸。

走进塔里木
——追寻远古呼唤
在我驻防的营院前，
有一眼汩汩直冒的油泉，
黑黑的、亮亮的、明幽幽的石油，
永无止息地顺势流淌着，
像是从远古走来，
像是向未来奔去。

1959 年，大庆油田、胜利油田的相继发现不足以满足中国飞速发展的需求，因此地质部要求提前 5 年到 10 年为国家开发好石油后备基地。这时，李四光把目光对准了塔里木这块荒芜的土地，随即作出指示，让地质部石油局长春综合研究队派一分队前往塔里木进行实地勘察。

1967 年到 1969 年，这位始终笃信李四光地质学理论的追随者康玉柱在甘肃研究评价过 8 个盆地。这 3 年的时间，让康玉柱对整个西北的油气地质有了深入的接触，并深深地懂得这一决策的历史地位和现实意义，于是，他主动请缨奔赴西北的瀚海沙漠进行油气前景评价。

1970年，一开春，康玉柱便率领地质部石油局综合研究队西北分队从长春来到了苍茫的塔里木。即使是早已见识过了野外艰苦的工作环境，但在真正见识到新疆的恶劣环境时，康玉柱和团队成员们还是大吃一惊："到了边远地区，感到非常荒凉，除了戈壁就是沙漠，上百公里看不到人家。当时心里有点惧怕，或者有点感触能不能坚持下去。"

怀着与艰苦环境对抗到底的决心，这个新组建的西北分队在康玉柱的率领下，从5月到10月不到半年的时间内，沿着长城、黄河、河西走廊，穿过天山、昆仑山、塔里木、库尔勒，挺进雪山大漠、戈壁荒野，每一个地质剖面20多公里，他们共跑了20多条。"那时，条件真艰苦。"康玉柱追忆说，"出野外跑剖面，一跑就是一天。吃不好、睡不好是常事。"

漫漫的大漠戈壁生活熬过来，康玉柱瘦了10多斤。他的老同事雷春三不由得感慨："他平时工作中细致到什么程度，哪怕是一米的地层，和周围的不一样，他都要亲自去看岩性，分析了解情况。横向对比，纵向对比，那是相当复杂的事情。地层的变化几厘米都有可能。他不厌其烦，就这么细致地研究。"

经过近一年的艰苦探寻和细致勘查后，康玉柱主笔写成了凝聚着他和团队心血的《塔里木中新生代盆地含油气前景的初步认识》。1970年10月，在塔里木盆地石油部门召开的关于第五个五年计划(1971—1975)总体规划的部署会议上，康玉柱从这份报告出发，认为塔里木盆地是在地台基础上发展形成的，对整个盆地的远景作出了客观的评价，认为这是一个很有油气前景的大型含油气区。一是盆地内发育4套烃源岩，多套生储盖组合，是一个多油气藏类型的盆地。二是塔里木西南坳陷和塔东坳陷最佳。三是提出扩大一块，即库车坳陷；突破一块，指西南坳陷；准备一块，即塔东坳陷。同时建议石油部门将勘探重点转移到西南坳陷。12月初，康玉柱又将这个情况汇报给了地质部石油局，建议快上勘查队伍。12月中旬，石油局就作出答复："现在东部油田开发正如火如荼，实在调不开人，再等一等。"

这一等就是七年。

1977年5月17日，石油部勘探队在柯参1井打出了高产油气流，它打破了塔里木西南的油气沉寂，在很大程度上验证了康玉柱的向塔里木西南转移思路的正确。1977年8月，国家地质总局组建塔里木筹备组，康玉柱任负责人，并到塔里木进行调研，又经过3个多月的工作，编写了《塔里木石油普查勘探设计方案》。康玉柱再也压抑不住内心的喜悦，在1978年2月，拿着图，带着方案，来到上海浦江饭店的国家地质总局局长会议上，在不长的两个小时里，康玉柱信心十足地向总局领导就塔里木前景、评价及部署等作了汇报，总局局长孙大光当场拍板，并于5月8日下令成立"新疆石油普查勘探指挥部"，正式吹响了进军塔里木的号角。

拥抱塔里木——揭开神秘面纱

一支支的标杆，
从山腰直奔山巅，
金山献出了宝石，
火树喷出了原油……

在一次次探寻塔里木真实面目的尝试中，有的人不甘心地走了又来了，有的人失望地来了又走了。

1978 年 3 月，康玉柱和他的石油地质综合大队在喀什—麦盖提进行综合研究和评价，但是塔里木用复杂的地表构造迷惑了他们，钻井越打越斜，直到 10 月，地下油气的消息依旧沉寂。喀什—巴楚地区的地质剖面表明含油层大多在 6000 米以上，而当时只有 3500 米的钻机，鞭长莫及，他们也只能望油兴叹。因此，找寻一个新的勘探靶区，便成为一项迫在眉睫的任务。

1979 年 9 月 20 日，在勘探工作座谈会上，康玉柱作了题为“塔里木盆地石油地质特征及找油方向”的专题报告。他指出塔东和塔北两个坳陷区，油气前景不可低估，但是鉴于目前的现实条件，经过利弊的权衡，他果断地提出向塔里木盆地北部沙雅隆起转移的建议。

一石激起千层浪，这个认识的提出，和 1970 年一个比较权威的结论“沙雅隆起的新生界直接在古老变质岩上，中间没有古生界和中生界，因此不具生油条件”相矛盾。“老康啊，前人早就否定了‘沙雅隆起有油’的结论。”当时的领导也不由质疑地说。

不盲目地迷信权威，也不一味地反对权威。康玉柱与前人认识相反，他认为早些年的光点地震技术不适用于沙雅隆起，而且前人的转井只打到 3800 米，这个深度并不能说明什么问题。而从李四光的地质力学理论分析，沙雅隆起在早生代时可能西与柯坪隆起、东与库鲁克塔格隆起为一个东西向沉降带。沉积了巨厚的下古生界，上古生代和中生代继续接受沉积有利于油气藏。他通过分析重力资料后发现，油气的目的层埋藏较浅，一般在 5000 米左右，当时的钻机条件已经能打到 6000 米。另外，沙雅隆起的地表工作条件多为戈壁滩，交通很方便，便于勘探。这一句句迸发着智慧光芒的语言说服了领导，1980 年初，地质部决定从喀什—麦盖提地区向塔北沙雅斜坡转移。

在队伍浩浩荡荡向沙雅隆起转移后，康玉柱和领导一起，在重力队队长程关林、工程师潘民空的指引下，三进沙漠，最终由于沙丘太大，车子爬不动，被迫在塔里木河南勘定了跃参 1 井的井位。

1980 年 7 月 28 日，跃参 1 井开钻。1981 年 7 月 9 日，钻井钻到 4747 米见二叠系地层，发现了厚约 700 米的中生界，其中有 300 多米的生油岩。证实了在塔东坳陷区侏罗—三叠系有较为广泛的分布，也证实了沙雅隆起中古生界齐全，这一切为进一步认识塔里木盆地东北部的石油地质构造特征，为开展油气勘察提供了重要的科学依据，敲开了塔东北广大地区油气前景的大门，坚定了在沙雅隆起找油的信心。

十、驰骋瀚海圆油梦，一蓑烟雨任平生

——记中国石油地质学家康玉柱

蓦然回首，此生情系石油

康玉柱至今都忘不了 1970 年 5 月的北京那个春风和煦的日子。

那天，刚过而立之年的康玉柱怀揣着一颗朝气蓬勃的心和为祖国寻找石油的梦

想，走进了仰幕已久的世界著名地质学家李四光部长的办公室。当李四光部长微笑地伸出有力的手时，康玉柱全身的热血抑制不住地沸腾起来，也紧紧捧住了李四光的手，一阵无言的幸福感像叮咚的山泉流过他的全身，他感到了一种从未有过的力量、期待和一根压在肩头的千斤“石油接力棒”。从李四光那双炯炯有神的目光里，康玉柱似乎读懂了他那颗为祖国石油事业而殚精竭虑的心。“你们进行生油层调查，这很好。确认为生油层，找油就有了基础，同时，对塔里木盆地油气远景进行评价；但是，到底哪一块希望最大、最有意义，你们要提出来……有生油条件，找到生油区，一定是大油田。”李四光部长语重心长，眼里充满了信任和期待。

依依辞别李部长后，康玉柱咀嚼着他的谆谆教诲，不禁心潮起伏，一路畅想着为祖国寻找石油的梦：“头顶天山鹅毛雪，面对戈壁大风沙……天不怕，地不怕，风雪雷电任随他。我为祖国献石油，哪里有石油哪里就有我的家……”为了追寻这个梦想，他面对西北方向遥望着满天星空，渐渐陷入了沉思。

在李四光部长的指导下，至 1959 年以后中国石油普查勘探工作在很短时间内，先后发现了大庆油田、胜利油田、大港油田、华北油田、江汉油田等油田，在国家建设急需能源的时候，使滚滚石油冒了出来，为中国石油工业建立了不朽的功勋。这不仅摘掉了“中国贫油”的帽子，也使中国人提出的陆相生油理论和李四光创立的地质力学理论得到最有力的证明。这是中国石油工业勘探史上的第一个里程碑。

此时，康玉柱耳边回荡着李四光部长的指示：“塔里木盆地的石油远景不是没有希望的。”康玉柱已萌生了此生要奔跑在大西北的土地上，为祖国寻找石油的雄心壮志。

当历史的车轮驶过 1984 年时，中国石油工业一个新的里程碑诞生了：时为新疆石油普查勘探指挥部技术负责人的康玉柱，主持发现了塔里木盆地的沙参 2 井，实现了古生代海相油气勘探的首次重大突破，甩掉了“中国海相无油”的帽子。成为中国石油勘探史上继大庆之后的第二个里程碑。

2007 年 8 月的一个晚上，当在新疆考察工作的时任中共中央政治局常委、国务院总理温家宝专程到家看望康玉柱院士时，康玉柱激动地握着温家宝总理的手说：“谢谢总理的关心！1986 年您来新疆检查西北石油局工作时，我曾向您汇报过我是根据李四光先生的地质力学理论找石油的。正是依据他的理论，这些年我国又不断发现了很多大油气田，光在塔里木盆地就找到了以塔河油田为代表的 18 个古生代海相油田。”

“是啊！这就证明李四光先生等老一辈科学家自主创新的理论是很有生命力的。”康玉柱的汇报令温家宝总理欣慰不已，他拍着康玉柱的肩膀说：“你一定要保重身体，新疆油气开发大有希望、前景广阔，你要再干 13 年。”温家宝总理的这番话激励着康玉柱为中国的石油事业而“老骥伏枥，志在千里”的心。

在康玉柱这一开拓性的发现和贡献背后，留下了他怎样的人生足迹呢？

魂牵梦绕塔里木

1960 年，品学兼优的党员学生康玉柱毕业时填写了两个志愿：到祖国最需要的地方去；到祖国最艰苦的地方去。于是，他放弃了留校的机会，成为地质部第一普查勘探大队的队员。到了大队之后，他发现自己的知识不足，便利用业余时间补学相关课程，在狭小而昏暗的暂住房里常常挑灯夜读，在边学边实践中很快积累了大量的石油勘探知识和经验。功夫不负有心人，1961 年，他成为胜利油田的发现者之一。

1970 年 5 月初，笃信李四光地质力学理论的康玉柱在时任地质部长李四光的指示下，率小分队到塔里木盆地进行油气前景评价。到达时，其环境之恶劣远远超出他的想象。塔里木盆地地面条件艰苦、地下构造复杂，勘探难度世界少有。康玉柱第一次带领地质部石油局综合研究队西北分队来到了茫茫塔里木，克服了重重困难，取得了重大发现：首次发现古生代海相生油岩，表明古生界是潜力巨大的含油领域。塔里木盆地不仅是我国重要的大型含油气盆地之一，而且是个多油气藏类型的油气盆地，康玉柱立刻建议国家地质总局上勘探队伍。

1977 年，国家地质总局决定成立塔里木筹备组，康玉柱任负责人，并组建了新疆石油普查勘探指挥部，即现在的西北石油局。

1977 年 5 月 17 日，塔里木西南部的柯 1 井喷出了高产工业油气流，也第一次证实了康玉柱的科学论断。柯 1 井出油后的三个月，在国家地质总局的安排部署下，康玉柱率领塔里木筹备组的一支先遣队相继在茫茫戈壁工作了四个多月之后，拿出了《塔里木盆地石油地质普查的初步设计方案》。依据这一方案，1978 年 10 月国家地质总局将 1000 多人的第一普查勘探大队整建制调入新疆，至此，地质矿产部门在塔里木的油气资源普查勘探大规模展开。

康玉柱梦想为国家找到大油田，毅然决然地要求到塔里木工作并担任该指挥部技术负责人。他说服了跟他多次东搬西迁并承担全部家务的妻子，自愿请缨调到新疆，来到他魂牵梦绕的塔里木。再一次来到塔里木，康玉柱运用李四光的地质力学理论，经过缜密的分析研究提出寻油大部队向塔北转移的建议，同时提出在跃进 1 号重力高上打参数井的建议。不久，康玉柱的建议被采纳，油气普查勘探重点向北转移。这一重大转移，也成就了中国石油地质里程碑的重大转折。

在新疆石油管理局南疆石油勘探会战指挥部，他们借住了 10 间平房，关在屋里，翻腾一箱箱石块，贴标签，编号起名；整理野外记录本上一页页细如蝇头的铅笔字，以及与其对应的图画；琢磨和阅读从兄弟单位收集到的图件和文字报告；开展库车坳陷的地质力学研究。然后，康玉柱运用世界上最年轻最现代化的地质力学，为它们演绎、操笔和队友们一起撰写《塔里木中新生代盆地含油气远景初步认识》的报告。他阐述了盆地中生代的沉积特征，古生代以来构造发展史和特点，系统地划分构造单元，中生界和古生界生储油岩特征，并按构造单元进行了含油气远景的初步评价。

1970 年 11 月，康玉柱的地质队参加了石油工业部组织召开塔里木盆地关于下一个五年计划总体规划的部署会。会上，康玉柱等说了对整个盆地的远景评价和下步工作意见。他提出三点建议：一是盆地油气远景很大，有多套生油层存在；二是塔里木西南坳陷和塔东坳陷最佳；三是提出扩大一块，即库车坳陷，突破一块，西南坳陷，准备一块，即塔东坳陷，同时建议把勘探重点转移到西南坳陷。

一石激起千层浪。一些人认为西南坳陷勘探程度低，远景不一定好，还有火山岩比较发育，被子厚，令人忧虑。而康玉柱认为：塔里木盆地是我国重要的大型含油气盆地之一；盆地大型隆起和坳陷具有长期活动性质，为生储油气创造了良好条件；盆地内局部构造类型多、断裂多，并多分布于坳陷的边缘地带，是一个多油气藏类型的含油盆地。

1971年初，当新疆石油管理局在库车的地质、钻井等队伍，在三月拖着辎重装备的大卡车、拖盘、特种工程车浩浩荡荡向喀什挺进，准备在英吉沙、玉力群等构造先后上钻的消息传来时，康玉柱万分喜悦——哪一个技术工作者不为自己的理论被人们接受而兴奋呢？这一年，他天天惦念着塔里木，时时打听并焦急盼望着从西南坳陷传来令人振奋的消息。然而，第一年、第二年、第三年都过去了，成功的消息依旧杳然……

1977年5月，柯克亚构造上的柯1井打入3800多米中新统砂岩时，意外地发生了卡钻事故。17日，井队工人们不抱希望地进行提钻，正提时，井内突然发出"轰"的一声巨响——油气井喷了！日产油1000多吨、天然气270万立方米。康玉柱得知消息后，兴奋得热泪盈眶，大声呼喊："柯克亚出油了，柯克亚出油了！"出油后不久，康玉柱带领塔里木筹备组到塔里木进行调研并编写出了《塔里木盆地石油地质普查初步设计方案》。

1981年6月，跃参1井报告了具有历史意义的喜讯：打出600多米厚中生代地层，其中有300多米生油岩。

在中国地质学会、石油学会、地球物理学会举办的第三次塔里木油气资源座谈会上，康玉柱反复阐述自己对塔里木的认识。他在《塔里木盆地石油地质特征》《塔里木盆地含油气远景及近期普查勘探部署》等论文和报告里，独具慧眼地指明塔北油气潜力不同凡响的前景，"我们对沙雅隆起及全盆地油气前景一直十分乐观，对找到大油大气满怀信心"。部分地质学家、学者对盆地油气前景仍表示怀疑并有打退堂鼓的想法，他告诉要大家要坚定信心，按科学规律办事，要打持久战。

1984年8月16日，沙参2井钻进到5363.5米时，达到古生界白云岩，仍未见油气显示，这时有些人提出要停钻完井。康玉柱心急如焚，建议局书记徐生道召开紧急会议研究。会上康玉柱首先果断地提出绝不能停钻，至少再打100米。其理由：第一，见到一点白云岩不能确定地质时代，地质任务未完成；第二，该井曾在3800多米发现油气显示，很可能是从下面运移上来的，油可能还在下面；第三，白云岩风化壳如果有油，不一定在表面，往往在风化壳下边几十米的风化淋滤带内富集。为此，康玉柱坚持要井队至少再钻进100米，得到了领导和上级的同意和支持。

1984年9月22日是个历史性的日子，沙参2井仅加深了28米即到5391.18米时，沉睡了几亿年的原油喷薄而出，初喷日产原油1000多吨、天然气200万立方米。

闻讯后的康玉柱又一次全身热血沸腾，犹如一朵天山上的雪莲在心上怒放。

这一消息，居然引起了一个美国商人在乌鲁木齐惊呼："又一个科威特出现了。”

沙参 2 井的重大突破，实现了我国古生界海相油气的首次重大突破，是我国石油工业发展史上第二个里程碑，是塔里木盆地油气勘探的转折点。时任国务院副总理万里说：“中国人自己搞出来的，很了不起，是一个大贡献。”时任国务委员康世恩说：“沙参 2 井高产油气流是一个大大的突破。”著名地质学家黄汲清为沙参 2 井题词：“喷油奥陶系，伴有天然气，康工主战场，开天又辟地。”

当康玉柱在 1985 年 1 月 29 日在北京怀仁堂接受找矿特等奖、记一等功、一万元奖金时，他流下幸福的眼泪——一个出身农民家庭、自小与野地为伍的放羊娃，如今能获得如此殊荣的嘉奖，没有党和人民的抚育和培养是不可想象的。除了感激，他还能表达什么呢？他的获奖证书上是这样评价的：此奖授予“最早对塔里木盆地远景给予很高评价，并主动要求到新疆工作，对荣获特等奖的沙参 2 井井位选择起了主要作用的西北石油地质局副总工程师康玉柱”。

重大的理论发现并没有让康玉柱停止对塔里木大面积寻油之路的探索。沙参 2 井出油后，地质矿产部决定立即加强塔里木地区油气普查工作。然而，当时仍然有人担心只有一个沙参 2 井，只有一个柯克亚，不会有多大的远景，但康玉柱的信心却始终不移。1986 年 4 月，柯克亚构造上的沙 7 井、沙 4 井相继在寒武系、震旦系试获工业油气流，它证实了康玉柱的推论，也使柯克亚形成了有一定规模的古生界海相油气田，塔里木盆地找油工作产生了又一个新的转折。此后，地矿队伍的勘探工作乘风破浪般地连连获胜，1990 年 11 月，在沙雅隆起上已经打完了 18 口井，其中 12 口获得工业油气流，6 口是高产井。美苏等国在油气普查阶段一般的出油率只有 26%~30%，最高不过 35%，而当时我国的出油率却达到了 66%。

康玉柱曾说：“科学是无止境的，只有新起点、新动力，勘探理念、勘探技术的创新，是油气勘探发现和突破的关键和前提。这需要知识更多，经验更丰富，更有活力的人才队伍来支撑，也需要我们所有科技工作者作出更大的努力。”在 50 多年的石油天然气勘探生涯中，康玉柱转战祖国多地，先后在 23 个省、50 个盆地进行过油气地质勘查工作，发现两个特大油田和 20 个油气田。在石油勘探领域，他已是公认的权威。由他主笔编写的规划、设计、报告 50 多份，论文 130 余篇，专著 20 余部，共计 1000 余万字，并建立了 4 个石油地质理论。这些宝贵的理论为我国石油勘探的发展做出了巨大的贡献。

2005 年，康玉柱当选为中国工程院院士。他当之无愧。然而，面对自己奋斗一生而取得的荣誉，康玉柱写下了这样一段淡白的文字：“应该说我获得院士这一荣誉称号是很高兴的。这都归功于党的培养和教育，因为我从中学起就享受党给的一等助学金，所以我有今天都是党多年培养教育的结果。另外，也归功于各级领导正确的领导和支持，归功于西北石油局的领导和同志们的支持和帮助。我也感到很惭愧，离党和人民的要求还有很大差距，与石油工业发展的要求也相差很远，我做得还很不够，我将把获得院士的称号作为新起点、新动力，为祖国石油工业的发展尽自己的绵薄之力。”

在接受采访时，康玉柱院士从容而淡定地坦言：从当今全球视野来看，我国的石油工业潜力很大。我国目前石油的需求量很大，只在本国土地上搞开发是不够的。为千年大计，我们应该加强在国外的勘探。从战略和长远而言，我们不仅要注重国内资源的开发，更要拓展国外的勘探，以满足13亿人的油气需求。当然，我国的理论水平并不低，处于先进地位，海上的勘探进展很快；可用于勘探的装备制造水平还不是世界上最先进的，现在还需进口。我相信，只要国家重视，我们的仪器、设备会跟上世界水平。为此，我们应加强地质基础研究，加强技术装备；对常规油气空间大的油区，尤其是海相潜力的挖掘应大力加强；加强海外资源的评价、勘探、开发；加强重视人才的培养和引进，以提高研究的深度。

已步入耄耋之年的康玉柱院士求真务实的精神依旧如初，在朴实、坚韧而有亲和力的外表下，依旧裹着一颗忧国忧民的拳拳之心。

康玉柱院士，已经工作62年了，现在还坚持按时上下班。参加各类学术会议。他把自己的全部精力奉献给了党和人民，始终以研究为乐，以找石油为志，艰苦奋斗，自强不息，勇于创新，无私奉献，成就辉煌。不愧是我国科技界的楷模，是我们学习的一面旗帜。

2022年6月